迁移学习

TRANSFER LEARNING

杨 强 张 宇 戴文渊 潘嘉林 著
庄福振 等译

图书在版编目（CIP）数据

迁移学习 / 杨强等著；庄福振等译．—北京：机械工业出版社，2020.7（2020.11 重印）
（人工智能技术丛书）
书名原文：Transfer Learning

ISBN 978-7-111-66128-3

I. 迁…　II. ①杨…　②庄…　III. 机器学习 – 研究　IV. TP181

中国版本图书馆 CIP 数据核字（2020）第 127829 号

本书版权登记号：图字　01-2019-7974

迁移学习

出版发行：机械工业出版社（北京市西城区百万庄大街 22 号　邮政编码：100037）

责任编辑：孙榕舒　　　　责任校对：殷　虹

印　　刷：中国电影出版社印刷厂　　　　版　　次：2020 年 11 月第 1 版第 4 次印刷

开　　本：210mm × 235mm　1/16　　　　印　　张：22.75

书　　号：ISBN 978-7-111-66128-3　　　　定　　价：139.00 元

客服电话：（010）88361066　88379833　68326294　　　　投稿热线：（010）88379604

华章网站：www.hzbook.com　　　　读者信箱：hzit@hzbook.com

人工智能
技术丛书

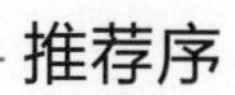

推荐序

迈向真正的人工智能

30多年前我与杨强教授在人工智能（AI）的国际会议上相遇并相识，而后发现我们对AI有着共同的兴趣并从事类似的研究工作。当时正处于第一代AI的高潮，符号主义占主导地位。我们利用以知识为基础的符号推理模型研究AI中的各种问题，如规划、搜索和学习等。这是当时的主流，以机器学习为例，如从观察中学习、基于案例的推理、类比学习和归纳学习等，它们均从模仿人类的宏观学习机制出发，以知识（或经验）驱动为基础。这种学习方法的优点是，学习的模型和结果很容易实现跨领域和跨任务的推广。不难看出，这些学习方法正是当今迁移学习（Transfer Learning）的探路者。可惜，不久它们就遭遇了AI的冬天。由于知识获取与表示的困难，以及当时计算机计算能力的限制，符号主义的主张没有得到应有的发展和大规模的应用，以知识为基础的学习方法也同样受到重创。21世纪初，机器学习中的一个分支——概率统计学习（特别是深度学习）异军突起，获得巨大成功。它不仅建立了较好的理论基础和有效的算法，还成功地得到商业应用，成为推动产业和社会发展的重要力量，使AI进入了以数据驱动为主导的第二代AI发展时代。凭借大数据、强大的算法和算力，第二代AI在模式识别等领域表现出超越人类的性能。可惜，以数据驱动为基础建立的AI系统十分脆弱，推广能力也很差，例如：机器学习模型在某些方面可以具有很高的性能，但当模型应用于有别于训练环境的场景中时，其性能显著下降，甚至完全不能使用，与人类“随机应变”和“举一反三”的真正智能相去甚远。为了迈向真正的AI，我们需要第三代 AI，而迁移学习正在向这一道路迈进。迁移学习将知识驱动方法和数据驱动方法结合起来，以打破基于大数据的“黑箱”学习带来的不可解释、脆弱与易受攻击等缺陷，建立可解释与鲁棒的 AI 理论和方法，开发安全、可信、可靠和可扩展的 AI 技术。由于能同时利用知识、数据、算法和算力这四大要素，AI 一定可以再创辉煌。本书展示了在通往真正 AI 的道路上作者在机器学习领域已经取得的成果。

迁移学习如何将基于数据学习得到的模型从一种场景更新或者迁移到另一场景，从而实现跨领域和跨任务的推广？具体的做法如下：首先，从学习训练的环境（包括训练数据与方法）出发，发现哪些（具有某种通用性的）知识可以跨领域或者跨任务进行迁移，哪些只是针对单个领域或单个任务的特定知识，并利用通用的知识帮助提升目标域或目标任务的性能。这些通用知识主要通过以下 4 种渠道迁移到目标域中，即源域中可利用的样本、源域和目标域中可共享的特征、源域模型中可利用的部分、源域中实体之间的特定规则。

本书是杨强教授与其学生在多年研究的基础上撰写的，它包含了迁移学习的基础、方法、技术和应用。本书主要由两部分组成：第一部分从代表性方法和理论研究的角度介绍迁移学习的基础；第二部分讨论迁移学习中的一些新热点，以及展示一些成功应用迁移学习的场景。本书包含很多原创性的成果，是一部值得广大读者阅读的专著。本书向我们展示了作者为走向真正 AI 所做出的努力，因此不仅适合关注迁移学习的读者，而且对于所有关心人工智能的读者都是有益处的。

张钹院士
清华大学人工智能研究院院长

译者序

迁移学习是机器学习中一种新的学习范式，旨在解决目标领域中只有少量甚至没有标记样本的富有挑战性的学习问题。本书英文版作者——香港科技大学的杨强教授指出：迁移学习能够解决人工智能的最后一公里问题，它就像人类一样，能够举一反三，有效地把模型从一个场景迁移到另一个场景，从而突破传统机器学习必须有大量标记数据作为前提的要求。在过去的十几年里，不管是在算法、理论研究还是实际场景应用方面，迁移学习都得到了越来越广泛的关注和研究。

当我通过机械工业出版社华章公司得知杨强教授撰写的本书时，我感到非常兴奋和激动，因为终于有一本比较成熟的书系统地对迁移学习的算法、理论、应用以及相关领域研究进行了总结。首先，非常感谢华章公司的委托以及杨强教授的信任，让我有幸负责组织全书的中文翻译工作。全书凝聚了杨强教授及其团队在迁移学习以及相关领域的研究成果，包括迁移学习、多任务学习、迁移学习理论、自动迁移学习、小样本学习、终身机器学习，以及迁移学习在计算机视觉、自然语言处理、推荐系统、生物信息学、行为识别等方面的研究成果。这是一本系统而全面的书。本人目前的主要研究方向包括迁移学习、多任务学习、多视图学习以及推荐系统等，也有幸从2007年开始，在罗平师兄的指导下开展迁移学习算法的研究，主要研究方向有文本分类、情感分析、推荐系统、异常检测等应用。令人欣慰的是，我们最近也完成了一篇关于近十年来迁移学习研究工作进展的系统综述，该综述主要从数据和模型角度对迁移学习算法进行了总结，也比较全面地涵盖了本人及团队在该领域的研究成果，详见 arxiv 上的预印版本[⊖]。

从 2019 年 5 月接受委托开始本书的翻译工作以来，本人前后历时约 8 个月，终于顺利完成了翻译工作。本书之所以能够顺利完成，离不开我的学生、朋友及家人的积极参与、关心和支持。在这里我要特别感谢他们，包括何佳、张钊、陈敬伍、奚冬博、孙莹、朱勇椿、王天鑫、汪润川、周干斌、应豪超、张啸、弋飞、赵洁洁、陈天柱、段柯宇、郭桐嘉、黄婷、张函玉（排名不分先后）。当然，这也离不开出版社编辑的仔细校对，在这里一并表示感谢。由于时间仓促，本书虽然经历了几轮反复梳理和校对，但难免还有一些翻译习惯上的差异以及瑕疵。若有发现，请及时反馈给本人或出版社进行修正，不胜感激。

最后，迁移学习作为一种新的机器学习范式，虽然近十年来已经得到广泛的关注和研究，但本人认为该领域还非常年轻，还有很多事情可以做。比如真实场景中的实际应用，虽然其中有一些实际数据的应用，但其算法主要还停留在实验阶段，离实用性还有一定距离。另外，现实世界中存在着各种各样的应用需求，也急需对迁移学习做进一步开发和探索。我希望本书作为迁移学习领域的第一本书籍，可以吸引越来越多的读者和研究人员来从事这方面的研究，从而推动该领域的发展，为迁移学习解决人工智能的最后一公里问题做出贡献。

庄福振
中国科学院计算技术研究所
2019 年 12 月 31 日

⊖ *A Comprehensive Survey on Transfer Learning*：https://arxiv.org/abs/1911.02685。

前　言

本书介绍迁移学习的基础、方法、技术和应用。迁移学习解决的是学习系统如何快速适应新场景、新任务和新环境的问题。迁移学习是机器学习中一个特别重要的领域，我们可以从几个角度来理解。

第一，从小数据中学习的能力似乎是人类智能的一个特别强大的方面。例如，我们观察到婴儿可以仅从一些例子中学习，并能快速而有效地从这些例子中归纳出概念。这种从小数据中学习的能力在某种程度上可以解释为人类利用和调整以前的经验和预先训练的模型来帮助解决未来目标问题的能力。适配（adaptation）是智能生物的一种先天能力，人工智能主体当然也应该被赋予迁移学习能力。

第二，在机器学习实践中，我们经常遇到大量的小型数据集，这些数据集通常是孤立的、碎片化的。许多机构由于很多限制而没有能力收集到大规模数据集，这些限制包括资源限制、组织利益、法规和对用户隐私的考虑等。当这些机构把人工智能技术应用到其问题中时，这种小数据的挑战是其面临的一个严重问题。迁移学习是针对这一挑战的一种合适的解决方案，因为它可以利用许多辅助数据和外部模型，并调整它们来解决目标问题。

第三，迁移学习可以使人工智能和机器学习系统更加可靠和鲁棒。建立一个机器学习模型通常遇到的情况是，人们不能预见所有未来的情况。在机器学习中，这个问题通常使用一种称为正则化的技术来解决，这种技术通过限制模型的复杂性为将来的变化留下空间。迁移学习进一步采用了这种方法，它允许模型保持复杂性，同时为实际出现的变化做好准备。

此外，当把学习到的模型用于跨领域边界并面临不可预见的变化时，迁移学习仍然可以确保模型性能不会与预期性能相差太大。通过这种方式，迁移学习可以让知识得到重复利用，从而使获得的经验可以被重复地应用到现实世界中。从软件系统的角度来看，如果系统能够通过迁移学习调整自身以适应新领域，那么当外部环境发生变化时，可以认为系统变得更加鲁棒和可靠。在工程实践中，这样的系统通常是首选的。

如果在机器学习实践中继续应用迁移学习，我们就可以获得终身机器学习系统，它可以从一系列解决问题的经验中汲取知识，无论是在很长一段时间内还是从大量的任务中。迁移学习赋予智能系统终身学习的能力。

最后，迁移学习系统可以成为一个严格保护用户隐私的良好商业模型的支柱。这样，一个预训练的模型就可以被下载和适配到计算机网络的边缘，而不泄露从边缘积累的或位于云端的用户数据。通过将模型从服务器端转移到客户端，可以有效地保护客户端的隐私。此外，通过仔细构造迁移学习算法，还可以保护云上的用户私人信息。

就像人工智能特别是机器学习一样，迁移学习的概念也经历了几十年的演化。从早年的人工智能开始，研究人员就把迁移知识的能力当作智能的根本基石之一。迁移学习也有不同的名称，并以不同的形式进行探索，包括类比学习（learning by analogy）、基于案例的推理（case-based reasoning）、知识重用和重建、终身机器学习（lifelong machine learning）、永无止境的学习（never-ending learning）和域适应（domain adaptation）等。除了人工智能和计算机科学外，迁移学习的概念也以不同的术语被研究。例如，在教育理论和学习心理学领域，*学习迁移*（transfer of learning）的概念一直是教育工作者研究有效学习和教学建模的一个重要课题，人们坚信，最好的教学能使学生学会“如何学习”，并使所学知识适应未来的情况。尽管名称不同，但其本质是相似的：能够利用自己过去的经验，帮助自己在未来做出更有效的决定。

迁移学习的研究涉及科学和工程的许多领域，包括人工智能、算法理论、概率和统计等。随着人们对人工智能的兴趣的增长，该领域也在经历着快速的变化，许多新的研究也对该领域做出了贡献。作为第一本关于该领域的书，我们希望它能成为机器学习研究和应用领域的新加入者的工具，同时也希望它成为经验丰富的机器学习研究人员和应用程序开发人员的参考书。

本书分为两部分。第一部分（第1～14章）介绍迁移学习的基础，其中第1章对迁移学习进行概述，第2～14章介绍迁移学习相关的各种理论和算法。第二部分（第15～22章）讨论迁移学习的许多应用领域。第23章是对全书的总结。

本书是研究人员十多年艰苦研究工作的积累，主要研究人员包括杨强教授的现在和往届的研究生、博士后研究人员和研究助理。每章的作者包括一位或几位学生。四位主要作者负责一些章节的撰写或深入各章来帮助精练内容，或者两者兼而有之。以下是每章的作者。

第 1 章：潘嘉林、杨强

第 2 章：张翔

第 3 章：耿栩

第 4 章：吴学阳

第 5 章：田晗

第 6 章：魏颖

第 7 章：张颖华

第 8 章：刘博

第 9 章：张宇

第 10 章：张宇

第 11 章：谭奔

第 12 章：张宇、魏颖

第 13 章：邓锦亮

第 14 章：李良豪、杨强

第 15 章：郭夏玮、陈雨强、涂威威、戴文渊

第 16 章：张颖华、王伟俨

第 17 章：肖文怡、李正

第 18 章：莫凯翔

第 19 章：潘微科、胡光能

第 20 章：徐倩、刘博、杨强

第 21 章：郑文琛、胡昊

第 22 章：王乐业、李叶昕

第 23 章：杨强、张宇、戴文渊、潘嘉林

最后，感谢邓玉桃的管理工作，她帮助我们制定了严格的时间表，并进行了团队管理工作。在此向以上贡献者表示衷心的感谢！如果没有他们的努力，本书是不可能完成的。

还要感谢多年的同事、组织和合作者。感谢香港科技大学、香港研资局 CERG 基金、香港创新及科技基金、第四范式公司、新加坡南洋理工大学、微众银行等机构的鼎力支持。

最后，感谢家人的支持，他们的耐心和鼓励让我们最终完成了本书。

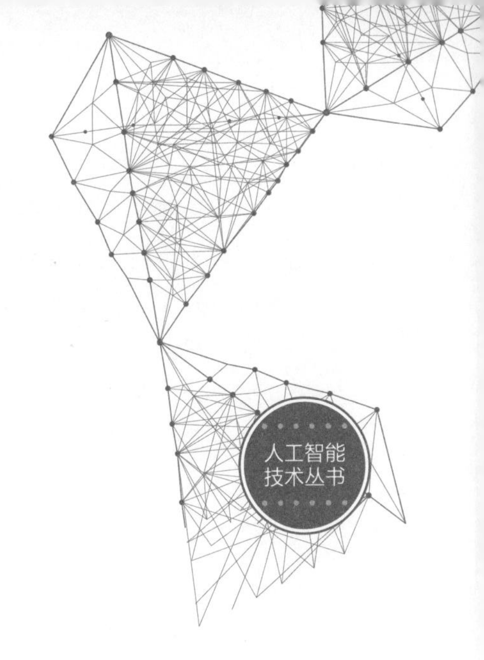

目　录

第二部分 迁移学习的应用

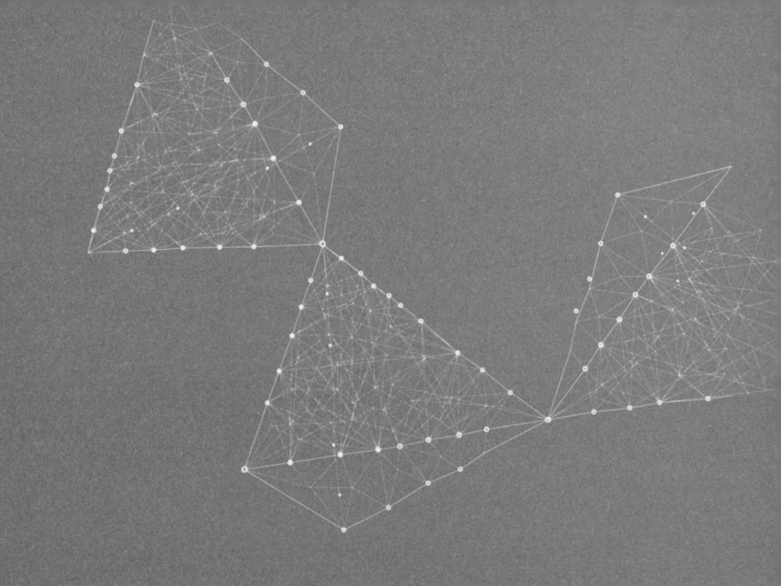

第一部分

迁移学习的基础

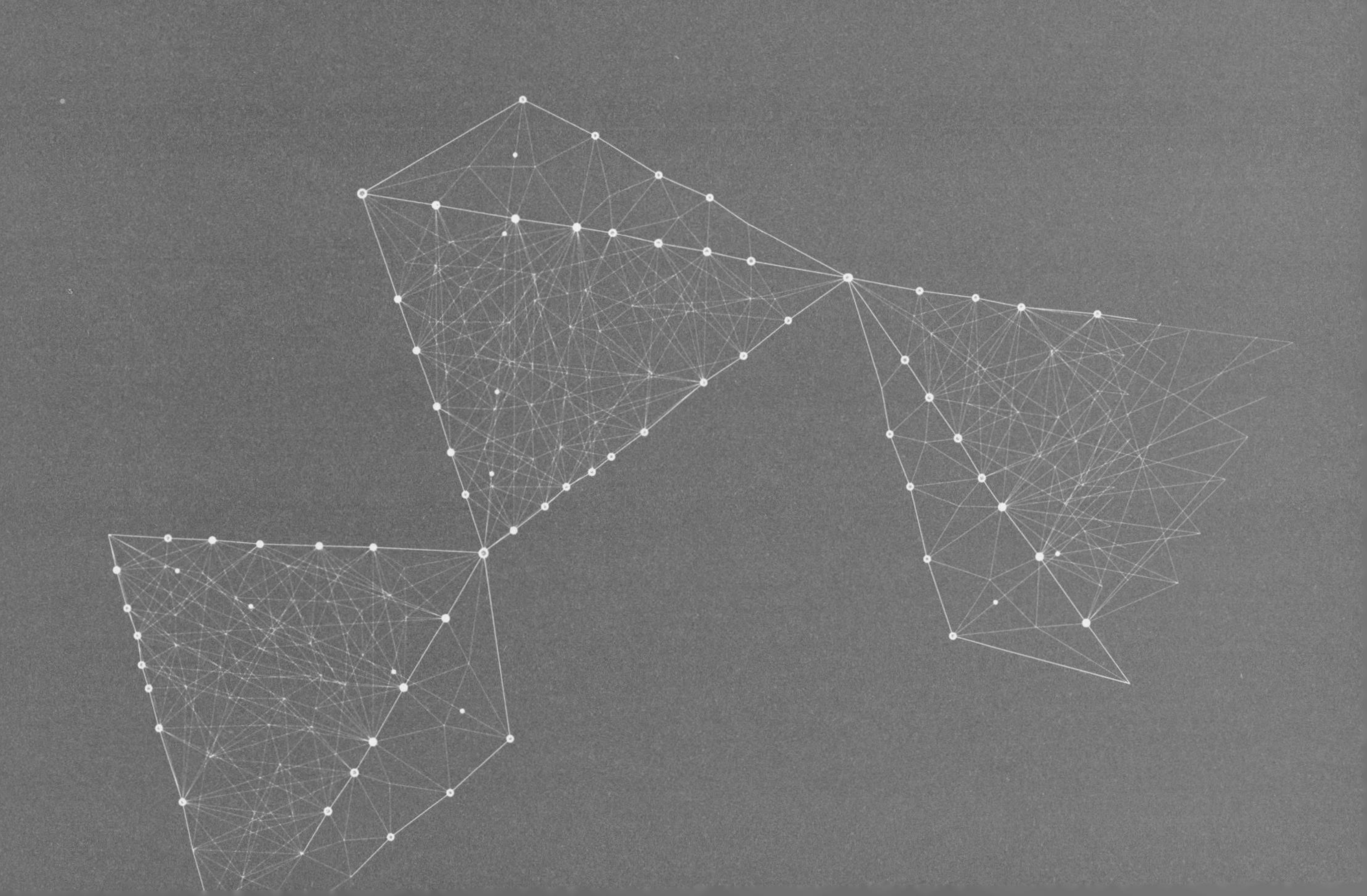

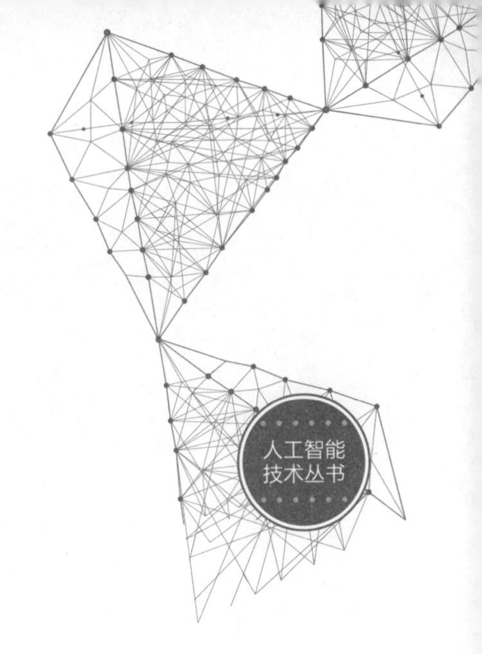

第1章

绪　　论

1.1　人工智能、机器学习以及迁移学习

人工智能（Artificial Intelligence，AI）是艾伦·图灵受其提出的“机器会思考吗?”这一著名图灵测试问题启发而得到的愿景。该图灵测试问题激励了几代研究人员探索机器智能运行的方法。然而纵观最近二三十年的发展，人工智能研究经历了多次起伏，其中大部分都围绕着机器如何从外部世界获取知识这一核心问题而演变。

从人工建立基于规则的知识库到从数据中进行机器学习，使机器像人类一样思考的尝试已经走了很长的路。目前，机器学习（machine learning）已经从一个模糊的学科发展成为一种推动工业和社会发展的重要力量，可以实现从电子商务和广告投放到教育和医疗等领域的自动化决策。由于机器学习具有使机器通过在标注和未标注的数据中进行学习和适应来获得知识的强大能力，因此它正在成为一种世界通用的技术。机器学习根据数据生成预测模型，因此往往需要高质量的数据作为“老师”来帮助调控统计模型。这种对未来事件进行准确预测的能力是基于对任务领域的观察和理解。训练样本中的数据通常是被标注的，也就是说训练样本中的观察和预测结果是相互耦合和相关的。之后，这些样本就能够被机器学习算法当成“老师”来“训练”可应用到新数据的模型。

现实生活中有许多应用机器学习的成功例子。基于计算机的图像分析领域中的人脸识别是一个很好的例子。假设我们已经获得了大量的医疗影像照片。那么，机器学习系统可以使用这些照片训练模型，从而判断新照片中是否有某种疾病的可能性。机器学习模型还可以应用于公司的安保系统中，以判断访客是否是公司的员工。

尽管机器学习模型可以具有高质量，但它也有可能出错，尤其是当模型应用于有别于训练环境的场景中时。例如，如果从具有不同光照强度和不同程度的噪声（如阴影、不同角度的光照、路人的遮挡等）的室外环境拍摄照片，那么系统的识别能力将会显著下降。这是由于由机器学习系统训练的模型被应用于“不同”的场景。性能下降表明模型可能已过时，当出现新情况时需要及时更新。正是这种将模型从一种场景更新或者**迁移**到另一场景的需求体现了本书主题的重要性。

对迁移学习（transfer learning）的需求不仅仅局限于图像理解，通过自然语言处理（Natural Language Processing，NLP）技术理解 Twitter 文本消息是另一个例子。假设我们希望将 Twitter 消息根据用户的不同情绪（如高兴、伤心等）进行分类。那么，当使用来自青少年群体的一组 Twitter 消息构建一个模型然后将其用于成年人的新数据时，模型的性能就会急剧下降，因为不同群体很可能会以不同的方式表达他们的观点。

如上面的例子所述，在许多应用中使用机器学习的一个重要挑战是，现有的模型不能很好地适应到新的领域中。究其原因，训练数据量小、场景变化、任务变化等都可能导致这一问题。例如，在医学诊断和医学图像领域，短期内往往无法获得新病症的大量高质量训练数据用于模型的重训练。没有充足的训练数据的支撑，机器学习模型的性能往往不尽如人意。获得和标注新应用场景下的数据通常要花费很多精力和资源，这已然是现实生活中实现人工智能的一个主要障碍。打个比方，拥有一个精心设计却没有训练数据的 AI 系统就像一辆没有油或电的跑车。

上述讨论显示了将机器学习应用于实际场景的一个主要障碍：在应用机器学习算法前，我们无法获得各个领域的大量训练数据。除此之外，还有其他几个重要原因：

1）*许多应用场景数据量小*。当前机器学习的成功应用依赖于大量有标签数据的可用性。然而，高质量有标签数据总是供不应求。传统的机器学习算法常常因为数据量小而产生过拟合问题，因而无法很好地泛化到新的场景中。

2）*机器学习模型需要强鲁棒性*。传统的机器学习算法假设训练和测试数据来自相同的数据分布。然而，这种假设对于许多实际应用场景来说太强。在许多情况下，数据分布不仅会随着时间和空间而变化，也会随着不同的情况而变化，因此我们可能无法使用相同的数据分布来对待新的训练数据。在不同于训练数据的新场景下，已经训练完成的模型需要在使用前进行调整。

3）*个性化和定制问题*。根据个人喜好和需求为每个用户提供个性化的服务是至关重要且具有经济效应的。在许多实际应用中，我们只能从单个用户收集到非常少的个人数据。因此，当我们尝试将通用的模型应用到特定的场景时，传统的机器学习算法会遇到冷启动问题。

4）*用户隐私和数据安全*。在实际应用中，我们常常需要和其他组织合作，从而需要利用多个数据集。这些数据集通常属于不同的所有者，并且出于隐私或者安全考虑不能彼此泄露。当利用多个数据集构建同一模型时，我们希望提取每个数据集的“本质”并在构建模型中拟合它们。例如，如果能够在网络设备的“边缘”调整通用模型，那么就不需要上传存储在设备上的数据来增强该通用模型，因此边缘设备的隐私将得以保证。

智能系统的上述目标促进了迁移学习的发展。简而言之，*迁移学习*是一种机器学习范式，其算法能够从一个或多个应用场景中提取知识以帮助提高目标场景中的学习性能。与需要大量精心准备的训练数据作为输入的传统机器学习技术相比，迁移学习可以被理解为一种新的学习范式，我们将在本书对其进行详细介绍。除此之外，迁移学习也是解决许多大规模线上应用中数据稀疏性和冷启动问题的一种方式，例如，线上推荐场景中可能因为有标签用户评分数据太少而无法构建高质量的推荐系统。

迁移学习能够在应用开发初期以及技术上发展较少的地理场景中帮助提升 AI 的性能，即使在这些场景中没有太多的有标签数据。例如，假设我们希望在一个新的线上购物应用中构建书籍推荐系统，并且假设在这个全新的书籍购物领域没有太多的交易记录。那么，如果遵循监督学习（supervised learning）方法在这个全新的书籍领域中用不充分的训练数据构建预测模型，我们就无法对用户的下一次购买行为建立可信的预测。然而，通过迁移学习，可以找到相关的、开发完善的但是不同的领域寻求帮助，比如现有的电影推荐领域。利用迁移学习，可以找到书籍和电影两个领域之间的相似性和差异性。例如，一些作者会将他们的书拍成电影，因此这样的电影和书籍会吸引类似的用户群体。值得一提的是，领域之间的相似性允许模型聚焦于书籍推荐领域的独特之处进行优化，从而有效地利用数据集之间的潜在相似性。那么，书籍领域的分类和用户偏好模型就能够从电影领域进行优化。

基于迁移学习的方法，一旦我们在一个领域中获得了训练好的模型，就可以将这个模型引入其他类似的领域。因此，为了设计一个合理的迁移学习方法，找到不同领域任务间准确的“距离”度量方式是必需的。如果两个领域间的“距离”过大，那么我们可能不希望应用迁移学习技术，因为这样的学习可能产生一些负面影响。另一方面，如果两个领域非常“靠近”，则可以有效地应用迁移学习。

在机器学习中，领域之间的距离通常根据描述数据的特征来度量。在图像分析中，特征可以是图像中的像素或者区域，例如颜色和形状。在自然语言处理中，特征可以是单词或者短语。一旦了解两个领域非常接近，我们就能确保 AI 模型可以从一个已开发好的领域迁移到一个欠开发的领域，从而使 AI 应用更少地依赖数据。这对于成功的迁移学习应用来说是一个好的预兆。

能够将知识从一个领域迁移到另一个领域说明机器学习系统能够将其适用范围扩展到其源域外。这种泛化能力使得在 AI 能力或者计算能力、数据和硬件等资源相对匮乏的领域内，更加容易实现 AI 且 AI 更加鲁棒。在某种程度上，迁移学习可以促进 AI 成为一种更为包容的、为每个人服务的技术。

为了给出一个直观的例子，我们可以使用类比的方式突出迁移学习背后的关键要素。考虑在世界不同国家开车的情况。在美国和中国，驾驶员位置在汽车的左侧并且汽车靠右行驶。在英国，驾驶位置在汽车右侧并且汽车靠左行驶。对于习惯在美国开车的人来说，在英国开车时，其驾驶习惯的转换尤为困难。然而，迁移学习能够帮助我们找到两个驾驶领域中的不变性并将其作为一种共同特征。仔细观察可以发现，无论驾驶员坐在哪边，其离道路中心始终是最近的。换言之，驾驶员坐在离路边最远的位置。这一事实能够使驾驶员将驾驶习惯顺利地从一个国家“迁移”到另一个国家。因此，迁移学习背后的关键要素是寻找不同领域和任务之间的“不变性”。

在人工智能领域，迁移学习已在知识重用、基于案例的推理、类比学习、领域自适应、预训练和微调等不同术语下得到了广泛研究。在教育和学习心理学领域，学习迁移与机器学习中的迁移学习有类似的概念。具体地说，学习迁移是指从之前的源任务中获得的历史经验可用于影响目标情境中的未来学习和表现（L. Thorndike 和 S. Woodworth，1901）。教育领域中的学习迁移和机器学习中的迁移学习有一个共同目标，即在一个场景中处理学习的过程，然后将学习应用到另一个场景中。在这两个领域中，学习到的知识或者模型都在进行了一定程度的适应后应用到后继的目标任务中。深入研究教育理论和学习心理学的文献（Ellis，1965；Pugh 和 Bergin，2006；Schunk，1965；Cree 和 Macaulay，2000）可以发现，尽管机器学习中的迁移学习旨在赋予机器适应场景的能力，教育领域中的学习迁移试图研究人在教育中的适应性，但是二者在迁移的过程或者处理方式上却是相似的。

最后关于迁移学习的好处需要提及的是模拟技术。在诸如机器人和药物设计等复杂任务中，在真实的环境中进行试验的成本通常是非常昂贵的。在机器人领域，移动机器人或自动驾驶汽车需要收集大量的训练数据。例如，汽车碰撞可能有多种方式，但在现实生活中造成汽车碰撞的成本太高。相反，研究人员通常建立复杂的模拟器，以便在模拟环境训练出来的模型可以通过迁移学习应用到实际环境中。迁移学习的作用是考虑模拟环境中许多未知的未来情况，并使模拟环境中得到的预测模型（诸如汽车自动驾驶中的躲避障碍物模型）适应不可预见的未来情况。

1.2 迁移学习：定义

首先，我们遵循文献（Pan 和 Yang，2010）中的符号定义“域”“任务”以及“迁移学习”。域$\mathbb{D}$由两部分组成：特征空间$\mathcal{X}$和边缘概率分布$\mathbb{P}^X$，其中每一个输入样本为$\boldsymbol{x}\in\mathcal{X}$。一般来说，两个不同的域具有不同的特征空间或者边缘概率分布。在一个特定的域$\mathbb{D}=\{\mathcal{X}, \mathbb{P}^X\}$中，任务$\mathbb{T}=\{\mathcal{Y}, f(\cdot)\}$由标签空间$\mathcal{Y}$和函数$f(\cdot)$组成。函数$f(\cdot)$是预测函数，能够对未知的样本$\{\boldsymbol{x}^*\}$进行标签预测。从概率的角度看，$f(\boldsymbol{x})$等价于$P(y|\boldsymbol{x})$。在分类问题中，标签可以是二值的，即$\mathcal{Y}=\{-1, +1\}$，也可以是离散值，即多个类。在回归问题中，标签具有连续值。

为简单起见，我们现在只关注只有一个源域（source domain）$\mathbb{D}_s$和一个目标域（target domain）$\mathbb{D}_t$的情况，两个域的场景是目前为止在文献中最普遍的研究对象。具体地说，我们定义$\mathcal{D}_s=\{(\boldsymbol{x}_{s_i}, y_{s_i})\}_{i=1}^{n_s}$为源域有标签数据，其中$\boldsymbol{x}_{s_i}\in\mathcal{X}_s$和$y_{s_i}\in\mathcal{Y}_s$分别为数据样本和对应的类别标签。类似地，$\mathcal{D}_t=\{(\boldsymbol{x}_{t_i}, y_{t_i})\}_{i=1}^{n_t}$为目标域有标签数据，其中$\boldsymbol{x}_{t_i}\in\mathcal{X}_t$和$y_{t_i}\in\mathcal{Y}_t$分别为目标域中的输入和输出。在多数情况下，$0\leqslant n_t\ll n_s$。基于以上定义的符号，迁移学习定义如下（Pan 和 Yang，2010）。

定义 1.1（迁移学习） 给定源域$\mathbb{D}_s$和学习任务$\mathbb{T}_s$、目标域$\mathbb{D}_t$和学习任务$\mathbb{T}_t$，**迁移学习**的目的是获取源域$\mathbb{D}_s$和学习任务$\mathbb{T}_s$中的知识以帮助提升目标域中的预测函数$f_t(\cdot)$的学习，其中$\mathbb{D}_s\neq\mathbb{D}_t$或者$\mathbb{T}_s\neq\mathbb{T}_t$。

整个迁移学习过程如图 1.1 所示。图中左侧的过程是传统的机器学习过程，右侧为迁移学习过程。我们可以发现，迁移学习不仅利用目标任务中的数据作为学习算法的输入，还利用源域中的所有学习过程（包括训练数据、模型和任务）作为输入。该图显示了迁移学习的一个关键概念：通过从源域获得更多知识来解决目标域中缺少训练数据的问题。

因为每个域由两部分组成，即$\mathbb{D}=\{\mathcal{X}, \mathbb{P}^X\}$，所以条件$\mathbb{D}_s\neq\mathbb{D}_t$意味着$\mathcal{X}_s\neq\mathcal{X}_t$或者$\mathbb{P}^{X_s}\neq\mathbb{P}^{X_t}$。类似地，任务也被定义为一对分量$\mathbb{T}=\{\mathcal{Y}, \mathbb{P}^{Y|X}\}$，所以条件$\mathbb{T}_s\neq\mathbb{T}_t$意味着$\mathcal{Y}_s\neq\mathcal{Y}_t$或者$\mathbb{P}^{Y_s|X_s}\neq\mathbb{P}^{Y_t|X_t}$。当目标域和源域相同时，即$\mathbb{D}_s=\mathbb{D}_t$，并且其学习任务也相同时，即$\mathbb{T}_s=\mathbb{T}_t$，学习问题就成为一个传统的机器学习问题。

基于上述定义，我们可以制定不同的方式将现有的迁移学习方法进行分类归纳。例如，基于特征空间和/或标签空间是否同构，可以将迁移学习分为两类：同构迁移学习（homogeneous

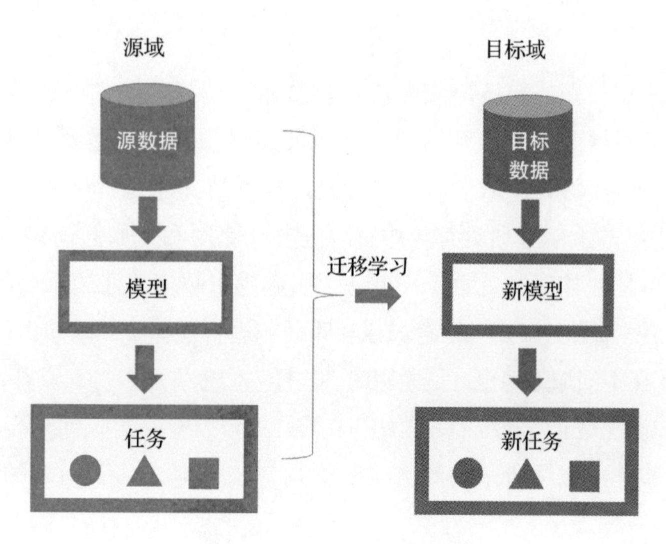

图 1.1　迁移学习过程示例

transfer learning）和异构迁移学习（heterogeneous transfer learning）。其定义描述如下（Pan, 2014）。[1]

定义 1.2（同构迁移学习）　给定源域 $\mathbb{D}_s$ 和学习任务 $\mathbb{T}_s$、目标域 $\mathbb{D}_t$ 和学习任务 $\mathbb{T}_t$，**同构迁移学习**的目的是获取源域 $\mathbb{D}_s$ 和学习任务 $\mathbb{T}_s$ 中的知识以帮助提升目标域中的预测函数 $f_t(\cdot)$ 的学习，其中 $\mathcal{X}_s \cap \mathcal{X}_t \neq \varnothing$ 且 $\mathcal{Y}_s = \mathcal{Y}_t$，但 $\mathbb{P}^{X_s} \neq \mathbb{P}^{X_t}$ 或 $\mathbb{P}^{Y_s \mid X_s} \neq \mathbb{P}^{Y_t \mid X_t}$。

定义 1.3（异构迁移学习）　给定源域 $\mathbb{D}_s$ 和学习任务 $\mathbb{T}_s$、目标域 $\mathbb{D}_t$ 和学习任务 $\mathbb{T}_t$，**异构迁移学习**的目的是获取源域 $\mathbb{D}_s$ 和学习任务 $\mathbb{T}_s$ 中的知识以帮助提升目标域中的预测函数 $f_t(\cdot)$ 的学习，其中 $\mathcal{X}_s \cap \mathcal{X}_t = \varnothing$ 或 $\mathcal{Y}_s \neq \mathcal{Y}_t$。

除了使用特征空间和标签空间的同构性外，还可以通过考虑目标域中是否有标签数据将现有的迁移学习方法分为以下三类：监督迁移学习（supervised transfer learning）、半监督迁移学习（semi-supervised transfer learning）、无监督迁移学习（unsupervised transfer learning）。在有监督迁移学习中，在目标域中仅有一些标签数据可用来训练，并且不使用未标注的数据进行训练。在无监督迁移学习中，目标域中只有无标签的数据可用。在半监督迁移学习中，假定在目标域中可获得足够的无标签数据和一些有标签数据。

要设计一个迁移学习算法，我们需要考虑以下三个主要的研究问题：何时迁移、迁移什么、

[1] 在本书的其余部分，若未加说明，迁移学习均指同构迁移学习。

如何迁移。

何时迁移寻求的是在什么情况下应该完成迁移技术。同样，我们对在哪些情况下不应该迁移知识也保持兴趣。在某些情况下，当源域和目标域彼此不相关时，强制迁移可能不会成功。在最坏的情况下，它甚至可能损害目标域中的学习性能。这种情况通常被称为*负迁移*（negative transfer）。目前关于迁移学习的大多数研究都集中在“迁移什么”和“如何迁移”上，隐含地假设源域和目标域彼此相关。但是，如何避免负迁移是一个引起越来越多关注的重要的开放性问题。

迁移什么决定了哪些部分的知识可以跨域或者跨任务进行迁移。某些知识是针对单个域或者任务的特定知识；某些知识在不同域之间也许是通用的，这样它们也许可以帮助提升目标域或目标任务的性能。请注意，术语“知识”是非常笼统的。因此，在实际中，需要根据不同的环境进行规范确定。

如何迁移指定迁移学习方法所采用的方式。根据对“如何迁移”问题的不同考量可以将迁移学习算法进行以下分类：

1）基于样本的算法，其中迁移的知识对应于源样本中的权重；

2）基于特征的算法，其中迁移的知识对应于源域和目标域中特征所共享的子空间；

3）基于模型的算法，其中迁移的知识嵌入源域模型的一部分中；

4）基于关系的算法，其中迁移的知识对应于源域中实体之间特定的规则。

上述每一种迁移算法分别对应于知识的哪一部分被视为知识迁移的载体。具体而言，**基于样本的迁移学习方法**背后的普遍动机是，虽然源域中的有标签数据由于域差异而无法直接使用，但在重新加权或者重采样后，一部分数据能够被目标域重新使用。通过这种方式，权重大的源域有标签样本被视为跨域迁移的“知识”。基于样本的方法背后的隐含假设是源域和目标域具有许多重叠特征，这意味着域共享相同或者相似的支持。

但是，在许多实际应用中，源域和目标域中只有一部分特征空间重叠，这意味着许多特征不能被直接用于知识迁移的桥梁。因此，一些基于样本的算法可能无法有效地用于知识迁移。在这种情况下，**基于特征的迁移学习方法**更加实用。基于特征的方法背后的一个常见想法是为源域和目标域学习“良好”的特征表示，通过将数据映射到一个新表示形式上，可以重用源域中的有标签数据来精确地训练出目标域的分类器。在这种方式中，跨域迁移的知识可以被认为是学习到的特征表示。

基于模型的迁移学习方法假设源域和目标域共享学习方法的一些参数或者超参数。基于模型的方法的动机是预训练好的源模型已经捕获了许多有用的结构，这些结构具有通用性并且可以被迁移以学习更精确的目标模型，在这种方式中，被迁移的知识指的是模型参数内含的域不变结构。最近广泛使用的基于深度学习（deep learning）的迁移学习的预训练技术就是一种基于模型的方法。具体而言，预训练的想法是首先使用足够的可能与目标域数据不尽相同的源域数据训练深度学习模型。然后在模型被训练后，使用一些有标签的目标域数据对预训练的深度模型的部分参数进行微调，例如，在固定其他层参数的同时精细调整若干层的参数。

与上述三种方法不同，**基于关系的迁移学习方法**假设对象（即样本）之间的某些关系在域或者任务之间是相似的。一旦提取了这些共同关系，就可以将它们用作迁移学习的知识。值得关注的是，在这类方法中，源域和目标域中的数据不需要像其他三类方法一样独立同分布（independent and identically distributed，i. i. d. ）。

1.3 与已有机器学习范式的关系

迁移学习和机器学习密切相关。一方面，迁移学习的目标即关键因素“泛化”也是机器学习的目标。换句话说，它探索如何开发通用和具有鲁棒性的机器学习模型，这些模型不仅可以应用于训练数据，还可以应用于无法预测的新数据。因此，所有的机器学习模型都应具备指导迁移学习的能力。另一方面，迁移学习与机器学习其他分支的不同之处在于，迁移学习旨在泛化不同任务或域之间的共性，也就是样本“集合”的共性，而机器学习则侧重于泛化“样本”间的共性。这种差异使得这两种学习算法的设计大相径庭。

具体而言，机器学习算法（如半监督学习、主动学习（active learning）和迁移学习）都可部分解决目标域中有标签数据稀疏的问题，但它们具有不同的假设。半监督学习旨在通过利用大量未标注数据进行数据训练以发现内在数据结构来有效地传播标签信息，从而解决同一域中有标签数据稀缺的问题。半监督学习背后的常见假设是：即使没有足够的有标签数据，底层的内在数据结构对于学习精确模型也非常有用；训练数据（包括标注和未标注的）以及看不见的测试数据，都处在相同的特征空间内并服从相同的数据分布。

主动学习并不利用未标注数据训练精确的模型。作为机器学习中用于减少监督学习中标注工作的一个分支，主动学习试图设计一个主动学习器来提出查询，通常以未标注的数据实例的形式由预言者（如人类注释者）进行标注。主动学习背后的关键动机是，如果允许机器学习算法利用学习到的知识选择数据，则可以使用较少的有标签数据实现较高的准确性。但是，主动学习假定有一定的预算（如一定量的有标签数据）能够为主动学习器在感兴趣的领域中提出查询。在一些实际应用中，预算可能非常有限，这意味着通过主动学习查询到的有标签数据可能不足以使其在感兴趣的领域中学习到精确的分类器。

相反，迁移学习允许在训练阶段和测试阶段使用的域、任务和分布不同。迁移学习背后的主要思想是从一些相关领域中借用有标签数据或者提取知识，以帮助机器学习算法在感兴趣的领域中实现更高的性能。因此，与半监督学习和主动学习相比，迁移学习可以被称为一种具有最小化人类监督的学习模型的不同策略。

与迁移学习最相关的学习范式之一是多任务学习（multitask learning）。虽然迁移学习和多任务学习都旨在泛化跨任务间的共性，但是迁移学习侧重于学习目标任务，其中一些源任务被用作辅助信息，多任务学习旨在共同学习一组目标任务以提高每个任务的泛化性能，而无须任何源任务或者辅助任务。由于大多数现有的多任务学习方法认为所有任务具有相同的重要性，而迁移学习仅考虑目标任务的性能，因此这两种学习算法的详细设计有所不同。然而，大多数现有的多任务学习算法都可以转化成适应迁移学习的方式。

我们在图 1.2 中总结了迁移学习和其他机器学习范式之间的关系，并在图 1.3 中展示了迁移学习和多任务学习之间的区别。

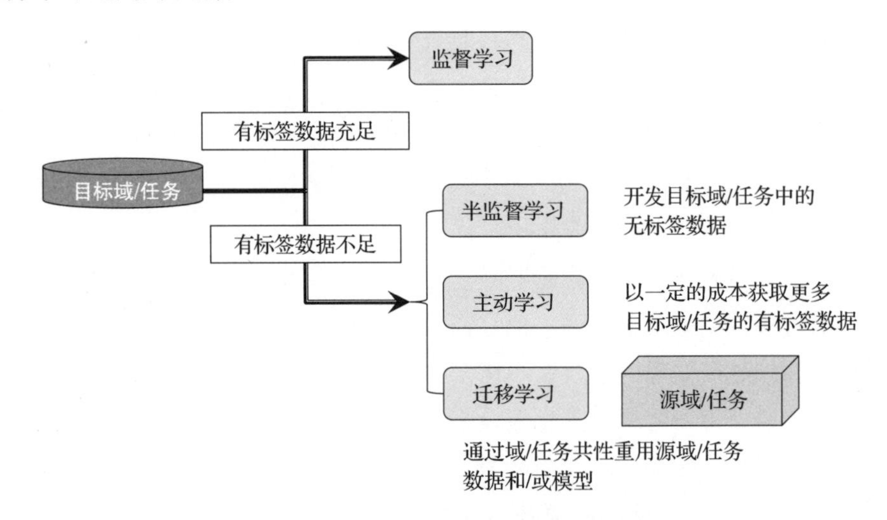

图 1.2　迁移学习与其他学习范式的关系

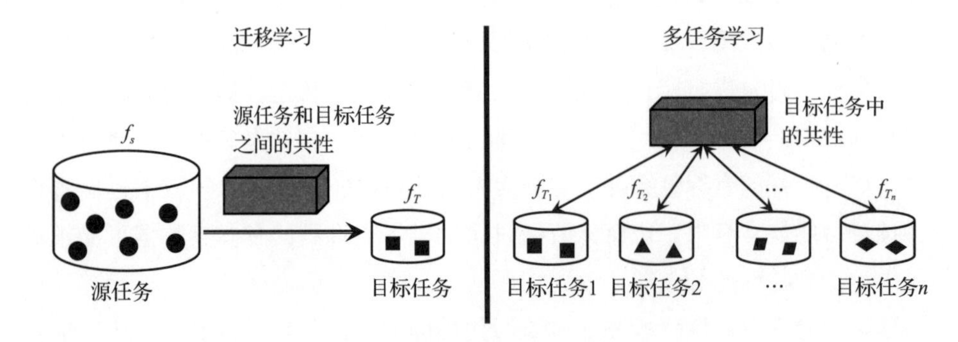

图 1.3　迁移学习与多任务学习的关系

1.4 迁移学习的基础研究问题

正如上面提到的，迁移学习中存在三个研究问题，即“迁移什么”“如何迁移”和“何时迁移”。由于迁移学习的目标是跨不同领域迁移知识，因此第一个问题就是可以迁移哪些跨域的知识来提高目标域的泛化性能，也就是“迁移什么”问题。在确定了要迁移的知识后，后续问题便是如何将知识编码到学习算法中进行迁移，这对应于“如何迁移”问题。“何时迁移”是询问在哪些情况下应该进行迁移学习或者可以安全地进行迁移学习。这三个问题背后的一个基本研究问题是如何衡量任何一对域或者任务之间的“距离”。通过域或者任务之间的距离度量，可以确定任务之间的哪些共有知识可以用于减少域或者任务之间的距离，即“迁移什么”，并根据识别出来的共有知识确定如何减少域或者任务之间的距离，即“如何迁移”。此外，通过域或任务之间的距离度量，可以在逻辑上决定“何时迁移”：如果距离太大，则建议不进行迁移学习。否则，迁移才是“安全的”。

因此，随后的问题是如何进行距离度量。传统上，对于任何两个概率分布之间的距离存在各种类型的统计度量方法。其中，典型的度量方法包括但不限于 KL 散度、A 距离和最大均值差异（Maximum Mean Discrepancy，MMD）。回顾一下，域包含特征空间和边缘概率分布两个组成部分，任务也包含标签空间和条件概率分布两个组成部分。因此，通过假设源域（源任务）和目标域（目标任务）共享一个特征（标签）空间，可以将现有的概率分布间距离的统计度量方法用于度量域或者任务之间的距离。但是，使用统计距离度量方法进行迁移学习存在一些限制。首先，研究人员发现这些基于通用分布的距离度量通常过于粗糙，并且在两个域或者任务之间的可迁移性距离度量方面不能很好地发挥作用。其次，如果域具有不同的特征空间和/或标签空间，则必须首先将数据映射到相同的特征空间和/或标签空间，然后将统计距离度量方法应用到后续步骤中。因此，需要对两个域或者任务之间距离的泛化度量进行更多的研究。

1.5 迁移学习应用

1.5.1 图像理解

从目标识别到行为识别的很多图像理解任务已经运用了迁移学习。通常，这些计算机视觉任务需要大量有标签数据来训练模型，例如使用众所周知的 ImageNet 数据集。然而，当计算机视觉的情景稍有变化（例如从室内到室外、从静止摄像机变为移动摄像机）时，需要调整模型以适应新情况。迁移学习是解决这些适应问题的常用技术。

在图像分析领域，许多最近的方法将深度学习架构和迁移学习相结合。例如，Long 等人（2015）利用深度学习框架将源域和目标域之间的距离最小化。在 Facebook 上发表的一篇文章中，Mahajan 等人（2018）将迁移学习应用到图像分类中。该方法首先在非常大的图像数据集上训练深度学习模型，然后在目标域的特定任务中利用相对少量的有标签数据对预先训练的模型进行调整。该模型是一个为基于数十亿社交媒体图片主题标签的分类任务而训练的深度卷积网络，目标任务是目标识别或图像分类。他们的分析表明，增加预训练数据集的大小以及在源任务和目标任务之间选择密切相关的标签空间都很重要。这一观察结果说明，迁移学习需要设计“标签空间工程”方法以匹配源和目标的学习任务。他们的工作还表明，可以通过提高源模型的复杂度和增加数据集大小获得对目标任务的改进。

迁移学习还使得图像分析在具有巨大社会影响的应用中发挥重要作用。在 Xie 等人（2016）的研究中，斯坦福大学地球科学的学者基于卫星图像，利用迁移学习来预测全球贫困水平。首先，他们使用白天的图像预测夜间光照图像，然后将所得模型迁移到预测贫困的问题上。与传统的基于调查的方法相比，该方法得到了非常准确的预测结果并且只需要很少的人工标注工作。

1.5.2 生物信息学和生物成像

在生物学中，许多实验成本高昂且数据很少。例如，医生尝试使用计算机发现潜在疾病时的生物成像，以及使用软件模型扫描复杂的 DNA 和蛋白质序列以寻找特定疾病以及治愈的模式。迁移学习越来越多地被用于帮助将知识从一个领域迁移到另一个领域来解决生物学中有标签数据获取成本高昂的难题。例如，Xu 和 Yang（2011）对在生物信息学应用中利用迁移学习和多任务学习进行了早期调研。Xu 等人（2011）提出了一种迁移学习过程以识别在有标签数据极少的目标域中的蛋白质细胞结构。在生物医学图像分析中，一个难题是收集足够的训练数据来训练模型以识别诸如癌症等指定疾病的图像模式。这种识别需要大量的训练数据。然而，这些数据通常因为需要专家进行标注而十分昂贵。此外，预训练模型和未来模型的数据通常来自不同的分布。这些问题激发了许多应用迁移学习来使预训练模型适应新任务的研究工作。例如，在 Shin 等人（2016）的研究中，基于 ImageNet 数据的预训练模型被用作源域模型，然后被迁移到医学成像领域中用于胸腹淋巴结检测和间质性肺病分类，该研究取得了巨大的成功。

1.5.3 推荐系统和协同过滤

通常情况下，由于冷启动问题，在线产品推荐系统难以建立。如果我们能发现域之间的相似性并将推荐模型从一个成熟域适应到新域，那么就可以缓和冷启动问题。这通常可以节省成功完成一个原本不可能的任务所耗费的时间和资源。例如，Li 等人（2009b）和 Pan 等人（2010b）开创性地将迁移学习应用到了在线推荐领域。在他们的应用中，跨域推荐系统将用户偏好模型从现有域（如图书推荐领域）迁移到一个新域（如电影推荐领域）中。该场景对应于在线商务站点开放新业务线时希望在新业务线中快速部署推荐模型的商业案例。在这样做时，必须克服新业务线中缺少交易数据的问题。另一项工作是整合强化学习（reinforcement learning）和推荐系统，从而使依据用户历史记录和潜在的兴趣多样性推荐的项目是准确的。例如，Liu 等人（2018）提出了一种在推荐准确度和主体多样性中达到平衡的 bandit 算法，以允许系统挖掘新主题以及迎合用户最近的选择。关于迁移学习，该工作表明平衡探索和利用的推荐策略确实可以在域之间进行迁移。

1.5.4 机器人和汽车自动驾驶

在设计机器人和汽车自动驾驶时，从模拟场景中学习是一种特别有用的方法。在硬件交互部分，收集用于训练强化学习和监督学习模型的有标签数据是十分昂贵的。正如 Taylor 和 Stone（2007）所描述的，迁移学习能够帮助研究人员在一个或多或少理想的域（源域）中构建模型，然后在目标域中学习处理预期事件的策略。目标域模型可以处理更多现实世界中的情况，以进一步处理更多未预料到的噪声数据。当模型很好地适应后，可以在重新训练目标域模型的过程中节省大量劳动力和资源。Tai 等人（2017）设计了基于 10 维稀疏范围发现的无地图支持运动规划器，并通过端到端的深度强化学习算法对其进行了训练，然后通过真实样本将学习好的规划器泛化迁移到了现实场景中。

1.5.5 自然语言处理和文本挖掘

文本挖掘是迁移学习算法的一个很好的应用场景。文本挖掘旨在从文本中发现有用的结构性知识并将其应用于其他领域中。在文本挖掘的所有问题中，文本分类旨在用不同的类标签标记新的文本文档。一个典型的文本分类问题是情感分类。在线论坛、博客、社交网络等在线网站上有大量用户生成的内容，能够总结消费者对产品和服务的看法非常重要。情感分类能够通过将评论分为正面和负面两个类别来解决这个问题。但是，在不同的域中，例如不同类型的产品、不同类型的在线网站、不同的行业，用户可能使用不同的词语表达他们具有相同情感的观点。因此，在一个域上训练的情感分类器可能在其他域上表现不佳。在这种情况下，迁移学习可以帮助调整已训练完成的情感分类器以适应不同的领域。

近期，对预训练的研究获得了迁移学习本质的新见解。Devlin 等人（2018）发现了迁移学习应用成功的一个条件：拥有足够数量的源域训练数据。例如，谷歌的自然语言处理系统 BERT（Bidirectional Encoder Representations from Transformers，Transformer 的双向编码器表示）（Devlin 等人，2018）将迁移学习应用于许多 NLP 任务中，证明使用强大的预训练模型可以解决许多传统自然语言处理领域的棘手问题（如问答系统）。在公开的 SQuAD 2.0 竞赛中，BERT 在许多任务中取得了令人惊讶的领先结果（Rajpurkar 等人，2016）。其源域由非常庞大的自然语言文本语料库组成，BERT 使用该语料库训练基于注意力机制的双向 Transformer 模型。预训练模型能够使语言模型中的各种预测比以前更准确，并且其预测能力随着源域中训练数据量的增加而增加。然后，通过在诸如下一句子分类、问答和命名实体识别（Named Entity Recognition，NER）中向源模型添加额外的较小的层，便可以将 BERT 模型应用于目标域中的特定任务。这种迁移学习方法属于基于模型的迁移，其中大多数超参数保持相同，但是会选择几个超参数通过目标域中的新数据进行调整。

1.6 历史笔记

许多人类学习活动都遵循迁移学习的形式。我们可以观察到人们经常使用从先前学习任务中获得的知识来帮助学习新任务。例如，可以观察到婴儿首先学习如何分辨自己的父母，然后利用这种分辨能力去学习如何分辨其他人。

迁移学习深深植根于人工智能、心理学、教育理论和认知科学中。在 AI 中，已经有了许多迁移学习的形式化表达。通过类比学习是人工智能的基本要素之一。人类可以借鉴过去的经验很好地解决当前的问题。在 AI 中，有一些关于类比推理的早期研究，如动态记忆（Schank，1983）。通过在解决问题时使用类比，Carbonell（1981）和 Winston（1980）指出类比推理意味着必须比较实体之间的关系而不仅仅是实体本身，以便有效地利用之前的经验。Forbus 等人（1998）认为高层结构相似性是类比推理的基础。Holyoak 和 Thagard（1989）使用这种策略开创了一种类比推理的计算理论，前提是将允许两个实例映射到单一表示的抽象规则作为输入。

解决类比问题是基于案例的推理的基石，其中已经开发了很多系统。例如，HYPO（Ashley，1991）在法律案例库中检索类似的过去案例以支持索赔或提出反驳的论据。PRODIGY（Carbonell 等人，1991）使用以前的解决问题案例集合作为案例库，并通过检索找到最相似的案例。大多数类比推理的系统，如 CBR 系统（Kolodner，1993），都依赖过去案例和新目标问题处于同一个表征空间这一假设。

机器学习文献中已有一些针对迁移学习的调研工作。Pan 和 Yang（2010）以及 Taylor 和 Stone（2009）对迁移学习工作进行了早期调研，其中前者侧重于分类和回归领域的机器学习，而后者侧重于强化学习方法。本书旨在提供覆盖这些领域的深入调研，以及深度学习领域中迁移学习的最新进展。

1.7 关于本书

本书主要由两部分组成。第一部分从代表性方法和理论研究的角度介绍迁移学习的基础。第二部分讨论迁移学习中的一些新热点，以及展示一些成功应用迁移学习的场景。表 1.1 总结了本书中使用的符号。

表 1.1 符号说明

符号	说明
$\mathscr{D}$	数据集
$\mathscr{X}$	特征空间
$\mathscr{H}$	假设空间
$\mathbb{P}$	概率分布
$\mathbb{E}_{\mathbb{P}}[\cdot]$	分布 $\mathbb{P}$ 的期望
$\mathrm{tr}(\boldsymbol{A})$	矩阵 $\boldsymbol{A}$ 的迹
min	最小化
max	最大化
$\boldsymbol{I}_n$	$n\times n$ 单位矩阵
$\boldsymbol{I}$	大小依赖于上下文的单位矩阵
$\mathbf{0}$	大小依赖于上下文的 0 向量或矩阵
$\mathbf{1}$	大小依赖于上下文的 1 向量或矩阵
$\\|\cdot\\|_p$	向量的 ℓ_p 范数，$0\leqslant p\leqslant\infty$
$\\|\cdot\\|_1$	向量或矩阵的 ℓ_1 范数
$\\|\cdot\\|_F$	矩阵的 Frobenius 范数
$\\|\cdot\\|_{S(p)}$	矩阵的 Schatten p 范数
$\mu_i(\cdot)$	矩阵的第 i 大特征值或奇异值
$N(\mu, \sigma)$	均值为 μ、方差为 σ 的单变量或多变量正态分布
$\\|\boldsymbol{A}\\|_{p,q}$	矩阵的 $\ell_{p,q}$ 范数，$\\|\boldsymbol{A}\\|_{p,q}=\\|(\\|\boldsymbol{a}_1\\|_p, \cdots, \\|\boldsymbol{a}_n\\|_p)\\|_q$，其中 $\boldsymbol{a}_i$ 是 $\boldsymbol{A}$ 的第 i 行
$\boldsymbol{A}^{-1}$	非奇异矩阵 $\boldsymbol{A}$ 的逆
$\boldsymbol{A}^{+}$	非奇异矩阵 $\boldsymbol{A}$ 的逆或奇异矩阵的伪逆

本书是香港科技大学杨强教授的许多往届和现在的学生对该研究领域进行多年原创性研究和调研的努力成果。按章节的先后顺序对本书概述如下：

第 2 章介绍基于样本的迁移学习。最直接的迁移学习方法之一是从源域中识别实例或样本并为其重新分配权值。然后，具有足够高权值的样本被迁移到目标域中，以帮助训练更好的机器学习模型。仅迁移那些可以促进目标域学习的样本并同时避免“负迁移”十分重要。此外，基于样本的迁移学习方法在有多个源域的情况下也很有用。

第 3 章介绍基于特征的迁移学习。特征是机器学习的主要构成元素。它们既可以是输入数据的直接属性，如图像中的像素或者文本文档中的短语，也可以是由输入特征通过一定的非线性变化组成的复合特征。这些特征一起构成了高维特征空间。基于特征的迁移能够识别源域和目标域之间的特征公共子空间，并允许在这些子空间中进行迁移。当没有明确的实例可以直接迁移时，这种迁移学习方式特别有用，我们还可以迁移一些常见的“学习方式”。

第 4 章讨论基于模型的迁移学习。基于模型的迁移是指学习模型的某些部分可以从源域中迁移到目标域中，其中可以基于被迁移的模型对目标域中的学习进行“微调”。当源域中具有相当完整的数据集并且源域中的模型在泛化方面非常强大时，基于模型的迁移学习特别有用。在目标域中的学习是为了将源域中的一般性模型适配成“域”网络边缘上的目标域中的特定模型。

第 5 章探讨基于关系的迁移学习。当知识根据知识图谱或者关系逻辑形式进行编码时，这一章的内容特别有用。当建立了迁移关系的字典序，并且知识以某些编码规则的形式存在时，这种类型的迁移学习可能特别有用。

第 6 章介绍异构迁移学习。有时，当我们讨论迁移学习时，目标域可能具有与源域完全不同的特征表示。例如，我们可能收集了有关图像的有标签数据，但是目标任务是对文本文档进行分类。如果图像和文本文档之间存在一定的关系，那么迁移学习仍然可以在语义层面进行，其中源域和目标域之间的通用知识可以被提取作为知识迁移的“桥梁”。

第 7 章讨论对抗性迁移学习。机器学习，特别是深度学习，可以被设计成在生成数据的同时分类数据。机器学习的这种双重关系可以被用来模拟人类模仿和创造的能力。该学习过程可以被建模成多模型之间的一种博弈，并且被称为对抗性学习。对抗性学习在赋予迁移学习过程方面非常有用，这也是这一章的重点。

第 8 章讨论迁移学习在强化学习中的应用。强化学习可以延迟奖励，并在学习系统中引入动作和状态的概念。在强化学习问题中学习策略需要大量的训练数据，这需要花费大量时间来准备。当源域和目标域与任务紧密结合时，迁移学习能够缓解这种情况并且十分有用。

第 9 章讨论多任务学习。到目前为止，迁移学习都是按照时间先后顺序进行讨论的：在源域和模型已经准备好后，才可以在随后的时间点对目标域进行迁移学习。多任务学习旨在通过允许多个任务彼此利用其通用知识，在同一时间点进行学习。这就像学生在同一学期学习多门课程时，能够发现一些共同的内容或者学习方法以在课程之间共享。

第10章讨论迁移学习理论。学习理论通过将样本数量与特定算法的泛化误差界限相关联来说明学习系统的泛化能力。这一系列工作通常遵循概率近似正确学习（Probably Approximately CorrectLearning，PACL）的方法。当界限严格时，该错误边界自身也可用于设计新算法。迁移学习理论在正确完成后，能够帮助确保学习系统的能力。

第11章综述传导式迁移学习。到目前为止，关于迁移学习的研究都在讨论从源域到目标域的迁移模型。当源域和目标域彼此间隔“远”，即两者之间没有直接关系时，迁移不能直接发生在这两个域之间。虽然这给迁移学习带来了难题，但是当我们能够发现一些间接领域作为知识的“跳板”跳到目标域时，仍有进行迁移学习的机会。例如，当一个学生进入大学学习微积分课程时，可能会发生这种情况，其中通过几个学期的知识迁移，学生最终会学习到一些诸如高等物理或者计算的课程。

第12章介绍实现自动迁移学习的方法。就像典型的机器学习系统一样，工程过程可能十分烦琐，因为可能需要调整很多参数。因此，研究人员引入了自动化机器学习（Automated Machine Learning，AutoML）的概念，通过自动化优化过程来自动进行参数调整过程。同样，迁移学习需要很多工程努力，并且当获得足够的迁移学习经验时，该经验又可以成为构建自动迁移学习（Automatic Transfer Learning，AutoTL）中参数调整模型的训练数据。

第13章介绍小样本学习。小样本学习是指在源域中建立足够好的模型时，可能存在训练这种目标域模型所需的训练数据很少甚至不需要训练数据的情况。

第14章讨论终身机器学习。当迁移学习沿着时间线连续进行时，系统可以以终身的方式从所有先前的经验中获取知识。挑战在于如何存储先前的知识以及如何在解决实际中的下一个任务时选择需要重用的以前的知识。

第15章讨论保护隐私的迁移学习。当两个群体之间发生迁移学习时，我们希望保护用户的敏感和私密信息以及源域中的机密数据。我们希望在迁移知识本身的同时做到这一点。因此，在应用迁移学习时，应注意不要让目标域对敏感数据进行反向工程。在这一章中，我们讨论如何将差分隐私与迁移学习相结合，以保护用户隐私并确保数据机密性。

第16章讨论迁移学习在计算机视觉中的应用，这是迁移学习应用最广的领域之一。我们研究该领域的工作，并且特别关注医学成像和迁移学习。

第17章讨论迁移学习在自然语言处理中的应用。自然语言处理是迁移学习的主要应用领域之一。由于 NLP 的语言特性，该领域需要特别关注。

第 18 章讨论迁移学习在对话系统中的应用。我们特意将对话系统从第 17 章的 NLP 应用综述中抽离出来，因为它是一个越来越重要的应用领域，不仅在于其本身，也在于其将成为未来几年内蓬勃发展的人机交互媒介。

第 19 章介绍迁移学习在推荐系统中的应用。推荐系统是一种机器学习技术，同时也是机器学习的一个重要应用领域。迁移学习在推荐系统中尤为重要，因为该领域在新开启的场景下由于没有获得足够的数据和知识而经常遭遇所谓的“冷启动”问题和数据稀疏性问题。事实证明，迁移学习在缓解这些问题上非常有用。

第 20 章讨论迁移学习在生物信息学和生物成像中的应用。随着遗传和生物医学技术的进步，生物学数据得到了越来越多的积累，这为机器学习提供了应用机会。然而，这是一个收集高质量样本极其困难、昂贵和耗时的领域。因此，迁移学习特别有用，尤其是当遗传学领域充满极高维度和低样本量的数据时。我们将概述该领域的工作。

第 21 章介绍迁移学习在基于传感器的行为识别中的应用。行为识别是指从传感器数据中发现人们的行为，这对于辅助生活、安全应用和许多其他应用都非常有用。该领域的一个挑战是缺乏有标签数据，而迁移学习尤其适用于解决这一挑战。

第 22 章讨论迁移学习在城市计算中的应用。从交通预测到污染预报，城市计算中有许多机器学习问题需要解决。在一个城市中的数据被收集后，可以通过迁移学习将模型迁移到新的需要考虑的城市中，特别是当这些新城市没有足够多的高质量数据时。

第 23 章将总结本书并展望未来工作。

第2章

基于样本的迁移学习

2.1 引言

直观上，基于样本的迁移学习重复使用源域中的有标签数据，以帮助训练出一个用于目标任务的更准确的模型。如果源域和目标域过于相似，那么可以将源域和目标域进行合并，将其转化为标准的单领域机器学习问题。然而，在许多应用中，这种“直接采用”源域样本的策略并不能很好地解决目标任务。

有些源域有标签数据有利于为目标域训练出更准确的模型，而有些数据则无法提升甚至损害模型，基于样本的迁移学习的主要动机就在于这些有用的数据。我们可以通过偏差-方差分析来理解这个动机。若目标域的数据集小，则模型的方差偏高、泛化误差大。通过加入部分源域数据作为辅助数据集，可以减小模型的方差。然而，如果源域和目标域的数据分布差距很大，则新模型的偏差会很高。因此，我们需要从源域中筛选出符合目标域数据的相似分布的样本，将它们运用于训练以降低新模型的偏差和方差。

简要来说，基于样本的迁移学习有两个关键问题。第一个问题是如何筛选出源域中与目标域数据具有相似分布的有标签样本；第二个问题是如何利用这些“相似”的数据训练出一个更准确的目标域上的学习模型。

一个域 $\mathbb{D}=\{\mathcal{X},\ \mathbb{P}^X\}$ 由两个部分组成：特征空间 $\mathcal{X}$ 和边缘分布 $\mathbb{P}^X$。给定 $\mathbb{D}$，一个任务 $\mathbb{T}=\{\mathcal{Y},\ \mathbb{P}^{Y|X}\}$ 也由两个部分组成：标签空间 $\mathcal{Y}$ 和条件概率分布 $\mathbb{P}^{Y|X}$。大多数基于样本的迁移学习方法通常假设作为训练输入的源域样本和目标域样本有着相同或相似的支持，即大部分的样本有着相似的特征。同时，源任务和目标任务的输出标签需要一致。这个假设保证了知识可以通过样本进行跨领域迁移。结合域和任务的定义，这意味着在基于样本的迁移学习中，域间或任务间的不同之处分别在于域特征的边缘分布（$\mathbb{P}_s^X\neq\mathbb{P}_t^X$）或任务的条件概率分布（$\mathbb{P}_s^{Y|X}\neq\mathbb{P}_t^{Y|X}$）。

若 $\mathbb{P}_s^X\neq\mathbb{P}_t^X$ 但 $\mathbb{P}_s^{Y|X}=\mathbb{P}_t^{Y|X}$，则将问题称为非归纳式迁移学习（non-inductive transfer learning）[⊖]。例如，一家医院希望利用该院病人的电子病历训练一个特定疾病的预测模型，在这里，每家医院就是一个域。由于在不同医院（域）就诊的病人群体的结构不同，不同域的边缘分布 $\mathbb{P}^X$ 是不同的。然而，由于各家医院研究的是同一种疾病，不同域对应的任务的条件概率 $\mathbb{P}^{Y|X}$ 是相同的。若 $\mathbb{P}_s^{Y|X}\neq\mathbb{P}_t^{Y|X}$，则将问题称为归纳式迁移学习（inductive transfer learning）。假设之前的例子中的疾病是禽流感病毒，禽流感病毒会演变出具有不同发病原因的禽流感亚型（如 H1N1、H5N8）。将一家医院独立地为每种禽流感病毒亚型训练预测模型视为一个任务，由于不同亚型的发病原因不同，因此不同任务的条件概率 $\mathbb{P}^{Y|X}$ 不同。

在非归纳式迁移学习中，由于不同域的条件概率是相同的，即 $\mathbb{P}_s^{Y|X}=\mathbb{P}_t^{Y|X}$，可以证明，即使目标域的数据全都没有标签，利用源域中的有标签数据和目标域中的无标签数据仍然可以训练出最优的预测模型。在归纳式迁移学习中，由于不同任务的条件概率不同，为了进行条件概率或判别函数从源域到目标域的迁移，目标域中的部分数据需要被标注。

由于非归纳式迁移学习和归纳式迁移学习的假设不同，这两种迁移学习的设计也是不同的。接下来，我们将从细节上探讨两种迁移学习的动机、基本思想和代表性方法。

2.2　基于样本的非归纳式迁移学习

正如前文所述，在非归纳式学习中，假设源任务和目标任务是相同的，源域和目标域的输入样本的支持也应该是相同或相似的，即 $\mathcal{X}_s=\mathcal{X}_t$。两个域的不同之处只在于输入样本的边缘分布，即 $\mathbb{P}_s^X\neq\mathbb{P}_t^X$。在这些假设下，我们有源域的有标签数据集 $\mathcal{D}_s=\{(\boldsymbol{x}_{s_i},\ y_{s_i})\}_{i=1}^{n_s}$ 和目标域的无标签数

⊖ 这里我们不采用 Pan 和 Yang（2010）使用的术语“直推式迁移学习”（transductive transfer learning），因为“直推式”（transductive）已经广泛用于区分模型是否具有样本外泛化能力，如果用于定义迁移学习则会引起混淆。

据集 $\mathcal{D}_t=\{(\boldsymbol{x}_{t_i})\}_{i=1}^{n_t}$。我们需要为目标域的未见数据训练出一个准确的预测模型。

接下来我们将证明在非归纳式迁移学习的假设下，可以在目标域没有任何有标签数据的条件下为目标域训练出一个最优的预测模型。假设我们需要为目标域训练一个以 θ_t 为参数的预测模型。根据经验风险最小化（empirical risk minimization）的框架（Vapnik，1998），θ_t 的最优解可以通过下述优化问题得到：

$$\theta_t^* = \underset{\theta_t \in \Theta}{\operatorname{argmin}} \mathbb{E}_{(\boldsymbol{x},y)\in \mathbb{P}_t^{X,Y}}(\ell(\boldsymbol{x},y,\theta)) \tag{2.1}$$

其中 $\ell(\boldsymbol{x}, y, \theta)$ 是 θ_t 的损失函数。由于目标域中没有有标签数据，式（2.1）并不能直接被优化。Pan（2014）已经证明，通过贝叶斯定理和期望的定义，式（2.1）可以被重写成

$$\theta_t^* = \underset{\theta_t \in \Theta}{\operatorname{argmin}} \mathbb{E}_{(\boldsymbol{x},y)\sim \mathbb{P}_s^{X,Y}}\left(\frac{P_t(\boldsymbol{x},y)}{P_s(\boldsymbol{x},y)}\ell(\boldsymbol{x},y,\theta_t)\right) \tag{2.2}$$

式（2.2）表示 θ_t^* 可以利用源域上的有标签数据通过最小化加权期望风险学习得到。在非归纳式迁移学习中，由于 $\mathbb{P}_s^{Y|X}=\mathbb{P}_t^{Y|X}$，通过分解联合概率分布 $\mathbb{P}^{X,Y}=\mathbb{P}^{Y|X}\mathbb{P}^X$，可以得到 $\frac{P_t(\boldsymbol{x}, y)}{P_s(\boldsymbol{x}, y)}=\frac{P_t(\boldsymbol{x})}{P_s(\boldsymbol{x})}$。因此，式（2.2）可以进一步写成

$$\theta_t^* = \underset{\theta_t \in \Theta}{\operatorname{argmin}} \mathbb{E}_{(\boldsymbol{x},y)\sim \mathbb{P}_s^{X,Y}}\left(\frac{P_t(\boldsymbol{x})}{P_s(\boldsymbol{x})}\ell(\boldsymbol{x},y,\theta_t)\right) \tag{2.3}$$

源域样本 $\boldsymbol{x}$ 的权重为目标域和源域在数据点 $\boldsymbol{x}$ 处的输入样本的边缘分布比。给定源域有标签数据集 $\{(\boldsymbol{x}_{s_i}, y_{s_i})\}_{i=1}^{n_s}$，通过定义 $\beta(\boldsymbol{x})=\frac{P_t(\boldsymbol{x})}{P_s(\boldsymbol{x})}$，式（2.3）可以被近似写成[⊖]

$$\theta_t^* = \underset{\theta_t \in \Theta}{\operatorname{argmin}} \sum_{i=1}^{n_s} \beta(\boldsymbol{x}_{s_i})\ell(\boldsymbol{x}_{s_i}, y_{s_i}, \theta_t) \tag{2.4}$$

因此，若要使用源域有标签数据来学习目标模型，则需要估计权重 $\{\beta(\boldsymbol{x}_{s_i})\}$，即密度比。如式（2.4）所示，估计 $\{\beta(\boldsymbol{x}_{s_i})\}$ 并不需要有标签样本。一个简单的估计方法是首先估计 $\mathbb{P}_t^X$ 和 $\mathbb{P}_s^X$，然后对源域的每个样本 $\boldsymbol{x}_{s_i}$ 计算密度比 $\frac{P_t(\boldsymbol{x}_{s_i})}{P_s(\boldsymbol{x}_{s_i})}$。然而，密度估计（density estimation）本身就是一个非常难的任务（Tsuboi 等人，2009），尤其是数据维度较高时。这种情况下，由密度估计引起的错误将会影响密度比估计。

Quionero-Candela 等人（2009）提出了一些跳过密度估计而直接估计比值 $\frac{\mathbb{P}_t^X}{\mathbb{P}_s^X}$ 的方法。接下来

⊖ 实际上我们会添加正则项以避免模型过拟合。

的几节将会介绍如何通过几种典型方法直接估计密度比。

2.2.1 判别区分源数据和目标数据

学习权重的一个简单有效的方法是把估计边缘密度比的问题转化为判别一个样本是来自源域还是目标域的问题。这可以被视为一个二分类问题：来自源域的数据标注为1，来自目标域的数据标注为0。

例如，Zadrozny（2004）提出了一种基于拒绝采样（reject sampling）的方法来校正样本选择偏差。拒绝采样的过程定义如下。引入选择变量$\delta \in \{1, 0\}$，以$P_t(\boldsymbol{x})$的概率从边缘分布为$\mathbb{P}_t^X$的目标域抽取样本$\boldsymbol{x}$，其中$P_t(\boldsymbol{x})=P(\boldsymbol{x}|\delta=0)$。同样，$P_s(\boldsymbol{x})$可以写成$P_s(\boldsymbol{x})=P(\boldsymbol{x}|\delta=1)$。$\boldsymbol{x}$以$P(\delta=1|\boldsymbol{x})$的概率被源域接受或以$P(\delta=0|\boldsymbol{x})$的概率被源域拒绝。每一个数据样本$\boldsymbol{x}$处的密度比可以写为

$$\frac{P_t(\boldsymbol{x})}{P_s(\boldsymbol{x})}=\frac{P(\delta=1)}{P(\delta=0)}\frac{P(\delta=0)}{P(\delta=1)}\frac{P_t(\boldsymbol{x})}{P_s(\boldsymbol{x})} \tag{2.5}$$

其中$P(\delta)$是δ在源域和目标域的联合数据集内的先验概率。通过贝叶斯定理，式（2.5）可以进一步写成

$$\frac{P_t(\boldsymbol{x})}{P_s(\boldsymbol{x})}=\frac{P(\delta=1)}{P(\delta=0)}\left(\frac{1}{P(\delta=1|\boldsymbol{x})}-1\right)$$

因此，源域中的样本处的密度比的估算为$\frac{P_t(\boldsymbol{x})}{P_s(\boldsymbol{x})} \propto \frac{1}{P_{s,t}(\delta=1|\boldsymbol{x})}$。我们把计算$P(\delta=1|\boldsymbol{x})$看成一个二分类问题并且为其训练一个分类器。计算完成每一个源域样本处的密度比后，通过对源数据样本进行重加权或对源域数据集进行重要性采样即可训练出一个新模型。

按照Zadrozny（2004）的想法，Bickel等人（2007）提出了一个合并密度估计和模型训练及重加权的源数据样本的框架。$\mathbb{P}^X$表示在源域和目标域联合数据集内的样本$\boldsymbol{x}$的密度比。我们可以用任何分类器来估计$P(\delta=1|\boldsymbol{x})$。假设$\boldsymbol{v}$表示分类器的参数，$\boldsymbol{w}$表示在重加权源域数据上训练的最终学习模型的参数，那么所有的参数可以通过最大后验估计（Maximum A Posterior，MAP）进行优化：

$$[\boldsymbol{w},\boldsymbol{v}]_{\mathrm{MAP}}=\underset{\boldsymbol{w},\boldsymbol{v}}{\operatorname{argmax}} P(\boldsymbol{w},\boldsymbol{v}|\mathcal{D}_s,\mathcal{D}_t)$$

其中$\mathcal{D}_s$和$\mathcal{D}_t$表示源域和目标域数据集。$P(\boldsymbol{w}, \boldsymbol{v}|\mathcal{D}_s, \mathcal{D}_t)$和$P(\mathcal{D}_s|\boldsymbol{w}, \boldsymbol{v})P(\mathcal{D}_s, \mathcal{D}_t|\boldsymbol{v})P(\boldsymbol{w})P(\boldsymbol{v})$成正比。因此，可以通过最大化$P(\mathcal{D}_s|\boldsymbol{w}, \boldsymbol{v})P(\mathcal{D}_s, \mathcal{D}_t|\boldsymbol{v})P(\boldsymbol{w})P(\boldsymbol{v})$找出MAP的解。

2.2.2 核平均匹配

分布的核嵌入（kernel embedding of distribution）是另一种估算密度比的有效方法（Smola等人，2007a）。例如，Huang等人（2006）提出了核平均匹配（Kernel Mean Matching，KMM）方法，通过在再生核希尔伯特空间（Reproducing Kernel Hilbert Space，RKHS）内将源域数据样本的均值与目标域数据样本的均值对齐，直接学习密度比。

特别地，我们用β_i表示$\frac{P_t(\boldsymbol{x}_i^s)}{P_s(\boldsymbol{x}_i^s)}$，$\boldsymbol{x}_i^s$为源域数据样本。定义$\boldsymbol{\beta}=(\beta_1,\beta_2,\cdots,\beta_{n_s})$，$n_s$是源域数据集的大小。KMM利用最大均值差异（Gretton等人，2007）计算不同分布间的距离。给定两个样本，根据MMD，两个样本的分布距离等于两个分布的均值元素在RKHS中的距离。因此，KMM通过匹配重加权的源域和目标域在RKHS上的样本均值来学习源域样本的权重

$$\min_{\boldsymbol{\beta}}\|\mu(\mathbb{P}_t^X)-\mathbb{E}_{\mathbb{P}_s^X}[\beta(\boldsymbol{x})\Phi(\boldsymbol{x})]\| \quad \text{s.t.} \quad \beta(\boldsymbol{x})\geqslant 0,\mathbb{E}_{\mathbb{P}_s^X}[\beta(\boldsymbol{x})\Phi(\boldsymbol{x})]=1 \tag{2.6}$$

其中Φ将源域样本转化到RKHS $\mathscr{F}$上，$\mu(\mathbb{P}_t^X)$表示目标域样本在RKHS上的期望，即$\mu(\mathbb{P}_t^X)=\mathbb{E}_{\mathbb{P}_t^X}[\Phi(\boldsymbol{x})]$。

实际中，可以优化下面的经验目标：

$$\min_{\boldsymbol{\beta}}\left\|\frac{1}{n_s}\sum_{i=1}^{n_s}\beta_i\Phi(\boldsymbol{x}_i^s)-\frac{1}{n_t}\sum_{i=1}^{n_t}\Phi(\boldsymbol{x}_i^t)\right\|^2 \quad \text{s.t.} \quad \beta_i\geqslant 0,\left|\frac{1}{n_s}\sum_{i=1}^{n_s}\beta_i-1\right|\leqslant\epsilon \tag{2.7}$$

其中ϵ是正实数。优化$\boldsymbol{\beta}$后，将其代入式（2.4）中，通过特定的损失函数为目标域学习预测模型θ_t^*。

2.2.3 函数估计

第三种估算密度比的代表性方法是将密度比视为一个未知函数，并通过学习一组基函数的组合来估算它。这种方法也被称为协变量移位法（covariate shift method）（Sugiyama等人，2008）。具体来说，通过定义$\frac{P_t(\boldsymbol{x})}{P_s(\boldsymbol{x})}$为函数$\omega(\boldsymbol{x})$，$\omega(\boldsymbol{x})$可以写成一组基函数的线性组合：

$$\widetilde{\omega}(\boldsymbol{x})=\sum_{l=1}^{b}\alpha_l\phi_l(\boldsymbol{x})$$

其中$\boldsymbol{\alpha}=(\alpha_1,\cdots,\alpha_b)^{\mathrm{T}}$是需要学习的系数，$\phi_l(\cdot)$是第$l$个基函数，可以是线性的或非线性的。这样，$P_t(\boldsymbol{x})$可通过$\widetilde{P}_t(\boldsymbol{x})=\widetilde{\omega}(\boldsymbol{x})P_s(\boldsymbol{x})$估计。系数$\boldsymbol{\alpha}$可以通过最小化$P_t(\boldsymbol{x})$和$\widetilde{P}_t(\boldsymbol{x})$间的损失函

数得到。不同的损失函数对应着不同的优化方法。

例如，Sugiyama 等人（2008）提出以 KL 散度为损失函数，对应的优化方法为 KL 重要性估计过程（Kullback-Leibler Importance Estimation Procedure，KLIEP）。其目标函数如下：

$$D_{\mathrm{KL}}(\mathbb{P}_t^X, \widetilde{\mathbb{P}}_t^X) = \int_{\mathscr{X}_t} P_t(\boldsymbol{x}) \log \frac{P_t(\boldsymbol{x})}{\widetilde{\omega}(\boldsymbol{x}) P_s(\boldsymbol{x})} \mathrm{d}\boldsymbol{x} \tag{2.8}$$

$$= \int_{\mathscr{X}_t} P_t(\boldsymbol{x}) \log \frac{P_t(\boldsymbol{x})}{P_s(\boldsymbol{x})} \mathrm{d}\boldsymbol{x} - \int_{\mathscr{X}_t} P_t(\boldsymbol{x}) \log \widetilde{\omega}(\boldsymbol{x}) \mathrm{d}\boldsymbol{x} \tag{2.9}$$

式（2.9）中使用了目标域的真实边缘概率分布 $\mathbb{P}_t^X$。然而，经验上最小化上面的 KL 散度问题可以被近似为下面的优化问题，即可将目标域的真实边缘概率分布略去：

$$\max_{\boldsymbol{\alpha}} \frac{1}{n_t} \sum_{j=1}^{n_t} \log\Big(\sum_{l=1}^{b} \alpha_l \phi_l(\boldsymbol{x}_j^t) \Big) \quad \text{s. t. } \frac{1}{n_s} \sum_{i=1}^{n_s} \sum_{l=1}^{b} \alpha_l \phi_l(\boldsymbol{x}_i^s) = 1, \alpha_l \geqslant 0 \quad \forall\, l \in \{1, \cdots, b\}$$

另外一个损失函数的例子是平方损失函数（Kanamori 等人，2009）。优化问题可以被写为

$$\min_{\boldsymbol{\alpha}} \int_{\mathscr{X}_s \cup \mathscr{X}_t} (\widetilde{\omega}(\boldsymbol{x}) - \omega(\boldsymbol{x}))^2 P_s(\boldsymbol{x}) \mathrm{d}\boldsymbol{x}$$

除了 KL 散度和平方损失函数，还可使用其他形式的损失函数。

2.3 基于样本的归纳式迁移学习

与非归纳式迁移学习不同，在归纳式迁移学习中，源任务和目标任务的条件概率分布是不同的，即 $\mathbb{P}_s^{Y|X} \neq \mathbb{P}_t^{Y|X}$。由于不同任务的条件概率不同，如果目标域中没有有标签数据，就很难通过 $\mathbb{P}_s^{Y|X}$ 构造准确的 $\mathbb{P}_t^{Y|X}$（如果可能的话）。因此，在大部分的归纳式迁移学习方法中，除了源域有标签数据集 $\mathscr{D}_s = \{(\boldsymbol{x}_{s_i}, y_{s_i})\}_{i=1}^{n_s}$，还需要输入一个小的目标域有标签数据集 $\mathscr{D}_t = \{(\boldsymbol{x}_{t_i}, y_{t_i})\}_{i=1}^{n_t}$ ⊖。目标依然是为目标域中的未知数据学习一个准确的预测模型。

2.3.1 集成源损失与目标损失

为了同时利用源域和目标域中的有标签数据为目标域训练模型，一个直观的方法是将损失函数分为两个部分：一个用于源域有标签数据，另一个用于目标域有标签数据。通常引入协调参数平衡两种损失的影响。

⊖ 在一些方法中，假定同时给出目标域未标注数据。

在早期的代表性工作中，Wu 和 Dietterich（2004）提出了一种基于样本的 KNN 分类器对源域和目标域上的分类的准确性进行优化。在传统 KNN 分类器中，$h(\boldsymbol{x})$ 被定义为 k 个最邻近于测试样本 $\boldsymbol{x}$ 的训练样本。根据基于 KNN 的归纳式迁移学习方法，首先为源域的测试数据样本 $\boldsymbol{x}_i^t$ 定义 K_s 个最邻近源域样本和 K_t 个最邻近目标域样本。接下来对于每个类别标签 y，$V(y)$ 表示样本 $\boldsymbol{x}_i^t$ 对 y 的总投票，即 $V(y)=\theta\left(\frac{V_t(y)}{K_t}\right)+(1-\theta)\left(\frac{V_s(y)}{K_s}\right)$，其中 $V_t(y)$ 和 $V_s(y)$ 分别表示 K_t 和 K_s 个最邻近样本对 y 的投票数，θ 是控制源域近邻和目标域近邻相对重要性的协调参数。

这样的思想可以被用于其他基分类器中。Wu 和 Dietterich（2004）也提出了一种基于支持向量机（Support Vector Machine，SVM）（Smola 和 Schölkopf，2004）的归纳式迁移学习方法。SVM 的目标函数为

$$\min \sum_j \alpha_j + C\sum_j \varepsilon_j \quad \text{s. t. } y_i\Big(\sum_j y_j\alpha_j K(\boldsymbol{x}_j,\boldsymbol{x}_i)+b\Big) \geqslant 1-\varepsilon_i\ \forall i, \alpha_j \geqslant 0\ \forall j$$

其中 α_j 是 SVM 的模型参数，ε_j 是处理离群点的松弛变量，C 是表示对离群点重视程度的惩罚因子。在归纳式迁移学习框架中，考虑到源域和目标域中的有标签数据的不同，Wu 和 Dietterich（2004）提出调整目标函数和限制条件。假设 α_j^s 和 ε_j^s 分别表示源域样本 $\boldsymbol{x}_j^s(j\in\{1,\cdots,n_s\})$ 的模型参数和松弛变量。相应地，α_j^t 和 ε_j^t 表示目标域样本 $\boldsymbol{x}_j^t(j\in\{1,\cdots,n_t\})$ 的模型参数和松弛变量，C_s 和 C_t 是惩罚因子。修改后的 SVM 目标函数为

$$\begin{aligned}
\min \quad & \sum_{j=1}^{n_s}\alpha_j^s+\sum_{j=1}^{n_t}\alpha_j^t+C_s\sum_{j=1}^{n_s}\varepsilon_j^s+C_t\sum_{j=1}^{n_t}\varepsilon_j^t \\
\text{s. t.} \quad & y_i^t\Big(\sum_{j=1}^{n_t}y_j^t\alpha_j^t K(\boldsymbol{x}_j^t,\boldsymbol{x}_i^t)+\sum_{j=1}^{n_s}y_j^s\alpha_j^s K(\boldsymbol{x}_j^s,\boldsymbol{x}_i^t)+b\Big)\geqslant 1-\varepsilon_i^t \quad i\in\{1,\cdots,n_t\}, \\
& y_i^s\Big(\sum_{j=1}^{n_t}y_j^t\alpha_j^t K(\boldsymbol{x}_j^t,\boldsymbol{x}_i^s)+\sum_{j=1}^{n_s}y_j^s\alpha_j^s K(\boldsymbol{x}_j^s,\boldsymbol{x}_i^s)+b\Big)\geqslant 1-\varepsilon_i^s \quad i\in\{1,\cdots,n_s\}, \\
& \alpha_j^t\geqslant 0 \quad j\in\{1,\cdots,n_t\}, \quad \alpha_j^s\geqslant 0 \quad j\in\{1,\cdots,n_s\}
\end{aligned}$$

总的来说，修改后的 SVM 能够同时优化源域和目标域的有标签数据的损失。

Liao 等人（2005）进一步将上述想法扩展到逻辑回归中，并提出了迁移逻辑回归（Migratory-Logit）算法。迁移逻辑回归通过为每个源域数据样本$(\boldsymbol{x}_i^s, y_i^s)$引入新的"辅助变量"$\mu_i$ 来建模两个域之间的差异。μ_i 可以被视为几何上的"截距项"，使得 $\boldsymbol{x}_i^s$ 可以在目标域中向 y_i^s 迁移。它衡量了 $\boldsymbol{x}_i^s$ 与目标域分布 $\mathbb{P}_t^X$ 的不匹配程度，并以此控制源域数据实例的重要性。对于目标域数据样本$(\boldsymbol{x}_i^t, y_i^t)$，其标签 y_i^t 的后验概率与传统的逻辑回归是相同的，即 $P(y_i^t|\boldsymbol{x}_i^t;\ \boldsymbol{w})=\delta(y_i^t\boldsymbol{w}^{\mathrm{T}}\boldsymbol{x}_i^t)$，

其中 $\boldsymbol{w}$ 是参数向量，$\delta(a)=\dfrac{1}{1+\exp(-a)}$是 sigmoid 函数。对于源域样本($\boldsymbol{x}_i^s$，$y_i^s$)，$y_i^s$ 的后验概率定义为

$$P(y_i^s|\boldsymbol{x}_i^s;\boldsymbol{w},\mu_i)=\delta(y_i^s\boldsymbol{w}^{\mathrm{T}}\boldsymbol{x}_i^s+y_i^s\mu_i)$$

通过定义 $\boldsymbol{\mu}=(\mu_1,\cdots,\mu_m)^{\mathrm{T}}$，对数似然估计为

$$\mathscr{L}(\boldsymbol{w},\boldsymbol{\mu};\mathscr{D}_s\cup\mathscr{D}_t)=\sum_{i=1}^{n_t}\ln\delta(y_i^t\boldsymbol{w}^{\mathrm{T}}\boldsymbol{x}_i^t)+\sum_{i=1}^{n_s}\ln\delta(y_i^s\boldsymbol{w}^{\mathrm{T}}\boldsymbol{x}_i^s+y_i^s\mu_i)$$

然后所有的参数可以通过最大化对数似然估计得到，此时优化问题表示为

$$\max_{\boldsymbol{w},\boldsymbol{\mu}}L(\boldsymbol{w},\boldsymbol{\mu};\mathscr{D}_s\cup\mathscr{D}_t)\quad \text{s. t. }\frac{1}{n_s}\sum_{i=1}^{n_s}y_i^s\mu_i\leqslant C,\quad y_i^s\mu_i\geqslant 0,\quad \forall i\in\{1,2,\cdots,n_s\}$$

其中 C 是控制源域数据集整体重要性的超参数。

上述方法假设在目标域中只有有标签数据可以作为迁移学习算法的输入。在许多场景中，也可以在目标域中得到大量的无标签数据，Jiang 和 Zhai（2007）针对基于样本的归纳式迁移学习提出了一种半监督框架，其中目标域中的有标签数据和无标签数据都可以被用于训练目标预测模型。

Jiang 和 Zhai（2007）为源域样本($\boldsymbol{x}_i^s$，y_i^s)$\in\mathscr{D}_s$ 引入了参数 α_i 用于衡量 $P_s(y_i^s|\boldsymbol{x}_i^s)$ 和 $P_t(y_i^s|\boldsymbol{x}_i^s)$ 的差异。他们还引入了参数 β_i 用于估算密度比$\dfrac{P_t(\boldsymbol{x}_i^s)}{P_s(\boldsymbol{x}_i^s)}$。对于目标域中的无标签样本 $\boldsymbol{x}_i^{t,u}\in\mathscr{D}_t$ 和每一个可能的标签 y，参数 $\gamma_i(y)$ 用于衡量 $\boldsymbol{x}_i^{t,u}$ 的真实标签为 y 的可能性。设集合 $\mathscr{D}_t=\mathscr{D}_l\cup\mathscr{D}_u$，其中 $\mathscr{D}_l=\{(\boldsymbol{x}_j^{t,l},\ y_j^{t,l})\}_{j=1}^{n_{t,l}}$表示目标域有标签样本的子集，$\mathscr{D}_u=\{(\boldsymbol{x}_k^{t,u})\}_{k=1}^{n_{t,u}}$表示目标域无标签样本的子集。为了对以 $\boldsymbol{\theta}$ 为参数的分类器进行优化，Jiang 和 Zhai（2007）提出了以下的优化问题：

$$\begin{aligned}\boldsymbol{\theta}=\operatorname*{argmax}_{\boldsymbol{\theta}}&\frac{\lambda_s}{C_s}\sum_{i=1}^{n_s}\alpha_i\beta_i\log P(y_i^s|\boldsymbol{x}_i^s;\boldsymbol{\theta})+\frac{\lambda_{t,l}}{C_{t,l}}\sum_{j=1}^{n_{t,l}}\log P(y_j^{t,l}|\boldsymbol{x}_j^{t,l};\boldsymbol{\theta})\\&+\frac{\lambda_{t,u}}{C_{t,u}}\sum_{k=1}^{n_{t,u}}\sum_{y\in\mathscr{Y}}\gamma_k(y)\log(P(y|\boldsymbol{x}_k^{t,u};\boldsymbol{\theta}))+\log P(\boldsymbol{\theta})\end{aligned}$$

其中 $C_s=\sum_{i=1}^{n_s}\alpha_i\beta_i$，$C_{t,l}=n_{t,l}$，$C_{t,u}=\sum_{k=1}^{n_{t,u}}\sum_{y\in\mathscr{Y}}\gamma_k(y)$ 是归一化因子。正则化参数 λ_s、$\lambda_{t,l}$和 $\lambda_{t,u}$控制每一部分的相对重要性，其和为 1。$P(\boldsymbol{\theta})$ 表示 $\boldsymbol{\theta}$ 的标准先验。这样，源域中的有标签数据、目标域中的有标签数据、目标域中的无标签数据都将被用于学习 $\boldsymbol{\theta}$ 的最优解。

2.3.2 Boosting 风格的方法

基于 Boosting 的算法是另外一种归纳式迁移学习方法，即通过迭代更新源域样本权重来找到

那些误导的源域样本。例如，Dai 等人（2007b）提出的 TrAdaBoost 算法是第一个应用于基于样本的归纳式迁移学习的 Boosting 风格算法。

为了找到源域中的有用样本，TrAdaBoost 使用了与 AdaBoost 中相似的重加权策略。TrAdaBoost 首先在 $\mathcal{D}_s$ 和 $\mathcal{D}_t$ 的联合数据集上训练一个模型 h。接着它利用 h 对目标域数据进行预测并计算在目标域上的平均损失，即 $\varepsilon=\frac{\sum_{i=1}^{n_t} w_i^t l(h(\boldsymbol{x}_i^t), y_i^t)}{\sum_{i=1}^{n_t} w_i^t}$，其中 w_i^t 是 $\boldsymbol{x}_i^t$ 的权重，$l(\cdot,\cdot)$ 是损失函数。对于每一个目标域样本，其权重更新为 $w_i^t=w_i^t\beta^{-l(h(x_i^t),y_i^t)}$，其中 $\beta=\varepsilon/(1-\varepsilon)$。如果某个目标域数据样本有着较高的损失，那么它的权重将在下一次迭代中增加，这与 AdaBoost 是一致的。

对于每一个源域样本，如果它损失较高，则会不利于目标任务，因此在下一次迭代中它的权重会被降低。源域样本的权重将被更新为 $w_i^s=w_i^s\theta^{l(h(x_i^s),y_i^s)}$，其中 $\theta=1/(1+\sqrt{2\ln n_s/(n_s+n_t)})$。

通过以上的权重更新方法，TrAdaBoost 可以减小源域样本中的误导数据样本的影响，并为目标域学习一个集成分类器。

2.3.3 样本生成方法

除了重复利用源域有标签数据，另一种方法是建立一个生成模型来为目标域生成新的样本，进而学习一个准确的目标域预测模型。这样的生成模型通常需要大量的源域数据和少量的目标域数据作为输入。

基于样本的迁移学习也可以利用源域样本来调整目标域样本风格。例如，Gatys 等人（2016）通过深度生成模型改变图片风格来创建新的目标图片，即在保持目标图片内容不变的条件下将源图片的风格转移到目标图片上。生成图片的损失函数 $\mathcal{L}$ 由两部分组成：内容损失 $\mathcal{L}_{\text{content}}$ 和风格损失 $\mathcal{L}_{\text{style}}$。

$$\mathcal{L}=\alpha\mathcal{L}_{\text{content}}(G,T)+\beta\mathcal{L}_{\text{style}}(G,S) \tag{2.10}$$

其中 G 是输出的图片，S 是提供风格的源图片，T 是提供内容的目标图片。$\mathcal{L}_{\text{content}}$ 的定义为

$$\mathcal{L}_{\text{content}}(G,T,l)=\frac{1}{2}\sum_{i,j}(G_{i,j}^l-T_{i,j}^l)^2 \tag{2.11}$$

其中 l 表示第 l 层深度学习模型，i 表示层中第 i 个滤波器的特征图，j 表示向量化特征图的第 j 个元素。同时，风格损失为

$$\mathscr{L}_{\text{style}}(G,S)=\sum_{l}^{L}w_l E_l=\sum_{l}^{L}w_l\sum_{i,j}(\text{Gamm}(G)_{i,j}^{l}-\text{Gamm}(S)_{i,j}^{l})^2 \tag{2.12}$$

其中风格表征$\text{Gamm}(\cdot)_{i,j}^{l}$定义为第$l$层向量化特征图$i$和$j$的内积，即$\text{Gamm}(G)_{i,j}^{l}=\sum_k F_{ik}^{l}F_{jk}^{l}$。特别地，Gatys 等人（2016）提出了一个 19 层 VGG 网络作为基模型，并将其所有的最大池化层替换为均值池化层。首先，从源图片和目标图片提取风格和内容特征，接着将随机白噪声图像G_0输入神经网络并计算它的风格特征G^l和内容特征F^l。像素梯度值可用误差反向传播算法进行计算并用于迭代生成输出图片G。

尽管 Gatys 等人（2016）研究的任务是图像风格迁移，但通过获取源域中的某些重要特征为目标域生成新样本的想法可以用于许多其他迁移学习的应用中。我们将会在第 7 章探讨更多的生成模型。

第3章

基于特征的迁移学习

3.1 引言

如前一章所述，基于样本的迁移学习方法有一个普遍的假设，即源域数据和目标域数据有相似或者相同的支持。但是，这样的假设可能过于苛刻而无法满足，因为在许多真实场景中，源域数据和目标域数据的特征往往不重叠。例如，考虑客户对不同产品的评论的情感分类问题。在这个问题下，对每种产品的评价都可以被称为一个域，其中客户可能使用常用词或者某领域的特定词来表达他们的意见。举例来说，在 DVD 领域中，“无聊”这个词会用来表达负面情绪，但是在家具领域却从来不使用该词。因此，一些词或特征只会出现在一些特定的域中，而不会出现在其他域中。这意味着某些特征是源（目标）域特定使用的，而在其对应的目标（源）域中不会使用。在这种情况下，重新加权或者重新采样的样本并不能减少域之间的差异。为了解决上述问题，在本章中，我们引入了另一种迁移学习的方法，即基于特征的迁移学习。该方法在抽象的“特征空间”实现迁移，而非原始输入空间。值得注意的是，在某些极端情况下，源域和目标域之间可能没有重叠的部分，但在这样的两个特征空间之间可能存在一些“转换器”来成功实现迁移学习。这被称作异构迁移学习，我们将在第 6 章中讨论这种情况。在本章中，我们将重点介绍基于同构特征的迁移学习方法。再次强调，在同构的迁移学习中，我们假设 $X_s \cap X_t \neq \varnothing$ 且 $Y_s = Y_t$。

在基于特征的迁移学习方法中有一个常见的想法，即学习一对映射函数 $\{\varphi_s(\cdot), \varphi_t(\cdot)\}$，将来自源域和目标域的数据映射到共同的特征空间，从而使域之间的差异性减少。然后使用映射之后的源域和目标域数据在新的特征空间上训练目标分类器。为了测试目标域上的未见数据，首先需要将新的数据映射到新的特征空间上，然后执行训练好的目标分类器进行预测。

对于基于特征的迁移学习，不同方法背后关于学习特征映射函数的动机和假设是不同的。在本章中，我们将这些方法总结为三类。第一类方法旨在通过最小化域间差异来学习给定目标域和源域的可迁移特征。第二类方法旨在学习所有域都通用的高质量特征。第三类方法基于跨域的“特征增强”方法，它通过考虑从数据中学习到的额外相关性来扩展特征空间。

3.2 最小化域间差异

在许多实际应用中，观察到的高维数据样本通常由一组隐变量或组成部分控制，这些因素被称为特征。域之间的差异可能是仅由这些特征中的一个子集导致的。如果可以识别不会导致域间差异的隐特征，并且使用它们来表示跨域的数据样本，那么就可以利用具有新的特征表示的源域训练数据来训练目标域的准确分类器。因此，对于基于特征的迁移学习来说，如何学习这样的域不变特征，或者等效地，如何学习域间的特征映射函数 $\{\varphi_s(\cdot), \varphi_t(\cdot)\}$ 以将不同域的样本映射到由域不变特征组成的公共空间，是十分重要的。学习这种域不变特征的一个关键问题是如何测量“域不变性”。到目前为止，研究者已经提出了若干个度量标准来测量学习特征的域不变性，这将在下面的章节中进行讨论。

3.2.1 最大均值差异

最大均值差异是一种非参数度量，用于在再生核希尔伯特空间（Gretton 等人）中基于核嵌入来度量分布之间的距离。给定两个分别来自两个分布的域样本 $\boldsymbol{X}_s$（源）和 $\boldsymbol{X}_t$（目标），其 MMD 距离根据经验估计如下：

$$\mathrm{MMD}(\boldsymbol{X}_s, \boldsymbol{X}_t) = \left\| \frac{1}{n_s} \sum_{i=1}^{n_s} \phi(x_i^s) - \frac{1}{n_t} \sum_{i=1}^{n_t} \phi(x_i^t) \right\|_{\mathcal{H}} \tag{3.1}$$

其中，$\phi(x)$ 将每个实例映射到与核 $k(x_i, x_j) = \phi(x_i)^{\mathrm{T}} \phi(x_j)$ 相关联的希尔伯特空间 $\mathcal{H}$，n_s 和 n_t 分别是源域和目标域的样本大小。通过使用核函数（kernel function），式（3.1）中的 MMD 距离

可以化简为

$$\mathrm{MMD}(\boldsymbol{X}_s, \boldsymbol{X}_t) = \mathrm{tr}(\boldsymbol{KL}) \tag{3.2}$$

其中 $\boldsymbol{K}=\begin{bmatrix}\boldsymbol{K}_{s,s} & \boldsymbol{K}_{s,t}\\ \boldsymbol{K}_{s,t}^{\mathrm{T}} & \boldsymbol{K}_{t,t}\end{bmatrix}\in\mathbb{R}^{(n_s+n_t)\times(n_s+n_t)}$ 是一个复合核矩阵，由分别在源域、目标域和交叉域中的核矩阵 $\boldsymbol{K}_{s,s}$、$\boldsymbol{K}_{t,t}$、$\boldsymbol{K}_{s,t}$ 组成。$\boldsymbol{L}$ 是一个矩阵，其元素 l_{ij} 定义如下：

$$l_{ij}=\begin{cases}\dfrac{1}{n_s^2} & x_i, x_j\in\boldsymbol{X}_s\\ \dfrac{1}{n^2} & x_i, x_j\in\boldsymbol{X}_t\\ -\dfrac{1}{n_s n_t} & 其他\end{cases}$$

3.2.1.1　最大均值差异嵌入

利用MMD距离，Pan等人（2008b）提出了一种用于迁移学习的降维算法，称为最大均值差异嵌入（Maximum Mean Discrepancy Embedding，MMDE）。其主要思想表述如下：

$$\begin{aligned}&\min_{\varphi}\mathrm{MMD}(\varphi(\boldsymbol{X}_S), \varphi(\boldsymbol{X}_T))+\lambda\Omega(\varphi)\\ &\text{s. t.}\quad \varphi(\boldsymbol{X}_S)\text{ 和 }\varphi(\boldsymbol{X}_T)\text{ 的约束条件}\end{aligned} \tag{3.3}$$

其中，φ 是需要学习的映射函数，用于将原始数据映射到一个低维空间的交叉域中。式（3.3）中的第一项旨在最小化源域数据和目标域数据之间的MMD距离，$\Omega(\varphi)$ 是映射函数 φ 的正则项，该约束条件用于保留原始数据的特性。

根据MMD距离的定义，式（3.3）可以改写为下面的形式：

$$\begin{aligned}&\min_{\varphi}\mathrm{tr}(\boldsymbol{KL})+\lambda\Omega(\varphi)\\ &\text{s. t.}\quad \varphi(\boldsymbol{X}_S)\text{ 和 }\varphi(\boldsymbol{X}_T)\text{ 的约束条件}\end{aligned} \tag{3.4}$$

其中，$\boldsymbol{K}$ 为由核函数 $k(\boldsymbol{x}_i, \boldsymbol{x}_j)=\psi(\boldsymbol{x}_i)^{\mathrm{T}}\psi(\boldsymbol{x}_j)$ 构成的核矩阵，$\psi(\cdot)$ 的定义为 $\psi(\boldsymbol{x})=\phi(\varphi(\boldsymbol{x}))$ 或 $\psi=\phi\circ\varphi$。

通常情况下，式（3.3）的优化问题在计算上难以处理，因为核函数 $k(\boldsymbol{x}_j, \boldsymbol{x}_j)$ 可能是映射函数 $\varphi(\cdot)$ 的高度非线性形式，而函数 $\varphi(\cdot)$ 是未知的且需要学习的。为了使该问题在计算上可解决，Pan等人（2008b）提出首先将优化问题（3.3）转化为一个核矩阵学习问题，形式如下：

$$\begin{aligned}&\min_{\boldsymbol{K}\geqslant 0}\mathrm{tr}(\boldsymbol{KL})-\lambda\mathrm{tr}(\boldsymbol{K})\\ &\text{s. t.}\quad \boldsymbol{K}_{ii}+\boldsymbol{K}_{jj}-2\boldsymbol{K}_{ij}=d_{ij}^2,\quad \boldsymbol{K1}=\boldsymbol{0}\end{aligned} \tag{3.5}$$

其中，λ 是正则化参数。式（3.5）中目标函数的第一项是为了最小化被映射的源域和目标域之间的 MMD 距离。第二项最大化 $\boldsymbol{K}$ 的迹，目的是保留新特征空间的方差，这与有色最大方差展开（Maximum Variance Unfolding，MVU）（Weinberger 等人，2004）的做法一致。第一项约束保留成对距离，第二个约束保证嵌入的数据居中。在解决问题（3.5）之后，可以在 $\boldsymbol{K}$ 上应用主成分分析（Principal Component Analysis，PCA）获得主要特征向量来重构源域和目标域数据的期望映射。

MMDE 的一个缺点在于它使用直推式学习方法，不能泛化到样本外的数据。此外，式（3.5）的优化问题是一个半正定规划（Semi-Definite Programming，SDP）问题，该问题的计算成本很高。

3.2.1.2　迁移成分分析

为了克服 MMDE 的限制，Pan 等人提出了迁移成分分析（Transfer Component Analysis，TCA）。Pan（2010）使用由经验得出核矩阵而不是重新学习核矩阵。具体来说，在 TCA 中，MMDE 中的核矩阵被分解为 $\boldsymbol{K}=\widetilde{\boldsymbol{K}}\boldsymbol{W}\boldsymbol{W}^{\mathrm{T}}\widetilde{\boldsymbol{K}}$，其中 $\boldsymbol{K}$ 为一个给定的经验核。$\boldsymbol{W}\in\mathbb{R}^{(n_s+n_t)\times m}$，其中 $m\ll n_s+n_t$ 是要学习的项。这个优化问题形式如下：

$$\min_{\boldsymbol{W}} \operatorname{tr}(\widetilde{\boldsymbol{K}}\boldsymbol{W}\boldsymbol{W}^{\mathrm{T}}\widetilde{\boldsymbol{K}}\boldsymbol{L})+\lambda\operatorname{tr}(\boldsymbol{W}^{\mathrm{T}}\boldsymbol{W})$$
$$\text{s.t.}\quad \boldsymbol{W}^{\mathrm{T}}\widetilde{\boldsymbol{K}}\boldsymbol{H}\widetilde{\boldsymbol{K}}\boldsymbol{W}=\boldsymbol{I} \tag{3.6}$$

其中，$\boldsymbol{H}=\boldsymbol{I}_{n_1+n_2}-\frac{1}{n_1+n_2}\boldsymbol{1}\boldsymbol{1}^{\mathrm{T}}$ 是一个中心化矩阵（centering matrix）。与 MMDE 类似，其目标函数中的第一项的目的是最小化被映射的源域和目标域数据间的 MMD 距离。第二项是一个关于 $\boldsymbol{W}$ 的正则化项。约束条件是为了最大化映射后的数据方差。容易证明优化问题（3.6）具有闭合解，即 $\boldsymbol{W}$ 包含了式子$(\widetilde{\boldsymbol{K}}\boldsymbol{L}\widetilde{\boldsymbol{K}}+\lambda\boldsymbol{I})^{-1}\widetilde{\boldsymbol{K}}\boldsymbol{H}\widetilde{\boldsymbol{K}}$的 m 个主要特征向量。

和 MMDE 相比，TCA 避免了求解 SDP 问题，因此效率更高。此外，TCA 可以直接轻松地直接处理样本外数据[⊖]。不同于 MMDE 首先学习核矩阵然后使用 PCA 来获得转换数据的两步走的特点，TCA 通过使用 $\boldsymbol{W}$ 只需要一步就可以获得转换数据。

3.2.1.3　MMD 的深度架构

在深度学习的背景下，研究者提出使用深度神经网络来近似由核函数引起的特征映射 $\varphi(\cdot)$。例如，Tzeng 等人（2014）提出编码 MMD 来测量在卷积神经网络（Convolutional Neural Net-

⊖　样本外数据是指训练中未观测的数据。

work，CNN）中学习到的隐藏特征之间的距离。通过这种方式，网络通过最大化标签依赖性同时最小化域不变性来自动学习跨域表示。基本深度架构如图 3.1 所示，其中源域的输入数据 $x_s \in X_s$ 和目标域的输入数据 $x_t \in X_t$ 为由 CNN 前几层转换后的数据。前几层的转换可以被认为是 MMDE 中 $\psi(\cdot)$ 的一种近似。

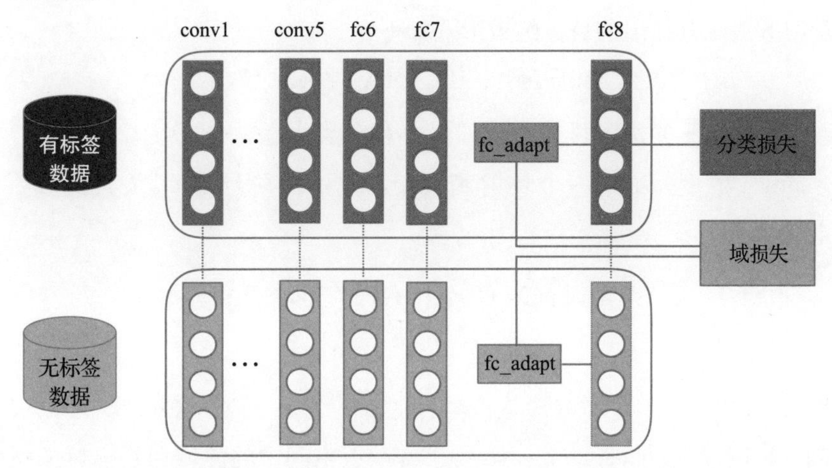

图 3.1 用于分类损失和域不变性的深度卷积神经网络（改编自 Tzeng 等人（2014）的论文，虚线表示权值共享）

作为后续工作，Long 等人（2015）提出了一种多核 MMD（Multi-Kernel MMD，MK-MMD）度量作为计算 MMD 距离的替代方案，来测量深度学习模型的域差异。其基本思想是使用多个 PSD 内核来计算 MMD 距离，这应该能够为神经网络提供一个更灵活、更鲁棒的距离测量方法来学习跨域特征表示。

为了在测量域差异时考虑标签信息，Long 等人（2017）根据源域的联合分布函数$P(X_s, X_s)$和目标域的联合分布函数 $P(X_t, Y_t)$ 提出了联合分布散度（Joint Distribution Discrepancy，JDD）。其得到的联合自适应网络（Joint Adaptation Networks，JAN）的架构如图 3.2 所示。从图中可以看出，不仅最后的隐藏层参与了 JAN 中 JDD 标准的计算，所有的全连接层和输出层也参与其中。

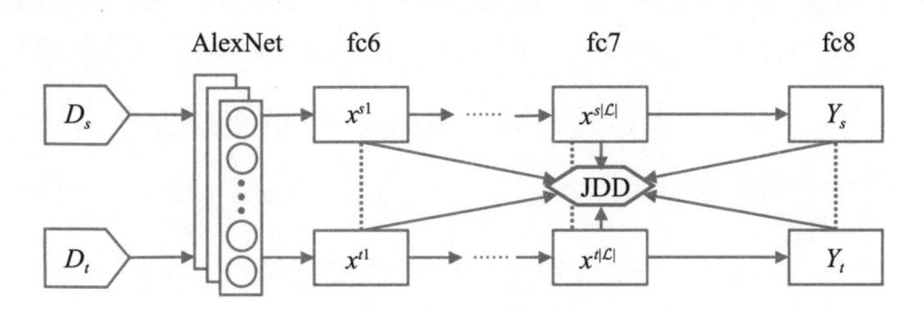

图 3.2 基于 AlexNet 的 JAN 的架构（改编自 Long 等人（2017）的论文）

3.2.2 基于 Bregman 散度的正则化

除了使用 MMD 距离来测量域不变性，Si 等人（2010）提出了一种基于 Bregman 散度的正则化迁移子空间学习方法。其提出的目标函数形式如下：

$$\min_{\phi} F(\phi)+\lambda D_w(\phi(X_s)\|\phi(X_t)) \tag{3.7}$$

其中，$F(\phi)$ 定义了一个任务特定目标，例如最小化分类误差。$D_w(\phi(x_s)\|\phi(x_t))$ 是 $\phi(X_s)$ 和 $\phi(X_t)$之间的 Bregman 散度。给定一个映射函数 U、它的一阶导数 U' 及其倒数 $\xi=(U')^{-1}$，其 Bregman 散度定义如下：

$$D_w(\phi(X_s)\|\phi(X_t))=\int d(\xi(P_s^{\phi(x)}),\xi(P_t^{\phi(x)}))\mathrm{d}\mu$$

其中，

$$d(\xi(P_s^{\phi(x)}),\xi(P_t^{\phi(x)}))=(U(\xi(P_t^{\phi(x)}))-U(\xi(P_s^{\phi(x)})))-P_s^{\phi(X_S)}(\xi(P_t^{\phi(x)})-\xi(P_s^{\phi(x)}))$$

$\mathrm{d}\mu$ 是 $\phi(x)$ 的勒贝格度量（Lebesgue measure）。在映射空间中的源域和目标域的概率密度分别由 $P_s^{\phi(x)}$ 和 $P_t^{\phi(x)}$ 表示。

3.2.3 使用特定分布假设的度量

通过假设数据遵循高斯分布，Castrejon 等人（2016）研究使用特征激活的统计信息来学习迁移学习方法中的跨模态场景表示。他们提出的方法将用于具有不同风格的图像的跨模态卷积神经网络和用于语言模型的多层感知机（Muti-Layer Perceptron，MLP）进行正则化，使得它们具有模态不可知的共享表示。图 3.3 展示了如何在图像和语言模型的不同域之间共享高层次的表示。

此外，其提出的方法进一步引入了关于激活函数的正则化项，使激活函数在中间隐藏层中具有跨模态的相似统计。设 $P_i(h)$ 为第 i 隐藏层的激活函数的分布，正则化项则可以通过负对数来计算：$\mathscr{R}_i=-\ln P_i(h;\theta_i)$，其中 θ_i 表示超参数。通过将 P_i 的正态分布实例化为 $P_i(h;\mu,\Sigma)\sim N(\mu,\Sigma)$，正则化项 $R_i(h)$ 计算如下：

$$P_i(h;\mu_i,\Sigma_i)=\frac{1}{2}(h-\mu_i)^{\mathrm{T}}\Sigma_i^{-1}(h-\mu_i)$$

另外，可以使用混合高斯分布来定义 P_i，它比单一的高斯分布更灵活。

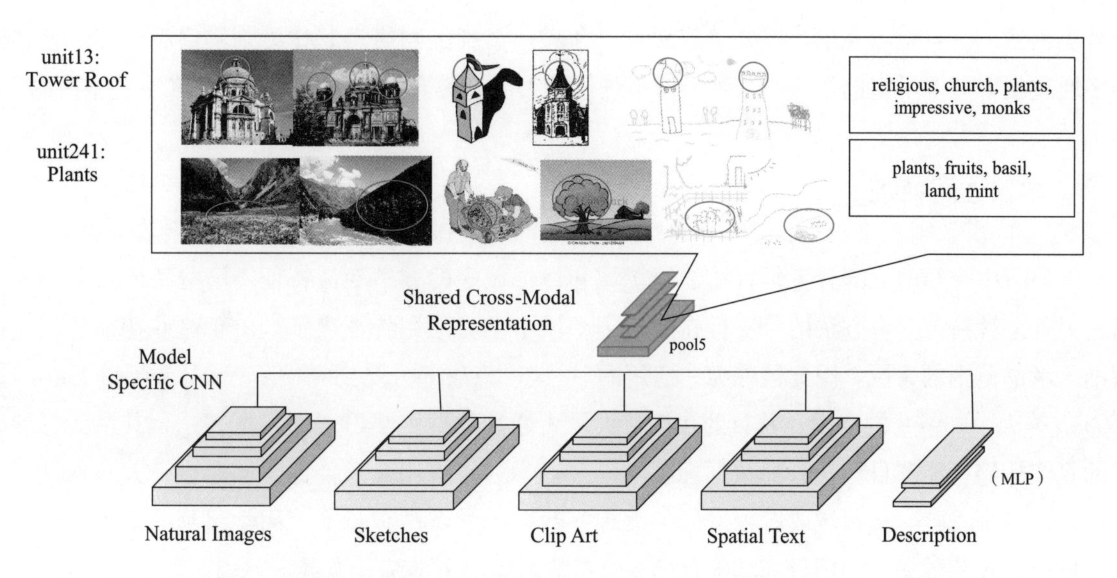

图 3.3　特定的低级表示对应于每种模态（底层元素），高级表示在所有模态中共享（圆圈表示）（改编自 Castrejo 等人（2016）的论文）

3.2.4　数据依赖的域差异度量

度量域差异有多种标准，但是，设计适用于所有应用问题的通用方法是非常困难的。为了解决这个问题，研究者对将域不变性作为学习问题进行了评估和研究。

Tzeng 等人（2015）通过引入域混淆损失（domain confusion loss）来学习域不变表示。这可以更好地利用在有标签的源数据上训练的分类器。首先，其提出的方法仅使用域标签进行二分类。然后该方法利用特定的特征表示 θ_{repr}，进一步通过学习最佳分类器来评估域不变性。这个学习过程可以通过以下目标函数来完成。

$$\mathcal{L}_D(x_S, x_T, \theta_{\mathrm{repr}}; \theta_D) = -\sum_d 1[y_D = d]\ln(q_d) \tag{3.8}$$

其中，$q=\mathrm{softmax}(\theta_D^{\mathrm{T}} f(x;\ \theta_{\mathrm{repr}}))$，$y_D$ 表示示例所在的域。对于特定的域分类器 θ_D，通过计算输出的预测域标签与域标签上的均匀分布之间的交叉熵来“最大程度地混淆”两个域的损失函数定义为

$$\mathcal{L}_D(x_S, x_T, \theta_{\mathrm{repr}}; \theta_D) = -\sum_d \ln(q_d) \tag{3.9}$$

式（3.8）和式（3.9）在训练过程中交替更新。

注意，除了上面提到的任务之外，还有许多任务要学习使用域标签来区分源域和目标域样例

的分类模型。一旦学习完毕，域分类器就可以和另一个神经网络一起作为判别模型，其中该神经网络通过生成域混淆实例作为一个生成器来进行最大最小博弈。这些相关任务将在第 7 章讨论。

3.3 学习通用特征

上一节中介绍的大部分工作旨在学习源域和目标域中的域不变性特征，这些特征需要事先给出。另外一种特征学习方法的分支旨在从若干个域中学习通用特征表示。由于这些特征适用于所有纳入考虑范围的领域，因此被称为“通用的”。这一想法部分受到自学习（self-taught learning）（Raina 等人，2007）的启发，其目的在于从大量无标签数据中学习通用特征表示，其中无标签数据的真实标签可能和目标任务的数据标签不同。自学习被应用于图像分类问题中。大多数这样的方法包含三个步骤：从源域或者辅助域的无标签数据中学习高级特征；用学习到的高级特征表示目标域的有标签数据；利用目标域中有标签数据的新表示来训练分类器。

请注意，给定多个源或辅助域，也可以通过调整多任务特征学习方法来学习通用特征表示（Argyriou 等人，2006；Zhang 和 Yang，2017b）。在多任务特征学习中，可以跨不同任务学习共同特征。这些共同特征可以被视为其他任务的通用特征。不同的多任务学习方法将在第 9 章中进行讨论。

3.3.1 学习通用编码

Raina 等人（2007）提出应用稀疏编码（Lee 等人，2007），即一种无监督的特征构造方法，来学习任意目标任务的高级通用特征。这种方法的基本思想包括两个步骤。第一步，从大量无标签数据中学习更高级别的基向量（如一个编码的字典）$\{\boldsymbol{b}_1, \cdots, \boldsymbol{b}_{n_s}\}$，这些数据可以来源于迁移学习环境中的多个源域，形式如下：

$$\begin{aligned}&\min_{\boldsymbol{A},\boldsymbol{B}}\sum_i \|\boldsymbol{x}_i^s-\sum_j a_i^j\boldsymbol{b}_j\|_2^2+\beta\|\boldsymbol{a}^i\|_1\\&\text{s.t.}\quad \|\boldsymbol{b}_j\|_2\leqslant 1\,\forall j\in 1,\cdots,n_s\end{aligned}\tag{3.10}$$

其中，$\boldsymbol{a}^i=(a_i^1, \cdots, a_i^{n_s})^{\mathrm{T}}$ 是 $\boldsymbol{x}_i^s$ 的基矩阵 $B=(\boldsymbol{b}_1, \cdots, \boldsymbol{b}_n)$ 上的新表示，β 是正则化参数。问题（3.10）的目标函数平衡了两个目标。第一个目标是将 $\boldsymbol{x}_i^s$ 重构为基 $\{\boldsymbol{b}_1, \cdots, \boldsymbol{b}_{n_s}\}$ 的加权组合，相应的权重为 a_i^j；第二个目标促使 $\boldsymbol{a}^i$ 稀疏。在学习 $\boldsymbol{B}$ 之后，第二步旨在通过解决以下问题来学习目标数据的高级特征，这些特征来自迁移学习环境中的目标域。

$$\hat{\boldsymbol{a}}^i = \underset{\boldsymbol{a}^i}{\operatorname{argmin}} \| \boldsymbol{x}_i^t - \sum_j a_j^i \boldsymbol{b}_j \|_2^2 + \beta \| \boldsymbol{a}^i \|_1 \tag{3.11}$$

最终，我们可以基于具有关联标签的目标域的新表示 $\{\hat{\boldsymbol{a}}^i\}$ 来学习模型。

3.3.2 深度通用特征

受到通过稀疏编码（sparse coding）来学习通用特征的启发，Glorot 等人（2011）提出应用深度自动编码器（deep autoencoder）来学习高级特征作为通用特征。具体来说，给定一个输入 $\boldsymbol{x}$，深度编码器 $f(\cdot)$ 将其映射为隐藏编码 $\boldsymbol{h}=f(\boldsymbol{x})$，而深度解码机 $g(\cdot)$ 旨在使用隐藏编码通过 $\hat{\boldsymbol{x}}=g(\boldsymbol{h})$ 重构输入。由于编码器和解码器使用不同的辅助域进行训练，编码器的输出 $\boldsymbol{h}$ 被认为是对于每个输入样本的一种通用特征表示。Chen 等人（2012b）进一步提出了自动编码器的变体，即边缘化堆叠去噪自动编码器（marginalized Stacked Denoising Autoencoder，mSDA），以提高跨域学习通用特征的效率和有效性。

除了使用稀疏编码和自动编码器中的重构损失来学习通用特征外，一些研究者提出在辅助任务上使用聚类来学习通用特征。与重构损失相比，聚类是在复杂性方面轻量级的无监督学习方法。它还可以增加学习到的特征表示的可解释性。如图 3.4 所示，Liao 等人（2016）研究了几种 K-means 形式的损失函数来作为正则化函数，例如样本聚类、空间聚类和协同聚类等。

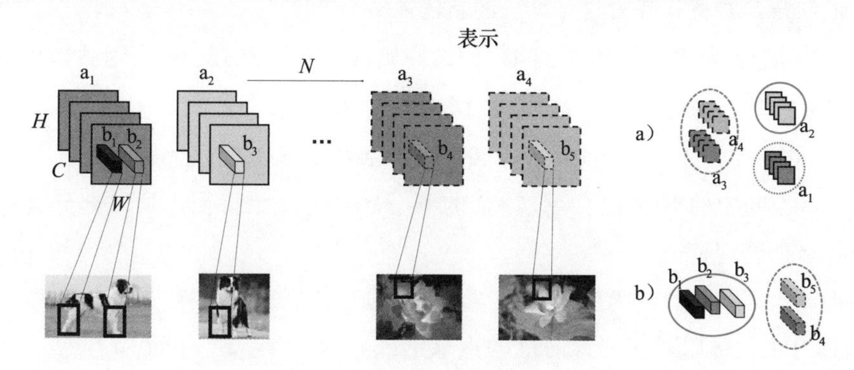

图 3.4 a）样本聚类；b）空间聚类（改编自 Liao 等人（2006）的论文）

假设神经网络中一层神经层的表示为一个 4 维张量 $Y \in R^{N\times C\times H\times W}$，其中 N、C、H 和 W 分别为批大小、隐藏单元的数量、特征表示的高度以及相应的宽度。具体来说，通过将每个数据实例展开成一个矩阵 $T^{\{N\}\times\{H,W,C\}}$，样本聚类的损失函数定义如下：

$$\mathcal{R}_{\text{sample}}(Y,\mu) = \frac{1}{2NCHW}\sum_{n=1}^{N} \| T^{\{N\}\times\{H,W,C\}}(Y)_n - \mu_{z_n} \|^2 \tag{3.12}$$

实例的表示可以认为是一个 C 通道的“图像”。C 通道包含的像素可以通过空间聚类聚类如下：

$$\mathscr{R}_{\text{spatial}}(Y,\mu)=\frac{1}{2NCHW}\sum_{i=1}^{NHW}\|T^{\{N,H,W\}\times\{C\}}(Y)_i-\mu_{z_i}\|^2 \tag{3.13}$$

另外，可以通过使用以下损失函数在通道上执行聚类。

$$\mathscr{R}_{\text{spatial}}(Y,\mu)=\frac{1}{2NCHW}\sum_{i=1}^{NC}\|T^{\{N,C\}\times\{H,W\}}(Y)_i-\mu_{z_i}\|^2 \tag{3.14}$$

Liao 等人（2016）着重研究了聚类的表示是否适用于没有训练过的类别，这是一个零样本学习问题。给定使用式（3.12）中的损失函数训练的特征，可以通过结构化 SVM 来学习输出嵌入 E 而无须正则化：

$$\min_E \frac{1}{N}\sum_{n=1}^{N}\max_{y\in\mathscr{Y}}(0,\Delta(y_n,y)+x_n^{\mathrm{T}}E(\phi(y)-\phi(y_n))) \tag{3.15}$$

其中 x_n 和 y_n 分别是第 n 个样本的特征和类标签，Δ 是 0—1 损失函数，ϕ 是 CUB 数据集提供的类属性矩阵，每个输入表示一个属性在给定类别中存在的可能性。

3.4 特征增强

Daumé Ⅲ（2007）提出了一种简单的域适应方法，该方法使用特定域的信息来增强源域和目标域数据的特征向量，并将其视为学习算法的新输入。

将 $\mathscr{X}$ 和 $\mathscr{Y}$ 分别定义为输入和输出空间。假设原始输入空间为 $\widetilde{\mathscr{X}}\in\mathbb{R}^F$，则其提出的方法将原始输入空间增强到 $\widetilde{\mathscr{X}}\in\mathbb{R}^{3F}$。源域和目标域的映射函数 Φ^s、Φ^t：$\mathscr{X}\to\widetilde{\mathscr{X}}$ 定义为

$$\Phi^s(\boldsymbol{x})=\langle\boldsymbol{x},\boldsymbol{x},\boldsymbol{0}\rangle,\quad \Phi^t(\boldsymbol{x})=\langle\boldsymbol{x},\boldsymbol{0},\boldsymbol{x}\rangle \tag{3.16}$$

其中，$\boldsymbol{0}$ 表示 F 维空间中的零向量。增强特征的第一部分为原始特征，第二部分和第三部分分别表示源域和目标域的特定特征。

可以容易地将上述方法泛化为核函数版本。假设每个数据点 $\boldsymbol{x}$ 被投射到具有相应内核 k：$\mathscr{X}\times\mathscr{X}\to\mathscr{R}$ 的 RKHS 中，k 可以写作两个向量的点乘形式，即 $k(\boldsymbol{x},\boldsymbol{x}')\leqslant\langle\Phi(\boldsymbol{x}),\Phi(\boldsymbol{x}')\rangle_{\mathscr{X}}$，那么 Φ^s 和 Φ^t 定义如下：

$$\Phi^s(\boldsymbol{x})=\langle\Phi(\boldsymbol{x}),\Phi(\boldsymbol{x}),\boldsymbol{0}\rangle,\quad \Phi^t(\boldsymbol{x})=\langle\Phi(\boldsymbol{x}),\boldsymbol{0},\Phi(\boldsymbol{x})\rangle \tag{3.17}$$

用 $\widetilde{k}(\boldsymbol{x},\boldsymbol{x}')$ 表示扩展的内核。当 $\boldsymbol{x}$ 和 $\boldsymbol{x}'$ 来自同一域中时，$\widetilde{k}(\boldsymbol{x},\boldsymbol{x}')=\langle\Phi(\boldsymbol{x}),\Phi(\boldsymbol{x}')\rangle_{\mathscr{X}}+\langle\Phi(\boldsymbol{x}),\Phi(\boldsymbol{x}')\rangle_{\mathscr{X}}=2k(\boldsymbol{x},\boldsymbol{x}')$。当 $\boldsymbol{x}$ 和 $\boldsymbol{x}'$ 来自不同域时，$\widetilde{k}(\boldsymbol{x},\boldsymbol{x}')=\langle\Phi(\boldsymbol{x}),\Phi(\boldsymbol{x}')\rangle_{\mathscr{X}}=k(\boldsymbol{x},\boldsymbol{x}')$。

考虑到以核作为相似性的度量方法，上述核公式直观可见，因为来自相同域的数据点本质上是跨域点的两倍。考虑到对目标数据的测试，目标域的训练数据的影响应该是源点的两倍。

请注意，上述特征增强方法将假设分解为三个子假设，即 $h=\langle h_c, h_s, h_t\rangle$，这相当于学习两个特定域的假设 $w_s=h_c+h_s$ 和 $w_t=h_c+h_t$。通过假设 w_s 和 w_t 对每个无标签目标域实例 x_i 达成一致，该方法可以自然地扩展到半监督学习：

$$w_s \cdot x_i \approx w_t \cdot x_i \Leftrightarrow \langle h_c, h_s, h_t\rangle \cdot \langle 0, x_i, -x_i\rangle \approx 0 \tag{3.18}$$

通过这种方式，可以构建无标签数据的特征映射：

$$\Phi^u(\boldsymbol{x}) = \langle \mathbf{0}, \boldsymbol{x}, -\boldsymbol{x}\rangle$$

在此之后，任何半监督学习分类器都可以应用于为源域有标签数据、目标域有标签数据和目标域无标签数据定义的特征映射。

人工智能
技术丛书

第4章

基于模型的迁移学习

4.1 引言

基于模型的迁移学习（model-based transfer learning）也称为基于参数的迁移学习（parameter-based transfer learning），其假设是在模型层次上源任务和目标任务共享部分通用知识。顾名思义，所迁移的知识被编码到模型参数、模型先验知识、模型架构等模型层次上。因此，基于模型的迁移学习的核心目标是明确源域模型的何种部分有助于目标域模型的学习。

与基于样本的迁移学习（instance-based transfer learning）和基于特征的迁移学习（feature-based transfer learning）一样，基于模型的迁移学习也利用源域的知识。然而，三者在利用知识的层面上存在显著差别：基于模型的迁移学习利用模型层面的知识，而基于样本的迁移学习与基于特征的迁移学习分别利用样本和特征层面的知识。直观地，重新使用从源域中学习到的模型可以避免再次抽取训练数据或再对复杂的数据表示进行关系推理，这使得基于模型的迁移学习更高效，更能抓住源域的高层级知识。

假设通过良好训练，源域模型 θ_s 已经从数据中学习到了大量的结构知识。通过迁移该结构知识到与源域相似的目标域中，在使用少量的目标域有标签数据情况下，可获得更为精准的目标域模型θ_t。正如图4.1a所示，在目标域仅有少量训练样本的情况下，避免过拟合风险的唯一方法是学习简单模型。然而，如果借助于源域已训练模型，那么尽管目标域中仅有有限的训练样本，仍可获得性能更强的模型（如图4.1）。

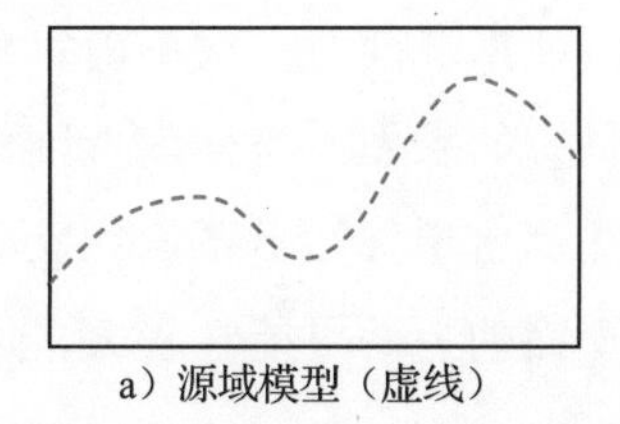
a）源域模型（虚线）

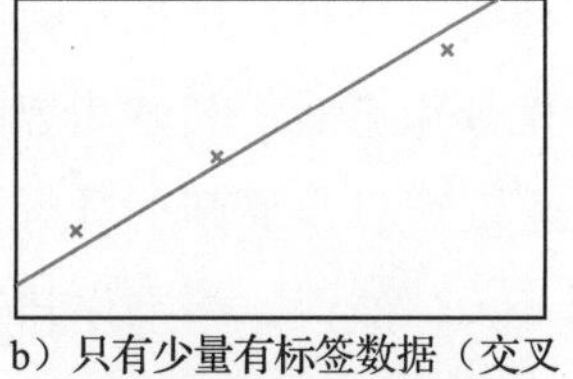
b）只有少量有标签数据（交叉点）的目标域模型（实线）

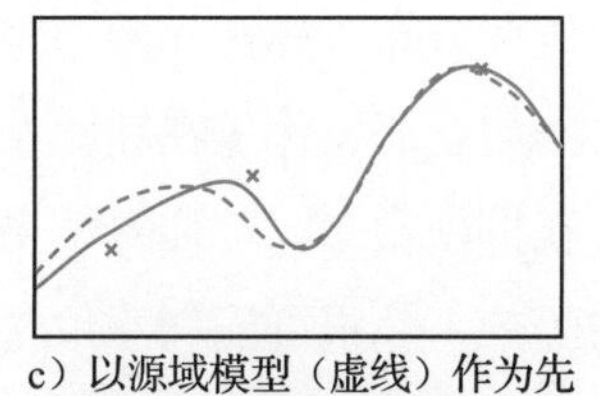
c）以源域模型（虚线）作为先验得到目标域模型（实线）

图　4.1

大部分基于模型的迁移学习算法都是在可归纳的迁移学习设置中提出的，其假设目标域有有标签的样本。值得关注的是，通过调整基于模型的多任务学习方法可获得相应的基于模型的迁移学习算法。再次重申多任务学习与迁移学习的区别在于，多任务学习试图同时优化多个目标任务的性能，而迁移学习只关注通过利用辅助任务的知识来提高一个目标域的性能。例如，Evgeniou和Pontil（2004）提出了一种基于支持向量机的正则化多任务学习方法。在该方法中，优化目标是最小化所有任务的平均损失，这使得最终模型获得在所有任务中达到平衡的最佳总体性能。然而，这一结果并不能保证理想目标任务上的最优表现。而迁移学习仅关注了目标任务的表现。通过修改多任务学习中目标函数的不同任务的权重分配，可以消除其中的差异。本章仅对相关的多任务学习算法进行简单介绍，第9章将对其进行更详细的介绍。

根据迁移学习模型的具体假设，现有相关工作可分为两类：基于共享模型成分的知识迁移（4.2节）、基于正则化的知识迁移（4.3节）。

第一类方法包含了如下一类方法：通过重新利用源域中的模型成分或者源域中的超参数来确定目标域模型（Li等人，2006；Tommasi等人，2010；Luo，Jie等人，2011）。此外，还包含同时学习目标域和源域模型（Lawrence和Platt，2004；Bonilla等人，2007；Schwaighofer等人，2005）的相关方法。

第二类方法是通过正则化来迁移知识。正则化是一种解决不适定的机器学习问题的技术，也是一种通过限制模型灵活性来防止模型过拟合的技术。该类方法中，在一些先验假设下，正则化约束了模型的超参数。其中，SVM由于具有良好的计算性能以及在一些应用中有良好的预测表现，目前已被广泛应用于基于正则化的知识迁移中。随着深度模型的引入，一些方法将模型参数从辅助任务转移到预先训练的深度学习模型中，以初始化目标域模型。

4.2 基于共享模型成分的迁移学习

先验概率分布也称为先验，是一种概率分布，指在看到任何证据之前对一些不确定事件概率的判断。例如，想象你正在和朋友玩抛硬币游戏，其游戏规则是：如果硬币正面朝上则你赢，否则你输。在掷硬币之前，你对结果是正面或者反面朝上进行下注。由于你知道正面和反面朝上的概率是均等的，你很可能任意地选择一面。然而，如果你知道正面朝上的可能性较大，你就更有可能把赌注押在正面。在这个例子中，先验是硬币正面朝上的概率。

先验能够在你做决策之前给你一个更好、更高效的评估，所以你不必通过抛多次硬币来判断哪一面更可能朝上。同样，在现实应用中，如果能够将一些先验知识应用到一个新任务中，那么即便新任务仅拥有少量的训练数据，也能够获得一个在性能上令人满意的模型。基于该动机，研究者提出了一些迁移学习方法（Lawrence 和 Platt，2004；Schwaighofer 等人，2005；Bonilla 等人，2007；Li 等人，2006；Tommasi 等人，2010；Luo，Jie 等人，2011；Ma 等人，2014；Shu 等人，2015；Chen 等人，2016a；Bousmalis 等人，2016a；Ghifary 等人，2016）。

4.2.1 利用高斯过程的迁移学习

本小节将首先简要介绍高斯过程（Gaussian Process，GP），随后介绍一些文献（Lawrence 和 Platt，2004；Schwaighofer 等人，2005；Bonilla 等人，2007）中提出的方法如何利用高斯过程在不同任务间共享知识。

高斯过程是使用高斯先验建模数据分布的一种通用工具。它是一种随机过程，随机变量的每个有限子集都服从多元正态分布。在监督学习中，依靠训练数据间的相似性度量，高斯过程能够预测未见数据的标签。具体地，设有标签的数据集为 $\boldsymbol{X}=[\boldsymbol{x}_1, \boldsymbol{x}_2, \cdots, \boldsymbol{x}_N]^{\mathrm{T}}$，定义潜变量 $\boldsymbol{z}=[z_1, z_2, \cdots, z_N]^{\mathrm{T}}$，该潜变量的先验分布为如下形式的高斯先验：

$$p(\boldsymbol{z}\mid\boldsymbol{X},\theta)=N(\boldsymbol{0},\boldsymbol{K}) \tag{4.1}$$

其中，θ 是参数。$\boldsymbol{K}$ 是协方差函数（称为核（kernel）），描述一个多元正态分布。$\boldsymbol{K}$ 可以采取不同的形式，如线性核 $\boldsymbol{K}(\boldsymbol{x}, \boldsymbol{x}')=\boldsymbol{x}^{\mathrm{T}}\boldsymbol{x}'$ 和平方指数核 $\boldsymbol{K}(\boldsymbol{x}, \boldsymbol{x}')=\sigma^2\exp\left(-\frac{\|\boldsymbol{x}-\boldsymbol{x}'\|^2}{2\ell^2}\right)$。在平方指数核中，参数 σ 和 ℓ 包含在预估的 θ 中。

在一个高斯过程中，给定变量 $\boldsymbol{z}$，$\boldsymbol{y}$ 和 $\boldsymbol{X}$ 是条件独立的，其整体数据的联合似然函数可以表示为

$$p(\boldsymbol{y},\boldsymbol{z}\mid\boldsymbol{X},\theta)=p(\boldsymbol{z}\mid\boldsymbol{X},\theta)\prod_{i=1}^{N}p(y_i\mid z_i) \tag{4.2}$$

其中，条件概率 $p(y_i|z_i)$ 给出了观测值与潜变量间的关系。式（4.2）由先验和似然$p(y_i|z_i)$两部分组成。

假设我们有 m 个相关但不同的任务，每个任务在对应的训练集$\{(\boldsymbol{X}_m, \boldsymbol{y}_m)\}$下由一个 GP 来建模，则 $\boldsymbol{y}=(\boldsymbol{y}_1^{\mathrm{T}}, \boldsymbol{y}_2^{\mathrm{T}}, \cdots, \boldsymbol{y}_m^{\mathrm{T}})$ 的概率分布为

$$p(\boldsymbol{y}\mid\boldsymbol{X},\theta)=\prod_{m=1}^{N}p(\boldsymbol{y}_m\mid\boldsymbol{X}_m,\theta) \tag{4.3}$$

注意：θ 是所有任务共享的参数。

Lawrence 和 Platt（2004）通过约束协方差矩阵 $\boldsymbol{K}$ 为分块对角矩阵，利用式（4.3）定义了一个多任务高斯过程，并利用信息向量机（Informative Vector Machine，IVM）寻找稀疏表示以降低计算开销并加快模型训练。其中协方差矩阵为

$$\boldsymbol{K}=\begin{bmatrix}\boldsymbol{K}_1 & \boldsymbol{0} & \boldsymbol{0} & \boldsymbol{0}\\ \boldsymbol{0} & \boldsymbol{K}_2 & \boldsymbol{0} & \boldsymbol{0}\\ \boldsymbol{0} & \boldsymbol{0} & \ddots & \boldsymbol{0}\\ \boldsymbol{0} & \boldsymbol{0} & \boldsymbol{0} & \boldsymbol{K}_m\end{bmatrix}$$

Schwaighofer 等人（2005）将层次贝叶斯学习和高斯过程相结合用于多任务学习。在该算法中，层次贝叶斯模型本质上学习了高斯过程的均值和协方差函数，其算法分为两个步骤：

1）通过一个简单有效的 EM 算法，从数据中学习一个通用的协同核矩阵；

2）利用广义 Nyström 方法推广协方差矩阵。

Bonilla 等人（2007）利用数据上的共享协方差函数和不同任务上的自由形式协方差矩阵来建模任务间的依赖关系，从而放宽了 Lawrence 和 Platt（2004）的方法对协方差矩阵的约束，表现出了更好的灵活性。

4.2.2　利用贝叶斯模型的知识迁移

4.2.1 节中的所提方法利用高斯过程学习了通用的先验分布，该分布将从源域迁移到目标域中。与此同时，其他贝叶斯模型也可用于基于模型的迁移学习中，本小节将对此进行讨论。

Li 等人（2006）基于贝叶斯方法从一些源域（比如视觉类别）迁移先验知识来估计图片中一些目标域对象的参数分布。通过迁移先验知识，该算法仅需要单个或少量样本就能够学习一个新类别。在不相关类别上学到的通用信息可以用概率模型对应参数的适当先验概率分布来表示。

贝叶斯模型现已应用到一些自然语言处理的应用中。具体地，Dai 等人（2007a）基于朴素贝叶斯分类器提出了一种迁移学习算法用于文本分类。该算法采用两个步骤，以概率分布形式对先验知识进行迁移。首先，该算法利用源域数据建立传统的朴素贝叶斯模型。其次，该算法基于源域模型采用 EM 算法求解目标域模型，其中算法利用 KL 散度度量两个域间的差异。由此进行多步推演，EM 算法将逐渐减小新学习模型与目标域分布之间的差异。

4.2.3 利用深度模型的模型迁移

随着深度学习的发展，人工智能的研究者利用深度学习强大的表达能力来抽取和迁移诸如类别间的关系等知识。其中，知识蒸馏（knowledge distilling）技术就是一个很好的例子，它涉及了教师网络和学生网络。知识蒸馏，也称为软标签，最初是为处理模型压缩而提出的。在处理压缩的过程中，源域与目标域被认为是一致的。

在基于模型的迁移学习中，通过计算类别 k 所有源样本的激励函数的 softmax 的平均值，可提取类别 k 的软标签 l，其中该平均值用 $l^{(k)}$ 表示。如果简单的 softmax 生成了一个较陡的分布，我们则使用一个具有高温度的 softmax 来保留足够多的类别关系信息。

基于软标签的类别间关系知识的损失可形式化定义为

$$\mathcal{L}_{\text{softlabel}}(x_t, y_t; \theta_{\text{repr}}, \theta_c) = -\sum_i l^{(k)} \operatorname{softmax}(\theta_c^{\mathrm{T}} f(x_T; \theta_{\text{repr}})/\tau) \tag{4.4}$$

以图 4.2 为例。软标签 $l^{(\text{bottle})}$ 是一个 K 维向量，其中，向量的每个维度表示 bottle（瓶子）和每个类别的相似性。在该例中，由于瓶子和杯子（mug）在视觉上更相似，所以瓶子的软标签在杯子上的权重要比在键盘（keyboard）上的更高。因此，通过训练该软标签，可刻画瓶子、杯子和键盘在特征空间中的关系，即相比于键盘，瓶子更贴近于杯子。

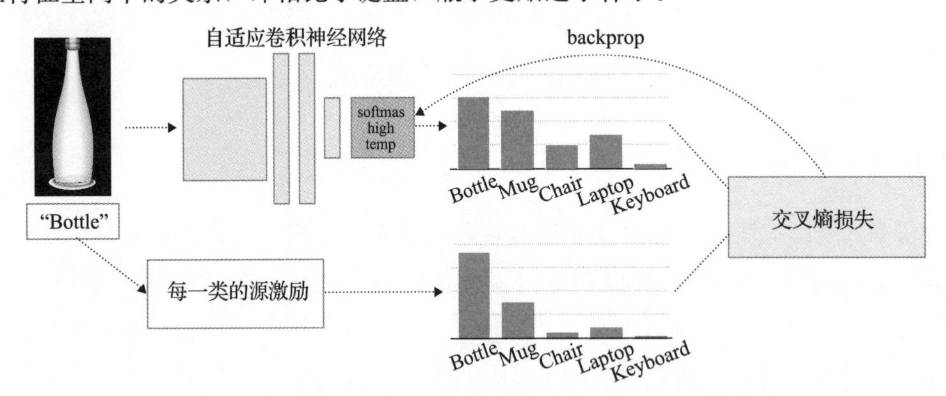

图 4.2 软标签方法（改编自 Tzeng 等人（2014）的论文）

4.2.4　其他方法

Luo 和 Jie 等人（2011）提出了不同于贝叶斯的新方法，该方法以现成模型为先验知识来学习新模型。该方法通过定义评分函数 $s(\boldsymbol{x}_i, y)$ 来度量一个抽样数据 $\boldsymbol{x}_i$ 属于一个类别 y 的概率，其概率为

$$s(\boldsymbol{x}_i, y) = \overline{\boldsymbol{w}} \cdot \overline{\phi}(\boldsymbol{x}_i, y) = \boldsymbol{w}^{(0)} \cdot \phi^{(0)}(\boldsymbol{x}, y) + \sum_{z=1}^{F} \boldsymbol{w}^{(y,z)} \cdot \phi^{(y,z)}(s_p(\boldsymbol{x}, z), y)$$

其中 $\phi^{(\cdot)}$ 为特征映射函数，$\boldsymbol{w}^{(\cdot)}$ 是通过一个超平面区分两个类别的对应参数。算法通过在目标域数据上训练的模型以及从源数据得到的先验知识来计算新类别 y 的分数。

4.3　基于正则化的迁移

共享知识也可以通过正则化来迁移，研究人员探索了利用正则化在源域和目标域间迁移知识的方法。

图 4.3　调整参数 $\boldsymbol{\theta}$ 并使用正则化项 $\Omega(\cdot)$ 以检测新类“狮子” $\widetilde{\boldsymbol{\theta}}$

在一个模型中，标准正则化的形式如下：

$$\widetilde{J}(\theta; \boldsymbol{X}, \boldsymbol{y}) = J(\theta; \boldsymbol{X}, \boldsymbol{y}) + \alpha\Omega(\theta) \tag{4.5}$$

其中，J 是原始目标函数。$\tilde{J}$是带有正则化项$\Omega(\theta)$ 的目标函数，该正则化项使用正则权重 α 来正则化参数θ。

Evgeniou 和 Pontil（2004）将模型参数分解为特定任务部分和任务无关部分。其中目标模型参数和源模型参数可建模成如下形式：

$$\boldsymbol{\theta}_s = \boldsymbol{\theta}_0 + \boldsymbol{v}_s \tag{4.6}$$

$$\boldsymbol{\theta}_t = \boldsymbol{\theta}_0 + \boldsymbol{v}_t \tag{4.7}$$

其中，$\boldsymbol{\theta}_0$ 是任务无关参数，表示任务间的不变特征，是模型迁移学习中被迁移的部分。$\boldsymbol{v}_t$ 和 $\boldsymbol{v}_s$ 是特定任务参数，描述了特定任务的特定特征，可在特定域内的数据上进行学习。

从源域模型中，我们能利用的是任务无关参数。该参数通过训练充足数据而获得，可以提高目标模型的泛化性能。

4.3.1 基于支持向量机的正则化

如上所述，支持向量机由于具有良好的性质，经常被应用于基于正则化的迁移学习中。其性质如下：

1）支持向量机利用超平面可完美分开数据，并且其决策边界仅由少量数据确定。支持向量机的上述两个典型特征使模型迁移直观方便，且计算成本相对较低。

2）支持向量机的目标函数很简单，因此可方便地添加约束条件和正则化。

接下来，我们将展示将式（4.5）推广到支持向量机上的过程。标准 SVM 的目标函数为

$$\min_{\boldsymbol{w}} \frac{1}{2}\|\boldsymbol{w}\|^2 \quad \text{s.t.} \quad y_i[\boldsymbol{w}\cdot\boldsymbol{x}_i + b] \geqslant 1\,\forall i \tag{4.8}$$

Yang 等人（2007c）提出了自适应支持向量机（Adaptive SVM，A-SVM），其学习的决策边界贴近于原始决策边界。在自适应支持向量机中，目标模型定义为 $f_t(x)=f_s(x)+\Delta f(x)$，其中 $\Delta f(x)$ 是置换函数，用于改变源域决策边界使其适应于目标域数据。

Jiang 等人（2008）提出了类似于 A-SVM 的交叉域支持向量机（Cross-Domain SVM，CD-SVM）算法。该算法将源任务中训练好的 SVM 中的知识迁移到新任务中。其背后的动机是，如果在源 SVM 中已训练好的支持向量落在了目标域训练数据的某个邻域，那么新学到的支持向量具有与源域相似的分布，从而可以帮助训练新目标域的 SVM。因此，在 CD-SVM 中，通过增加源域支持向量的邻域约束，可修正目标域 SVM 学习的优化问题。

针对物体类别识别问题，Aytar 和 Zisserman（2011）改进了 Yang 等人（2007c）的算法，提

出了形变自适应支持向量机（Deformable Adaptive SVM，DA-SVM）。该算法利用在其他领域训练出来的图像检测器作为正则化项，通过利用目前类别中最小个数的可能训练样本对新类别进行训练。Duan等人（2009）提出了域迁移支持向量机（Domain Transfer SVM，DT-SVM）用于视频概念检测。该算法试图减少交叉域分布的不匹配，同时学习目标域的决策函数，其中不匹配性通过MMD来测量。在视频概念检测应用中，关键帧的变化非常频繁，这使得在没有大量数据的情况下很难刻画特征表示。为了解决该问题，DT-SVM提出了统一的框架来同时学习最优的核函数和稳定的SVM分类器。Bruzzone和Marconcini（2010）提出了域自适应SVM。该算法利用半监督方法调整传统SVM使其适应于新域，并通过无噪标签来验证调整后的分类器。Xu等人（2014a）提出了一种结构自适应的支持向量机（Adaptive Structural SVM，A-SSVM）来调整域间分类器参数。该算法引入了一个与数据相关的正则化项来选取源域，并融合了不同的特征提取方法。这样，A-SSVM能够通过特征空间和训练参数来捕获结构知识。

Tommasi等人（2010）提出了一种基于SVM的自适应算法，该算法利用一些先验知识来模仿人类识别物体的能力（该能力甚至包括从单一视角来识别物体）。在假设新类别和已有类别相似的情况下，该算法选择和调整来自不同领域先验知识的权重，并通过改变正则化项来修改传统最小二乘支持向量机（Least Squares SVM，LS-SVM）的目标函数。修改后的目标函数为

$$\min_{\boldsymbol{w}_t,b}\frac{1}{2}\|\boldsymbol{w}_t-\beta\boldsymbol{w}_s\|^2+\frac{C}{2}\sum_{i=1}^{l}(y_i-\boldsymbol{w}_t\cdot\phi(\boldsymbol{x}_i)-b)^2$$

其中$\boldsymbol{w}_s$和$\boldsymbol{w}_t$分别为源模型和目标模型的参数。正则化项约束目标模型参数接近源参数的β倍，β是处于0和1之间的比例因子，用于控制接近性度量。

4.3.2　基于多核学习的迁移学习

当$J(\theta;\boldsymbol{X},\boldsymbol{y})$为一个多核函数的组合时，式（4.5）可进一步推广到多核学习（MKL）上，其中MKL用于直接约束核的形式，而不是使用先验知识来确定核函数。例如，Duan等人（2012a）提出了域迁移多核学习（Domain Transfer Multiple Kernel Learning，DT-MKL）方法，该方法强制目标任务与源任务的决策边界相似。

Schweikert等人（2008）提出了学习源SVM分类器的线性组合的方法，其决策函数定义为

$$f(\boldsymbol{x})=\sum_{i=1}^{n}\alpha_i k(\boldsymbol{x}_i,\boldsymbol{x})+b,\forall\boldsymbol{x}_i\in\mathscr{D}\tag{4.9}$$

其中，$k(\cdot,\cdot)$是核函数，α_i是系数。其总体目标函数定义为

$$[k,f]=\underset{k,f}{\operatorname{argmin}}\,\Omega(\mathrm{DIST}_k^2(\mathscr{D}_s,\mathscr{D}_t^l))+\theta R(k,f,\mathscr{D}_t^l)\tag{4.10}$$

上述目标函数由两项组成。第一项最小化两个域间的分布距离 DIST(·，·)，其中 $\mathscr{D}_t^l$是目标域中有标签的样本集合。在第二项中，在给定目标数据 $\mathscr{D}_t^l$的情况下，函数 $R(\cdot)$ 表示分类器 $f(\cdot)$ 和核 $k(\cdot)$ 的结构风险。这里的核函数 $k(\cdot)$ 假定为基核 $\{k_j\}$ 的线性组合，即

$$k=\sum_{j=1}^{M} d_j k_j \tag{4.11}$$

其中 M 为源模型的总数。这里需要关注的是，该方法和 A-SVM（Yang 等人，2007c）都没有利用目标域中丰富的无标签数据。

Duan 等人（2012c）提出了一种自适应多核学习（Adaptive Multiple Kernel Learning，A-MKL）方法。该方法通过优化源域和目标域的结构风险以及分布差异来学习核函数和分类器。

除了从核的角度提出相关方法外，Guo 和 Wang（2013）提出了域自适应输入-输出核学习（Domain Adaptive Input-Output Kernel Learning，DA-IOKL）算法。该算法利用判别向量值决策函数通过降低数据不匹配以及最小化结构风险来同时学习输入和输出的核，其中数据不匹配由 MMD 来度量。

4.3.3 深度模型中的微调方法

随着深度学习成为广泛应用的流行的机器学习技术，研究人员开始赋予深度模型迁移学习的能力。参数微调是一种简单有效的、涉及模型参数的知识迁移技术。

4.3.3.1 贪心逐层预训练和微调

贪心逐层预训练思想已广泛应用于深度置信网络（Deep Brief Network，DBN）和自编码的模型训练中。其中，Bengio（2012）基于非监督学习算法训练参数，并利用该参数初始化特殊的分类任务。该算法假设无监督学习任务（例如样本重构）能够表现良好的表示。因此，利用该形式获得的初始化参数将适合后续任务。该初始化策略可以被看作学习模型参数的一种正则化方法。

贪婪逐层算法的第一阶段是利用非监督学习对每层进行训练，也称为预训练阶段。具体地，该阶段利用第 $l-1$ 层输出的训练样本 $h_{l-1}(x)$ 来训练非监督模型，进而重新生成第 l 层的表示 $h_l(x)=R_l(h_{l-1}(x))$。

第二阶段是利用监督信号对后续任务（如分类）进行微调。现有几种微调的变体，其中最常见的一种方法是通过利用第一阶段输出的 $h_l(x)$ 作为输入来初始化线性或者非线性监督模型，并

根据监督训练损失微调模型参数。

4.3.3.2　监督学习下的参数微调

贪心逐层预训练算法在深度学习的早期比较流行，但是随后被 dropout 和批处理规范化所取代，其中 dropout 和批处理规范化采用端到端的方式训练所有层。利用稳定优化算法和大量有标签数据，可以直接从零开始训练深度监督模型。然而，实现该目标的关键问题是如何在不同的监督任务间传递由监督学习训练出来的参数。

针对 CNN，Yosinski 等人（2014）通过大量实验评估了其预训练模型的不同层的迁移能力。图 4.4 为实验设置示意图。实验将 ImageNet 数据集分为 A 和 B 两部分。前两行的模型作为基础模型在 A 和 B 的数据上训练。在后两行中，该模型的前几层由所学数值进行初始化，其余层随机初始化。XnY 代表前 n 层，由基础模型 X 复制而来，并且被冻结用于 Y 中的迁移学习。XnY^+ 代表被迁移的前 n 层，可通过 Y 进行微调。

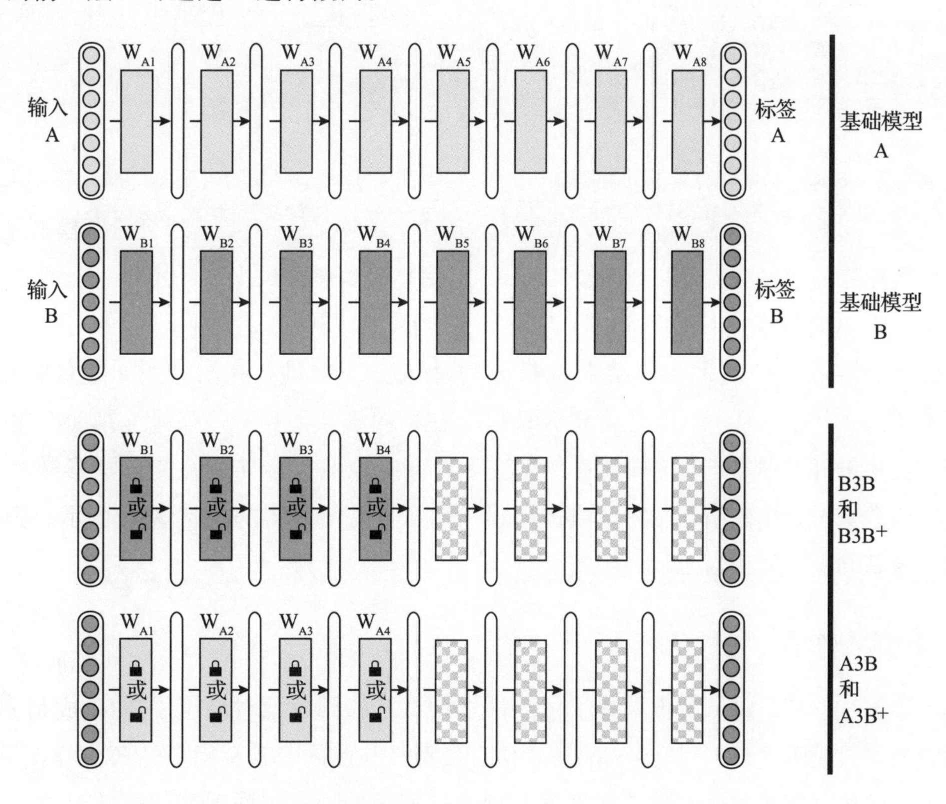

图 4.4　CNN 中的实验设置（改编自 Yosinski 等人（2014）的论文）

图 4.5 显示了在不同迁移学习设置下的实验结果。显然，迁移设置和微调设置使得 AnB$^+$ 的效果优于基础模型 B。当 n 较大时，带有冻结迁移层的 AnB 和 BnB 会出现较大的性能下降。相应结果显示：低层次的任务具有较强的可迁移性，高层次的任务与具体任务的关系更为紧密。

同样，Mou 等人（2016）基于大量实验评估了循环神经网络（Recurrent Neural Network，RNN）模型在处理自然语言分类任务时其参数的迁移能力。如图 4.6 所示，其 RNN 模型由三层组成：嵌入层、用于捕获序列模式的 RNN 隐藏层、输出层。

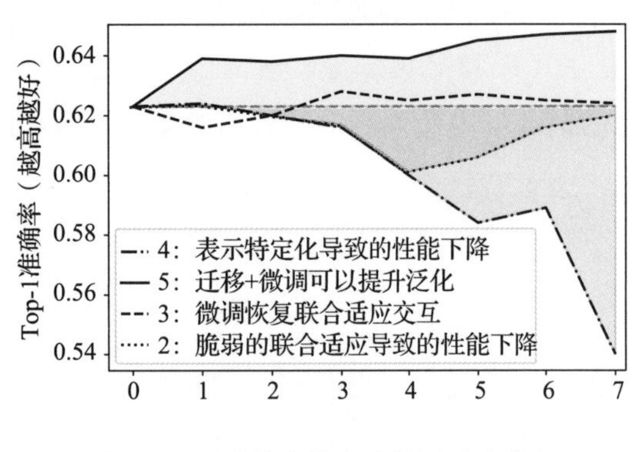

图 4.5　迁移能力的实验结果（改编自 Yosinski 等人（2014）的论文）

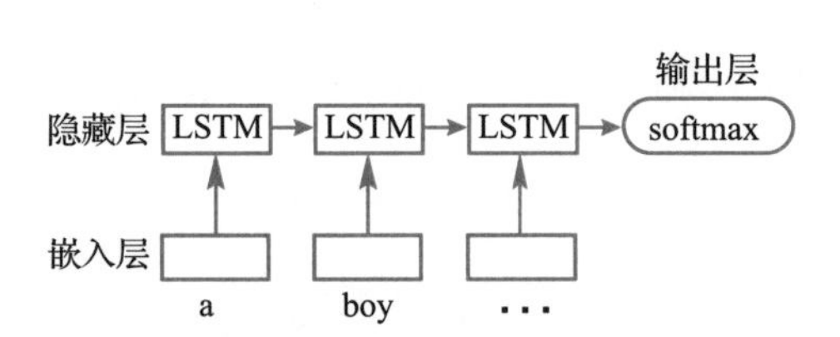

图 4.6　LSTM 模型（改编自 Mou 等人（2016）的论文）：自然语言分类

为了分析每层的迁移能力，Mou 等人（2016）在大型的影评数据集 IMDb、小型的影评数据集 MR 和小型的六向问题数据集 QC 中进行了相关实验，并检测了在迁移学习的冻结、微调和任务迁移设置下的结果。RNN 的实验结果与 CNN 的相似。具体地，高层（例如隐藏层和输出层）不适合进行迁移。甚至当从 IMDb 迁移到 MR 时，在相同语义设置中，如果冻结所有层，则性能也会下降。在从 IMDb 到 QC 等不同任务的情况下，冻结隐藏层会导致性能急剧下降。如果利用源域模型的参数来初始化模型，然后继续微调模型参数，则所获得的模型性能通常比基础模型的高，或至少与基础模型的相当。

4.3.3.3　其他模型微调

Frome 等人（2013）将从文本域中学习的语义知识迁移到视觉对象识别域中。具体地，首先针对单词的分布式表示预训练 skip-gram 神经语言模型。与此同时，利用 LSVRC 2012 1K 数据集训练一种先进的用于视觉对象识别的深度神经网络模型。最后，将预训练的视觉对象识别网络的表示层与神经语言模型相结合，建立一个深度视觉语义模型。该模型将继续微调参数。该模型和训练过程如图 4.7 所示。

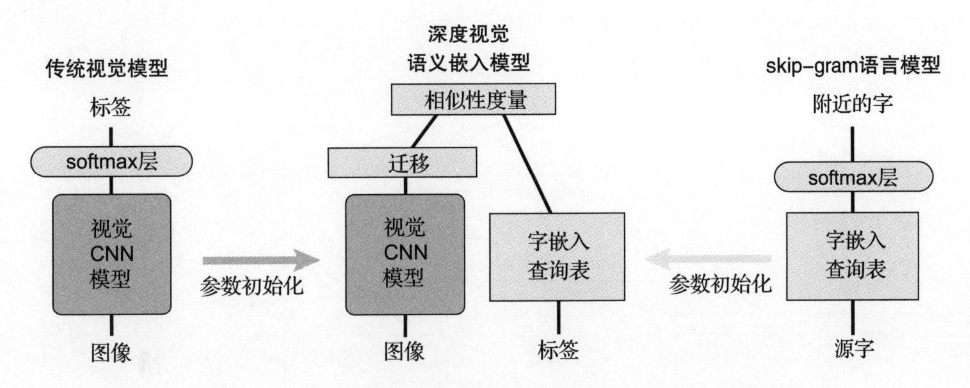

图 4.7　DeViSE 模型（改编自 Frome 等人（2013）的论文）

第5章

基于关系的迁移学习

5.1 引言

在前面的章节中，我们已经讨论了基于样本、基于特征和基于模型的迁移学习方法，这些方法都隐式地假设数据样本是独立同分布的。但是，许多实际领域通常包含数据样本之间的结构，从而导致这些领域中含有关系结构。例如，社交网络可以被视为关系图，其中节点代表人，连接表示人与人之间的关系。在关系域中，样本与多个关系相关，这违反了经典机器学习方法所需的独立假设。研究者提出了许多从关系域中的数据进行学习的模型。

然而，与监督学习类似，数据不足的问题也制约着关系域上学习模型的性能。当关系域发生变化时，已经学习完成的模型通常表现不佳，必须从零开始重建。高质量数据样本、可用关系的稀少也可能不足以支持算法学习准确的模型，尤其是存在多种关系时。因此，迁移学习适用于关系学习，通过利用来自其他相关领域的有用信息来克服对大量高质量数据的依赖，从而实现基于关系的迁移学习。此外，基于关系的迁移学习可以加速目标域的学习过程，从而提高效率。

通常，基于关系的迁移学习旨在构建源关系域和目标关系域之间关系知识的映射。其迁移基于以下假设：源域数据之间和目标域数据之间的关系具有共同的规律。因此，在某种程度上，可以基于关系特征来传递与域无关的关系知识。图 5.1 给出了一个示例，说明如何将关系知识从学术领域迁移到电影领域。

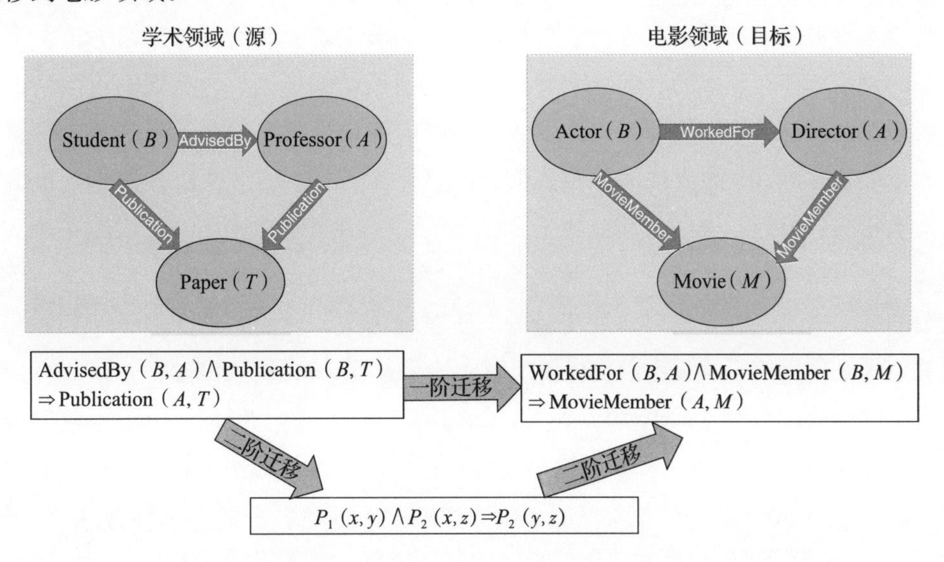

图 5.1 关系传递机制的一个例子（改编自 Davis 和 Domingos（2009）的论文）

为了回答迁移学习“如何迁移”的问题，统计关系学习（Statistical Relational Learning，SRL）提供了一个典型的例子，说明如何进行基于关系的迁移，代表性工作有（Getoor 和 Taskar，2007；Nickel 等人，2016）等。在这一领域，马尔可夫逻辑网络（Markov Logic Network，MLN）（Richardson 和 Domingos，2006）提供了表示结构关系的理想工具。马尔可夫逻辑网络是逻辑概率混合模型，其中关系被编码为谓词，关系的规则被表示为公式。基于马尔可夫逻辑网络的关系迁移学习方法首先从源域中发现带权逻辑公式作为关系的规则。然后，基于这些规则，该方法将具有来自目标域的谓词的逻辑公式创建为候选，接着对这些候选进行筛选、修订和重新加权，以对目标域进行适当建模。

基于关系的迁移学习有两种机制，包括基于一阶关系的迁移学习（first-order relation-based transfer learning）和基于二阶关系的迁移学习（second-order relation-based transfer learning）。基于一阶关系的迁移学习方法假设如果两个关系域相关，则它们可以在跨域迁移的数据样本之间共享一些类似的关系。例如，如果不熟悉某个特定“电影”问题域的学生被告知演员和导演之间的关系“为……工作”（WorkedFor）是类似于学生和教授之间的关系“由……指导”（AdvisedBy），并且关系“参演”（MovieMember）类似于关系“发表”（Publication），那么学生可以根据他在学术领域的知识预测“电影”领域的一些规则。因此，给定学生在学术领域的知识“教授是由其学生撰写的论文的共同作者”，该知识可以被构建为图 5.1 中的一阶逻辑公式，通过将类似的关系代入到目标电影领域，学生可以推断出导演是由其雇佣的演员参演的电影的工作人员。

除了基于一阶关系的迁移学习方法，也可以使用基于二阶关系的迁移学习方法。二阶关系假设两个相关的关系域存在相似的、独立于具体关系的通用结构规则。这些规则可以从源域中提取出来，然后迁移到目标域上。实际上，许多关于关系的抽象规则在一些不同的现实领域中均保持有效。例如，最初在语言学中发现的分布式假设（Harris，1954）发现具有相似分布特征的词倾向于在语义上相关。最近，人们发现这些分布式特征也适用于社交网络（Mitzlaff 等人，2014）。同样，论文的引用结构在引用网络中也倾向于语义相似（Ganguly 和 Pudi，2017）。在图 5.1 中，与关系无关的结构模式表示为具有谓词变量的二阶逻辑公式，它们是从源域学习到的。可以用目标域中的关系来实例化该二阶关系以获得新规则，这是迁移学习的一种形式。

还存在跨网络的迁移学习工作（Ye 等人，2013；Fang 等人，2013、2015），它们假设网络的结构知识是可迁移的。Ye 等人（2013）提出同时考虑源网络和目标网络，通过矩阵分解来构造可泛化的隐特征，然后采用具有样本加权的 AdaBoost 风格的算法来训练目标分类器。Fang 等人（2013）构建了标签传播矩阵以捕获结构信息对网络中节点标签的影响，其目标是发现两个网络之间的共同签名子图（signature subgraph）以构建目标网络的新结构特征。然后，通过发现源和目标网络共享的隐式结构特征，在关系域间传递边缘包含的关系知识。关于在目标域中没有有标签数据时跨域的情感和主题词的共同提取，Li 等人（2012）通过利用主题词和情感词之间可转换的句法关系，提出了一个基于关系的二阶迁移学习框架。在第一阶段，他们提出了一种简单的策略来为目标域生成一些高质量的情感和主题种子。在第二阶段，他们提出了一种新颖的关系自适应自举（Relational Adaptive Bootstrapping，RAB）方法，利用主题词和意见词之间的关系来扩展种子。

关于关系域上可迁移性的研究并不多。加权伪对数似然（Weighted Pseudo-Log-Likelihood，WPLL）可以用于度量一组公式被满足的“程度”。Zhuo 和 Yang（2014）开发了一个基于 WPLL 的评分函数来测量源域和目标域之间的相似性，以捕获源域和目标域之间的可迁移性。

5.2 马尔可夫逻辑网络

马尔可夫网络（Koller 和 Friedman，2009），也称为马尔可夫随机场（Markov Random Field，MRF），是使用无向图来描述变量的联合概率的图模型。马尔可夫逻辑网（Richardson 和 Domingos，2006）是一种用于定义马尔可夫网络的模板语言，它预测实体之间关系的概率，并结合统计和逻辑中的技术，以提供表示不确定知识逻辑的简单方法。

对于一阶逻辑知识库，公式的硬约束使逻辑难以表示不确定性。诸如马尔可夫网络之类的图模型为各种概率模型提供了统一的结构，但它们只能代表命题逻辑上的分布，这不足以表达高阶知识。通过为每个逻辑公式分配一个表示其可信度的实值权重，MLN可以软化硬约束并在一阶逻辑和图模型之间建立接口。

MLN由两部分组成，即一阶逻辑和每个逻辑公式的数值权重。一阶逻辑公式定义谓词之间的相关性，关联权重体现相应公式的可信度，使公式设置为软约束。通过这种方式，MLN中的公式可以容忍不确定性，甚至允许相互矛盾的知识。

MLN是基于一种直觉构建的，即“一个领域违反的公式越少，它的可能性就越大”。同样，一个公式的权重越大，它就越可能成立。更确切地说，每个公式的权重表示当固定其他实体时一个领域满足与不满足它的概率的对数差异。上面提到的直觉的解释来自逻辑，它的实现基于马尔可夫网络。

根据以上对MLN的介绍，我们现在可以使用它作为表示语言来表达两个域之间的可迁移知识。

5.3 利用马尔可夫网络的基于关系的迁移学习

使用MLN实现的基于关系的迁移学习旨在从源域提取普适关系并将关系知识迁移到目标域。这符合迁移学习的动机，因为我们希望框架在有限的关系数据上有效。该领域的研究分为两类：*浅层迁移*，其中源和目标域共享相同类型的对象和关系；*深层转移*，其中对象的类型和关系在不同域之间是不同的（Davis 和 Domingos，2009；Van Haaren 等人，2015）。这两类分别使用基于MLN的基于一阶和二阶关系的迁移学习技术。

在基于一阶关系的迁移学习方法中，我们的目标是找到跨域谓词的显式映射，以生成目标域的新公式。在基于二阶关系的方法中，我们以二阶逻辑的形式从源域提取结构规律，然后将它迁移到目标域。

5.3.1 通过一阶逻辑的浅层迁移

Mihalkova 等人（2007）提出了一种通过自动映射和修订算法进行的迁移（Transfer via Automatic Mapping And Revision，TAMAR），该算法可以跨域查找和调整谓词的映射。例如，通过学术领域中的实体（如教授、学生、出版物）与电影领域中的实体（如导演、演员、电影）之间的映射，根据该映射替换一些逻辑谓词之后，可以将适用于一个域的规则迁移到另一个域。在 TAMAR 算法中，首先将源 MLN 映射到目标域，然后可以基于映射修改来自源域的子句。修订后的 MLN 可以用作目标域中论证或推理的关系模型。最后，该映射由 WPLL 评分评估，该评分测量映射的 MLN 在目标数据上的性能。

WPLL 的定义如下（Mihalkova 等人，2007）：

$$\log \widetilde{P}_w(X=x)=\sum_{r\in R}c_r\sum_{k=1}^{g_r}\ln P_w(X_{r,k}=x_{r,k}\,|\,MB_x(X_{r,k})) \tag{5.1}$$

其中 R 是一阶谓词的集合，g_r 是一阶谓词 r 的实例化数，$x_{r,k}$ 是 r 的第 k 个实例化的布尔值。WPLL 得分与数据集的似然不同，因为似然是给定其马尔可夫覆盖的每个基础事实的条件概率的乘法，但是每个谓词的 WPLL 中的伪概率由 c_r 加权。WPLL 不需要对模型进行推理，并且可以通过随机梯度下降算法来学习。

TAMAR 建立在 WPLL 之上：TAMAR 使用贪婪算法，而不是评估所有可能的映射来找到最好的映射。通过单独查找每个源子句的最佳映射，TAMAR 为源子句中出现的谓词构造本地映射。为了找到每个源子句的最佳本地映射，TAMAR 详尽地搜索所有合法映射的空间，每个合法映射都使用一致的类型映射约束将源谓词映射到目标谓词（或空谓词）。这些约束确保如果将演员映射到学生，则无法将其映射到其他类型。如果两个谓词具有相同的参数数量并且根据当前类型的约束其参数类型兼容，则它们是兼容的。使用与其他映射没有冲突的新兼容映射，将更新映射和相应的类型映射约束。

在上述构造之后，基于仅由经映射转换的子句组成的 MLN 模型的 WPLL 分数来评估合法映射。最佳本地谓词映射是具有最高 WPLL 分数的映射。可以通过迭代该过程以查找所有源子句的本地映射。表 5.1 说明了映射算法的输出，然后根据以下各种标准修改映射结构以适应目标域中的数据：

表 5.1 谓词和子句映射算法示例

源域	目标域
Publication(title，person)	MovieMenber(movie，person)
Professor(person)	Director(person)
Student(person)	Actor(person)
AdvisedBy(person，person)	WorkedFor(person，person)
Publication(P，A) ∧ Publication(P，B) ∧ Professor(A) ∧ Student(B)⇒AdvisedBy(B，A)	MovieMenber(P，A) ∧ MovieMenber(P，B) ∧ Director(A) ∧ Actor(B) ⇒WorkedFor(B，A)

- 自我诊断：通过考虑将 c 转换为结论仅含有一个文字、剩下的文字都是先行词的蕴含语句的各种可能形式，来检查迁移 MLN 中的每个子句 c 是否应被缩短、延长或保持不变。因此，如果一个子句得出错误的结论，则可以通过添加更多的先行词作为约束来延长它。对于由于先行词失败而未能得出正确结论的子句，可以缩短子句以减少所需的条件。
- 结构更新：根据 WPLL 分数从标记为“缩短”的子句中删除文字，并为标记为“延长”的子句添加文字。
- 新子句发现：使用关系路径查找（Richards 和 Mooney，1992）等技术在目标域中查找新子句，可以改进 WPLL 的子句将被添加到集合中。

Mihalkova 等人（2007）在几个基准数据集的迁移场景下对 TAMAR 进行了实验。实验结果表明，与在目标域中从头开始学习模型相比，TAMAR 能够减少用于在目标域中学习准确 MLN 模型的训练时间和数据量的大小。

Mihalkova 和 Mooney（2008）提出了一种短程到远程（Short-Range to Long-Range，SR2LR）算法作为 TAMAR 算法的扩展来研究以单个实体为目标的迁移学习情景（single-entity centered setting），其中目标域中只有一个实体可用。SR2LR 假设存在两种类型的子句，包括涉及单个实体属性的短程子句和涉及多个实体属性的远程子句。短程子句只有一个实体可用，但仍可用于构造源域和目标域中谓词之间的映射。这些子句可以进一步泛化，以转化为远程子句。与 TAMAR 类似，SR2LR 中的映射构造依赖于由所有本地合法映射组成的空间内的穷举搜索。然而，由于可用目标数据量有限，SR2LR 不使用 WPLL 分数进行评估，而是简单地检验短程子句的实例是否在目标数据中为真。

Kumaraswamy 等人（2015）提出了用于跨域迁移学习的语言偏差迁移学习（Language-bias Transfer Learning，LTL）算法。与 TAMAR 不同，LTL 算法以顺序方式匹配源域和目标域中的类型声明，其中 LTL 递增地构造搜索树并在类型约束不匹配时停止路径中的搜索。这种方法允许 LTL 算法更有效地学习，因为不需要在目标域中完整构造和遍历搜索树。

5.3.2　通过二阶逻辑的深度迁移

除了关系匹配之外，如传递属性（transitivity property）、分布式假设（distributional hypothesis）和同质性（homophily）等一些关于关系的抽象规则在域之间保持有效。同质性是潜在方法的基本启发，表示类似实体可能相关以及涉及类似实体的关系可能相关。学习这些高级概念并将其迁移到新领域将得到更快、更准确的关系学习。在基于 MLN 的迁移学习中，源域中关系的结构规律以二阶逻辑的形式表示。对于二阶逻辑，关系（谓词）和对象（常量）都可以被定义成变量，使各种关系中共同规则的表示成为可能。例如，传递属性可以表示为 $r(z, y) \wedge r(x, z) \Rightarrow r(x, y)$，其中 r 可以是表示谓词的变量，x、y、z 表示对象。在社交网络中，该公式可以被实例化为 $\text{Friends}(z, y) \wedge \text{Friends}(x, z) \Rightarrow \text{Friends}(x, y)$。而在关系代数中，它可以被实例化为 $\text{Equal}(z, y) \wedge \text{Equal}(x, z) \Rightarrow \text{Equal}(x, y)$。

Davis 和 Domingos（2009）提出了一种基于马尔可夫逻辑的深度迁移（Deep Transfer via Markov logic，DTM）算法，以基于二阶马尔可夫逻辑（second-order Markov logic）的形式迁移关系知识。DTM 算法的基本思想是以具有谓词变量的马尔可夫逻辑公式的形式发现源域中的结构规律，并使用来自目标域的谓词来实例化这些公式。通过考虑具有谓词的基本原子（grounding atom）和常数符号，可以将一阶马尔可夫逻辑（first-order Markov logic）扩展到二阶马尔可夫逻辑。由于相同谓词上的不同公式可以捕获相同的规则性，因此 DTM 使用二阶团簇（clique）来聚类类似的二阶结构，然后根据团簇对其进行迁移。

下面更详细地介绍 DTM。DTM 中定义的二阶团簇是一组带有限制的谓词变量的文字。给定源域中一阶公式的集合，DTM 通过用谓词变量替换所有谓词名称来转换所有基于二阶逻辑的公式，其中一阶公式的集合通过使用任何可以从数据中推断一阶逻辑公式的学习器得到。然后，如果转换后的二阶公式在同一组文字上，则它们被分成团簇。请注意，DTM 要求团簇之间不能通过变量重命名等价，这意味着如果可以重命名两个公式以共享同一组文字，则它们应该在同一个团簇中。比如源域的两个一阶公式 $\text{Complex}(z, y) \wedge \text{Interacts}(x, z) \Rightarrow \text{Complex}(x, y)$ 和 $\text{Location}(z, y) \wedge \text{Interacts}(x, z) \Rightarrow \text{Location}(x, y)$ 可以转化成 $r(z, y) \wedge s(x, z) \Rightarrow r(x, y)$ 和 $s(z, y) \wedge r(x, z) \Rightarrow s(x, y)$。由于将 r 重命名为 s、s 重命名为 r 后其含有相同的文字集，所以这两个公式可以归入同一个团簇 $\{r(z, y), s(x, z), r(x, y)\}$ 中。

当将子句分组为二阶团簇之后，将评估出现两次以上的每个团簇并将其迁移到目标域。从统计关系学习的角度来看，同一团簇中的文字是有依赖关系的。团簇中相关文字越多，从该团簇派生的某些二阶公式就越可能表达源域中关系的规律性。通过这种方式，DTM 通过评估团簇中文字之间的相关性来评分团簇。对于一个二阶团簇的每个一阶实例化（instantiation），DTM 计算其所有可能的子团簇分解（sub-clique decomposition）的 KL 散度。例如，对于 $\{r(z, y), s(x, z), r(x, y)\}$ 及其一个实例化 $\{\text{Complex}(z, y), \text{Interacts}(x, z), \text{Complex}(x, y)\}$，有三对子团簇：

$$\{\text{Complex}(z,y),\text{Interacts}(x,z)\} - \{\text{Complex}(x,y)\}$$

$$\{\mathrm{Complex}(z,y),\mathrm{Complex}(x,z)\}-\{\mathrm{Interacts}(x,y)\}$$

$$\{\mathrm{Complex}(z,y),\mathrm{Interacts}(x,z)\}-\{\mathrm{Complex}(x,y)\}$$

每个子团簇的概率由 Dirichlet 分布计算。每个实例化在其分解的集合上接收最小 KL 散度，每个二阶团簇接收其前 m 个一阶实例化的平均分数。然后将具有高分的团簇迁移到目标域。

DTM 的迁移学习机制可以被视为调整目标域的学习器，来偏向包含先前在源域通过二阶团簇发现的规则模型。二阶团簇产生二阶公式，用所有可能的方法来否定文字，然后根据 MLN 在一个团簇中将其转换为子句形式。每个二阶子句是一个表示团簇中文字相关性的概率方法。对于在目标域中具有至少一个真实基础的团簇，它的合法实例可以被直接挑选、改进，或作为目标域中公式搜索的种子。

与应用辅助工具（即二阶团簇）的 DTM 不同，为了收集可靠的二阶公式的候选，Van Haaren 等人（2015）提出了二阶深度迁移学习（Two-Order-Deep Transfer LEaRning，TODTLER）算法，在给定源域数据的情况下直接计算所有二阶公式的后验分布，然后将这些后验分布用作目标域中的二阶公式的先验分布，以在目标域中训练 MLN。

5.3.3　通过结构类比的迁移学习

Wang 和 Yang（2011）提出了跨域的基于关系的迁移学习的另一种方法。通过研究人类的知识迁移，我们可以发现人类不依赖于这种低级别的相关性来跨域迁移知识。事实上，在学习过程中，即使目标域看似与源域不相关，人类也可以通过利用高级别（结构上的）相似性来对不同领域进行类比。例如，我们可以轻易理解计算机病毒调试和人类疾病诊断之间的相似性。即使计算机病毒（有害代码）本身与细菌或病菌没有任何共同之处，且计算机系统与我们的身体完全不同，我们仍然可以基于以下结构上的相似之处进行类比：

1）计算机病毒导致计算机故障，疾病导致人体机能失常。

2）计算机病毒通过网络在计算机之间传播，传染病通过各种相互作用在人群中传播。

3）系统更新可帮助计算机免于感染某些病毒，疫苗可以帮助人类免于感染某些疾病。

理解这些结构相似性可以帮助我们抽象出领域特定的细节，并在抽象之间构建映射（参见图 5.2）。该映射建立在两个领域的高级结构相关性上，而不是其低级的“字面相似性”。换句话说，“计算机”和“人”本身的属性对映射来说无关紧要，而它们与其自身域中其他实体的关系很重要。如果我们能够在完全不同的表示空间中正确地识别类比性，则可以确定这种“结构相似性”。

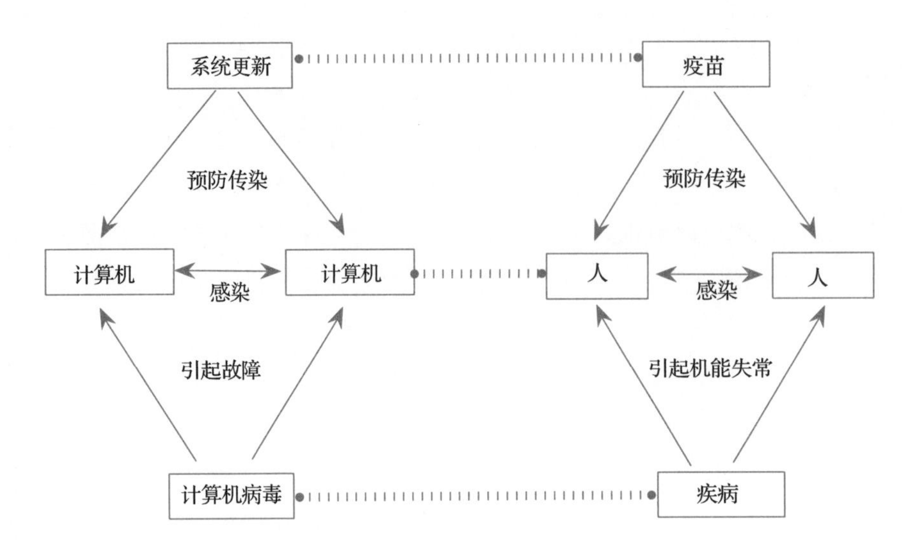

图 5.2 计算机病毒调试和诊断人类疾病之间的基于结构相似性的类比（虚线表示跨域模拟）

为了捕捉这种直觉，Wang 和 Yang（2011）引入了一种通过结构类比进行迁移学习的算法。该算法建立在分布的功能空间向量表达的基础上（Smola 等人，2007b），并且在源域和目标域使用完全不同的表示空间的设置下解决迁移学习问题。由于我们不能直接比较跨域的特征，该算法首先通过将特征映射到再生核希尔伯特空间来提取每个域内特征的结构信息，然后通过每个域内特征的核矩阵估计跨域的特征的“结构依赖性”（Smola 等人，2007b）。因此，学习过程被设定为同时选择和关联来自两个域的特征，以最大化所选特征和响应变量（标签）之间的依赖性，以及来自两个域的所选特征之间的依赖性。利用所学习的跨域映射，可以快速计算两个域之间的结构相似性，这可以用于代替计算类比系统（比如基于案例的推理）中简单的相似性度量。通过将两个域中的类比性视为等价的，我们可以迁移知识以更好地理解目标域，例如提高分类任务的准确性。

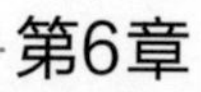

第6章 异构迁移学习

6.1 引言

正如前几章所述，迁移学习领域中的大部分工作主要关注源域数据和目标域数据具有相同的表示结构但是服从不同的概率分布的情况。本章将介绍异构迁移学习，通过允许源域和目标域位于不可通约（incommensurable）的特征空间或不同的标签空间，进一步扩大迁移学习的适用范围。

尽管迁移学习是一个适用于许多场景的强大框架，但是同构迁移学习只能借助处于同构表示空间的源域来提升目标域的泛化性能。因此，同构迁移学习是有局限的。例如，考虑图 6.1 中的情况。在这个例子中，在目标域中增加带标注的高分辨率照片对于分类手绘图像几乎没有帮助，因为电视和计算机显示器在视觉上非常相似。这就是同构迁移学习的局限性。在这种情况下，异构迁移学习考虑处于不同特征和标签空间的领域，并从这些领域中获得可迁移的知识。异构迁移学习允许将不同模态或不同方面的源域知识迁移到目标域。在图 6.1 中，文本与图像具有完全不同的特征空间，它以更具描述性和辨别能力的特征描述电视和计算机显示器。因此，它可以提供额外的知识以进一步提高目标域中手绘图像的分类性能。通过利用从与电视和计算机显示器相关类别（比如电视盒和键盘）的高分辨率照片中学习到的知识，异构迁移学习可以寻找更多有关电视和显示器之间视觉差异的线索。

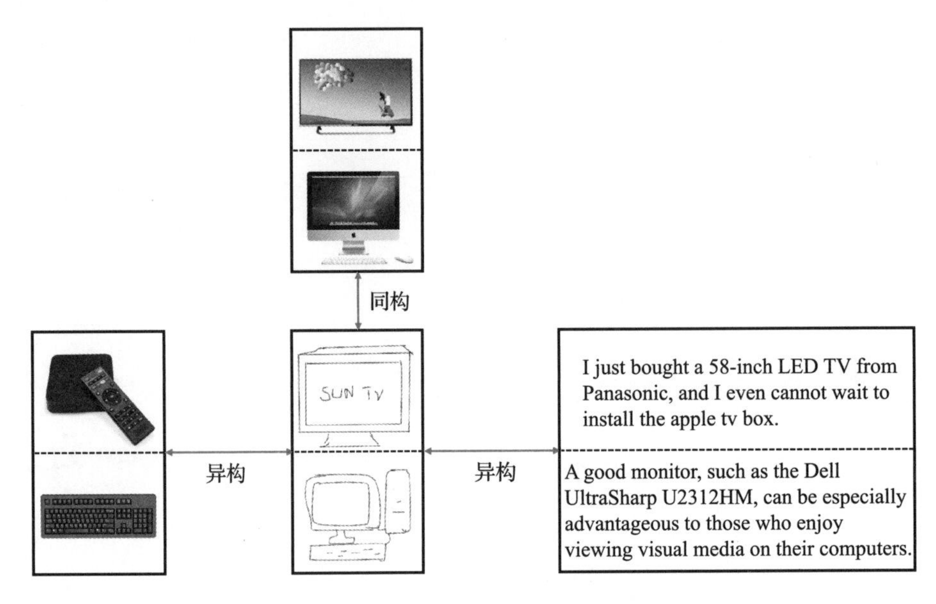

图 6.1 同构和异构迁移学习示例

此外，通常情况下，具有与目标域相同特征和标签表示的源域不容易被用户获取。考虑基于从手机收集的传感器数据进行人行为识别的任务，该任务需要使用行为名称作为标签对许多传感器记录进行标注。然而，对这样的传感器数据进行标注特别费力和昂贵（Wei 等人，2016a）。在这种情况下，找到具有足够的有标签源域传感器记录与在目标域中构建模型一样困难，甚至更困难。相反，异构迁移学习允许从不同特征空间或不同标签空间中选择源域，为源域的选择提供了更大的灵活性。在行为识别实例中，异构迁移学习算法可以将社交媒体信息中的知识迁移到传感器记录中，从而大大提高行为识别的性能。

还有一点也很重要，异构迁移学习更接近人类智能，因为大脑的多模态感知系统已经证明知识可以很容易地在不同类型的信号之间迁移。人类的多模态感知神经系统可以将视觉刺激、听觉刺激、触觉刺激和嗅觉刺激等不同感知形态的信号进行整合。当某些模式中的信号缺失或不足时，系统可以利用其他模式的知识来保证感知的有效性（Recanzone，2009）。例如，我们通常根据来自语音片段的听觉信号来理解他人的讲话。然而，如果其他人在低声耳语而我们听不清他们的说话内容时，多模态感知系统能够从视觉信号（如口形）中迁移知识，提高语言理解能力等。

本章的其余部分内容组织如下：6.2 节将给出关于异构迁移学习的形式化定义；6.3 节将详细介绍异构迁移学习的现有解决方案，并讨论它们的优缺点；6.4 节将介绍异构迁移学习的一些成功应用，并在几种数据集上对不同算法进行了实验比较；6.5 节将总结异构迁移学习一些潜在的、有影响的关于未来研究的建议。

6.2　异构迁移学习问题

同构迁移学习算法假设 $\mathcal{X}_s=\mathcal{X}_t$，$\mathcal{Y}_s=\mathcal{Y}_t$，$\mathbb{P}_s^X\neq\mathbb{P}_t^X$，或者 $\mathbb{P}_s^{Y|X}\neq\mathbb{P}_t^{Y|X}$。异构迁移学习通过放宽上述假设扩大同构迁移学习的适用范围，允许两个领域的特征空间是不同的，即 $\mathcal{X}_s\neq\mathcal{X}_t$，或者标签空间不同，即 $\mathcal{Y}_s\neq\mathcal{Y}_t$。给定源域 $\mathcal{D}_s$ 和目标域 $\mathcal{D}_t$，异构迁移学习有两个目标：从源域 $\mathcal{D}_s$ 中学习可迁移的知识，通过降低对未知测试数据的泛化误差，提高 $P_t^{Y|X}$ 在目标域的学习性能；减少目标域训练中使用的有标签数据的数量，即 n_t^l，以达到与 $P_t^{Y|X}$ 相同的泛化能力。

由于异构迁移学习中领域具有不同的特征表示或标签结构，必须依赖手动标注的对应关系来连接不同的域。例如：如果图 6.2 左侧的文本文档中的知识被迁移来提高右侧的图像的分类性能，则标注者必须显式地指定文档是否与图像是语义相关的，即描述一匹马的文档和马的图片相关。我们对这种对应关系的正式定义如下：

定义 6.1（对应关系）　对应关系定义为 $\mathcal{C}=\bigcup\limits_i\bigcup\limits_j c_{ij}$，其中，$c_{ij}$ 表示源域 $\boldsymbol{x}_s^j$ 中第 j 个样本与目标域 $\boldsymbol{x}_t^i$ 中第 i 个样本之间的语义关联程度。

除了图 6.2 所示的有标注的对应关系外，还可以通过标签构建对应关系数据集 $\mathcal{C}$。如果源域样本的标签（比如“horse”）和目标域样本的标签（比如“pony”）在语义上很接近，那么我们也可以推断出源域样本和目标域样本是对应的。这种对应关系是异构迁移学习算法构建样本映射或特征映射的先决条件，才能像同构迁移学习算法一样，使知识迁移成为可能。

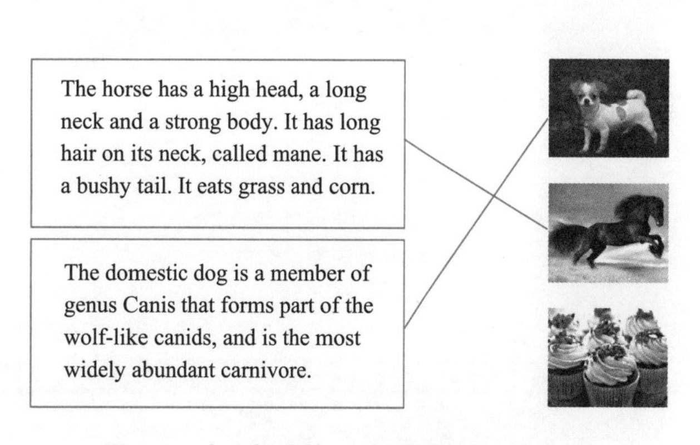

图 6.2　人工标注的一对异构领域，即文本文档和图像之间对应关系的说明

6.3　方法

异构迁移学习根据异构的类型可以分为两类：第一类解决特征空间不匹配时的知识迁移问题，

即 $\mathscr{X}_s \neq \mathscr{X}_t$；第二类解决不同域的标签空间不一致时的知识迁移问题，即$\mathscr{Y}_s \neq \mathscr{Y}_t$。

6.3.1 异构特征空间

据我们所知，目前几乎所有的异构迁移学习都是在具有不同特征空间的域之间迁移知识。首先，我们将这些方法总结并分类为一个层次图，如图 6.3 所示。这些方法分为两大类。第一种称为单层对齐，通过构建单层映射（样本映射或者特征映射）来对齐异构域。第二种称为多层对齐，执行多个层次的映射以使不同的域对齐。

根据映射的构建方式，有两类对齐策略：基于隐空间的方法，学习由多个领域共享的隐变量张成的隐空间；基于翻译的方法，直接从源域特征空间翻译到目标域特征空间。图 6.4给出了这两种方法的总体思路及其区别。具体来说，基于隐空间的对齐策略可以通过以下技术来实现：隐式语义分析（latent semantic analysis）、字典学习（dictionary learning）、流形对齐（manifold alignment）、深度学习。在详细介绍这些技术及其代表工作之前，我们将在表 6.1 中总结现有的研究工作。

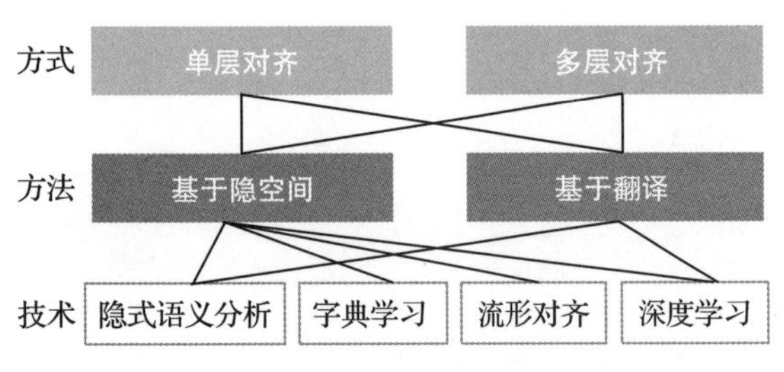

图 6.3 不同特征空间的跨域异构迁移学习的层次分类

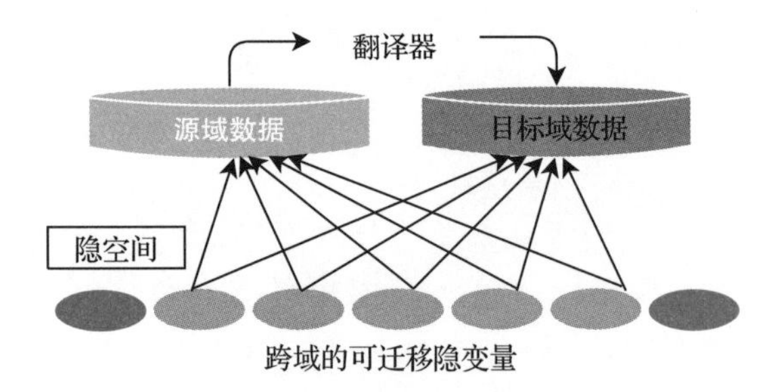

图 6.4 具有不同特征空间的不同域之间的对齐策略概述

表 6.1 目前为止（至 2019 年）对具有不同特征空间的跨域异构迁移进行探索的研究工作

技术 / 方式	基于隐空间				基于翻译
	隐式语义分析	字典学习	流形对齐	深度学习	
单层对齐	√	√	√		√
多层对齐		√		√	√

6.3.1.1 基于隐空间的单层对齐

隐式变量分析

隐式变量分析（latent factor analysis）是一种统计方法，它用较少数量的未观察到的称为隐式因子的变量来描述观察到的变量及其关系。利用隐式变量分析进行异构迁移学习的基本思想是，给定源域和目标域观察到的特征表示，提取源域和目标域可迁移的隐变量。该方法通过将目标域映射到由可迁移的隐变量张成的隐空间中，利用这些隐变量对一个或多个源域的知识进行编码，从而丰富目标域的特征表示，进而提高在各种任务中的性能。

Yang 等人（2009）首次提出并研究了异构迁移学习，该项工作利用大量未标注的文本文档（源域）来帮助图像（目标域）更好地聚类。作者提出了一种基于标注的概率隐式语义分析（annotation-based Probabilistic Latent Semantic Analysis，aPLSA）方法，该方法的核心在于运用图像-文本多模态数据，即 Flicker 上大量被文本标记的图像。图像及其辅助文本标签被映射到一个共同的隐式语义空间中，其中决定图像底层特征分布的隐变量最终以聚类的形式输出。具体来说，$\mathcal{Z}=\{z_i\}_{i=1}^{d_c}$、$\boldsymbol{X}_s$、$\boldsymbol{X}_t$、$\mathcal{F}$ 分别表示隐变量集合、辅助文本标签、图像样本和底层图像特征，同时$\{z_i\}_{i=1}^{d_c}$被认为是最终目标聚类。数学上，该模型的目标是对目标图像进行聚类，即以概率方式为每个特定目标图像 $\boldsymbol{x}_i^t$ 分配一个具有最大概率的 $z_i\in\mathcal{Z}$：

$$g(\boldsymbol{x}_i^t)=\arg\max_{z\in\mathcal{Z}} P(z|\boldsymbol{x}_i^t) \tag{6.1}$$

为了抽取 $\mathcal{Z}$，aPLSA 遵循两条路径，如图 6.5 所示。第一条路径决定具体聚类 $\mathcal{Z}$ 下图像 $\boldsymbol{X}_t$ 中的底层特征 $\mathcal{F}$：

$$P(f|\boldsymbol{x}_i^t)=\sum_{z\in\mathcal{Z}} P(f|z)P(z|\boldsymbol{x}_i^t) \tag{6.2}$$

另一条路径是从辅助标签中推导出来的，表征聚类 $\mathcal{Z}$ 下标签 $\boldsymbol{X}_s$ 与底层特征 $\mathcal{F}$ 的相关性：

$$P(f|\boldsymbol{x}_j^s)=\sum_{z\in\mathcal{Z}} P(f|z)P(z|\boldsymbol{x}_j^s) \tag{6.3}$$

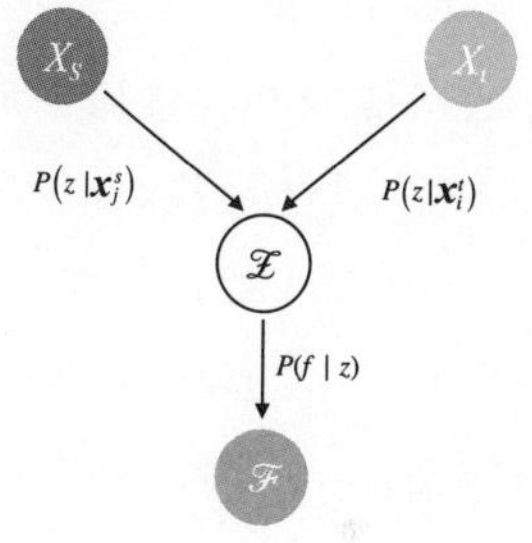

图 6.5 aPLSA 模型概述（改编自 Yang 等人（2009）的论文）

同时考虑两条路径，aPLSA 设计了如式（6.4）所示的对数似然目标函数，并通过 EM 算法对 $P(f|z)$、$P(f|\boldsymbol{x}_j^s)$、$P(f|\boldsymbol{x}_i^t)$ 进行估计：

$$\mathcal{L}=\sum_d\Big(\lambda\sum_d \frac{A_{id}}{\sum_{d'}A_{id'}}\log P(f_d|\boldsymbol{x}_i^t)+(1-\lambda)\sum_l \frac{B_{jd}}{\sum_{d'}B_{jd'}}\log P(f_d|\boldsymbol{x}_j^s)\Big) \tag{6.4}$$

其中，$A\in\mathbb{R}^{n_t\times d_t}$是图像样本和底层图像特征之间的关联矩阵，$B\in\mathbb{R}^{n_s\times d_t}$刻画标签和底层图像特征之间的相关性。最后，当 EM 算法最终收敛时，输出估计的 $P(f|\boldsymbol{x}_i^t)$，以得到最终结果 $\arg\max_{z\in\mathcal{Z}} P(z|\boldsymbol{x}_i^t)$。

矩阵分解由于其能提取隐变量的优势被广泛采用。Shi 等人（2010b）提出了一种基于矩阵因子分解思想的异构光谱映射（HeMap）模型来学习共享的隐空间。HeMap 的目标是学习目标样本 $\boldsymbol{X}_t$ 在隐空间中的最优映射 $\boldsymbol{Z}_t$ 以及源实例 $\boldsymbol{X}_s$ 在隐空间中的最优映射 $\boldsymbol{Z}_s$。作者为 HeMap 提出的优化目标如下：

$$\min_{\boldsymbol{Z}_s,\boldsymbol{Z}_t} \ell(\boldsymbol{Z}_s,\boldsymbol{X}_s)+\ell(\boldsymbol{Z}_t,\boldsymbol{X}_t)+\ell(\boldsymbol{Z}_s,\boldsymbol{Z}_t) \tag{6.5}$$

其中，第一个损失项确保源样本在潜在空间中的映射尽可能保留原始结构，第二个损失项也是如此，而第三个损失项衡量并缩小两个映射之间的差异。具体地，$\ell(\boldsymbol{Z}_s, \boldsymbol{X}_s)=\|\boldsymbol{X}_s-\boldsymbol{Z}_s\boldsymbol{P}_s\|_F^2$，其中 $\boldsymbol{P}_s$ 表示将 $\boldsymbol{X}_s$ 映射到 $\boldsymbol{Z}_s$ 的投影矩阵。类似地，$\ell(\boldsymbol{Z}_t, \boldsymbol{X}_t)=\|\boldsymbol{X}_t-\boldsymbol{Z}_t\boldsymbol{P}_t\|_F^2$。对于 $\ell(\boldsymbol{Z}_s, \boldsymbol{Z}_t)$，我们假设源域和目标域在语义上是相似的，因此它们的映射在语义上应该也是相似的。因此，$\ell(\boldsymbol{Z}_s, \boldsymbol{Z}_t)=\frac{1}{2}(\|\boldsymbol{X}_s-\boldsymbol{Z}_t\boldsymbol{P}_s\|_F^2+\|\boldsymbol{X}_t-\boldsymbol{Z}_s\boldsymbol{P}_t\|_F^2)$。

显然，HeMap 不需要源域和目标域之间有任何对应关系的数据，而前面提到的 aPLSA 模型需要这些数据。HeMap 的性能高度依赖于数据本身，只有当源域和目标域在语义上足够接近时，HeMap 才能学习到一个有效的隐空间，该隐空间对来自两个域的共享语义知识进行编码。

Singh 和 Gordon（2008）首次提出了协同矩阵分解（Collective Matrix Factorization，CMF）方法来抽取推荐领域中多个关系（多个用户-物品之间的关系）之间共享的隐变量（用户的共同兴趣点）。具体地说，CMF 同时分解具有行或列对应关系的多个矩阵，使分解后的隐变量相同。

随后，CMF 及其变体被广泛研究以用于迁移学习（Gupta 等人，2010；Wang 等人，2011；Zhu 等人，2011；Long 等人，2014）。我们给出了 Zhu 等人的研究（2011）作为处理异构迁移学习问题的一个方法实例。他们提出了面向图像分类的异构迁移学习（Heterogeneous Transfer Learning for Image Classification，HTLIC），从足够的无标签文本文档向目标域中的图像迁移知识。为了缩小域之间的差距，图像 $\boldsymbol{X}_t$ 被用作目标域，文本语料库 $\boldsymbol{X}_s$ 被用作源域。因为合理假设源域和目标域间不存在对应关系，所以 HTLIC 必须充分利用来自在线资源（Flickr）$\boldsymbol{A}=\{\boldsymbol{x}_i^{at}, \boldsymbol{x}_i^{as}\}_{i=1}^{l}$ 的有辅助文本标签的图像，其中，$\boldsymbol{x}_i^{at}\in\mathbb{R}^{d_t}$ 与 $\boldsymbol{x}_i^{t}$ 具有相同的表示结构，$\boldsymbol{x}_i^{as}\in\mathbb{R}^{d_s}$ 为图像对应的 d_s 维标签向量。然后该方法构造两个列对齐矩阵，这些矩阵进而联合进行协同矩阵分解。在此基础上，作者通过表征 $\boldsymbol{A}$ 中底层图像特征与标签之间的相关关系来构建关联矩阵，该关联矩阵的定义如下：

$$\boldsymbol{G}=(\boldsymbol{X}_{at})^{\mathrm{T}}\boldsymbol{X}_{as}\in\mathbb{R}^{d_s\times d_t} \tag{6.6}$$

另一个矩阵获取无标签文档和 $\boldsymbol{A}$ 中标签之间的关系，定义为 $\boldsymbol{F}\in\mathbb{R}^{n_s\times d_t}$，它可以从 $\boldsymbol{X}_s$ 和 $\boldsymbol{X}_{as}$ 中推理得到。显然，构造的 $\boldsymbol{G}$ 和 $\boldsymbol{F}$ 矩阵是按列对齐的，它们都位于源域的特征空间中。随后，HTLIC 应用 CMF 对 $\boldsymbol{G}$ 和 $\boldsymbol{F}$ 进行联合隐变量分解，得到目标函数

$$\min_{\boldsymbol{U},\boldsymbol{V},\boldsymbol{W}} \lambda\|\boldsymbol{G}-\boldsymbol{U}\boldsymbol{V}^{\mathrm{T}}\|_F^2+(1-\lambda)\|\boldsymbol{F}-\boldsymbol{W}\boldsymbol{V}^{\mathrm{T}}\|_F^2+R(\boldsymbol{U},\boldsymbol{V},\boldsymbol{W}) \tag{6.7}$$

其中，$\boldsymbol{G}$ 被分解为底层图像特征与隐变量的相关矩阵 $\boldsymbol{U}$ 和 d_s 维文本标签与隐变量的相关矩阵 $\boldsymbol{V}$。

类似地，$\boldsymbol{F}$ 被分解为文档在隐空间的表示 $\boldsymbol{W}$ 和 $\boldsymbol{V}$。该公式保证了标签与从两侧分解的隐变量之间的相关矩阵是相同的。当处理一个训练集外的目标样本 $\boldsymbol{x}_*^t$ 时，它在隐空间的语义表示可以通过学习到的 $\boldsymbol{U}$ 推理得到，例如 $\boldsymbol{x}_*^t\boldsymbol{U}$。

虽然不少类似的工作（Yang 等人，2009；Shi 等人，2010b；Zhu 等人，2011）已经取得了相当大的进展，但它们仍然面临负迁移的风险。如果要映射的异构域非常不相关，那么共享隐空间中的映射很有可能在分类或聚类方面表现得很差。Duan 等人（2012b）在一定程度上缓解了这一问题，解决方法是：利用原始特征而不是单纯依赖映射来增强映射；在监督下学习隐空间。图 6.6 展示了 Duan 等人（2012b）提出的异构特征增强（Heterogeneous Feature Augment，HFA）的总体思路。HFA 引入了一个共享的隐空间，并将这两个异构域映射到该空间上，该空间由原始特征增强。另一方面，HFA 在共享隐空间中加入原有特征，以尽可能地避免负迁移。事实上，基于原始特征的特征增强或特征复制的思想已经被证明在同构迁移学习中是有效的（Daumé Ⅲ，2007）。如图 6.6 所示，HFA 定义了两个增强特征映射 $\phi_s(\cdot)$ 和 $\phi_t(\cdot)$，将源域和目标域分别映射到共享隐空间。首先，利用投影矩阵 $\boldsymbol{P}\in\mathbb{R}^{d_c\times d_s}$ 和 $\boldsymbol{Q}\in\mathbb{R}^{d_c\times d_t}$，将源域和目标域分别映射到 d_c 维的隐空间。其次，源域的原始特征被合并到 $\phi_s(\cdot)$ 中，其中 $\phi_t(\cdot)$ 由零向量 $\mathbf{0}_{d_s}$ 填充。接着，目标域的原始特征被合并到 $\phi_t(\cdot)$ 中，其中 $\phi_s(\cdot)$ 由零向量 $\mathbf{0}_{d_t}$ 填充。

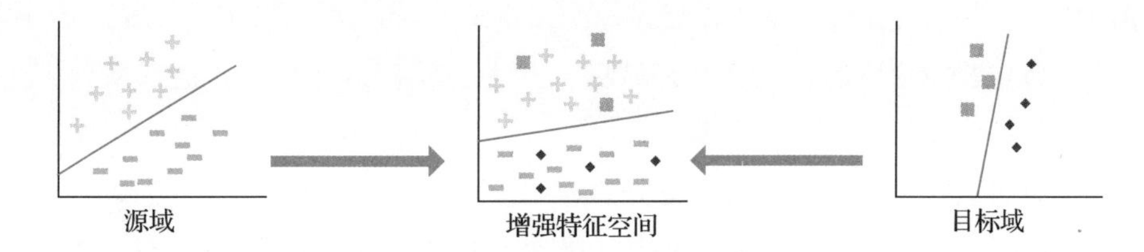

图 6.6　HFA概图（改编自 Duan 等人（2012b）的论文）（样本被从异构特征空间迁移到中间的增强特征空间）

另一方面，HFA 以监督的方式学习最优的 $\boldsymbol{P}_s$ 和 $\boldsymbol{P}_t$，使分类性能最大化。HFA 通过最小化支持向量机的结构风险函数以同时学习 $\boldsymbol{P}_s$、$\boldsymbol{P}_t$ 和参数 $\boldsymbol{w}$，来实现这一目标。其公式如下：

$$
\begin{aligned}
&\min_{\boldsymbol{P}_s,\boldsymbol{P}_t}\min_{\boldsymbol{w},b,\xi_j^s,\xi_j^t}\ \frac{1}{2}\|\boldsymbol{w}\|^2+C\Big(\sum_{j=1}^{n_s}\xi_j^s+\sum_{i=1}^{n_s}\xi_i^t\Big)\\
&\text{s.t.}\quad y_j^s(\boldsymbol{w}^{\mathrm{T}}\phi_s(\boldsymbol{x}_j^s)+b)\geqslant 1-\xi_j^s,\quad \xi_j^s\geqslant 0\\
&\qquad\ y_i^t(\boldsymbol{w}^{\mathrm{T}}\phi_t(\boldsymbol{x}_i^t)+b)\geqslant 1-\xi_i^t,\quad \xi_i^t\geqslant 0\\
&\qquad\ \|\boldsymbol{P}_s\|_F^2\leqslant\lambda_p,\quad \|\boldsymbol{P}_t\|_F^2\leqslant\lambda_q
\end{aligned}\tag{6.8}
$$

其中，$C>0$ 是一个平衡参数，$\lambda_p>0$ 和 $\lambda_q>0$ 是预定义的参数，分别控制 $\boldsymbol{P}_s$ 和 $\boldsymbol{P}_t$ 的复杂度。

很显然，HFA 的一个主要局限性在于它只能通过有标签的样本来学习。如果只提供非常有限的有标签的样本，就很难应用 HFA 来获得令人满意的性能。具有充分利用无标签样本的能力非常必要，Li 等人（2014）通过进一步改进 HFA 实现了该能力，并提出了一种半监督异构特征增强（Semi-supervised Heterogeneous Feature Augmentation，SHFA）方法。SHFA 类似于 HFA，但以半监督的方式进行训练。基于直推式 SVM（Joachims，1999）的半监督公式如下：

$$
\begin{aligned}
\min_{P_s,P_t}\min_{y_u,w,b,\xi_j^s,\xi_i^t,\xi_i^u} \quad & \frac{1}{2}(\|w\|^2+b^2)-\rho+\frac{C}{2}\Big(\sum_{i=1}^{n_s}(\xi_j^s)^2+\sum_{i=1}^{n_t}(\xi_i^t)^2\Big)+\frac{C_u}{2}\sum_{i=1}^{n_u}(\xi_i^u)^2 \\
\text{s. t.} \quad & y_j^s(w^{\mathrm{T}}\phi_s(x_j^s)+b)\geqslant\rho-\xi_j^s, \\
& y_i^t(w^{\mathrm{T}}\phi_t(x_i^t)+b)\geqslant\rho-\xi_i^t, \\
& y_i^u(w^{\mathrm{T}}\phi_t(x_i^u)+b)\geqslant\rho-\xi_i^u, \\
& \mathbf{1}'y_u=\delta,\quad \|P_s\|_F^2\leqslant\lambda_p,\quad \|P_t\|_F^2\leqslant\lambda_q
\end{aligned}
\tag{6.9}
$$

综上所述，SHFA 是本系列研究工作中的首选方法，其原因如下：能够同时利用有标签和无标签数据；不需要辅助对应数据；隐式空间被原始特征有效增强。

字典学习

Olshausen 和 Field（1997）首次引入了从数据中学习过完备字典，而不是使用现有基来稀疏地编码数据集中的任何信号。学习鲁棒的字典在字典学习和稀疏编码中起着非常关键的作用。在异构迁移学习中，一些研究工作（Wang 等人，2012；Shekhar 等人，2013；Zhuang 等人，2013）为每个域学习字典，并使字典的语义含义跨域耦合。为了耦合语义含义，这一系列方法需要跨域的对应关系。

在继续详细介绍这些工作之前，我们首先要详细说明耦合字典的定义。假设 d_j^s 是源域表示中的第 j 个字典项，d_i^t 是目标域表示中的第 i 个字典项。如果 d_j^s 表示在源域中与“体育”语义相关的一组样本，且 d_i^t 也是如此，则我们可以说 d_j^s 和 d_i^t 共享一个隐变量。当且仅当所有字典原子对应地共享隐变量时，两个字典 D_s 和 D_t 耦合。

早期的耦合字典工作主要通过强制具有对应关系的一对跨域样本的稀疏编码一致来进行（Yang 等人，2010；Zhu 等人，2014）。Wang 等人（2012）指出如此强的假设会损害表示的灵活性。因此，他们放宽了这个假设并提出学习成对的字典，它们的跨域稀疏编码具有稳定的转换关系，但是并不完全耦合。图 6.7 展示了其提出的半耦合字典学习（Semi-Coupled Dictionary Learning，SCDL）的非常直观的概述。目标函数的形式如下：

$$
\begin{aligned}
\min_{Z_s,D_s,Z_s,D_t,W} & \|X_s-D_sZ_s\|_F^2+\|X_t-D_tZ_t\|_F^2+\gamma\|Z_s-WZ_t\|_F^2 \\
& +\lambda_s\|Z_s\|_1+\lambda_t\|Z_t\|_1+\lambda_W\|W\|_F^2 \\
\text{s. t.} \quad & \|d_i^s\|_2\leqslant 1,\quad \|d_i^t\|_2\leqslant 1,\quad \forall i
\end{aligned}
\tag{6.10}
$$

其中 λ_s、λ_t、λ_W 是平衡参数。式（6.10）的第三项对跨域稀疏编码之间的线性变换建立模型。$\boldsymbol{Z}_s$ 和 $\boldsymbol{Z}_t$ 的 $\ell1$ 范数确保了稀疏编码的稀疏性。施加的约束是为了保证每个字典项都被很好地规范化。为方便分类，Zhuang 等人（2013）基于式（6.10）对稀疏编码施加结构化稀疏性约束。由 $\ell1$ 或 $\ell2$ 范数实现的结构化稀疏性约束可以产生更多的判别字典，其中每个原子捕获每个域的同一类中的共享结构。

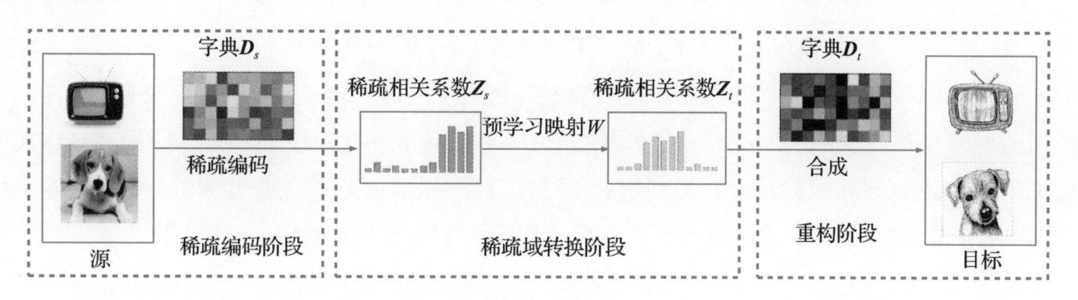

图 6.7　半耦合字典学习方法概述（改编自 Wang 等人（2012）的论文）

此外，Jia 等人（2010）提出了具有结构稀疏性的分解隐空间（Factorized Latent Spaces with Structured Sparsity，FLSSS）模型，该模型不仅约束具有结构化稀疏性的稀疏编码，同时还约束字典。因此，任一领域中的原始样本只能由字典项的子集表示。一个局限性是，仅强制稀疏编码可以相互翻译或者一致，并不能支持不同域的字典项位于一个公共的隐空间。为了解决这个局限性，Yu 等人（2014）提出将耦合字典学习刻画为协同聚类问题，并把聚类中心作为字典。每个包含来自异构域样本的聚类被认为是所有异构域共享语义的一个隐变量。

Shekhar 等人（2013）提出了另一种方法，即共享域自适应字典学习（Shared Domain-adapted Dictionary Learning，SDDL）模型，该模型将两个域投影到一个共同的低维空间，然后在该空间中学习一个共享的判别字典，如图 6.8所示。跟前述的模型不同，SSDL 不需要有用于耦合不同域的对应关系。相反，SSDL 旨在学习每个域内的字典，以最佳地重建每个域。详细地，SSDL 在模型中同时学习映射矩阵和共享判别字典，这样方便学习两个域的共享内部结构（Shekhar 等人，2013）。预映射的原因如下：不同域之间的异构特征空间不一致；映射后可以去除不相关的噪声信息；低维空间的计算效率更高。在数学上，SSDL 中的优化问题表示为

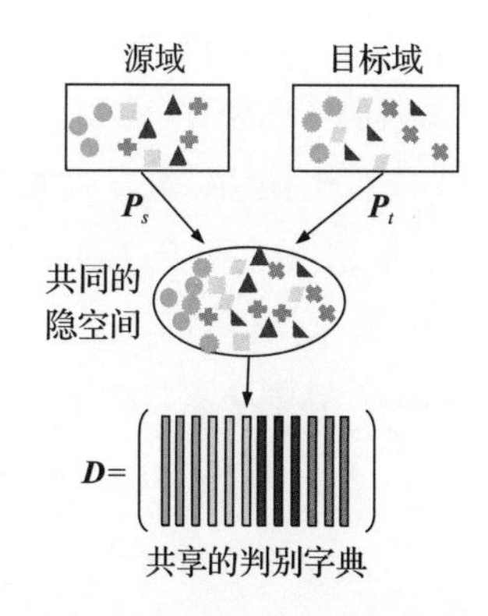

图 6.8　提出的共享域自适应字典学习方法（改编自 Shekhar 等人（2013）的论文）

$$\{\boldsymbol{D}^*,\widetilde{\boldsymbol{P}}^*,\widetilde{\boldsymbol{Z}}^*\}=\arg\min_{\boldsymbol{D},\widetilde{\boldsymbol{P}},\widetilde{\boldsymbol{Z}}}\mathscr{C}_1(\boldsymbol{D},\widetilde{\boldsymbol{P}},\widetilde{\boldsymbol{Z}})+\lambda\mathscr{C}_2(\widetilde{\boldsymbol{P}})$$

$$\text{s.t.}\quad \boldsymbol{P}_i\boldsymbol{P}_i^{\mathrm{T}}=\boldsymbol{I},\quad i=s,t \text{ 且} \|\widetilde{\boldsymbol{z}}_j\|_0\leqslant T_0,\quad \forall j \tag{6.11}$$

显然，目标函数由两部分组成：$\mathscr{C}_1$，用于最小化低维映射空间中的表示误差；$\mathscr{C}_2$，像 PCA 那样保持原始数据方差的正则化函数。$\mathscr{C}_1$ 和 $\mathscr{C}_2$ 的定义分别在式（6.12）和式（6.13）中给出。

$$\mathscr{C}_1(\boldsymbol{D},\boldsymbol{P}_s,\boldsymbol{P}_t,\boldsymbol{Z}_s,\boldsymbol{Z}_t)=\|\boldsymbol{P}_s\boldsymbol{X}_s-\boldsymbol{D}\boldsymbol{Z}_s\|_F^2+\|\boldsymbol{P}_t\boldsymbol{X}_t-\boldsymbol{D}\boldsymbol{Z}_t\|_F^2 \tag{6.12}$$

$$\mathscr{C}_2(\boldsymbol{P}_s,\boldsymbol{P}_t)=\|\boldsymbol{X}_s-\boldsymbol{P}_s^{\mathrm{T}}\boldsymbol{P}_s\boldsymbol{X}_s\|_F^2+\|\boldsymbol{X}_t-\boldsymbol{P}_t^{\mathrm{T}}\boldsymbol{P}_t\boldsymbol{X}_t\|_F^2 \tag{6.13}$$

在将原始数据与两个映射矩阵 $\boldsymbol{P}_s\in\mathbb{R}^{d_c\times d_s}$ 和 $\boldsymbol{P}_t\in\mathbb{R}^{d_c\times d_t}$ 映射到 d_c 维隐空间之后，SSDL 学习一个包含 K 项的共享字典，即 $\boldsymbol{D}\in\mathbb{R}^{d_c\times K}$。同时，我们可学习得到分别针对源域和目标域的共享字典上的稀疏表示 $\boldsymbol{Z}_s$ 和 $\boldsymbol{Z}_t$。在测试阶段，首先利用 $\boldsymbol{P}_t$ 将测试目标样本映射到隐空间，如图 6.8 所示。接下来，推断其在共享字典 $\boldsymbol{D}$ 上的稀疏表示并在后续用于分类或其他任务。

只有当两个域没有太大差别时，SSDL 才有效。否则，低维空间中的共享字典可能无法重建两个域。如果跨域的对应关系数据可以获得，则耦合字典学习方法将更有效果，如 SCDL。总的来说，鉴于稀疏编码在表示图像方面的有效性，该系列算法在视觉应用中尤其突出。

流形对齐

流形对齐最初由 Ham 等人（2013）提出，是一种将不同数据集的隐式结构对齐的机器学习算法。在流形学习中，通常假设若干数据集处于共同的流形上。Pan 和 Yang（2010）在综述中提到，流形对齐算法已经在迁移学习中得到了成功的应用。同时，也有学者尝试利用流形对齐算法解决异构迁移学习的问题（Wang 和 Mahadevan，2009、2011；Mao 等人，2013）。流形对齐的核心思想在于将不同域映射到低维空间中，同时原有的共同流形拓扑结构没有改变。

共同流形的拓扑结构由两部分组成：同一域中样本之间的几何结构；不同域之间样本间的几何结构。第一种拓扑结构可以通过直接比较样本的特征向量获得。第二种拓扑结构则依赖于标注的对应关系（Wang 和 Mahadevan，2009）或者通过标签建立起来的对应关系（Wang 和 Mahadevan，2011）。

Wang 和 Mahadevan（2011）的方法给出了 m 个域，第 i 个域中的数据用 $X_i\in\mathbb{R}^{d_i\times n_i}$ 表示。其中 d_i 和 n_i 分别表示第 i 个域的特征维数和样本数量。该方法的目标是学习这 m 个映射函数 f_i，f_2，…，f_m，从而将 m 个域映射到一个新的 d_c 维隐空间。第一种拓扑保存的定义为

$$C=\frac{1}{2}\mu\sum_{i=1}^{m}\sum_{j=1}^{n_i}\sum_{j'=1}^{n_i}\|f_i^{\mathrm{T}}\boldsymbol{x}_j^i-f_i^{\mathrm{T}}\boldsymbol{x}_{j'}^i\|^2W_i(j,j') \tag{6.14}$$

其中 $W_i(j,j')$ 是第 i 个域中第 j 个样本 $\boldsymbol{x}_j^i$ 和第 j' 个样本 $\boldsymbol{x}_{j'}^i$ 之间的相似度。第二种拓扑通过样本标签进行保持（Wang 和 Mahadevan，2011），也就是域之间具有相同标签的样本应该有更高的相似度（最小化（式 6.15）），同时具有不同标签的样本需要被分开（最大化式（6.16）），

$$A = \frac{1}{2}\sum_{a=1}^{m}\sum_{b=1}^{m}\sum_{j=1}^{n_a}\sum_{j'=1}^{n_b}\| f_a^{\mathrm{T}}\boldsymbol{x}_j^a - f_b^{\mathrm{T}}\boldsymbol{x}_{j'}^b \|^2 W_s^{a,b}(j,j') \tag{6.15}$$

$$B = \frac{1}{2}\sum_{a=1}^{m}\sum_{b=1}^{m}\sum_{j=1}^{n_a}\sum_{j'=1}^{n_b}\| f_a^{\mathrm{T}}\boldsymbol{x}_j^a - f_b^{\mathrm{T}}\boldsymbol{x}_{j'}^b \|^2 W_d^{a,b}(j,j') \tag{6.16}$$

其中，如果 $\boldsymbol{x}_j^a$ 和 $\boldsymbol{x}_{j'}^b$ 具有相同的标签，则 $W_s^{a,b}(j,j')=1$，否则 $W_s^{a,b}(j,j')=0$。$W_d^{a,b}(j,j')$ 相反。结合式（6.14）、式（6.15）和式（6.16），最终的最小化目标函数是 $\mathcal{O}=\frac{(A+C)}{B}$。

当目标域中存在很少甚至没有带标签的数据时，Wang 和 Mahadevan（2011）提出的对齐方法就会失效。在这种情况下，如果提供标注的对应关系，则只需将 $W_s^{a,b}(j,j')$ 重新定义为 $\boldsymbol{x}_j^a$ 和 $\boldsymbol{x}_{j'}^b$ 之间的相关性，并最终最小化 $A+C$ 即可。事实上，Wang 和 Mahadevan（2009）提出的方法甚至可以处理既没有标签又没有对应关系标注的情况。这种方法通过每一个样本的局部几何结构将不同域之间的样本桥接起来。

在本节最后，我们想比较一下表 6.2 中所示的不同的基于隐空间的方法。灵活进行隐变量提取的隐式变量分析已经得到了广泛的应用，其中隐空间仅通过最大化似然获得。如果要解决的问题属于视觉领域，则字典学习可以在稀疏表示上有更好的表现。然而，在高维度情况下，字典学习会有一定退化。流形对齐专门应用于将原始数据的几何结构保持在共享隐空间中。在原始数据的流形拓扑结构没有精确近似的情况下，流形对齐可能会失败。

表 6.2 基于隐空间的方法的比较

	隐式变量分析	字典学习	流形对齐
优点	各种应用；抽取隐变量的方式很灵活，可以是线性或非线性	稀疏表示使得深度学习在视觉应用中表现突出	隐空间保存几何结构
缺点	只通过最大似然学习隐空间	不能扩展到大规模高维应用	需要假设流形拓扑结构

6.3.1.2 基于翻译的单层对齐

Dai 等人（2008）首先提出了一个名为通过风险最小化进行的翻译学习（Translated Learning via Risk minimization，TLRisk）的基于翻译的方法，利用这种方法将文本中的知识迁移到图像中，从而进行图像分类。他们提出的模型通过图像和文本之间的联系建立了一个“特征级别翻译器”，利用这个“特征级别翻译器”将文本特征翻译成图像特征，从而将源域（文本）和目标域（图像）桥接起来。TLRisk 的关键在于下面给出的两个马尔可夫链假设：

$$\theta_y \to c \to f^s \to f^t \to \boldsymbol{x}_i^t \to \theta_{x_i^t} \tag{6.17}$$

$$\theta_y \to c \to f^t \to \boldsymbol{x}_i^t \to \theta_{x_i^t} \tag{6.18}$$

其中 c、θ_y、f^s、f^t、$\boldsymbol{x}_i^t$、$\theta_{\boldsymbol{x}_i^t}$ 分别表示第 c 个类别、关于第 c 个类别的模型、源域中的特征、目标域中的特征、目标域中的某一样本、关于样本 $\boldsymbol{x}_i^t$ 的模型。TLRisk 通过直接评估经验误差 $R(\boldsymbol{x}_i^t, c)$ 对目标样本 $\boldsymbol{x}_i^t$ 进行分类，将样本确定为可以最小化损失函数的类别。根据 Dai 等人的研究(2008)，$R(\boldsymbol{x}_i^t, c) \propto \Delta(\theta_{\boldsymbol{x}_i^t}, \theta_y) \propto KL(p(f^t|\theta_y) || p(f^t|\theta_{\boldsymbol{x}_i^t}))$。源域被翻译并用于计算 $p(f^t|\theta_y)$：

$$p(f^t|\theta_y)=\int_{\mathscr{X}_s}\sum_{c\in\mathscr{Y}}p(f^t|f^s)p(f^s|c)p(c|\theta_y)\mathrm{d}f^s+\sum_{c\in\mathscr{Y}}p(f^t|c)p(c|\theta_y) \tag{6.19}$$

式（6.19）中的 $p(f^t|f^s)$ 是通过文本和图像之间的对应关系建立的特征级别翻译器。随后，Chen 等人（2010b）接着这项工作首次提出面向图片广告系统的异构迁移学习，这种方法在没有前后文本的情况下为图片推荐广告。

Kulis 等人（2011）指出 TLRisk 的鲁棒性高度依赖高质量的对应关系数据，并提出了非对称正则化的跨域转换方法（Asymmetric Regularized Cross-domain transformation，ARC-t），该方法利用所有域中的标签来学习翻译器。ARC-t 引入了相似性和差异性的约束，即域间一对具有相同标签的样本应该在翻译后具备更高的相似度，而带有不同标签的样本应该在翻译后具备更低的相似度。其目标函数如下：

$$\min_{\boldsymbol{T}}\Omega(\boldsymbol{T})+\lambda\sum_{i,j}c((\boldsymbol{x}_j^s)^{\mathrm{T}}\boldsymbol{T}\boldsymbol{x}_i^t) \tag{6.20}$$

其中 Ω 将翻译器 $\boldsymbol{T}$ 的复杂度进行正则化约束。当样本 $\boldsymbol{x}_j^s$ 和 $\boldsymbol{x}_i^t$ 属于同一个类别时，函数 $c(\cdot)$ 定义为 $c((\boldsymbol{x}_j^s)^{\mathrm{T}}\boldsymbol{T}\boldsymbol{x}_i^t)=(\max(0, l-(\boldsymbol{x}_j^s)^{\mathrm{T}}\boldsymbol{T}\boldsymbol{x}_i^t))^2$；而当 $\boldsymbol{x}_j^s$ 和 $\boldsymbol{x}_i^t$ 属于不同类别时，函数 $c(\cdot)$ 定义为 $c((\boldsymbol{x}_j^s)^{\mathrm{T}}\boldsymbol{T}\boldsymbol{x}_i^t)=(\max(0, (\boldsymbol{x}_j^s)^{\mathrm{T}}\boldsymbol{T}\boldsymbol{x}_j^t-u))^2$。经过翻译的源域样本可以和目标域样本一起训练，以应用于多种任务，比如分类任务。

Hoffman 等人（2013）设计了一种端到端的模型：最大边界域变换（Max-Margin Domain Transform，MMDT）。这种模型利用带有标签的样本，从所有域中同时学习一个分类器和一个翻译器。MMDT 利用线性转换矩阵桥接不同域，并将其与一个 SVM 类型的最大边界分类器结合。其最终的目标函数为

$$\begin{aligned}\min_{\boldsymbol{T},\boldsymbol{w},b}\quad & \frac{1}{2}\|\boldsymbol{T}\|_F^2+\frac{1}{2}\|\boldsymbol{w}\|_2^2\\ \text{s.t.}\quad & y_j^s\left(\begin{bmatrix}\boldsymbol{x}_j^s\\1\end{bmatrix}^{\mathrm{T}}\begin{bmatrix}\boldsymbol{w}\\b\end{bmatrix}\right)\geqslant 1\quad \forall i\in\mathscr{D}_s\\ & y_i^t\left(\begin{bmatrix}\boldsymbol{x}_i^t\\1\end{bmatrix}^{\mathrm{T}}\boldsymbol{T}^{\mathrm{T}}\begin{bmatrix}\boldsymbol{w}\\b\end{bmatrix}\right)\geqslant 1\quad \forall i\in\mathscr{D}_t\end{aligned} \tag{6.21}$$

其中 $\boldsymbol{T}\in\mathbb{R}^{d_t\times d_s}$ 是翻译矩阵，将每一个目标域的样本 $\boldsymbol{x}^t\in\mathbb{R}^{d_t\times 1}$ 翻译成源域空间的一个 d_s 维向量，$\boldsymbol{w}$

和 b 都是最大边界分类器的参数。

显然，ARC-t 和 MMDT 都不要求域之间必须相关，然而天下没有免费的午餐，它们都只有在目标域中有标签样本量足够的情况下才有用。为了得到更好的灵活性，Qi 等人（2011a）提出了一种新的模型：文本至图像（Text-To-Image，TTI）。区别于 Dai 等人（2008）和 Chen 等人（2010b）的方法，TTI 通过直接传播源域的样本标签进行目标域样本的分类。如图 6.9 所示，目标域样本 $\boldsymbol{x}_i^t$ 的最终标签通过源域中样本的标签的线性组合确定，相关系数由翻译函数的值决定。这种方法的思想类似于最近邻分类，用数学公式表示为

$$f_t(\boldsymbol{x}_i^t)=\sum_{i=1}^{n_s} y_j^s T(\boldsymbol{x}_j^s,\boldsymbol{x}_i^t) \tag{6.22}$$

其中 $T(\cdot,\cdot)$ 是翻译函数，作者将翻译函数定义为源域样本和目标域样本在一个隐空间上的内积：

$$T(\boldsymbol{x}_j^s,\boldsymbol{x}_i^t)=\langle \boldsymbol{P}^s\boldsymbol{x}_j^s,\boldsymbol{P}^t\boldsymbol{x}_i^t\rangle=(\boldsymbol{P}^s\boldsymbol{x}_j^s)^{\mathrm{T}}\boldsymbol{P}^t\boldsymbol{x}_i^t=(\boldsymbol{x}_j^s)^{\mathrm{T}}\boldsymbol{S}\boldsymbol{x}_i^t \tag{6.23}$$

因此，TTI 实际上是将隐空间和翻译器的想法结合起来。为了学习翻译函数，TTI 同时利用了目标域有标签的样本和域间的对应关系。最优化问题定义为以下公式：

$$\min_{\boldsymbol{S}}\gamma\sum_{i=1}^{n_t}\ell\left(y_i^t\sum_{j=1}^{n_s}y_j^s(\boldsymbol{x}_j^s)^{\mathrm{T}}\boldsymbol{S}\boldsymbol{x}_i^t\right)+\lambda\sum_{i,j}\chi(c_{i,j}\cdot(\boldsymbol{x}_j^s)^{\mathrm{T}}\boldsymbol{S}\boldsymbol{x}_i^t)+\Omega(\boldsymbol{S}) \tag{6.24}$$

其中，第一项最小化目标域样本的经验风险，第二项最大化已知对应关系 $c_{i,j}$ 和翻译函数值的一致性。需要注意的是如果 a 很大，则函数 $\chi(a)$ 的值很小。最后一项控制 $\boldsymbol{S}$ 的复杂程度。

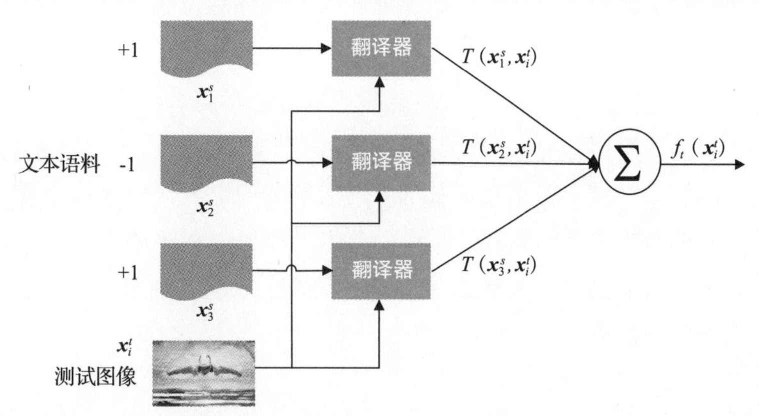

图 6.9　从文本到图像的标签传播过程的说明（改编自 Qi 等人（2011a）的论文）

和前面提到的利用数据本身学习翻译器的方法不同，Zhou 等人（2014b）从多任务学习中得到启发，基于源域和目标域的预测模型（即 $\boldsymbol{w}^s$ 和 $\boldsymbol{w}^t$）学习翻译器。更明确地说，这个任务表示

为一个非负 LASSO 问题：

$$\min_{\boldsymbol{T}} \frac{1}{n_c}\sum_{c=1}^{n_c}\|\boldsymbol{w}_t^c-\boldsymbol{T}\boldsymbol{w}_s^c\|_2^2+\sum_{i=1}^{d_t}\lambda_i\|\boldsymbol{t}_i\|_1$$

$$\text{s.t.}\quad \boldsymbol{t}_i \geqslant 0 \tag{6.25}$$

其中 λ_i 是正则系数。对于任一域中的多类别问题，作者引入 n_c 个二分类器 $\{\boldsymbol{w}_*^1, \cdots, \boldsymbol{w}_*^{n_c}\}$，其中，$*$ 代表 s 或 t。损失函数的第一项强制学到的翻译器 $\boldsymbol{T}$ 不受类别影响。作者认为翻译矩阵 $\boldsymbol{T}$ 应该是高度稀疏的，这样就可以使每一个源域特征可以用目标域的一小部分特征表示。这也是损失函数第二项的作用，该项是针对翻译矩阵行向量的 ℓ_1 正则项，这个正则项可以保证翻译器每一行的稀疏性。这个约束保证源域和目标域的预测模型之间的相关系数是非负的。

对于一个目标域的测试样本 $\boldsymbol{x}_*^t$，它的标签可以用公式 $y_*^t=F(\{(\boldsymbol{T}\boldsymbol{w}_s^c)^{\mathrm{T}}\boldsymbol{x}_*^t\}_{c=1}^{n_c})$ 预测，这里函数 F 将所有 n_c 个源域的二分类器的结果结合起来，以得到最终的结果。这个方法称为稀疏异构特征表示（Sparse Heterogeneous Feature Representation，SHFR），它最主要的优势在于其效率。第一，它可以避免学习到密集的翻译器，这种翻译器的复杂度和特征维数成二次方比。其次，它能够在不利用源域数据的情况下学习到翻译器 $\boldsymbol{T}$。一旦源域的一组二分类器 $\{\boldsymbol{w}_s^c\}$ 已训练好，它们就可以直接应用到 SHRF 模型中。

和基于隐空间的方法相比，基于翻译的方法更能体现追求任务的最终目标（如分类准确率）和翻译器优化函数之间的一致性。不幸的是，它们都存在泛化性能不够强的风险。在测试过程中，若域之间的样本关系在训练集中未出现，则基于翻译的方法可能失败。

6.3.1.3 多层对齐

多年来，研究人员已经意识到单层对齐方法有一个强假设，即只有一个层级的映射足以对齐异构域。事实上，不同域之间复杂的相互关系可以用层次结构来表征，这就需要“深度对齐”。理想地，我们在上面提到的基于隐空间和基于翻译的技术可以通过顺序地重复多次来实现多层对齐。然而，到目前为止，并未对它们进行彻底的多层对齐研究。在这里，我们将介绍已经探索过的基于字典学习和基于深度学习的方法。

字典学习

作为 SDDL 模型（Shekhar 等人（2013））的多层对齐版本，Nguyen 等人（2015）提出了使用稀疏和分层网络的域适应（Domain Adaptation using a Sparse and Hierarchical Network，DASH-N）。DASH-N 采用类似于 SDDL 将两个域映射到一个共同的隐空间中的思路，并在其中学习共享的判别字典，不同的是，它进行多次映射并在分层网络中学习多个共享字典。图 6.10 展示了分层网络的架构。作者为视觉应用定制了 DASH-N。首先，DASH-N 使用相应的映射矩阵，即 $\boldsymbol{P}_s^1$ 和 $\boldsymbol{P}_t^1$，对来自异质域的输入图像进行降维和对比度归一化。其次，DASH-N 通过在低维空间中应用共享字典 $\boldsymbol{D}_1$ 来获得稀疏编码。第三，DASH-N 执行最大池化。对应于图 6.10 中的过程 a～c 的这三个步骤将在后面的层中重复，重复次数等于对齐层级的数量。以最终分类性能作为监督，所有的映射和共享词典被同时学习。多层对齐以及端到端学习方案确保源域可以对目标域产生最大的贡献。

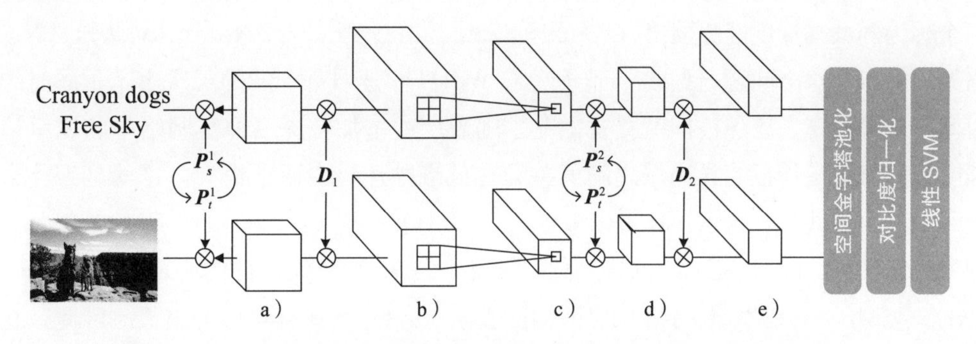

图 6.10　DASH-N 模型概述（改编自 Nguyen 等人（2015）的论文）

深度学习

在机器学习中，深度神经网络取得了巨大成功，并在计算机视觉以及其他机器学习任务方面取得了最优的性能（Bengio，2009）。其成功部分归因于深度神经网络针对输入可以学习到极其强大的分层非线性表示能力。受益于深度学习的最新进展，多种异构深度学习方法已经被提出并得到验证（Zhou 等人，2014a；Shu 等人，2015；Wang 等人，2018a）。

Zhou 等人（2014a）提出了一种混合异构迁移学习（Hybrid Heterogeneous Transfer Learning，HHTL）算法，该算法以分层方式在学习鲁棒表示和学习翻译器之间交替。受到边缘化堆叠去噪自动编码器（mSDA）（Chen 等人，2012b）在同构迁移学习中的有效性的启发，作者采用 mSDA 来学习高级特征表示，其目标函数为

$$\min_{\boldsymbol{W}_*}\sum_{m=1}^{M}\|\boldsymbol{X}_*-\boldsymbol{W}_*\widetilde{\boldsymbol{X}}_*^m\|_F^2 \tag{6.26}$$

其中，$*$ 表示 s 或 t。这里的 $\widetilde{\boldsymbol{X}}_*^m$ 是 $\boldsymbol{X}_*$ 的第 m 个去噪版本。利用学习得到的最优的 $\boldsymbol{W}_*$，可以获得一个高级表示 $\boldsymbol{H}_*^1=\tanh(\boldsymbol{W}_*\boldsymbol{X}_*)$。考虑到高级别的表示 $\boldsymbol{H}_s^1$ 和 $\boldsymbol{H}_t^1$ 仍然处于不同的特征空间，作者提出最小化下面的目标函数来学得一个翻译器 $\boldsymbol{T}^1$。

$$\|\boldsymbol{H}_{s(c)}^1-\boldsymbol{T}\boldsymbol{H}_{t(c)}^1\|_F^2+\lambda\|\boldsymbol{T}^1\|_F^2 \tag{6.27}$$

其中，λ 用来平衡对齐和翻译器 $\boldsymbol{T}^1$ 的复杂性。注意，$\boldsymbol{H}_{s(c)}^1$ 和 $\boldsymbol{H}_{t(c)}^1$ 代表 $\boldsymbol{H}_s^1$ 和 $\boldsymbol{H}_t^1$ 的具有对应关系的

子集，这对于不同领域的特征对齐来说是必不可少的。

上述过程可以通过将式（6.26）中的 $\boldsymbol{X}_*$ 替换为 $\boldsymbol{H}_*^1$ 以及在下一层中将式（6.27）中的 $\boldsymbol{H}_{*(c)}^1$ 替换为 $\boldsymbol{H}_{*(c)}^2$ 来迭代执行，最终可以获得一系列的权重矩阵 $\{\boldsymbol{W}_*^l\}_{l=1}^L$、层级特征表示 $\{\boldsymbol{H}_*^l\}_{l=1}^L$ 以及翻译器 $\{\boldsymbol{T}^l\}_{l=1}^L$。最后在增强的源域数据 $\boldsymbol{H}_s=[\boldsymbol{H}_s^1, \cdots, \boldsymbol{H}_s^L]$ 上训练分类器 f。测试阶段首先将测试样本 $\boldsymbol{x}^t$ 增强为 $\boldsymbol{h}^t=[\boldsymbol{Th}^{t,1}, \cdots, \boldsymbol{Th}^{t,L}]$，然后通过 f，即 $f(\boldsymbol{h}^t)$ 来预测其标签。

然而，Zhou 等人（2014a）的采用迭代方式的分层训练方法非常低效。Shu 等人（2015）通过设计一个称为弱共享深度迁移网络（Weakly-Shared Deep Transfer Network，WSDTN）的深度神经网络架构来解决这个问题，如图 6.11 所示。WSDTN 学习每个域的层次表示，同时约束顶层的参数由两个域弱共享。已经被广泛接受的是，随着层的增加，深度神经网络中的表示从低级描述符逐渐变成高级语义特征。异构域之间的差异在低级描述符中通常很大，这就是为什么只有顶层参数被约束的为弱共享。这项工作可以被视为 TTI（Qiet 等人，2011a）框架的扩展，它将双线性形式的翻译函数式（6.23）替换为具有足够非线性、有效性和鲁棒性的翻译器 $(h_s^L(\boldsymbol{x}_j^s))^{\mathrm{T}} h_t^L(\boldsymbol{x}_i^j)$，其中 $h_s^L(\boldsymbol{x}_j^s)$ 是第 j 个源样本 $\boldsymbol{x}_j^s$ 的第 L 层的特征表示，$h_t^L(\boldsymbol{x}_i^j)$ 具有类似的定义。因此，总体目标遵循式（6.24）的形式，同时引入跨域的顶层参数的约束，即

$$\Omega=\sum_{l=l_{\min}}^{L}\|\boldsymbol{w}_l^s-\boldsymbol{w}_l^t\|_F^2+\|b_l^s-b_l^t\|_2^2$$

其中 $l_{\min}$ 表示施加弱共享约束的最低层的索引。

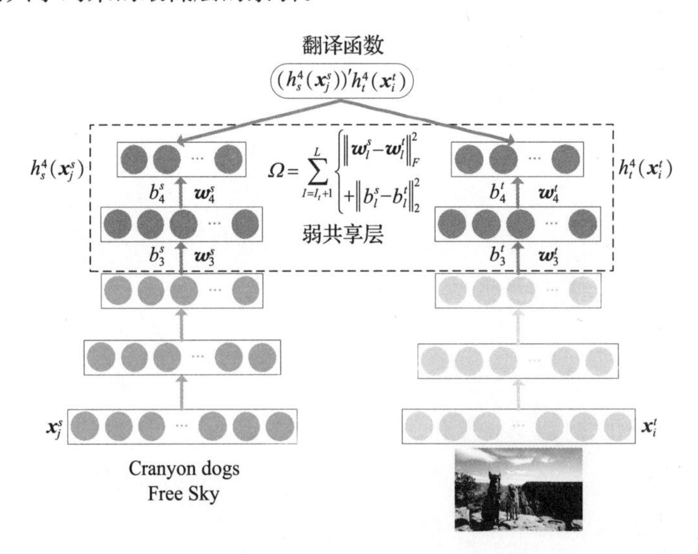

图 6.11 弱共享深度迁移网络模型概述（改编自 Shu 等人（2015）的论文）

存在的一个问题是，HHTL 和 WSDTN 都不是端到端的解决方案，因为它们将学习跨域共享的特征表示和训练分类器分为两个阶段。Wang 等人（2018a）提出了用于不平衡域适应的端到端深度非对称迁移网络（Deep Asymmetric Transfer Network，DATN），如图 6.12 所示。DATN 采用类似于 WSDTN 的经典连体结构，但其顶层中域的排列不同。其对齐是双重的，分别是：学习翻译器以桥接两个域的特征表示；跨域的特征表示的分布应尽可能接近。实现第一重对齐的损失函数如下所示：

$$\mathscr{L}_{\text{pair}} = \| \boldsymbol{H}^{L}_{s(c)} - \boldsymbol{T}\boldsymbol{H}^{L}_{s(c)} \|^2_F + \lambda \|\boldsymbol{T}\|^2_F \tag{6.28}$$

其中第 L 层是最顶层，$\boldsymbol{T}$ 在这里作为翻译器对齐两个域的特征表示 。使用 MMD（Gretton 等人，2012）度量分布差异，并最小化分布差异以保证第二重的对齐：

$$\mathscr{L}_{\text{dist}} = \left\| \frac{1}{n_s}\sum_{j=1}^{n_s} \boldsymbol{h}^{s,L}_j - \frac{1}{n_t}\sum_{i=1}^{n_t} \boldsymbol{h}^{t,L}_i \right\|^2_2 \tag{6.29}$$

在这种情况下，该方法采用以下目标函数来对源域分类器进行适配以对目标样本进行分类。

$$\mathscr{L}_{\text{trans}} = -\frac{1}{n^l_t}\sum_{i=1}^{n^l_t}\sum_{c=1}^{n_c} l\{y^t_i = c\}\log \frac{\mathrm{e}^{\boldsymbol{h}^{t,l,L}_i \boldsymbol{T}\boldsymbol{w}_{s,c}}}{\sum_{c'=1}^{n_c} \mathrm{e}^{\boldsymbol{h}^{t,l,L}_i \boldsymbol{T}\boldsymbol{w}_{s,c'}}} \tag{6.30}$$

其中，$l\{\cdot\}$ 是一个指示函数，$\boldsymbol{h}^{t,l,L}_i$ 代表第 L 层的第 i 个有标签目标样本的特征表示，$\boldsymbol{w}_{s,c}$ 表示在源样本进行第 c 类训练的 softmax 参数。整个目标函数是式（6.28）、式（6.29）和式（6.30）的线性组合。

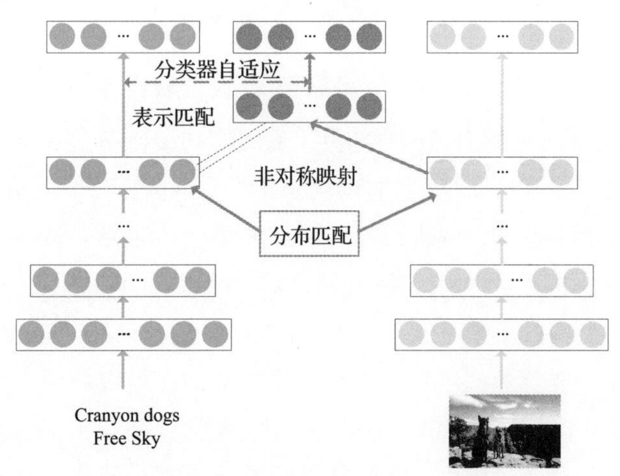

图 6.12　深度非对称迁移网络模型概述

多层对齐比单层对齐更强大、更灵活。但是，如果域之间的真实对齐可以像单层一样简单，则从低计算成本以及实际应用的角度来看，应优先选择单层对齐。

6.3.2 异构标签空间

和异构特征空间的相关研究相比，针对处于异构标签空间的领域间知识迁移的研究很少。这个方面已有的工作主要分为两种：域间的标签对齐和特征对齐。

Shen 等人（2006b）借助标签分类将不同领域的标签联系起来，从而解决了标签不匹配的问题。该方法预生成一组分类器，每一个分类器对应源域标签中的一个类，并实时将这些分类器中的某一个应用到目标域中。在该方法中，所选分类器的标签应该和目标域中的标签的距离最近。Rohrbach 等人（2010）提出了一个类似的方法，不同之处在于他们的方法可以自动地从语言数据集（如 WordNet、Wikipedia、Yahoo 等）的标签中提取出标签之间的语义关系。利用这些提取出的语义关系，在源域中预训练的分类器就可以被目标域重新使用。Shi 等人（2013a）首先提出了概率迁移方法，以在不明确语义关系的情况下对齐样本的标签空间。其关键在于以下决策规则：

$$p(y^t|\boldsymbol{x}^t) = \sum_{y^s} p(y^s|\boldsymbol{x}^t)p(y^t|\boldsymbol{y}^t) \tag{6.31}$$

其中后验概率 $p(y^s|\boldsymbol{x}^t)$ 可以通过将源域上预训练的分类器应用到目标样本上来得到。$p(y^t|\boldsymbol{x}^s)$用以下公式进行估计：

$$p(y^t|y^s) = \frac{1}{p(y^s)}p(y^t|y^s) = \frac{1}{\sum_{\boldsymbol{x}^s} p(\boldsymbol{x}^s)} \sum_{\boldsymbol{x}^s} p(y^t|\boldsymbol{x}^s)p(\boldsymbol{x}^s) \tag{6.32}$$

其中 $\boldsymbol{x}^s$ 代表源域中标签为 y^s 的样本，$p(\boldsymbol{x}^s)$ 可以用 $\boldsymbol{x}^s$ 在源域样本中所占比例估计。和$p(y^s|\boldsymbol{x}^t)$类似，$p(y^t|\boldsymbol{x}^s)$ 可以通过将目标域上预训练的分类器应用到源样本上来得到。

前面提到的工作都是在标签空间离散的情况下的分类问题。Shi 等人（2010a）首先提出了 HEGS 模型用来统一两个标签空间以解决回归问题。如图 6.13 所示，其基本思想是通过保留源域和目标域标签间的相似性，将源域样本标签的回归值分配到目标域的标签空间中。

考虑到不同样本标签之间的关系可能不尽相同，Qi 等人（2011b）指出上面提到的标签对齐是有缺陷的。尽管标签“山”和标签“城堡”看起来是无关的，但源域中一个标签为“山”的图像和目标域中标签为“城堡”但其中城堡建在山上的图像明显是相关的。因此，类似于 Qi 等人（2011a）提出的方法，该作者通过建立一个特征级的翻译器进行标签对齐。此外，还可以利用同构迁移学习中的基于特征的迁移学习（如 TCA（Pan 等，2011）），通过非监督学习在相同的特征空间但不同的标签空间中进行域间的知识迁移。

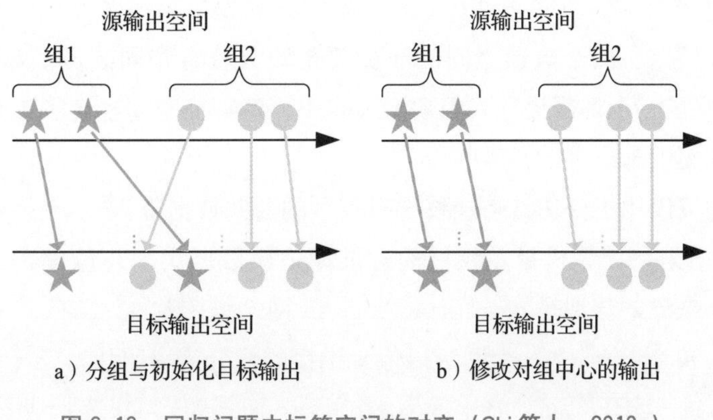

图 6.13　回归问题中标签空间的对齐（Shi 等人，2010a）

6.4　应用

异构迁移学习技术已经在很多实际问题中得到了成功应用。在针对图像的应用中，大部分工作聚焦于利用文本提升图像的聚类或分类效果（Yang 等人，2009；Qi 等人，2011a；Zhu 等人，2011）。此外，异构迁移学习在计算机视觉领域被称为“异构域适应”（Duan 等人，2012b；Hoffman 等人，2013；Wu 等人，2013；Li 等人，2014）。在这个领域中，目标在不同特征表示的视觉数据（如图片和视频）间进行知识迁移。例如，Wu 等人（2013）通过将相关源域中的知识迁移到目标域，解决了目标域中的视频行为识别问题，其中源域特征为光流特征，而目标域特征为轮廓特征。另一个广泛的应用是跨语言迁移学习（Dai 等人，2008；Ling 等人，2008；Zhang 等人，2010a；Huang 等人，2013；Gouws 等人，2015）。例如 Ling 等人（2008）利用有标签的英文网页对中文网页进行更准确的分类。Li 等人（2014）提出了异构特征增强方法，解决了跨语言语义分类问题。

机器学习在人类行为识别方面也有很广泛的应用。人类行为识别的成功依赖于大量标注的传感器记录，然而不论实时还是非实时标注原始的传感器记录数据都很有挑战性。幸运的是，如今人们非常主动地分享他们周围发生的事情，此外还在推特之类的社交媒体上分享行踪。因此，这样的社交平台可以提供海量行为语义库，而这个语义库中存储着人们在不同时间不同地点的行为。Wei 等人（2016a）首先提出将以词袋表征的社交媒体内容中的知识迁移到数值型的传感器记录中。

若干学者已经将异构迁移学习应用到推荐问题中。Li 等人（2009a）提出了一种方法将源域（电影推荐）中的排名信息迁移到目标域（图书推荐）中，其中作者用一个称为码书（codebook）的共享隐空间的方法连接源域和目标域。这种方法甚至适用于两个域的样本不相互重合的情况。

在 Shi 等人（2012）的方法中，目标任务是预测互联网电影数据库（Internet Movie Database，IMDb）中的电影排名。在该方法中，5 个不同的数据集组成了源域：类型数据库、声效技术数据库、播放次数信息、两个电影之间的演员关系图（若有相同演员）和类似的导演关系图。Shi 等人（2012）建立了一个梯度提升共识模型，在不同的特征空间整合了上述 5 个数据集，从而较准确地预测了训练集中未出现的样本的排名。

以下列出了一些可以用于评估异构迁移学习技术的公共数据集。

Office[一]：该数据集是计算机视觉领域的标准域适应数据集。共包含 31 个类别和 4106 张图片，这些数据有 3 个来源，分别是 amazon（Amazon 网站的图片）、dslr（一个数码单反相机拍摄的高分辨率照片）和 webcam（一个网络摄像头拍摄的低分辨率照片）。amazon 和 webcam 作为源域可以表示成 800 维 SURF 特征（Bay 等人，2008），而 dslr 可以表示成 600 维的 SURF 特征。

IXMAS[二]：该数据集包含 5 种动作的场景，每一种都利用相机拍摄。这些动作覆盖 11 个类别，而且每一个动作都由 12 个志愿者执行 3 次。每一个场景都同时用光流和轮廓表示。在一次任务中，由一种场景作为目标域，而其他场景一起作为源域。目标域采用轮廓表示而源域采用光流表示。

Cross-lingual Sentiment（CLS）[三]：该数据集包含 800 000 条关于产品的评论，其中包含英语、德语、法语和日语。这些评论覆盖三个项目类别：书籍、DVD 和音乐。对于每一个类别和每一种语言，相应的数据集都被正式地分成训练集、测试集和未标注数据集。训练集和测试集包含 2000 条评论，未标注数据集的数量从 9000 到 170 000 不等。由英文评论作为源域，而其余三种语言的评论分别作为目标域。

带有对应关系的数据集通常来自 Flickr。因此，我们接着介绍一些带有对应关系的异构数据集，这些数据集可以帮助训练异构迁移学习算法。

FLICKR30K[四]：该数据集包含 31 783 张图片，每一张图片都带有 Amazon Mechanical Turk 的标注者写的 5 个描述性句子。整个数据集包含 158 915 个众包标注。

MIRFLICKR[五]：该数据集有两个版本，MIRFLICKR-25000 和 MIRFLICKR-1M。它们分别包含 25 000 张图片和 1 000 000 张图片。其中 MIRFLICKR-25000 数据集所有数据都用 39 个标签进行了标注。

NUS-WIDE[六]：该数据集包含 269 648 张图片，每张图片都打上了来自 Flickr 的标签。共提取

[一] https://www.eecs.berkeley.edu/jhoffman/domainadapt/
[二] http://4drepository.inrialpes.fr/public/viewgroup/6
[三] http://www.uni-weimar.de/en/media/chairs/webis/corpora/corpus-webis-cls-10/
[四] https://illinois.edu/fb/sec/229675
[五] http://press.liacs.nl/mirflickr/
[六] http://lms.comp.nus.edu.sg/research/NUS-WIDE.htm

了 6 种低层特征，包括 64 维颜色直方图、144 维颜色相关图、73 维边缘方向直方图、128 维小波纹理特征、255 维块级的颜色矩和 500 维的基于 SIFT 描述的词袋特征。此外，为了更好地进行评价，所有图片都用 81 个概念进行了标注。

在表 6.3 中，我们列举了一些已发表的异构迁移学习算法以及非迁移学习方法在相关数据集上的性能比较，Qi 等人（2011a）分别以 10 个不同的类别作为关键词从 Flickr 和 Wikipedia 上爬取了已标注的图片和文本，并对每一个类别都建立了一个关于该类别的二分类任务。我们在第一行列出了针对鸟类的分类任务的比较结果作为例子。根据 Qi 等人（2011a）的论文，基于翻译的方法 TTI 优于基于隐空间的方法 HTL（Zhu 等人，2011）和另一种基于翻译的方法 TLRisk（Dai 等人，2008）。需要注意的是，SVM-t 没有进行知识迁移，而仅在目标域上进行了训练。

表 6.3　不同异构迁移学习方法以及非迁移学习方法的比较

数据集（文献）	源→目标	基准线		HTL 方法					
Flickr 和 Wikipedia（Qi 等人，2011a）		SVM-t		HTL	TLRisk	TTI			
	文本→图片	67.07%		62.07%	71.83%	72.62%			
Office（Hoffman 等人，2013）		SVM-t	T-SVM	HeMap	SDDL	DAMA	HFA	SHFA	MMDT
	amazon→dslr	52.90%	53.50%	42.80%	50.40%	53.30%	55.40%	56.10%	62.30%
	webcam→dslr	52.90%	53.50%	42.20%	49.40%	53.20%	54.30%	55.10%	63.30%
IXMAS（Wu 等人，2013）				HeMap	DAMA	HFA			
	其他→场景 1			33.70%	33.20%	26.60%			
	其他→场景 2			39.90%	34.40%	33.00%			
	其他→场景 3			29.20%	28.10%	30.70%			
	其他→场景 4			34.70%	31.60%	31.80%			
	其他→场景 5			22.90%	13.40%	13.40%			
CLS（Li 等人，2014）		SVM-t	T-SVM	HeMap	DAMA	HFA	SHFA		
	英语→德语	65.60%	50.40%	58.30%	64.60%	66.50%	70.20%		
	英语→法语	60.40%	67.80%	49.80%	65.70%	66.90%	70.50%		
	英语→日语	57.40%	63.90%	51.30%	64.40%	64.20%	67.80%		

除此之外，我们也展示了 Hoffman 等人（2013）提出的方法在计算机视觉域适应数据集上的比较结果。这里的 T-SVM 表示的是直推式支持向量机，它不会从源域向目标域进行知识迁移，但会充分利用目标域中的未标注样本带有的信息。最后，我们列举了交叉场景行为识别数据集和交叉语言语义分类数据集的结果。一般来说，与非迁移算法 SVM-t 和 T-SVM 相比，异构迁移学习确实可以通过“借用”源域的知识达到提升目标域学习的效果。

第7章

对抗式迁移学习

7.1 引言

应用迁移学习的方式之一是使用生成模型（generative model），这就导致了对抗模型（adversarial model）的产生。具体的做法是使用无监督的生成模型来减少对有标签数据的依赖。在目标域中，有标签的数据是有限的，但在源域中可能有大量无标签数据。在撰写本书的时候，社交平台 Twitter 上每秒大约有 6000 条消息被发布，YouTube 上每分钟有总时长大约 300 小时的视频被上传，Flickr 上每天有大约 100 万张图片被分享。利用这些无标签数据，就可以使用无监督的特征学习来构建表征，生成模型作为一种无监督特征学习的方式可以用来实现知识向目标域的迁移（Bengio 等人，2013；Zhu，2005）。

生成模型有两种：显式模型和隐式模型。显式生成模型具有特定的密度函数，其参数通过最大似然估计得到。隐式生成模型不需要显式的密度函数；相反，它的工作方式类似于模拟器，能够生成服从特定数据分布的样本。正如已故物理学家理查德·费曼（Richard Feynman）所说的“如果我不能去创造，那么我也不会理解”，当生成模型捕获到数据的内在结构时，它可以生成与给定训练数据类似的样本。然而，由于现实数据的高维性和多模态性，生成模型的学习仍然是一个富有挑战性的任务。

在众多生成模型中，生成对抗网络（Generative Adversarial Network，GAN）（Goodfellow 等人，2014）作为一种隐式生成模型，在许多应用中都取得了巨大成功。这些应用包括图像超分辨率重构、图像修复、视频帧预测等。实验结果表明，GAN 可以学习视觉语义特征，并可以在一种称为“风格迁移”（style transfer）的特定类型的迁移学习任务中生成逼真的图像。人们对 GAN 越来越感兴趣。大量针对 GAN 的理论分析与 GAN 的变体模型得到了发展。在下一节中，我们将详细介绍 GAN 的各种操作。

对抗学习自然地与迁移学习结合在一起。作为一个生成模型，GAN 可以通过一种新的迁移学习方法“数据扩展”来生成和增强目标域数据。这可以通过将源域样本“翻译”到目标域，并且同时保留原始的标签信息来实现。基于学习的数据拓展方法与传统的基于实例的迁移学习模型的不同之处在于：前者“创造”了额外的目标域数据，而传统的模型（如 TrAdaBost 和核均值匹配）只学习有标签的源域样本的权重。对抗学习还可以通过最小化源域中的任务损失和最大化域混淆损失来学习跨域的共享隐特征空间。与第 3 章所述的学习域不变特征不同，迁移学习的对抗式特征是通过求解最小-最大博弈问题来学习的。

在本章中，我们将首先介绍 GAN，然后介绍对抗式迁移学习模型。

7.2　生成对抗网络

GAN 最初由 Goodfellow 等人（2014）提出，为了表达清楚，我们称之为 vanilla GAN。假设有大量无标签的样本，那么 GAN 将被训练以生成拥有相同基础数据分布的样本。当 GAN 使用数字或面部图像数据进行训练时，它能够生成逼真的样本。之后，GAN 作为一个框架已经得到了广泛的研究。各种网络架构和目标函数被提出用来提高训练的稳定性并生成真实的样本（Radford 等人，2015；Nowozin 等人，2016；Chen 等人，2016b）。除理论研究外，对抗式学习也在多种应用场景中被采用，以达到最优性能，包括图像超分辨率重构（Ledig 等人，2017）、视频帧预测（Vondrick 等人，2016）、序列建模（Yu 等人，2017）等。

vanilla GAN 的结构如图 7.1 所示。它由两个子网络组成：生成器（G）和判别器（D）。生成器学习由先验分布 p_z（通常是均匀分布或高斯分布）到真实数据分布 p_{data}的映射，该映射由 p_G 表示，从先验分布、真实数据分布与生成数据分布采样得到的样本分别用 $\boldsymbol{z}$、$\boldsymbol{x}$ 和$\hat{\boldsymbol{x}}$表示。GAN 引入了一个判别器来引导生成器的学习，判别器的训练目标为区分真实数据样本（记为正样本）和生成器生成的样本（记为负样本）。当一个样本被输入到判别器中时，它将预测该样本来自真实数据分布的概率。

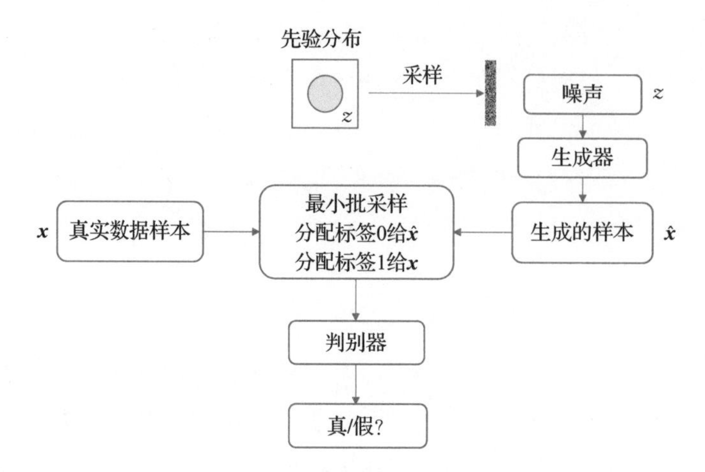

图 7.1 GAN 框架（两个子网络、一个生成器和一个判别器相互竞争。生成器将从先验分布中采样的向量映射到数据空间。判别器试图从生成的样本中区分真实的数据样本，而生成器则试图欺骗判别器）

在 GAN 中，判别器与生成器之间的关系就像警察和小偷：警察试图从普通人中辨别小偷，小偷的目的是愚弄警察，这就形成了一个对抗的目标。生成器和判别器之间的交互可以建模为两方最小-最大博弈问题：

$$\min_G \max_D V(G,D)$$

其中

$$V(G,D) = \mathbb{E}_{\boldsymbol{x}\sim p_{\text{data}}}[\log D(\boldsymbol{x})] + \mathbb{E}_{\boldsymbol{z}\sim p_{\boldsymbol{z}}}[\log(1-D(G(\boldsymbol{z})))] \tag{7.1}$$

生成器和判别器都是多层感知器。如算法 1 所述，可以交替使用梯度下降算法对模型进行训练。在优化过程的每次迭代中，首先固定生成器，更新判别器；然后固定判别器，更新生成器。这个过程会一直重复，直到模型收敛。

算法 7.1 训练 GAN

输入： 无标签数据样本 $\{\boldsymbol{x}_1, \cdots, \boldsymbol{x}_n\}$

输出： 生成器 G 和判别器 D

while 不收敛 **do**

  for k 次循环 **do**

    从 p_{data} 中抽取小批量样本

    从 p_z 中抽取小批量噪声样本

      通过最大化式 (7.1) 优化判别器 D

end for

　从 p_z 中抽取小批量噪声样本

通过最小化式（7.1）优化生成器 G

end while

理论分析表明，如果模型容量和训练时间无穷大，则存在一个全局最优，即 $p_G=p_{\text{data}}$。如果生成器是固定的，并且判别器被训练达到最优效果，则有

$$D_G^*(\boldsymbol{x})=\frac{p_{\text{data}}(\boldsymbol{x})}{p_{\text{data}}(\boldsymbol{x})+p_G(\boldsymbol{x})}$$

其中 $D_G^*(\boldsymbol{x})$ 表示具有固定生成器的最佳判别器。给定一个固定的最佳判别器 $D_G^*(\boldsymbol{x})$，式（7.1）中的目标函数变成

$$C(G)=\min_G V(G,D_G^*)=\min_G-\log(4)+2\times \text{JSD}(p_{\text{data}}(\boldsymbol{x})\parallel p_G(\boldsymbol{x}))\tag{7.2}$$

其中 $JSD(\cdot)$ 表示杰森-香农散度（Jenson-Shannon divergence）。式（7.2）表明，生成器的目标是使生成的分布 p_G 和真实数据分布 p_{data} 之间的杰森-香农散度最小化，并且当 $p_G=p_{\text{data}}$ 时，可以达到全局最优。如果生成器和判别器都有足够的容量，则 p_G 将按预期收敛到 p_{data}。

在实践中，优化式（7.1）中定义的目标函数可能会导致梯度消失；也就是说，当迭代经过很多层时，用于在学习过程中更新网络参数的梯度值接近零，从而使学习过程停止。这是因为在训练的早期阶段，生成的样本很差，判别器可以很容易地将生成的样本与真实的数据样本区分开来，从而导致 $\log(1-D(G(\boldsymbol{z})))$ 的梯度消失。为了提供足够大的梯度值，生成器被训练为最大化 $\log(D(G(\boldsymbol{z})))$，这种结构被称为非饱和 GAN(Non-Saturating GAN，NS-GAN)。

尽管 GAN 有很强的学习能力，但众所周知，它很难训练。常见问题包括：

1）模型无法在某些区域生成样本时模式会崩溃。

2）最小-最大博弈无法达到平衡。

3）不切实际的样本。

大量的研究工作从不同的角度解决上述问题。Radford 等人（2015）提出了采用卷积神经网络作为生成器的深度卷积生成对抗网络（DCGAN）。卷积神经网络在识别任务上取得了成功，通过与 GAN 的目标相结合，可以适用于无监督的特征学习。Salimans 等人（2016）提出了两种稳定 GAN 训练过程的技巧：特征匹配和小批量识别。特征匹配要求生成的样本和判别器中间层的真实数据样本的激活是相似的。小批量识别则鼓励判别器考虑结合多个样本而不是单个样本。还有一些方法尝试将 GAN 扩展应用到其他信息理论的度量，如总方差散度（Zhao 等人，2016）、f-散度（Nowozin 等人，2016）和 Wasserstein 距离（Arjovsky 和 Bottou，2017；Arjovsky 等人，

2017)。为了提高生成样本的质量，Denton 等人（2015）提出了 LapGAN，将多条件 GAN 融合到拉普拉斯金字塔中。在金字塔的每一层中都有一个生成模型，该生成模型是以 GAN 将低分辨率的图像放大为细粒度的图像为目标来训练的。

7.3 采用对抗式模型的迁移学习

随着 GAN 以及对抗式学习作为一种新的、强大的学习框架出现，研究人员试图开发基于对抗式学习框架的迁移学习模型。表 7.1 总结了传统迁移学习模型和对抗式迁移学习模型，并将这些模型按其处理的问题类型和采用的迁移方法进行分类。

表 7.1 传统和对抗式迁移学习方法

方法 \ 问题		无标签的目标域		有标签的目标域	
		无标签的源域	有标签的源域	无标签的源域	有标签的源域
传统迁移学习	基于样本		协变量变换		TrAdaBoost
	基于特征	无监督迁移学习	域适配	自学习	多任务学习、微调
对抗式迁移学习	基于样本	无监督的跨领域样本对齐（Kim 等人，2017；Zhu 等人，2017；Yi 等人，2017）	生成目标域数据（Shrivastava 等人，2017）		
	基于特征		对抗式域适配（Ganin 等人，2016；Bousmalis 等人，2016；Tzeng 等人，2017）	对抗式特征学习（Donahue 等人，2016）	由模拟器产生

我们将讨论两种对抗式迁移学习方法。第一种方法是基于实例的迁移学习。作为生成模型，GAN 可以生成目标域数据。对抗式学习可以将有标签的源域样本“翻译”成目标域样本，同时保留其标签。对抗式学习可以以一种完全无监督的方式在源域样本和目标域样本之间建立对应关系。

对抗式迁移学习模型的另一种类型采用基于特征的迁移学习方法，该方法通过对抗式的目标函数找到一个公共特征空间。基于特征的对抗式迁移学习可以根据问题设置进一步分为两类。对抗式域适配（adversarial domain adaptation）使用有标签的源域数据和没有标签的目标域数据来学习一个适用于两个领域的识别分类器，而对抗式特征学习（adversarial feature learning）则采用了自学习的假设，即用大量无标签的源域数据构造高层抽象特征，然后用少量有标签的目标域数据学习一个分类器。

7.3.1　生成目标域数据

在目标域中，有标签的数据通常很难获取，同时标记成本很高。生成模型可以为目标域创建样本。例如，可以在自动驾驶中模拟出的道路驾驶环境中收集有标签的数据。将模拟出的有标签的数据作为源域，并将源域模型与目标域相适配，使我们能够训练一个适用于真实环境的自动驾驶系统。由于没有标签的数据易于收集，因此可以通过对抗式学习生成目标域数据。

有两种模型用于生成目标域数据。第一种模型学习从源域样本到目标域样本的映射，从而创建有标签的目标域样本；另一种模型学习两个域的样本之间的双向映射。

将源域样本迁移到目标域的一个典型模型是 SimGAN（Shrivastava 等人，2017）。在 SimGAN 中，对抗式学习在保持标签信息的同时，弥合源域和目标域之间的差异。SimGAN 学习无标签的目标域数据，并将有标签的模拟数据用作源域。SimGAN 的网络架构如图 7.2 所示。合成的图像首先由一个模拟器生成，然后由一个生成器对其进行修改。生成器的输出由经过优化的图像表示。引入判别器对无标签的目标域图像和优化的图像进行识别。生成器由一种对抗式的目标函数训练，目的是欺骗判别器。为了在优化之后保留合成图像的标签，一种自正则化损失函数被用来训练生成器，其定义如下

$$\ell_{\text{reg}} = \| \psi(\boldsymbol{x}_s) - \psi(\widetilde{\boldsymbol{x}}_t) \|_1 \tag{7.3}$$

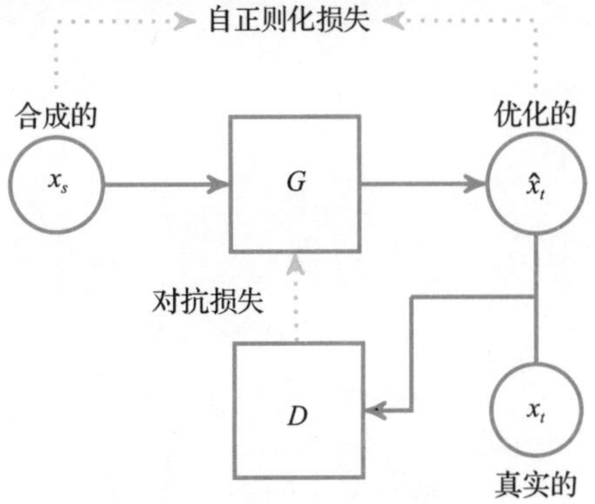

图 7.2　SimGAN 概述（在判别器的引导下，该生成器对模拟器生成的合成图像进行优化以提高其真实性。除了对抗损失外，在优化后，还将自正则化损失引入模拟器的标注中）

其中 ℓ_{reg} 表示自正则化损失，ψ 表示从图像空间到新空间的映射，$\boldsymbol{x}_s$ 和 $\widetilde{\boldsymbol{x}}_t$ 分别表示真实的图像和经过优化的图像。在实际应用中，映射 ψ 通常是恒等映射，即 $\psi(\boldsymbol{x})=\boldsymbol{x}$，自正则化损失 ℓ_{reg} 是合成图像和优化图像之间的每个像素之间的差别。最小化自正则化损失，可以使经过优化的图像保留相似的标签。

在 SimGAN 中，为了提高优化图像的真实性同时稳定训练过程，对 vanilla GAN 做了两个修改。第一个修改是局部对抗损失，判别器对从优化的图像中采集的局部点进行分类，这一步不需要人工操作。第二个修改是使用能够稳定训练过程的优化图像历史更新判别器。研究人员分别在 MPIIGaze 人眼注视点估计数据集（Wood 等人，2016；Zhang 等人，2015b）和纽约大学的手势数据集（Tompson 等人，2014）上对 SimGAN 进行了测试。在定量评估方面，SimGAN 在 MPI-

IGaze 数据集上的准确率优于最先进的模型 21%。在纽约大学的手势数据集上，不需要在目标域中使用任何标签的 SimGAN 比使用真实带有标签的图像进行训练的模型的准确率提高了 8.8%。

另一类模型在源域和目标域之间建立双向映射，它对图像编辑等应用很有帮助。如果知道带有黑头发的脸和带有金发的脸之间的关系，人们就可以想象他改变头发颜色时的样子。成对数据是建立此类关系的必要条件（Isola 等人，2017）。然而，在对抗学习中，模型可以在没有成对数据的情况下发现跨域的关系。

处理这种设定的典型模型是 CycleGAN（Zhu 等人，2017），其框架如图 7.3 所示。设 G 表示从源域样本到目标域样本的映射。在生成的目标样本遵循目标域分布的情况下，将源域样本映射到目标域的可能性是无限的。学习映射 G 是一个约束不足的问题。

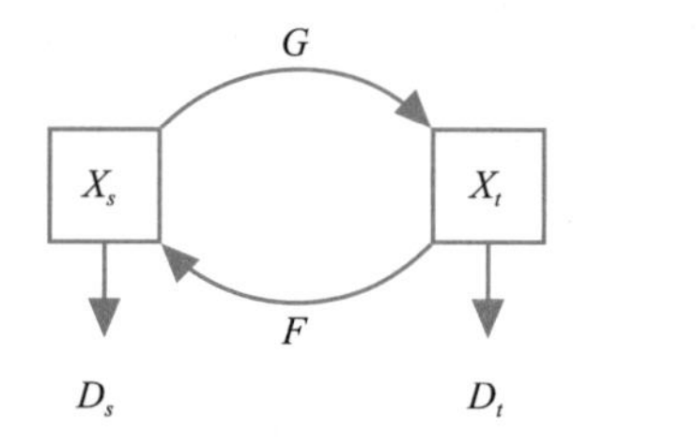

a）双向映射G和F是同时学习的

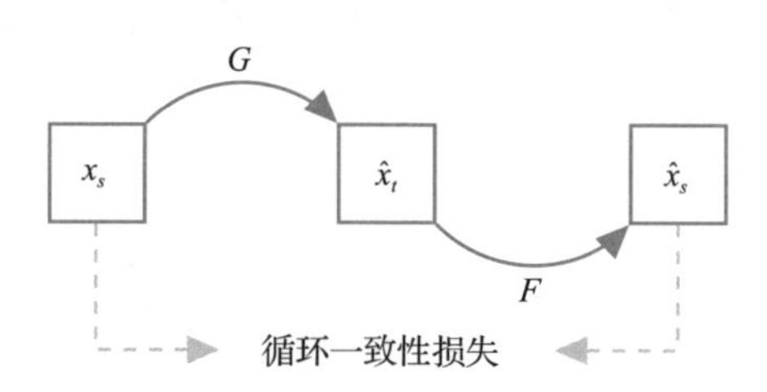

b）周期一致性损失使得两个映射彼此对立

图 7.3　CycleGAN 的网络架构

为了解决这个问题，他们引入了一个逆映射 F 来学习从目标域到源域的映射。G 和 F 是同时学习的，它们是双向映射的。为了学习映射 G，需要考虑两个损失函数。第一种损失是一种*对抗损失*，它确保转换的样本 $G(\boldsymbol{x}_s)$ 与目标域样本不可区分，其定义为

$$\ell_{\mathrm{GAN}}(G,D_t)=\mathbb{E}_{\boldsymbol{x}_t\sim p(\boldsymbol{x}_t)}[\log D_t(\boldsymbol{x}_t)]+\mathbb{E}_{\boldsymbol{x}_s\sim p(\boldsymbol{x}_s)}[\log(1-D_t(G(\boldsymbol{x}_s)))] \tag{7.4}$$

其中 D_t 表示引入的目标域判别器，用于区分真正的目标域样本和从源域转换的样本。

描述映射 G 的网络被用来训练使 $\ell_{\mathrm{GAN}}(G, D_t)$ 最小化。目标域判别器被用来训练使 $\ell_{\mathrm{GAN}}(G, D_t)$ 最大化，这就形成了一个两方最小-最大博弈问题。对于映射 F 和源域判别器 D_s，也可以定义相似的对抗损失 $\ell_{\mathrm{GAN}}(F, D_s)$。另一种损失是*循环一致性损失*，它鼓励 G 和 F 互为反函数，即 $F(G(\boldsymbol{x}_s))=\boldsymbol{x}_s$ 和 $G(F(\boldsymbol{x}_t))=\boldsymbol{x}_t$，其定义为

$$\ell_{\mathrm{cyc}}(G,F)=\mathbb{E}_{\boldsymbol{x}_s\sim p(\boldsymbol{x}_s)}[\|F(G(\boldsymbol{x}_s))-\boldsymbol{x}_s\|_1]+\mathbb{E}_{\boldsymbol{x}_t\sim p(\boldsymbol{x}_t)}[\|G(F(\boldsymbol{x}_t))-\boldsymbol{x}_t\|_1] \tag{7.5}$$

将式（7.4）和式（7.5）结合起来，CycleGAN 的完整目标函数可以转化为

$$\ell(G,F,D_s,D_t)=\ell_{\mathrm{GAN}}(G,D_t)+\ell_{\mathrm{GAN}}(F,D_s)+\lambda\ell_{\mathrm{cyc}}(G,F)$$

其中，λ 用来平衡对抗损失和循环一致性损失的重要性。定性分析表明，CycleGAN 可以建立跨域

的有意义的对应关系。对 Amazon Mechanical Turk 的“真与假”感知研究表明，在大约 25%的实验中，CycleGAN 可以愚弄人类标注者。然而，它的表现仍然弱于具有强成对监督数据的模型。此外，当存在几何变化时，也会出现失败案例。

研究人员提出了几个具有类似特征的模型（Kim 等人，2017；Yi 等人，2017；Zhu 等人，2017）。这些模型在实现细节上不同于 CycleGAN。DiscoGAN（Kim 等人，2017）采用了与 DCGAN类似的网络架构。CycleGAN 采用了 Johnson 等人（2016a）提出的架构，该架构使用生成器中的残差模块（residual block）和实例归一化（instance normalization）以及 PatchGAN 作为判别器。与 DCGAN 不同的是，PatchGAN 中的判别器决定输入图像在块级别上是真是假。块级别判别器参数少，适用于任意尺寸的图像。DualGAN（Yi 等人，2017）也使用 PatchGAN 作为判别器，并采用 Isola 等人（2017）提出的 U 形网络作为生成器。

7.3.2 通过对抗式学习来学习域不变特征

学习公共特征空间的能力对于迁移学习至关重要。在将源域和目标域中的数据映射到共享特征空间后，迁移学习任务便可以利用两个域的数据来完成。

对抗式学习可以学习跨域的共享隐特征空间。当源域中存在有标签的数据，目标域中只有没有标签的数据时，公共特征空间满足以下两个条件：

1）对于源域的分类任务可区分

2）源域和目标域不可区分

受这两个标准的启发，Ganin 等人（2016）提出了一个域对抗神经网络（Domain-Adversarial Neural Network，DANN），其网络架构如图 7.4所示。该网络由三个子网络组成：一个在域之间共享的特征提取器、一个用于源域分类的标签预测器和一个域分类器。这三个子网络分别用 G、C 和 D 表示。特征提取器和标签预测器将源域中的分类错误 ℓ_y 最小化，从而确保所学习的特征具有可识别性。同时，特征提取器最大化了域分类错误 ℓ_d，使得特征分布具有域不变性。特征提取器和标签预测器与域分类器形成竞争关系。

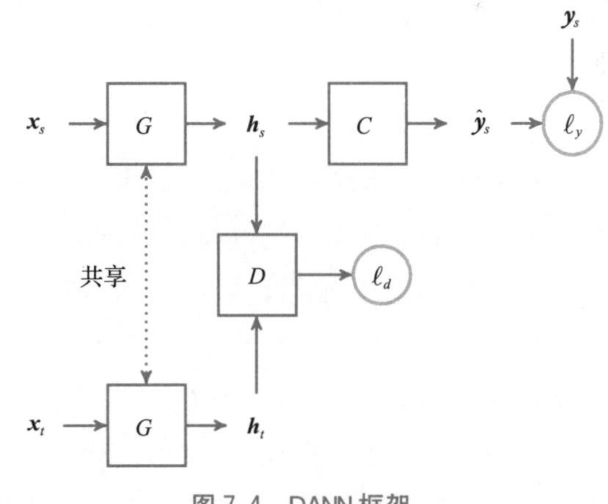

图 7.4 DANN 框架

在概念上，DANN 的优化过程形成了一个最小-最大博弈问题，这个问题的目标函数为

$$\min_{G,C}\max_{D} V(G,C,D)$$

其中

$$V(G,C,D)=\frac{1}{n_s}\sum_{i=1}^{n_s}\ell_y^i(G,C)-\lambda\Big(\frac{1}{n_s}\sum_{i=1}^{n_s}\ell_d^i(G,D)+\frac{1}{n_t}\sum_{i=1}^{n_t}\ell_d^i(G,D)\Big) \quad (7.6)$$

其中超参数 λ 用来平衡这两项。当 G 关于 ℓ_y 取最小值而关于 ℓ_d 取最大值时，梯度反转层（Gradient Reversal Layer，GRL）被提出。在反向传播优化过程中，从域分类器 D 到特征提取器 G 的梯度需要乘以一个负常数。

在 DANN 的基础上发展出了几个模型，Bousmalis 等人（2016）假设对域特定的特征建模有助于提取域不变的特征。他们提出了一种域分离网络（Domain Separation Network，DSN），将特征表示分解为私有部分和共享部分。Tzeng 等人（2017）将多个对抗域适配模型统一到一个框架下。这个统一的框架考虑了各种设计选择，并有助于探索新的结构。

Long 等人（2017）提出了另一个被称为联合适配网络的模型，它在多个图像分类数据集上的表现均优于 DANN。该模型考虑了如何通过最小化联合最大均值差异（Joint Maximum Mean Discrepancy，JMMD）来匹配源域和目标域中多层的联合激活分布，采用多层神经网络对 JMMD 进行参数化，并采用对抗式学习的方法来学习可识别的特征。Pei 等人（2018）提出了一种多对抗域适应（Multi-Adversarial Domain Adaptation，MADA）方法来捕获数据的多模态结构。对于一个 K 类分类问题，该方法引入了 K 个域判别器，每个域判别器匹配具有同一类别的源域样本和目标域样本。该方法通过由标签预测器产生的概率对样本进行软分类。当目标域的标签空间是源域的标签空间的一个子空间时，即部分域适应时，需要从共享标签空间中选择源域样本的一个子集。Cao 等人（2017）和 Zhang 等人（2018）的工作将实例权重与对抗式特征学习相结合。

在源域和目标域都无标签的情况下，对抗式学习可以以无监督的方式学习公共特征。vanilla GAN 学习从潜在的表示生成数据，但它没有特征学习能力。Donahue 等人（2016）和 Dumoulin 等人（2016）分别独立开发了两个类似模型来解决这一问题。Donahue 等人（2016）提出了一种双向 GAN（Bidirectional GAN，BiGAN），它同时学习从数据到隐特征空间的反向映射。BiGAN 的网络架构如图 7.5 所示。一种编码器被引入以学习反向映射。判别器接受（$\boldsymbol{x}$，$\boldsymbol{z}$）数据对作为输入，如果 $\boldsymbol{x}$ 来自真实的数据分布，则标记为 1，否则标记为

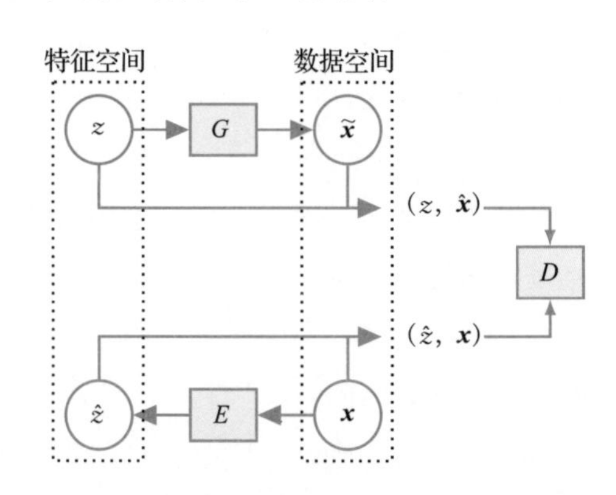

图 7.5 BiGAN 的网络架构（学习了数据空间和特征空间之间的双向映射）

0。作为 vanilla GAN 的直接延伸，BiGAN 的目标函数定义为

$$\min_{G,E}\max_{D} V(D,E,G)$$

其中

$$V(D,E,G)=\mathbb{E}_{\boldsymbol{x}\sim p_{\text{data}}}[\mathbb{E}_{\boldsymbol{z}\sim p_E(\cdot|\boldsymbol{x})}[\log D(\boldsymbol{x},\boldsymbol{z})]]+\mathbb{E}_{\boldsymbol{z}\sim p_{\boldsymbol{z}}}[\mathbb{E}_{\boldsymbol{x}\sim p_G(\cdot|\boldsymbol{z})}[\log(1-D(\boldsymbol{x},\boldsymbol{z}))]]$$

然后该方法将编码器学习到的表示应用于其他监督学习任务，取得了与非监督与自我监督的特征学习模型相近的结果。

7.4　讨论

对抗式迁移学习模型将两种效果显著的用于有限数据的学习方法相结合，具有巨大的潜力。它允许在两个域之间进行“翻译”，这在诸如图像/视频编辑等应用上具有显著效果。它还提供了一种基于学习的数据增强方法。例如，我们可以利用 GAN 来修改计算机游戏中的图像并用这些图像来训练一辆自动驾驶的汽车。在判别式任务的特征学习方面，对抗式迁移学习使用参数化网络度量域之间的差异，避免了手工统计距离，如 MMD 和 KL 散度。

对抗式迁移学习是一个快速发展的领域，还有许多开放性的挑战有待研究，例如，如何利用目标域标签信息，以及如何解决两个域的特征空间或标签空间不同的异构迁移学习问题。希望这两项研究工作，即生成对抗式学习和迁移学习，能够以一种系统性的方式联系起来，并迸发出新想法的火花。

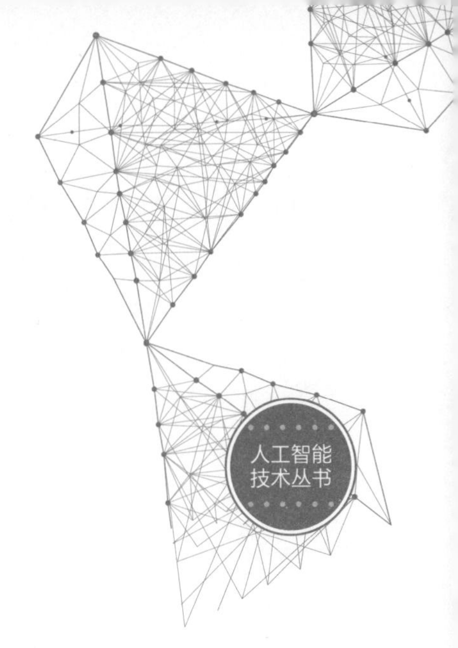

第8章 强化学习中的迁移学习

8.1 引言

强化学习是智能体与未知环境进行交互时运行的一种机器学习范式。在强化学习（Sutton 和 Barto，1998）中，智能体可以通过马尔可夫决策过程（Markov Decision Process，MDP）建模，在该过程中，智能体依次采取动作并获得相应的奖励，该奖励可以延迟。在这种有限的奖励信号的指导下，强化学习旨在获得一个决定如何在未来不同情况下采取动作的策略。通过这一过程，选定一个最优策略，可以最大化累计收益。

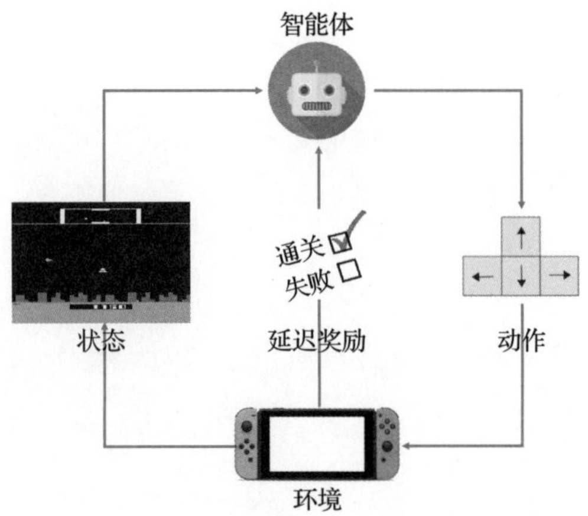

图 8.1　一个用来说明强化学习的玩游戏的例子

我们以图 8.1 中玩游戏的过程为例，该图通常被用于强化学习研究工作（Silver 等人，2016）。在每一步中，智能体必须根据游戏的当前状态决定如何移动，例如开火或向左移动。智能体应该从延迟的奖励中学习此策略，即最终通关或失败，以优化成功率。

强化学习与监督学习在几个方面存在显著差异。监督学习从规则指导者提供的有标签的训练样本中学习，从而优化在不可见测试数据上测量的泛化性能。与强化学习问题中的奖励信号不同，在监督学习中，标签描述了在各种情况下的正确操作，例如在游戏的每一轮中的正确移动。显然，这种高质量和包含全部信息的有标签样本在许多实际应用中都不可用，而这些领域都是强化学习的目标应用领域。

强化学习的一个主要挑战是*利用与探索的权衡*，这是智能体在与环境交互时的关键决策。为了使累积奖励最大化，智能体一般采用过去观察到的最好的动作。由于智能体只观察到与已选择操作相对应的奖励，它还应该探索未尝试的操作。为了追求长期的累积奖励，可以牺牲短期奖励。理论上，最佳策略不应停止探索（Lai 和 Robbins，1985）。例如，为得到最大的愉悦，人们必须依次决定是去最喜欢的餐厅（利用）还是尝试新的餐厅（探索）。与强化学习不同，大多数监督学习算法忽略了探索阶段。

强化学习在广泛的应用领域取得了巨大成功，包括游戏 AI（Mnih 等人，2013、2015）、围棋（Silver 等人，2016）、对话系统（Mo 等人，2018；Genevay 和 Laroche，2016）、自然语言处理（Ranzato 等人，2015；Nguyen 等人，2017）和推荐系统（Li 等人，2010；Zhao 等人，2018）等。然而，当一个强化学习智能体面临一个状态和动作空间较大的复杂问题，或者必须从头学习时，学习过程就需要大量的与环境的交互。不幸的是，这种交互在大多数应用中都将消耗大量资源。例如，在推荐系统中与用户的每次交互都要花费一定的金钱。

一个通用的智能体应该支持快速高效地解决强化学习问题，即使面对一个新的领域——其中用于从零开始训练智能体的样本并不多，它也能有效地学习解决该问题。在这种情况下，人们很自然地通过迁移学习来利用强化学习领域中的相关知识。如前几章所述，迁移学习在有监督学习和无监督学习环境中都得到了广泛的研究。随着对强化学习的关注的快速增长，强化学习中的迁移学习也越来越受到人们的关注。强化学习问题之间的知识迁移无论是从经验效果上还是从理论上都被证明是有效的，在本章中，我们将对几种适用于强化学习的迁移学习算法进行介绍。

本章的内容组织如下。首先，我们将讨论强化学习的背景知识、迁移学习的关键概念以及强化学习中应用迁移学习的目标。然后我们将根据问题设置和迁移知识的类型对相关算法进行分类。

8.2 背景

在本节中，我们将介绍强化学习的基本概念。然后，在强化学习的背景下，我们将讨论迁移学习的基本组成部分，包括“迁移什么”“如何迁移”和“何时迁移”。最后，我们将介绍强化学习中迁移学习的不同目标。

8.2.1 强化学习

在本节中，我们首先具体定义一个强化学习问题。

首先，一个 MDP M 由一个元组〈S_M，A_M，P_M，R_M，γ〉表示。S_M 和 A_M 分别表示状态和动作空间，它们有可能是无限的。对于连续的状态空间，$S_M \in \mathbb{R}^d$ 代表状态变量。状态和动作空间被组合起来对 MDP 进行表示。转移函数 P_M：$S_M \times A_M \to S_M$ 根据当前状态和所采取的操作决定下一个访问状态。转移函数 P_M 可以是确定性的，也可以是随机的。明确地学习转移函数 P_M 的强化学习算法被称为基于模型的学习。R_M：$S_M \to \mathbb{R}_M$ 代表当到达一个新状态时产生即时奖励的奖励函数。γ 代表折扣系数。对于大多数强化学习问题，转移函数 P_M 和奖励函数 R 都是未知的，需要通过与环境的交互得到。

MDP M 的解决策略是 π_M：$S_M \to A_M$，它自适应并顺序地决定各种状态下的动作。在第 n 步中，智能体知道当前状态 $s_n \in S_M$，并根据策略 π_M 选择动作 $a_n = \pi_M(s_n) \in A_M$。然后，智能体观察相应的奖励 r_n 并迁移到下一个状态 $s_{n+1} \in S_M$。最佳策略 π_M^* 旨在最大化累积奖励，这种奖励对于带有折扣的 MDP 过程来说是 $\sum_{n=0} r_n$，对于不带折扣的 MDP 过程来说是 $\sum_{n=0} \gamma^t r_n$。此外，寻找最优策略等价于最大化值函数，例如 Q 函数。作为结果，我们可以得到

$$Q^*(s_n, a_n) = Q^{\pi^*}(s_n, a_n) = \operatorname{argmax}_\pi \mathbb{E}^{\pi}_{s_n, a_n}\Big[\sum_{n' \geqslant 0} \gamma^{n'} r_{n'+n}\Big] \tag{8.1}$$

最优 Q 函数满足贝尔曼方程，即

$$Q^*(s_n, a_n) = \mathbb{E}[R_M(s_{n+1}) + \gamma \max_{a_{n+1}} Q^*(s_{n+1}, a_{n+1})] \tag{8.2}$$

当状态空间或动作空间非常大甚至连续的时候，我们通常使用近似函数逼近真实值，其中特征函数用作 MDP 的表示。在传统的强化学习方法中，线性函数逼近法起着主导作用。与之相反，深度强化学习方法利用了强大的深度神经网络，包括多层感知器、深度卷积网络（Mnih 等人，2013）、深层循环网络（Hausknecht 和 Stone，2015）等。深度强化学习通过利用深度神经网络的表示能力来学习值函数的良好表示。此外，深度强化学习能够以端到端的方式学习值函数和策略。作为一种典型的深度强化学习方法，深度 Q 网络（Deep Q-Network，DQN）通过经验重放显著提高了玩游戏的性能（Mnih 等人，2013），并采用卷积神经网络直接从游戏的原始帧中提取表示。

8.2.2　强化学习任务中的迁移学习

强化学习中的迁移学习旨在利用来自一个或多个相关但不同来源的 MDP $\{M_s\}$ 的知识来提高目标域 MDP M_t 的性能。在不失一般性的情况下，为清晰起见，我们在本节将主要讨论单源域案例。

在这里，我们将讨论经常用于说明强化学习问题的山地车学习任务（Moore，1991；Taylor 等人，2008a）。我们将以这项任务为例，说明强化学习中迁移学习的不同概念。如图 8.2 所示，一个智能体驾驶一辆汽车驶向目标。在任务的二维山地车版本中，我们将水平位置和速度结合起来作为状态，即（x，$\dot{x}$）。智能体应在每次的步骤中决定“左”“中”“右”之间的动作。在三维山地车任务版本中，状态涉及以（x，$\dot{x}$，y，$\dot{y}$）表示的二维空间，动作空间包含五个选项，即中间、西边、东边、南边、北边。为了尽可能快地把车开到目标，每走一步的即时奖励是－1。

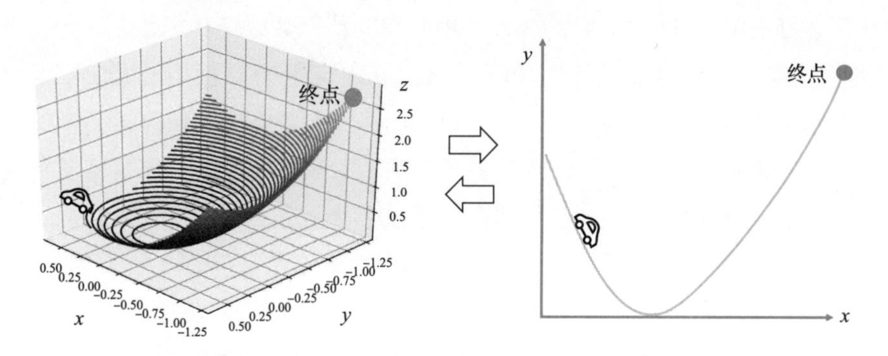

图 8.2　山地车示例说明（在二维和三维的示例中，汽车智能体必须沿着山坡向目标行进（Lazaric 等人，2008））

为了介绍迁移学习设置，我们首先定义了“域”的概念和一个 MDP M 的“任务”。一个 MDP M 的域，即 $\mathscr{D}_M$，包括状态空间 S 和动作空间 A。在一个连续 MDP 中，域主要表示连续状态变量和动作空间。如果两个 MDP 属于不同的域，则状态空间或动作空间是不同的。具有不同域的 MDP 的迁移学习依赖于源域和目标域之间的人工设计的或学习到的域间映射。

给定 MDP M，任务描述了 MDP 除状态空间与动作空间外的组成部分，包括转移函数 P_M 和奖励函数 R_M。具有不同任务的 MDP 具有独特的动态或奖励函数。正如我们前面所讨论的，P_M 和 R_M 对于智能体来说可能是未知的，需要进行利用和探索。

下面我们将讨论基于山地车模型的不同域和不同任务。

不同域 $S_{M_s} \neq S_{M_t}$：源 MDP 解决了三维山地车问题，而目标是二维情况。

不同域 $A_{M_s} \neq A_{M_t}$：源和目标 MDP 都在二维空间中。然而，在目标 MDP 中，禁止“中间”动作。

不同任务 $P_{M_s} \neq P_{M_t}$：在源 MDP 中，山地车拥有强大的发动机，但目标 MDP 的山地车动力不足。因此，同样的动作对源和目标 MDP 的状态有不同的影响。

不同任务 $R_{M_s} \neq R_{M_t}$：在源 MDP 中，山地车只需要到达目的地。然而，在目标 MDP 中，我们要求山地车尽快到达目标。

Pan 和 Yang（2010）指出，为强化学习设计一个成功的迁移学习算法的关键问题包括决定“迁移什么”“如何迁移”和“何时迁移”。

“迁移什么”将基于强化学习的迁移学习算法分类为基于样本的迁移学习、基于特征的迁移学习和基于模型的迁移学习。在学习目标 MDP 时，基于样本的迁移学习识别并重用来自源 MDP 的部分样本。基于特征的迁移学习算法从源 MDP 中提取高级抽象概念，相应地改变目标 MDP 的状态或动作空间，使其更加关注状态或动作空间中有希望的区域，或者利用更强大的函数逼近器。基于模型的迁移学习重用从目标 MDP 的源样本中获得的值函数或转移函数。

“如何迁移”决定了发现和重用相关知识的算法。知识迁移算法使用的方法很大程度上依赖于“迁移什么”。在基于样本的迁移学习背景下，“如何迁移”主要体现了如何识别哪些源样本更为相似。在基于特征的迁移学习中，“如何迁移”关系到源域的知识表示如何被目标域重用。在基于模型的迁移学习环境中，“如何迁移”考虑如何在目标域中重用源样本。

“何时迁移”主要指使用迁移学习的时机。源 MDP 不能保证有助于提高目标 MDP 的性能。当面对显著不同的源和目标 MDP 时，强行知识迁移可能造成所谓的负迁移，从而危害目标性能。当面对多源 MDP 时，“何时迁移”指通过识别源与目标 MDP 之间的相似性进行选择性迁移。“何时迁移”需要对迁移学习有更深层次的理论理解，包括度量不同 MDP 之间的相似性、如何学习避免负迁移等。

8.2.3 迁移学习在强化学习中的目标

在监督学习设置下，通过比较使用迁移学习与不使用迁移学习的算法的性能，可以验证迁移学习的优点。通过研究不同数量的训练样本对学习行为的影响，研究人员已经验证迁移学习在“冷启动”情况下提高了性能。

强化学习旨在通过与环境的交互将一个时间段内的累积奖励最大化。在强化学习的背景下，迁移学习旨在从三个方面提高累积奖励，包括快速启动改进、渐近改进和学习速度改进（Lazaric，

2012)。这三个目标可以用来衡量迁移学习算法的有效性。下面我们将分别讨论这些目标。当迁移学习算法为目标 MDP 返回一个学习到的策略 π_t 时，为了更好地理解该改进，π_t 与最优策略 π^* 的动作-值函数之间的差距可以分解为

$$\| Q^{\pi_t} - Q^* \| \leqslant \varepsilon_{\text{approx}}(Q^{\pi_t}, Q^*) + \varepsilon_{\text{est}}(N_t) + \varepsilon_{\text{opt}} \tag{8.3}$$

在式（8.3）中，近似误差，即 $\varepsilon_{\text{approx}}(Q^{\pi_t}, Q^*)$，表示函数近似值所引起的渐近误差。在一个有着较小状态和动作空间的 MDP 下，智能体能很好地学习最优值函数且不存在近似误差。估计误差 $\varepsilon_{\text{est}}(N_t)$ 是由通过有限样本得到的值函数的估计引起的。结果表明，随着目标域样本的增加，估计误差减小并收敛到稳定值。最后，优化误差 ε_{opt} 由函数逼近优化的非全局最优得到。优化误差常常出现在深度强化学习中。

快速启动改进：根据样本，知识迁移的优势可以通过与未加入迁移学习的算法进行比较，通过学习过程开始时的性能改进来衡量。实现知识迁移的本质直接使用在源 MDP 中学习到的策略或值函数来初始化目标 MDP。如果源和目标 MDP 足够相似，则与随机初始化相比，迁移的策略或值函数可以获得更好的性能，从而导致图 8.3 所示的快速启动改进。快速启动改进不能保证渐近改进和学习速度改进。

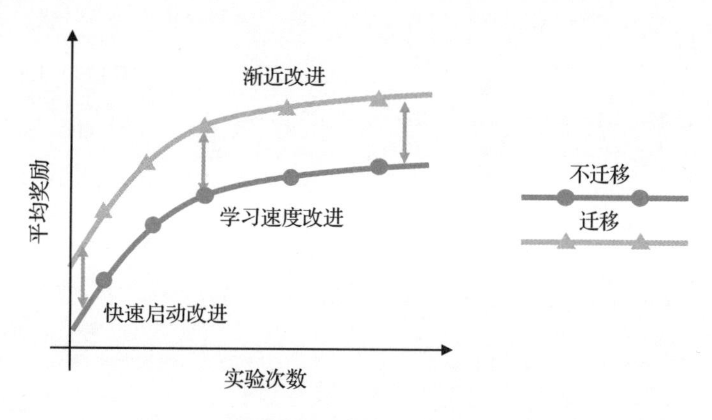

图 8.3　迁移学习在强化学习中的三个目标

渐近改进：渐近改进衡量最终性能的改进，并讨论迁移学习是否可以减少目标 MDP 的近似误差，即式（8.3）中的 $\varepsilon_{\text{approx}}(Q^{\pi_t}, Q^*)$。显然，对于只有小状态空间和动作空间的目标 MDP 来说，近似误差可以为零，因此其不能进一步减小。当采用函数近似时，近似误差取决于函数近似的假设空间。因此，将互补状态变量迁移到目标函数可以提高最终性能。在山地车学习问题中，如果目标 MDP 中的函数近似只考虑位置，那么通过迁移速度可以增加假设空间，从而最终减小近似误差。

学习速度改进：强化学习中应用迁移学习的关键是通过减少目标域与环境的交互需要来提高

学习效率。也就是说，迁移学习比非迁移学习更加高效。因此，学习速度改进可以用于衡量知识迁移是否能够像式（8.3）所示的交互经验函数那样更快地减少估计误差。迁移学习通过在目标MDP 中更有效地指导利用和探索来实现这一改进。学习速度改进可以通过基于样本、基于模型和基于特征中的任一迁移学习方法来实现。在基于样本的迁移学习中，重用源 MDP 中的经验相当于与相关环境进行无成本交互。在基于模型的迁移中，可以使用源 MDP 中学习到的策略或值函数。在基于特征的迁移中，提取的高级表示改变了目标 MDP 的表示。所有迁移的源域知识引导智能体将注意力集中在源 MDP 中可能最理想的状态和动作区域，并加速利用和探索。学习速度改进可以通过学习时间或面积进行经验测量，并通过有限样本分析进行理论分析（Taylor 和 Stone，2009）。给定一个效果阈值，学习时间可以比较使用和不使用迁移学习的算法所需的与环境的交互次数。然而，学习时间忽视了算法的学习曲线，因此阈值的选择也是有技巧的。面积比量化了使用和不使用迁移学习的情况下性能曲线下面积的提升。除了经验测量，式（8.3）和“样本复杂性”中的估计误差的理论分析（Brunskill 和 Li，2013）提供了更可靠的验证。强化学习中的迁移学习算法分类如表 8.1 所示。

表 8.1 强化学习中的迁移学习算法分类

问题/解决方案		任务间迁移	域间迁移
基于样本的迁移		Compliance and Relevance based transfer（Lazaric，2008） UCB-based transfer（Genevay and Laroche，2016） TRLSD（Laroche and Barlier，2017）	TIMBREL（Taylor，2008a） TCB（Liu，2017） TrFQI（Bou-Ammar，2015）
基于特征的迁移	基于动作	HEXQ（Hengst，2002） Learning Parameterized Skills（da Silva，2012） umUCB（Azar，2013）	Portable options based transfer（Konidaris and Barto，2007） POD（Topin，2015）
	基于特征函数	Proto-value functions based transfer（Mahadevan and Maggioni，2017） SFQL（Barreto，2017） Prior learning based transfer（Drummond，2002）	Proto-transfer leaning（Ferguson and Mahadevan，2006）
基于模型的迁移		Hierarchical Bayesian MTRL（Wilson，2007） Policy Distillation（Rusu，2015） Policy distillation with hierarchical experience replay（Yin，Pan，2017）	Rule Transfer（Taylor and Stone，2007） MASTER（Taylor，2005） Policy distillation（Rusu，2015）

8.2.4 迁移强化学习分类

在本节中，我们讨论了强化学习中的迁移学习算法在三个维度上的分类。

首先，我们根据问题设置对所有方法进行了分类，强调了源 MDP 和目标 MDP 之间的差异。

任务间迁移学习要求源和目标 MDP 处于相同的状态和动作空间，而转移函数和奖励函数可以是不同的。相比之下，域间迁移学习是一个比同一域学习更为复杂的问题，因为域间的状态空间或动作空间是不同的。

其次，我们考虑了不同算法迁移的内容。解决每一个问题的潜在解决方案包括基于实例的、基于特征的和基于模型的迁移。与前面的讨论一样，一个 MDP 问题的表示与值函数近似的状态、动作和特征函数有关。因此，我们分别讨论了基于动作的迁移和基于特征函数的迁移。

最后，一个类别内的迁移学习算法在“如何迁移”上有所不同。我们在表 8.1 中总结了分类和代表性工作。本章其余部分的组织方式与该分类部分相同。

8.3 任务间迁移学习

在本节中，我们将介绍 MDP 在相同域但不同任务中的迁移学习算法。源和目标 MDP 分别以 $\{M_{s_i} | i=1, \cdots, m\}$ 和 M_t 表示。源和目标 MDP 共享相同的状态和动作空间，即 $S_{s_i}=S_t=S$ 和 $A_{s_i}=A_t=A$。但是，转移函数或奖励函数在源和目标 MDP 中是不同的，即 $P_{s_i} \neq P_t$ 或 $R_{s_i} \neq R_t$。例如，对话系统（Genevay 和 Laroche，2016）利用强化学习来学习与用户交互的策略。为了提高服务个性化程度，对话系统将与每个用户的交互视为一个独立的 MDP。为了减少与用户的交互次数，Genevay 和 Laroche（2016）将现有用户的实例迁移到新的用户上。由于所有用户都使用相同的语言，状态空间 S 和动作空间 A 在用户之间是不变的。然而，用户在习惯和兴趣上存在差异，这导致了个性化的转移函数 P_t 和奖励函数 R_t。

根据“迁移什么”，我们将讨论任务间迁移学习的三个解决方案，包括基于样本的迁移、基于特征的迁移和基于模型的迁移，然后讨论任务间迁移学习的“何时迁移”问题。

8.3.1 基于样本的迁移

强化学习中的迁移学习旨在减少所需的与环境交互的次数。如果智能体能够从类似任务的现有交互中学习合理的策略，那么对目标 MDP 的交互需求将会大幅减少。例如，在个性化的对话系统中，智能体应该多次与单个用户交互以积累足够的观察结果。如果有来自其他用户的对话，则从对其他用户的现有观察中学习通用对话策略将加速个性化策略的学习。

基于样本的迁移是实现同一域内 MDP 之间知识迁移的一种直观想法。基于样本的迁移直接或间接地采用源 MDP 积累的样本来提高目标 MDP 的性能。

据我们所知，Lazaric 等人（2008）首次提出了基于样本的强化学习迁移方法。Lazaric 等人（2008）根据与目标 MDP 的契合度选择源 MDP，然后根据与目标 MDP 相似性的分布重用样本。更具体地说，任务契合度被定义为从特定源 MDP 中获取目标样本的概率。假设$\hat{M}_{s_i}$表示根据有限交互得到的第 i 个源 MDP 的估计，N_t 个交互 $\langle s_n, a_n, r_n, s_n' \rangle$ 可以在目标 MDP 中得到。任务契合度定义为

$$\Lambda_{s_i} = \frac{1}{N_t}\sum_{n=1}^{N_t}\mathbb{P}(\langle s_n, a_n, r_n, s_n' \rangle \mid \hat{M}_{s_i}) \tag{8.4}$$

根据任务契合度，所有的源样本都被加权，并且加权的源样本被用来帮助学习目标 MDP。

Genevay 和 Laroche（2016）将基于实例的迁移方法应用于语音对话系统。不同于 Lazaric 等人（2008）人工定义源和目标问题的契合度，Genevay 和 Laroche（2016）将源选择问题定义为一个多臂老虎机问题，将从第 i 个源 MDP 中学习的策略 π_{s_i} 视为一个臂。拉动第 i 个臂相当于向目标用户应用π_{s_i}并在对话系统中观察相应的折扣奖励。多臂老虎机保证了最有用的源 MDP 可以被高概率识别。此外，某些源样本的有用性是由它是否包含对目标 MDP 的补充信息来定义的。因此，Genevay 和 Laroche（2016）通过基于密度的标准选择了远离目标训练数据的源样本。最后，该方法以批量强化学习算法为初始化工具，从迁移的样本中进行学习。实验证明，该方法既成功地实现了快速启动改进，又成功地实现了渐近改进。

Laroche 和 Barlier（2017）提出了共享动态的迁移强化学习（TRLSD）方法。该方法基于样本实现知识迁移，旨在提高那些用户相同的转移函数的 MDP 的学习速度。TRLSD 的灵感来源于机器人应用，其中智能体利用共享的转移函数 P 来理解复杂的环境。TRLSD 通过使用所有 MDP 的样本来学习共享的转移函数，并仅使用目标样本来估计特定于任务的奖励函数。更具体地说，TRLSD 首先通过奖励$\hat{r}_m$将源样本 $\langle s_m, a_m, r_m, s_m' \rangle$ 转化到目标 MDP，然后使用 fitted-Q 迭代从添加到目标样本的所有样本化的源样本中学习目标策略。在这一过程中，我们发现智能体从有限的目标样本中学习到的奖励函数具有极大的不确定性。为了更有效地探索共享动态和奖励函数，TRLSD 在面对不确定性时采用了*乐观的启发式方法*，并利用置信强化学习对奖励函数的不确定性进行了显式建模。

8.3.2 基于特征的迁移

基于特征的迁移学习算法通过利用从源 MDP 中提取的抽象知识调整目标 MDP 的特征表示。正如我们在前面介绍的，状态空间、动作空间和用于值函数近似的特征函数是 MDP 的表示。基于

特征的迁移学习方法可分为基于动作的迁移和基于特征函数的迁移两类。下面我们将对其分别进行讨论。

8.3.2.1　基于动作的迁移

基于动作的迁移学习方法假定我们的目标是利用源 MDP 的抽象知识来适应目标动作空间。

在所有基于动作的迁移学习方法中，基于选项（option）的迁移是一种重要的方法。基于选项的迁移假设名为选项的抽象动作（Sutton 等人，1999）可以扩展到目标 MDP。选项 $o\in O$ 由三个组件 $\{s_o, \pi_o, \beta_o\}$ 定义，包括可以执行该选项的状态 s_o、特定于选项的策略 π_o 和终止条件 β_o。当智能体到达 s_o 时，它必须决定是否通过 π_o 采取抽象动作，直到终止为止。直观地说，这些选项总结了源 MDP 的内部结构，并被视为实现最终目标的子目标。基于选项的迁移方法发现源 MDP 中的选项 O_s，并使用这些选项扩大目标动作空间（即 $A_t'=\{A_t, O_s\}$）。如图 8.4 所示，在 Hengst（2002）的“迷宫示例”中，机器人试图通过三个房间从初始位置移动到目标位置，这三个房间通过门相互连接。直观地说，发现的选项可以是子目标，例如通过门进入附近的房间。当面对具有不同目标位置的目标 MDP 时，在源选项的指导下进入附近的房间对实现最终目标仍然很有价值。

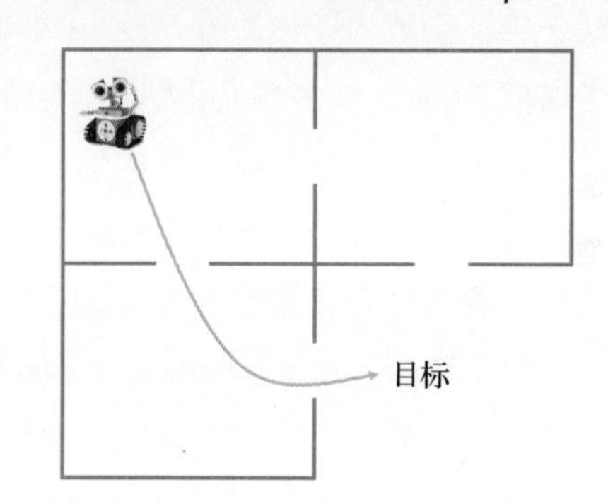

图 8.4　迷宫示例（Hengst，2002）（机器人试图通过三个房间从初始位置移动到目标位置）

迁移的选项指导智能体更高效地实现子目标，从而提高目标 MDP 中的学习速度。现有的基于选项的迁移学习算法在如何发现目标 MDP 中的选项上各有不同。对于有离散动作和状态空间的 MDP，McGovern 和 Barto（2001）定义了最佳源策略经常访问的状态，称之为瓶颈，并将瓶颈视为选项以扩充目标动作空间。对于连续 MDP，Kober 等人（2011）和 da Silva 等人（2012）将估计的参数化选项迁移到类似的 MDP。特别地，da Silva 等人（2012）发现了不变参数化选项所在的低维流形。

不同于基于选项的迁移，基于动作的迁移学习的另一种方式是将动作空间缩小，并更多地关注潜在的最优操作。Sherstov 和 Stone（2005）通过对单一源 MDP 施加随机扰动生成一组合成 MDP，其中在任何一个生成的 MDP 中都不是最优的动作将被舍弃。智能体只解决与剩余动作有关的目标 MDP。直观地说，通过放弃非最优的动作，其产生的较小的动作空间缓解了探索所有行为的需要，从而提高了学习速度。Sherstov 和 Stone（2005）通过启发式方法选择动作。Azar 等人·(2013）提出了一种 umUCB 方法，该方法为消除这些动作提供了理论机制。umUCB 是针对具有多个源域任务的多臂老虎机问题设计的，并且保证避免负迁移。

8.3.2.2 基于特征函数的迁移

在强化学习中，搜索最优策略等价于学习最优值函数。不失一般性地，我们假定值函数的假设空间 $\mathscr{H}$可以近似地表示为 d 个特征函数的线性组合，即

$$\mathscr{H}=\left\{h: h(s,a)=\sum_{j=1}^{d}\phi_j(s,a;\theta_\phi)w_j\right\} \tag{8.5}$$

基于特征函数的迁移从源 MDP 中抽取特征函数 $\{\phi(s, a; \theta_\phi)\}_{i=1}^{d}$ 并相应地细化目标参数空间。对于离散 MDP，大多数强化学习算法都保证收敛到最优值函数。因此，基于特征函数的迁移主要提供富含信息的特征函数来加速学习过程。对于连续 MDP，基于特征函数的迁移可以扩大假设空间，实现渐近改进。基于特征函数的迁移算法在从源 MDP 中学习什么以及如何在目标 MDP 中编码特征函数这两方面有所不同。

原值函数（proto-value function）（Ferguson 和 Mahadevan，2006；Mahadevan 和 Maggioni，2007）是一类流行的可迁移特征函数。对于 MDP M，值函数通常是平滑的，它包含动态 P_M 和奖励函数 R_M 的信息。原值函数法的主要动机是双重的。第一，以原值函数作为特征函数对值函数进行参数化。第二，原值函数应该对 MDP 的动态进行总结。为了满足这两个目标，Mahadevan 和 Maggioni（2007）首先构建了基于状态转移的图或邻接矩阵。更具体地说，通过使用第 n 个顶点来表示状态 s_n，如果我们可以在一个步骤中从 s_n 到达 $s_{n'}$，则顶点 s_n 和 $s_{n'}$ 通过一条边连接。其示例如图 8.5 所示。然后，Mahadevan 和 Maggioni（2007）使用拉普拉斯图的特征向量作为原值函数。假设源和目标 MDP 共享相同的域和动态，则邻接矩阵可以是跨域不变的。因此，原值函数可以直接用于目标 MDP。

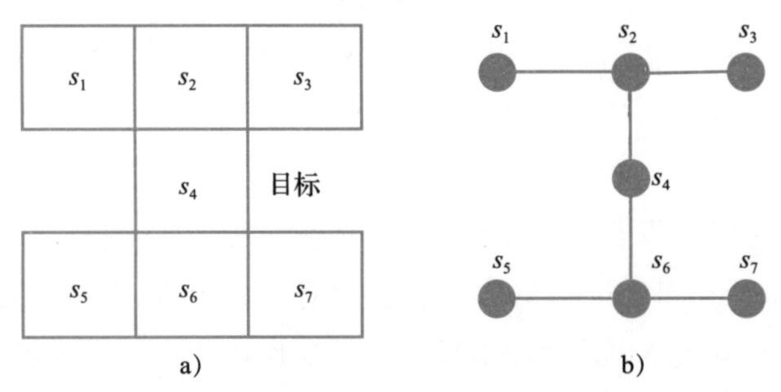

图 8.5 a）中 MDP 的动态可以用 b）中的状态转移图表示。原值函数法（Mahadevan 和 Maggioni，2007）传递了拉普拉斯图的特征向量

后继特征函数（successor feature function）(Barreto 等人，2017；Zhang 等人，2017a）是另一个为知识迁移成功设计的高级特征函数。假设一步的期望奖励是 d 个特征函数 $\phi_i(s,a;\theta_\phi)$ 的线性组合，即

$$r(s,a)=\mathbb{E}_{s'\sim P}[r(s,a,s')]=\sum_{i=1}^{d}\phi_i(s,a;\theta_\phi)w_i \tag{8.6}$$

根据贝尔曼方程，策略 π 下的动作-值函数可以写为

$$Q^\pi(s,a)=\mathbb{E}^\pi\left[\sum_{t=\tau}^{\infty}\gamma^{t-\tau}\phi_{t+1}\,|\,s_t=s,a_t=a\right]^{\mathrm{T}}\boldsymbol{w} \tag{8.7}$$

其中 $\psi^\pi(s,a)\equiv\mathbb{E}^\pi\left[\sum_{t=\tau}^{\infty}\gamma^{t-\tau}\phi_{i+1}\mid s_t=s,a_t=a\right]$ 是后继特征函数。显然，当使用状态和动作空间的表格表示时，后继特征函数表示对策略 π 下所有其他状态在未来的发生的预测。例如，在图 8.4 中，如果特征函数 $\phi(\cdot)$ 表示机器人的位置，则后继特征函数可以指示策略 π 下的轨迹。后继特征函数可以通过贝尔曼方程学习。直观地说，在 MDP 中，转移函数由后继特征函数来概括，奖励函数由 $\boldsymbol{w}$ 来建模，后继特征函数将动态和奖励函数解耦。当源和目标 MDP 具有共享的转移函数，但奖励函数不同时，智能体可以直接利用所学的后继特征函数并估计目标 MDP 中的 $\boldsymbol{w}$。

还存在可迁移特征函数的其他定义。例如，Drummond（2002）将源 MDP 的状态空间分解为子任务，并将每个子任务的独立值函数视为可迁移的特征函数。Snel 和 Whiteson（2014）采用特征函数选择来识别可迁移的特征函数。Walsh 等人（2006）和 Lazaric（2008）的观点与多任务学习（Zhang 和 Yang，2017b）相似。面对多源 MDP 时，Walsh 等人（2006）和 Lazaric（2008）假设状态组合或在所有源 MDP 上运行良好的特征函数子集是可迁移的。Bou-Ammar 等人（2014）假设源和目标 MDP 的特征函数可以分解为不变部分和任务特定部分，并通过稀疏编码对这两部分进行估计，从而解决顺序迁移学习问题。

深度强化学习（Mnih 等人，2013），特别是深度 Q 网络算法，提出以强大的深层神经网络作为函数近似器，端到端提取可迁移特征函数。例如，DQN 成功地学习了基于输入图像的非常复杂的 ATARI 游戏。然而，要学习复杂的深层神经网络，DQN 需要大量的样本，这强调了知识迁移的必要性。在目标 MDP 中，DQN 利用了从源 MDP 上训练的深度神经网络所提取的特征函数。因此，合理的特征函数可以加快目标 MDP 中策略的学习。

8.3.3　基于模型的迁移

基于模型的迁移学习算法假设源和目标 MDP 共享 MDP 的部分参数。基于模型的迁移主要

从源 MDP 学习共享参数，然后用共享参数初始化目标 MDP。基于模型的知识迁移可以同时实现快速启动和学习速度的改进。根据共享参数的不同假设，可以提出不同的基于模型的迁移学习算法。在本节，我们将讨论两种基于模型的迁移学习算法，包括层次贝叶斯模型和深度强化学习。

8.3.3.1 层次贝叶斯模型

基于层次贝叶斯模型的迁移学习算法假设源和目标 MDP 是从同一个全局分布中抽取出来的，该全局分布可以表示为一个层次贝叶斯模型。更具体地说，每个 MDP M 都由参数 θ_M 进行参数化。这些参数被假定为独立的，并由参数化的、固定的、未知的分布 Ω_ψ 来识别，其中分布 Ω_ψ 的参数为 ψ。相应的层次贝叶斯模型如图 8.6 所示。给定第 i 个源 MDP 的 N_{s_i} 个样本，即 $K_{s_i}=\{\langle s_m, a_m, r_m, s'_m\rangle\}_{m=1}^{N_{s_i}}$，算法试图根据下式推断 ψ：

$$\mathbb{P}(\psi|\{K_{s_i}\}_{i=1})\propto\prod_{i=1}\mathbb{P}(K_{s_i}|\psi)\mathbb{P}(\psi) \tag{8.8}$$

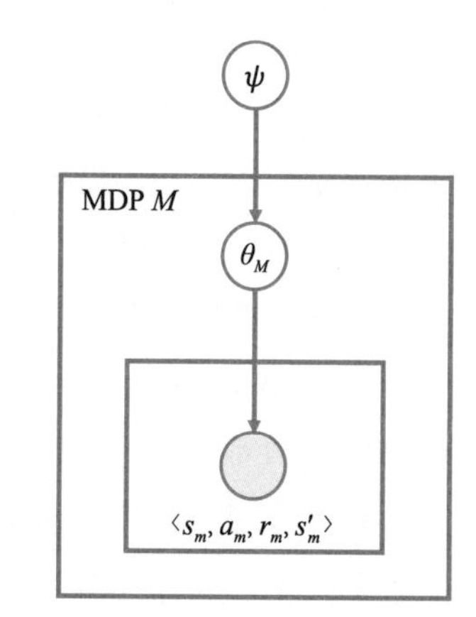

图 8.6 Lazaric（2012）的生成模型

然后相应地初始化目标 MDP。直观地说，层次贝叶斯模型利用所有源 MDP 估计全局分布 Ω_ψ，并将该分布作为目标 MDP 的先验信息。

例如，Wilson 等人（2007）参数化转移函数和奖励函数，并将基于模型的贝叶斯强化学习应用到目标 MDP，其中的模型并不局限于 ψ 的先验的具体形式。相比之下，Lazaric 和 Ghavamzadeh（2010）对基于正态逆 Wishart 超先验的值函数进行了参数化。

8.3.3.2 深度强化学习

深度强化学习被认为是一种基于模型的迁移方法。策略蒸馏（Rusu 等人，2015）为多个 MDP 训练单个网络，即在每个源 MDP 中学习独立的老师策略（teacher policy），并且通过累积源样本进行经验回复（experience replay）。策略蒸馏方法采用监督损失函数训练学生网络，使之与老师策略预测的行为分布相匹配，其框架如图 8.7 所示。此外，DQN 采用卷积神经网络，可以从图像数据中的像素点自动提取高级特征函数。因此，对于任务间迁移学习问题，策略蒸馏共享卷积核和全连接层。Yin 和 Pan（2017）认为任务特定的卷积特征函数对性能至关重要。因此，Yin 和 Pan（2017）仅在 MDP 之间迁移全连接层的参数。

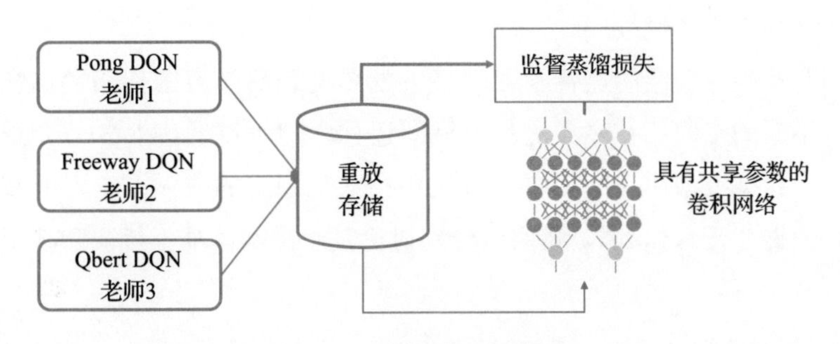

图 8.7　策略蒸馏框架说明

8.3.4　解决“迁移时机”问题

迁移不相关的知识可能会危及目标 MDP 的性能。“何时迁移”主要探讨用于选择性迁移的健全机制，以避免负迁移。

当从单一源 MDP 迁移时，“何时迁移”研究如何度量源和目标 MDP 之间的相似性，并以其为依据决定是否迁移。Ferns 等人（2004）首先定义了一个 MDP 中不同状态之间的相似度。考虑到各状态之间的相似性，Phillips（2006）和 Song 等人（2016）通过 Kantorovich 和 Hausdorff 指标计算两个不同 MDP 之间的距离，进一步扩展了 Ferns 等人（2004）定义的相似度。

当从多个源 MDP 迁移时，“何时迁移”需要识别相关的源 MDP。如 8.3.1 节所述，在 Lazaric 等人（2008）的方法中，源 MDP 是根据其符合目标 MDP 的概率选择的，任务契合度被定义为目标样本来自特定源 MDP 的概率。Genevay 和 Laroche（2016）进一步将源选择问题定义为一个多臂随机老虎机问题，并保证相关源 MDP 的选择概率很高。

在一些研究中，研究者从理论上分析了知识迁移带来的性能提升，并研究了“何时迁移”的影响。Brunskill 和 Li（2013）提出了一种多任务算法，从理论上显著降低了每个任务样本的探索复杂性。Brunskill 和 Li（2013）证明，在最坏的情况下，所提出的算法可以取得较低的任务样本复杂性，并避免负迁移。Azar 等人（2013）关注多臂老虎机问题之间的知识迁移，为所提出的 umUCB 方法提供理论分析，并保证避免负迁移。

8.4　域间迁移学习

在同一域内跨 MDP 迁移的应用范围有限。例如，在图 8.2 中的山地车学习示例中，我们预计如果三维山地已经被攻克，则机器人可以更有效地学习攀爬二维山地。然而，不相容的状态空间和动作空间给知识迁移带来了挑战。

域间迁移学习与第 6 章介绍的监督学习环境下的异构迁移学习密切相关。解决这个问题的关键是如何跨域对齐不同的空间。在对齐之后，域间迁移学习可以通过 8.3 节介绍的任务间迁移学习算法来解决。对齐状态或动作空间的主要方法包括人工制定的映射、学习的映射和不变的公共表示。在本节中，根据“迁移什么”，我们将分别讨论基于样本、基于特征和基于模型的迁移。

8.4.1　基于样本的迁移

基于样本的迁移方法的关键挑战包括如何识别类似的样本以及如何有效地重用这些经验。对于任务间迁移学习问题，我们着重于直接解决这两个问题。相比之下，在本节中，我们将研究如何在两个不同状态或动作空间中解决这两个问题。

由于状态空间或动作空间的不同，源 MDP 的样本不能直接融入目标 MDP 的学习过程。Taylor 等人（2008a）提出了将源样本迁移到目标空间的 TIMBREL 方法。TIMBREL 通过给定映射 χ_S：$S_s \to S_t$ 将源状态转移到目标 MDP，通过人工制定的映射 χ_A：$A_s \to A_t$ 将源动作转移到目标 MDP。在山地车的例子中，目标是从三维问题迁移到二维问题。人工制定的映射如表 8.2 所示。根据映射 χ_S 和 χ_A，每个源样本 $\langle s_m, a_m, r_m, s'_m \rangle$ 可被转换为 $\langle \chi_S(s_m), \chi_A(a_m), r_m, \chi_S(s'_m) \rangle$。最后，TIMBREL 采用基于模型的强化学习，从所有的迁移样本和目标样本中学习。TIMBREL 是为单一来源的 MDP 和基于模型的强化学习定制的，实验证明它提高了学习速度和渐近性能。

表 8.2　为山地车问题人工制定的任务间映射（Taylor 等人，2008a）（目的是将三维问题转化为二维问题）

山地车示例的任务间映射	
动作映射	$\chi_A(\text{Neutral})=\text{Neutral}$ $\chi_A(\text{North})=\text{Right}$ $\chi_A(\text{East})=\text{Right}$ $\chi_A(\text{South})=\text{Left}$ $\chi_A(\text{West})=\text{Left}$
状态映射	$\chi_S(x)=x$ $\chi_S(\dot{x})=\dot{x}$ $\chi_S(y)=x$ $\chi_S(\dot{y})=\dot{x}$

Liu 等人（2018）提出了一种新的策略，名为迁移上下文老虎机（Transfer Contextual Bandit，TCB），用于在不同上下文的老虎机之间迁移知识。为了对齐不同的上下文空间，TCB 利用

辅助信息来表示第 m 个源样本与第 n 个目标样本之间的相似性。TCB 学习一个可以保持这种几何结构的映射，而且使用转换后的源样本对目标域进行热启动。为了使累积奖励最大化，TCB 不仅探索了奖励函数，还探索了映射的学习过程。TCB 在推荐系统的应用中实现了快速启动和学习速度的改进。

对于机器人等其他应用，辅助引导可能无法使用。Bou-Ammar 等人（2012）提出了一种 TrFQI 算法，该算法自动构造源和目标样本之间的对应关系，并学习任务间映射。更具体地说，TrFQI 和 TrLSPI 通过稀疏编码计算每个源和目标样本对之间的相似性。根据估计的对应关系，TrFQI 和 TrLSPI 利用高斯过程近似任务间映射。

当没有辅助引导时，Bou-Ammar 等人（2015）提出利用无监督损失避免这一需求。更具体地说，所有源和目标状态变量都映射到一个公共表示。该方法通过保持局部几何流形，在具有无监督损失的情况下学习映射。然后，与其他基于样本的迁移学习方法类似，Bou-Ammar 等人（2015）重新使用转换后的样本进行初始化，这远优于随机初始化。

8.4.2 基于特征的迁移

对于域间迁移学习问题，高级特征表示（包括状态空间、动作空间和特征函数）在跨 MDP 的情况下可能是异质的。这种异质性极大地削弱了现有的基于特征的迁移方法的使用。在本节，我们将研究扩展到域间问题的基于动作和基于特征函数的迁移方法。

8.4.2.1 基于动作的迁移

在基于选项的迁移中，智能体从源 MDP 中发现选项并扩充目标动作空间。但是，源选项是在源状态和动作空间上定义的。因此，发现的选项不能直接迁移到目标域。因此，选项的概念被概括为抽象概念，以便在目标域中重用。

Konidaris 和 Barto（2007）提出了可移植的选项，这些选项可以在具有不同状态空间但具有相同动作空间的 MDP 之间迁移。Konidaris 和 Barto（2007）将状态空间分解为问题空间和智能体空间。问题空间描述了特定于问题的属性，而智能体空间建模了跨学习问题不变的特定于智能体的特征。以图 8.4 中的机器人为例，问题状态记录其在环境中的位置，智能体状态包括机器人的内部传感器和执行器。显然，当面对不同的环境时，智能体状态保持不变。Konidaris 和 Barto（2007）首先发现了固定智能体空间中的可移植选项，然后用可移植选项扩充了共享动作空间。

然而，Konidaris 和 Barto（2007）严重依赖于状态空间的人工分解。Topin 等人（2015）提出了为面向对象的 MDP 定制的可移植选项发现算法（Portable Option Discovery，POD），并自动确定源 MDP 和目标 MDP 之间的映射。首先，POD 用抽象状态空间 S_s' 创建一个抽象域，并确定映射 χ_s：$S_s \rightarrow S'$。选项的策略可以相应地映射到抽象状态。然后，在目标 MDP 中，POD 搜索从抽象域到目标 MDP 的另一个映射，即 χ_t：$S' \rightarrow S_t$。总之，POD 通过抽象域将源选项迁移到目标 MDP。此外，POD 会自动确定映射 χ_s 和 χ_t，并以抽象策略和源/目标策略之间保留的状态-动作对的最高比例来确定映射。

8.4.2.2 基于特征函数的迁移

最后讨论通过原型-值函数进行的基于特征函数的迁移。原型-值函数被扩展到具有不同大小状态空间的 MDP 中。直观地说，构造的状态图在模式保持不变的情况下展开。Ferguson 和 Mahadevan（2006）讨论了使用 Nyström 方法在目标 MDP 中重用源拉普拉斯图的特征向量。

8.4.3 基于模型的迁移

为了重用域间迁移学习问题中的部分参数，需要对源参数空间和目标参数空间进行对齐。因此，在本节中，我们将根据对齐映射是事先给出的还是通过学习得到的来讨论两类算法。

对于给定的人工设计的映射，一般的方法是使用共享参数初始化目标 MDP，并继续在目标 MDP 中微调策略。Taylor 和 Stone（2005）以及 Taylor 等人（2005）证明了人工映射的可行性和值函数迁移在不同应用中的有效性。Taylor 等人（2007）还通过给定的映射将源策略转换和迁移到目标 MDP。

Taylor 和 Stone（2007）建议提取一个抽象的决策列表来总结源策略。源决策列表可以指导目标 MDP 中的学习过程。基于关于源域定性特征的知识，Taylor 和 Stone（2007）还学习了决策列表的转换器。Taylor 等人（2008b）提出了 MASTER 算法，它是最早的自动学习任务间映射的算法之一。MASTER 依赖于从少量样本中估计目标域的转移函数。对于每个可能的映射，MASTER 都会相应地转移源样本，并度量其与估计的目标转移函数的契合度，然后自动确定任务间映射是否符合最高的契合度。

深度强化学习在解决域间迁移学习问题（例如玩游戏）上是有效的（Devin 等人，2017），例如，策略蒸馏（Rusu 等人，2015）成功地玩了 10 个具有不同动作空间的 Atari 游戏。策略蒸馏方法利用共享卷积核从原始图像中提取抽象表示，并进一步学习特定域的全连接层，以适应不同的动作空间。

人工智能技术丛书

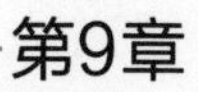

第9章 多任务学习

9.1 引言

如第1章所述，类似于迁移学习，多任务学习（Caruana，1997）也是在不同任务间泛化知识。二者的区别在于，迁移学习假设存在某些源域可用作输入来解决目标域中的学习问题，而在多任务学习中没有源域而只有多个目标域，每个域都没有充足的数据来单独训练一个强大的分类器。多任务学习的目标是通过利用多个彼此相关的学习任务中的有用信息来共同对这些任务进行学习，以帮助缓解数据稀疏性问题。从这个意义上说，多任务学习表现出与迁移学习相似的特征。然而，就目标而言，多任务学习与迁移学习不同。也就是说，多任务学习旨在提高所有任务的性能，而迁移学习则关注目标任务而不是源任务的性能。因此，不同的任务在多任务学习中同样重要，但在迁移学习中，目标任务比源任务更重要。从知识迁移流的角度来看，在迁移学习中，存在从源任务到目标任务的流，而多任务学习在任何一对任务之间都有知识流动，如图9.1所示。因此，在知识迁移方面，多任务学习和迁移学习是两种不同的设定。在学习算法方面，许多多任务学习算法可以在修改后用于迁移学习问题。此外，Xue等人（2007）以及Zhang和Yeung（2010a、2014）研究了一种称为非对称多任务学习（asymmetric multi-task learning）的新设定，该设定是指在用某种多任务学习方法训练完多个任务后，有新的任务到来。这种设定可以被看作是多任务学习和迁移学习的混合体，其中多任务学习发生在旧任务上，迁移学习将旧任务中的知识应用到新任务上。

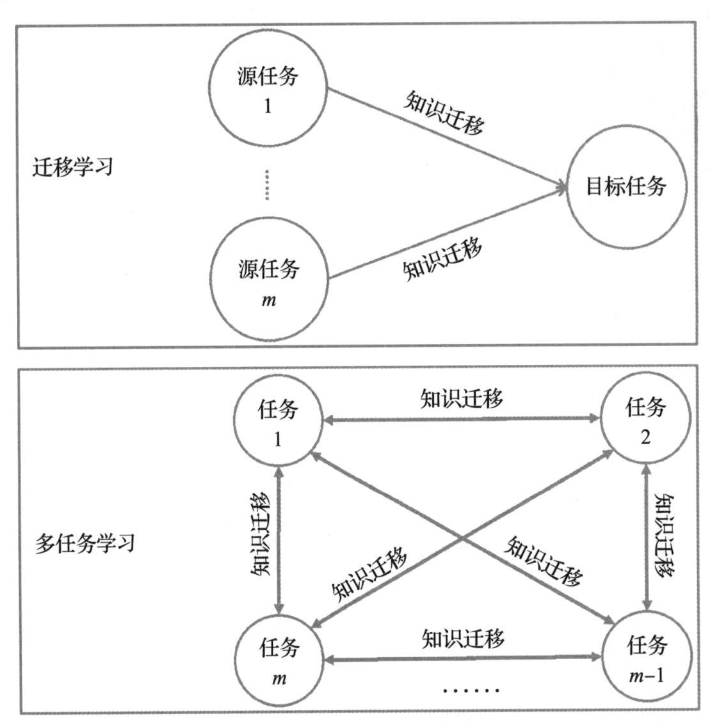

图 9.1 知识迁移流角度的迁移学习与多任务学习之间的区别说明

基于所有任务或其中一些任务相关的假设，我们从经验和理论的角度都发现一起学习多个任务比单独学习它们具有更好的性能。根据学习任务性质的不同，多任务学习可分为：多任务监督学习（multi-task supervised learning）、多任务无监督学习（multi-task unsupervised learning）、多任务半监督学习（multi-task semi-supervised learning）、多任务主动学习（multi-task active learning）、多任务强化学习（multi-task reinforcement learning）、多任务在线学习（multi-task online learning）、多任务多视图学习（multi-task multi-view learning）。多任务监督学习中的每个任务都是基于有标签训练数据集对无标签数据的标签进行预测。多任务无监督学习中的每个任务都是在无标签训练数据集中发现有用的模式。与多任务监督学习类似，多任务半监督学习中的每个任务都是对未知的数据进行预测，但是训练集不仅包括有标签数据也包括无标签数据。在多任务主动学习中，类似于多任务半监督学习，每个任务利用无标签数据中的有用信息，但是通过选择无标签的数据样本来询问标注者关于其标签的信息。多任务强化学习中的每项任务旨在通过选择动作来最大化累积奖励。在多任务在线学习中，每项任务都是处理序列数据。多任务多视图学习中的每个任务都是处理多视图数据。

在本章中，我们将概述多任务学习的不同方面。首先将介绍多任务学习的定义，然后介绍多任务学习中的不同设定，即多任务监督学习、多任务无监督学习、多任务半监督学习、多任务主动学习、多任务强化学习、多任务在线学习和多任务多视图学习。对于每个设定，我们将介绍有代表性的模型。此外，我们还将介绍并行和分布式多任务模型，其中任务数量很多或不同任务中的数据位于不同的机器上。对于有关多任务学习的更详细综述，请参阅 Zhang 和 Yang（2017b）的论文。

9.2 定义

我们首先给出多任务学习的定义。

定义 9.1（多任务学习） 给定 m 个学习任务 $\{\mathcal{T}_i\}_{i=1}^m$，其中所有任务或者其中某些任务是相关的但不相同，**多任务学习**旨在利用这 m 个任务中的知识提高所有 $\mathcal{T}_i$ 的学习性能。

多任务学习的定义中有两个基本要素。第一个要素是任务的相关性。任务间的相关性是根据我们对任务间关系的理解定义的，可以用来设计多任务模型。第二个要素是学习任务的性质。在机器学习中，学习任务有很多选择，包括监督学习任务（如分类和回归任务）、无监督学习任务（如数据聚类任务）、半监督学习任务、主动学习任务、强化学习任务、在线学习任务和多视图学习任务。因此，不同的学习任务对应于多任务学习中的不同设定。下面我们将介绍多任务学习中的不同设定以及代表性模型。

9.3 多任务监督学习

在多任务监督学习中，每个任务都是监督学习任务，目的是学习从数据样本到标签的函数映射。在数学上，给定 m 个监督学习任务 $\{\mathcal{T}_i\}_{i=1}^m$，每个任务都有一个训练数据集 $\mathcal{D}_i=\{(\boldsymbol{x}_j^i, y_j^i)\}_{j=1}^{n_i}$ 包括 n_i 对数据样本和标签，其中 $\boldsymbol{x}_j^i\in\mathbb{R}^d$，$y_j^i$ 是 $\boldsymbol{x}_j^i$ 的标签。多任务监督学习的目标是根据 m 个任务的训练数据集学习 m 个函数 $\{f_i(\boldsymbol{x})\}_{i=1}^m$，使得 $f_i(\boldsymbol{x}_j^i)$ 可以很好地近似 y_j^i。在学习完成后，$f_i(\cdot)$ 将用于对第 i 个任务中的新数据样本的标签进行预测。

如上所述，多任务监督学习模型的设计依赖于对任务相关性的理解。具体来说，为了反映任务的相关性，共有三种设计形式，即特征、模型和样本，它们分别与多任务监督学习的三个类别相对应，即基于特征的多任务监督学习（feature-based multi-task supervised learning）、基于模型的多任务监督学习（model-based multi-task supervised learning）和基于样本的多任务监督学习(instance-based multi-task supervised learning)。这三个类别具有不同的特性。例如，基于特征的多任务监督学习旨在学习所有任务共享的特征表示，而基于模型的多任务监督学习将所有任务中的学习模型用作学习任务相关性的桥梁。与其他两者不同，基于样本的多任务监督学习在所有任务中聚合数据样本，以通过某些方式（例如样本加权）来学习每个任务的模型。接下来将分别介绍这三个类别中的代表性模型。

9.3.1 基于特征的多任务监督学习

基于特征的多任务监督学习假设基于原始特征表示构建的特征表示是由所有任务共享的。根据共享特征表示的不同构造方式，基于特征的多任务监督学习模型可以分为三种，即特征变换方法、特征选择方法和深度学习方法。具体而言，特征变换方法线性或非线性地变换原始特征表示以构建共享特征表示，而特征选择方法学习选择原始特征的子集作为共享特征表示。作为特征变换方法的扩展，深度学习方法通过深度神经网络学习共享特征表示。

9.3.1.1 特征变换方法

在特征变换方法中，原始特征表示被线性或非线性地变换以构造共享特征表示。如图 9.2 所示的多层前馈神经网络（Caruana，1997）是一个代表性模型。在该示例中，图 9.2 中所示的多层前馈神经网络具有输入层、隐藏层和输出层。通过输入层从 m 个任务接收数据样本，多层前馈神经网络将隐藏层的输出视为所有任务共享的特征表示，并将输出层的输出视为对应数据样本的预测结果。

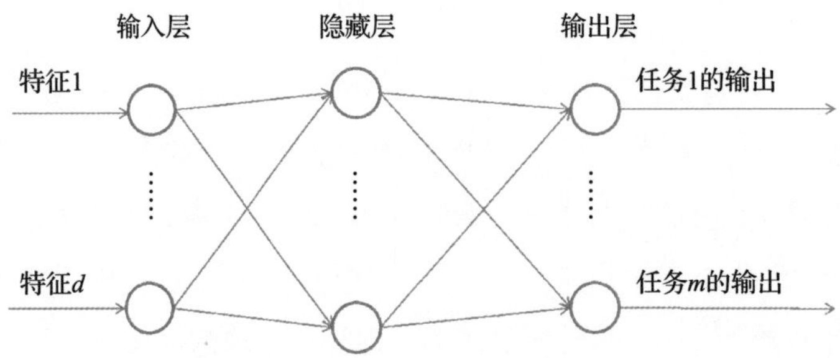

图 9.2 具有输入层、隐藏层和输出层的多任务前馈神经网络

在正则化框架下，多任务特征学习（Multi-Task Feature Learning，MTFL）方法（Argyriou 等人，2006、2008）和多任务稀疏编码（Multi-Task Sparse Coding，MTSC）方法（Maurer 等人，2013）将数据样本线性转换为$\hat{\boldsymbol{x}}_j^i=\boldsymbol{U}^{\mathrm{T}}\boldsymbol{x}_j^i$来构造共享特征表示，然后在其基础上学习线性函数$f_i(\boldsymbol{x}_j^i)=(\boldsymbol{a}^i)^{\mathrm{T}}\hat{\boldsymbol{x}}_j^i+b_i$。MTFL 方法定义目标函数为

$$\min_{\boldsymbol{A},\boldsymbol{U},\boldsymbol{b}}\sum_{i=1}^{m}\frac{1}{n_i}\sum_{j=1}^{n_i}l(y_j^i,(\boldsymbol{a}^i)^{\mathrm{T}}\boldsymbol{U}^{\mathrm{T}}\boldsymbol{x}_j^i+b_i)+\lambda\|\boldsymbol{A}\|_{2,1}^2\quad \text{s. t.}\quad \boldsymbol{U}\boldsymbol{U}^{\mathrm{T}}=\boldsymbol{I}\tag{9.1}$$

其中$l(\cdot,\cdot)$是损失函数，$\boldsymbol{b}=(b_1,\cdots,b_m)^{\mathrm{T}}$，$\boldsymbol{A}=(\boldsymbol{a}^1,\cdots,\boldsymbol{a}^m)$。容易看出在式（9.1）中$\boldsymbol{U}\in\mathbb{R}^{d\times d}$是正交矩阵。与 MTFL 方法不同，MTSC 方法的目标函数定义为

$$\begin{aligned}&\min_{\boldsymbol{A},\boldsymbol{U},\boldsymbol{b}}\sum_{i=1}^{m}\frac{1}{n_i}\sum_{j=1}^{n_i}l(y_j^i,(\boldsymbol{a}^i)^{\mathrm{T}}\boldsymbol{U}^{\mathrm{T}}\boldsymbol{x}_j^i+b_i)\\&\text{s. t.}\ \|\boldsymbol{a}^i\|_1\leqslant\lambda\,\forall i\in[m],\|\boldsymbol{u}^j\|_2\leqslant 1\,\forall j\in[D]\end{aligned}\tag{9.2}$$

其中$\boldsymbol{U}$的行数大于列数，并且基于ℓ_1约束，$\boldsymbol{A}$是稀疏的。

9.3.1.2　特征选择方法

特征选择方法学习从原始特征中选择一个子集作为所有任务的共享特征表示。总的来说，主要有两种方法来选择多任务特征。第一种方法是将参数矩阵$\boldsymbol{W}=(\boldsymbol{w}^1,\cdots,\boldsymbol{w}^m)$正则化以使其成为行稀疏矩阵，另一种方法是通过$\boldsymbol{W}$的概率先验使其成为行稀疏矩阵。

在所有用于多任务特征选择方法的正则化技术中，最广泛使用的技术是$\ell_{p,q}$正则化，其目标函数为

$$\min_{\boldsymbol{W},\boldsymbol{b}}\sum_{i=1}^{m}\frac{1}{n_i}\sum_{j=1}^{n_i}l(y_j^i,(\boldsymbol{w}^i)^{\mathrm{T}}\boldsymbol{x}_j^i+b_i)+\lambda\|\boldsymbol{W}\|_{p,q}$$

$\ell_{p,q}$正则化使$\boldsymbol{W}$成为行稀疏矩阵，因此只有对所有任务都有用的特征被保留。$\ell_{p,q}$正则化的例子有$\ell_{2,1}$正则化（Obozinski 等人，2006、2010）和$\ell_{\infty,1}$正则化（Liu 等人，2009b）。为了获得对所有任务都有用的更紧凑的特征子集，Gong 等人（2013）提出了上限$\ell_{p,1}$惩罚项$\sum_{i=1}^{d}\min(\|\boldsymbol{w}_i\|_p,\theta)$，当$\theta$足够大时它将退化为$\ell_{p,1}$正则化。除$\ell_{p,q}$正则化外，Lozano 和 Swirszcz（2012）提出了多层次 Lasso 方法来分解$\boldsymbol{W}$的第（j，i）个元素w_{ji}，即$w_{ji}=\theta_j\hat{w}_{ji}$，当$\theta_j$或$\hat{w}_{ji}$变为0时$w_{ji}$会变为0。所以基于对$\theta_j$和$\hat{w}_{ji}$的$\ell_1$正则化，多层次 Lasso 方法的目标函数为

$$
\begin{aligned}
&\min_{\boldsymbol{\theta},\hat{\boldsymbol{W}},\boldsymbol{b}} = \sum_{i=1}^{m} \frac{1}{n_i} \sum_{k=1}^{n_i} l(y_k^i,(\boldsymbol{w}^i)^{\mathrm{T}} \boldsymbol{x}_k^i + b_i) + \lambda_1 \|\boldsymbol{\theta}\|_1 + \lambda_2 \|\hat{\boldsymbol{W}}\|_1 \\
&\text{s.t.} \quad w_{ji} = \theta_j \hat{w}_{ji}, \theta_j \geqslant 0
\end{aligned} \tag{9.3}
$$

容易看出当 θ_j 为 0 时所有任务的第 j 个特征都会变为 0，而 $\hat{w}_{ji}$ 的这种性质可以只针对特定第 i 个任务。其后多层次 Lasso 被扩展为更一般的情形（Wang 等人，2014；Han 等人 2014）。

在第二种方式中，Zhang 等人（2010c）给出了 $\ell_{p,1}$ 正则化作为多任务特征选择方法的概率解释，即 $\ell_{p,1}$ 正则化函数对应于广义正态分布（generalized normal distribution）先验

$$
w_{ji} \sim GN(0, \rho_j, p)
$$

其后 Zhang 等人（2010c）将该先验扩展为矩阵变元广义正态先验（matrix-variate generalized normal prior），用于学习任务中的成对关系。不同于此，Hernández-Lobato 和 Hernández Lobato（2013）以及 Hernández-Lobato 等人（2015）采用马蹄先验（horseshoe prior）来进行多任务特征选择。Hernández-Lobato 等人（2013）和 Hernández-Lobato 等人（2015）的方法的区别在于前者扩展了马蹄先验来学习特征的协方差，而后者直接使用马蹄先验。

9.3.1.3 深度学习方法

与特征变换方法中的多层前馈神经网络类似，深度学习方法依赖于先进的神经网络，如卷积神经网络和循环神经网络。然而，深度学习方法中使用的神经网络具有大量隐藏层，这与具有 2 或 3 层的特征变换方法不同。大多数深度学习模型（Zhang 等人，2014；Liu 等人，2015a；Zhang 等人，2015a；Mrksic 等人，2015；Li 等人，2015）中的隐藏层输出都被视为共享特征表示，这类似于特征变换方法中的多层前馈神经网络。十字绣网络（cross-stitch network）（Misra 等人，2016）是一个例外。具体而言，分别用 $x_{i,j}^A$ 和 $x_{i,j}^B$ 表示两个深度神经网络 A 和 B 的第 i 个隐藏层的第 j 个单元中的隐藏特征，十字绣运算定义为

$$
\begin{pmatrix} \widetilde{x}_{i,j}^A \\ \widetilde{x}_{i,j}^B \end{pmatrix} = \begin{pmatrix} \alpha_{11} & \alpha_{12} \\ \alpha_{21} & \alpha_{22} \end{pmatrix} \begin{pmatrix} x_{i,j}^A \\ x_{i,j}^B \end{pmatrix}
$$

其中 $\widetilde{x}_{i,j}^A$ 和 $\widetilde{x}_{i,j}^B$ 表示通过一起学习两个任务得到的新隐藏特征。矩阵 $\boldsymbol{\alpha} = \begin{pmatrix} \alpha_{11} & \alpha_{12} \\ \alpha_{21} & \alpha_{22} \end{pmatrix}$ 可以看作对任务相关性的一种基于隐藏层特征的量化度量方式，使得该方法比只共享隐藏层特征的方法更灵活。

9.3.2 基于模型的多任务监督学习

基于模型的多任务监督学习通过模型参数学习不同任务。根据不同任务模型参数的不同关联方式，可以将其分为四种方法，即低秩（low rank）方法，任务聚类（task clustering）方法，任

务关系学习（task relation learning）方法和多层次方法。由于相似的任务具有相似的模型参数，因此低秩方法假设参数矩阵 $\boldsymbol{W}$ 为低秩矩阵。任务聚类方法将任务分组到几个任务簇（task cluster）中，每个任务簇包含具有相似模型参数的相似任务。任务关系学习方法旨在从数据中学习成对的任务关系。多层次方法将参数矩阵分解为 2 个或更多个分量矩阵来对任务之间的复杂关系进行建模。下面我们将详细介绍每种方法。

9.3.2.1　低秩方法

相似的任务通常具有相似的模型参数，因此 $\boldsymbol{W}$ 为低秩矩阵。通过假设 m 个任务的模型参数共享一个低秩子空间，Ando 和 Zhang（2005）提出了一个 $\boldsymbol{w}^i$ 的参数化方式，即 $\boldsymbol{w}^i=\boldsymbol{u}^i+\Theta^{\mathrm{T}}\boldsymbol{v}^i$，其中 $\Theta\in\mathbb{R}^{h\times d}(h<d)$ 表示所有任务共享的低秩子空间，而 $\boldsymbol{u}^i$ 是任务特定的参数向量。通过在 Θ 上使用正交约束来消除冗余，相应的目标函数为

$$\begin{aligned}&\min_{\boldsymbol{U},\boldsymbol{V},\Theta,\boldsymbol{b}}\sum_{i=1}^{m}\frac{1}{n_j}\sum_{j=1}^{n_i}l(y_j^i,(\boldsymbol{u}^i+\Theta^{\mathrm{T}}\boldsymbol{v}^i)^{\mathrm{T}}\boldsymbol{x}_j^i+b_j)+\lambda\|\boldsymbol{U}\|_F^2\\&\text{s.t.}\quad\Theta\Theta^{\mathrm{T}}=\boldsymbol{I}\end{aligned}\tag{9.4}$$

Chen 等人（2009）通过为 $\boldsymbol{W}$ 增加平方 Frobenius 正则化推广了这一模型，在进行了一定的松弛后，最终得到了具有凸目标函数的扩展模型。

根据优化理论，使用矩阵的迹范数（trace norm）$\|\boldsymbol{W}\|_{S(1)}$ 来进行正则化会产生低秩矩阵，所以迹范数正则化（Pong 等人，2010）在多任务学习中得到了广泛使用，它的目标函数通常为

$$\min_{\boldsymbol{W},\boldsymbol{b}}\sum_{i=1}^{m}\frac{1}{n_i}\sum_{j=1}^{n_i}l(y_j^i,(\boldsymbol{w}^i)^{\mathrm{T}}\boldsymbol{x}_j^i+b_i)+\lambda\|\boldsymbol{W}\|_{S(1)}\tag{9.5}$$

Han 和 Zhang（2016）提出了一种上限迹正则化方法，其定义为 $\sum_{i=1}^{\min(m,d)}\min(\mu_i(\boldsymbol{W}),\theta)$，其中 θ 为预定义的超参数。最小化上限迹正则化函数只会惩罚 $\boldsymbol{W}$ 中较小的奇异值，因此会生成比迹范数正则化更低秩的矩阵。

9.3.2.2　任务聚类方法

受数据聚类方法的启发，任务聚类方法旨在将任务分为若干个簇，每个簇内部的任务在模型参数上更相似。

Thrun 和 O'Sullivan（1996）提出了第一个任务聚类算法，它包含两个阶段。在第一阶段，该方法根据在单任务下单独学习得到的模型参数来聚类任务。在确定任务簇之后，第二阶段是聚

合同一个任务簇中的所有训练数据，以学习这些任务的模型。由于这种把任务聚类和学习模型参数分成两个阶段的方法可能得不到最优解，因此后续工作都采用了同时学习任务聚类和模型参数的方法。

Bakker 和 Heskes（2003）提出了一个多任务贝叶斯神经网络（multi-task Bayesian neural network），其结构与图 9.2 所示的多层神经网络的结构类似，并基于连接隐藏层和输出层的权重采用高斯混合模型（Gaussian mixture model）对任务进行分组。Xue 等人（2007）根据模型参数应用 Dirichlet 过程（一种广泛用于数据聚类的贝叶斯模型）对任务进行分组。

不同于依赖贝叶斯模型的方法（Bakker 和 Heskes，2003；Xue 等人，2007），一些研究（Jacob 等人，2008；Kang 等人，2011；Kumar 和 Daumé Ⅲ，2012；Han 和 Zhang，2015a；Barzilai 和 Crammer，2015）提出了几种正则化方法用于分组任务。例如，在 K-means 聚类方法的基础上，Jacob 等人（2008）提出了一个正则化项，将任务簇内部和之间的差异考虑在内以帮助学习任务簇，相应的目标函数为

$$\begin{aligned}&\min_{\boldsymbol{W},\boldsymbol{b},\Sigma}\sum_{i=1}^{m}\frac{1}{n_i}\sum_{j=1}^{n_i}l(y_j^i,(\boldsymbol{w}^i)^{\mathrm{T}}\boldsymbol{x}_j^i+b_i)+\lambda_1\operatorname{tr}(\boldsymbol{WUW}^{\mathrm{T}})+\operatorname{tr}(\boldsymbol{W\Pi}\Sigma^{-1}\boldsymbol{\Pi W}^{\mathrm{T}})\\&\text{s. t.}\quad \alpha\boldsymbol{I}\preccurlyeq\Sigma\preccurlyeq\beta\boldsymbol{I},\operatorname{tr}(\Sigma)=\gamma\end{aligned}\tag{9.6}$$

其中 $\boldsymbol{\Pi}$ 表示 $m\times m$ 中心化矩阵，$\boldsymbol{A}\preccurlyeq\boldsymbol{B}$ 表示 $\boldsymbol{B}-\boldsymbol{A}$ 是半正定（Positive Semi-Definite，PSD）矩阵，α、β、γ 是三个超参数。在问题（9.6）中，Σ 学习到任务簇的结构，因此在解决优化问题（9.6）之后，可以基于最优 Σ 来确定任务簇。

Kang 等人（2011）将 MTFL 方法扩展到多个任务簇的情况下，其中每个任务簇中任务的学习模型是 MTFL 方法，其目标函数为

$$\min_{\boldsymbol{W},\boldsymbol{b},\{\boldsymbol{Q}_i\}}\sum_{i=1}^{m}\frac{1}{n_i}\sum_{j=1}^{n_i}l(y_j^i,(\boldsymbol{w}^i)^{\mathrm{T}}\boldsymbol{x}_j^i+b_i)+\lambda\sum_{i=1}^{r}\|\boldsymbol{WQ}_i\|_{S(1)}^2$$

$$\text{s. t.}\quad \boldsymbol{Q}_i\in\{0,1\}^{m\times m}\ \forall i\in[r],\sum_{i=1}^{r}\boldsymbol{Q}_i=\boldsymbol{I}$$

其中 0/1 对角矩阵 $\boldsymbol{Q}_i$ 用于识别第 i 个聚类。

为了自动确定聚类的数量，Han 和 Zhang（2015a）提出了一个正则化的目标函数

$$\min_{\boldsymbol{W},\boldsymbol{b}}\sum_{i=1}^{m}\frac{1}{n_i}\sum_{j=1}^{n_i}l(y_j^i,(\boldsymbol{w}^i)^{\mathrm{T}}\boldsymbol{x}_j^i+b_i)+\lambda\sum_{j>i}\|\boldsymbol{w}^i-\boldsymbol{w}^j\|_2\tag{9.7}$$

其中融合式 Lasso 正则化项会强制融合每对任务的模型参数。在解决优化问题（9.7）之后，通过比较 $\boldsymbol{W}$ 矩阵的列就可以识别任务簇的结构并确定任务簇的数量。

Kumar 和 Daumé Ⅲ（2012）以及 Barzilai 和 Crammer（2015）都提出了 $\boldsymbol{W}=\boldsymbol{L}\boldsymbol{S}$ 的分解形式，其中 $\boldsymbol{L}$ 的各列包含任务簇的基本参数向量，$\boldsymbol{S}$ 由组合系数组成。这两种方法的目标函数可以统一为

$$\min_{\boldsymbol{L},\boldsymbol{S},\boldsymbol{b}}\sum_{i=1}^{m}\frac{1}{n_i}\sum_{j=1}^{n_i}l(y_j^i,(\boldsymbol{s}^i)^{\mathrm{T}}\boldsymbol{L}^{\mathrm{T}}\boldsymbol{x}_j^i+b_i)+\lambda_1 h(\boldsymbol{S})+\lambda_2\|\boldsymbol{L}\|_F^2 \tag{9.8}$$

其中 $\boldsymbol{L}$ 由平方 Frobenius 范数来进行正则化，但是在这两种方法中，$\boldsymbol{S}$ 由不同的 $h(\cdot)$ 函数惩罚。确切来说，为了识别重叠的任务簇（其中每个任务可以属于多个任务簇），Kumar 和 Daumé Ⅲ（2012）定义 $h(\boldsymbol{S})=\|\boldsymbol{S}\|_1$，而 Barzilai 和 Crammer（2015）定义

$$h(\boldsymbol{S})=\begin{cases}0 & \boldsymbol{S}\in\{0,1\}^{r\times m},\ \|\boldsymbol{s}^i\|_2=1\\ +\infty & \text{其他}\end{cases}$$

用于为任务指定任务簇，其中 r 代表集群的数量，$\boldsymbol{s}^i$ 代表 $\boldsymbol{S}$ 的第 i 列。

9.3.2.3　任务关系学习方法

任务关系学习方法使用任务关系来定量地表示任务的相关性，例如任务相似性和任务协方差。

此方法的早期研究通过模型假设来定义任务关系（Evgeniou 和 Pontil，2004；Parameswaran 和 Weinberger，2010）或假设它是由先验信息给出的（Evgeniou 等人，2005；Kato 等人，2007、2010a；Görnitz 等人，2011）。然而，对于现实问题而言模型假设不容易验证，并且在大多数问题中先验信息都无法获得，因此，这两种方式并不太实用。更先进的方法是从数据中学习任务关系，这是本节的重点。

Bonilla 等人（2007）提出一种多任务高斯过程（multi-task Gaussian process）来定义 $\boldsymbol{f}=(f_1^1,\cdots,f_{n_m}^m)^{\mathrm{T}}$ 上的先验分布，其中 f_j^i 表示 $\boldsymbol{x}_j^i$ 的函数值，即 $\boldsymbol{f}\sim N(\boldsymbol{0},\Sigma)$。$\Sigma$ 中的元素对应于 f_j^i 与 f_q^p 之间的协方差，定义为

$$\sigma(f_j^i,f_q^p)=\omega_{ip}k(\boldsymbol{x}_j^i,\boldsymbol{x}_q^p)$$

其中 $k(\cdot,\cdot)$ 为核函数，Ω 的第（i，p）项 ω_{ip} 表示任务 $\mathcal{T}_i$ 和 $\mathcal{T}_p$ 之间的协方差。该模型以任务协方差的形式定义了任务关系。如果基于 $\boldsymbol{f}$ 来定义高斯似然（Gaussian likelihood），则该模型可以使用具有闭合形式的边缘似然（marginal likelihood）来学习 Ω。为了改进点估计（point estimation）以降低过拟合的风险，Zhang 和 Yeung（2010b）提出了一个多任务广义 t 过程，它在 Ω 上采用逆 Wishart 先验（inverse-Wishart prior）并采用广义 t 似然。

Zhang 和 Yeung（2010a、2014）提出了一个多任务关系学习（Multi-Task Relation Learning，MTRL）模型，它定义 $\boldsymbol{W}$ 的先验分布为矩阵变元正态分布（matrix-variate normal distribution），

形如

$$\boldsymbol{W} \sim \mathrm{MN}(\boldsymbol{0},\boldsymbol{I},\Omega)$$

其中 MN($\boldsymbol{M}$，$\boldsymbol{A}$，$\boldsymbol{B}$) 表示矩阵变元正态分布，其中 $\boldsymbol{M}$、$\boldsymbol{A}$、$\boldsymbol{B}$ 分别是均值、行协方差和列协方差。作为修正后的最大后验解（maximum a posterior solution），MTRL 模型的目标函数为

$$\begin{aligned}
&\min_{\boldsymbol{W},\boldsymbol{b},\Omega}\sum_{i=1}^{m}\frac{1}{n_i}\sum_{j=1}^{n_i}l(y_j^i,(\boldsymbol{w}^i)^{\mathrm{T}}\boldsymbol{x}_j^i+b_i)+\lambda_1\|\boldsymbol{W}\|_F^2+\lambda_2\operatorname{tr}(\boldsymbol{W}\Omega^{-1}\boldsymbol{W}^{\mathrm{T}})\\
&\text{s.t.}\quad \Omega\succ\boldsymbol{0},\operatorname{tr}(\Omega)\leqslant 1
\end{aligned}\tag{9.9}$$

其中 Ω 是任务协方差矩阵，用于表示任务之间的任务关系。MTRL 方法已扩展到多任务 Boosting（Zhang 和 Yeung，2012）和多标签学习（Zhang 和 Yeung，2013b），并且被 Zhang 和 Yang（2017a）扩展来学习稀疏任务关系。Zhang 和 Schneider（2010）提出了一种与 MTRL 相似的模型，它在 $\boldsymbol{W}$ 上定义了一个先验分布，形如 $\boldsymbol{W}\sim\mathrm{MN}(\boldsymbol{0},\Omega_1,\Omega_2)$，该方法假设 Ω_1 和 Ω_2 的逆矩阵是稀疏的。由于 MTRL 方法中使用的先验意味着 $\boldsymbol{W}^{\mathrm{T}}\boldsymbol{W}$ 遵循 Wishart 分布 $W(\boldsymbol{0},\Omega)$，Zhang 和 Yeung（2013a）扩展 MTRL 并提出了一种新的先验来学习高阶任务关系 $(\boldsymbol{W}^{\mathrm{T}}\boldsymbol{W})^t\sim W(\boldsymbol{0},\Omega)$，其中 t 是一个正整数。Lee 等人（2016）提出了一个与 MTRL 类似的正则化项，它定义了 Ω 的参数化形式 $\Omega^{-1}=(\boldsymbol{I}_m-\boldsymbol{A})(\boldsymbol{I}_m-\boldsymbol{A})^{\mathrm{T}}$，其中 $\boldsymbol{A}$ 表示 Lee 等人（2016）提出的不对称任务关系。

与上述全局学习模型的方法不同，Zhang（2013）将局部学习方法（如 k 最近邻分类器）扩展到多任务设定，并将目标函数表示为

$$\begin{aligned}
&\min_{\Sigma}\sum_{i=1}^{m}\frac{1}{n_i}\sum_{j=1}^{n_i}l(y_j^i,f(\boldsymbol{x}_j^i))+\frac{\lambda_1}{4}\|\Sigma-\Sigma^{\mathrm{T}}\|_F^2+\frac{\lambda_2}{2}\|\Sigma\|_F^2\\
&\text{s.t.}\quad \sigma_{ii}\geqslant 0\ \forall i\in[m],-\sigma_{ii}\leqslant\sigma_{ij}\leqslant\sigma_{ii}\ \forall i\neq j
\end{aligned}\tag{9.10}$$

其中 $\mathcal{N}_k(i,j)$ 表示 $\boldsymbol{x}_j^i$ 的 k 个近邻的任务和样本索引的集合，$s(\cdot,\cdot)$ 表示样本之间的相似性，σ_{ip} 定义了任务 $\mathcal{T}_p$ 和 $\mathcal{T}_i$ 的相似性，该多任务 k 最近邻分类器的学习函数定义为

$$f(\boldsymbol{x}_j^i)=\sum_{(p,q)\in\mathcal{N}_k(i,j)}\sigma_{ip}s(\boldsymbol{x}_j^i,\boldsymbol{x}_q^p)y_q^p$$

问题（9.10）中的正则化项使得 Σ 接近于对称矩阵，用于表示任务相似性。

9.3.2.4 多层次方法

多层次方法假设参数矩阵 $\boldsymbol{W}$ 可以分解为 h 个分量矩阵 $\{\boldsymbol{W}_i\}_{i=1}^h$，即 $\boldsymbol{W}=\sum_{i=1}^{h}\boldsymbol{W}_i$，其中 h 大于或等于 2，代表层数。这种方法中不同模型的目标函数可以统一写成

$$\min_{W\in\mathcal{C}_W,b}\sum_{i=1}^{m}\frac{1}{n_i}\sum_{j=1}^{n_i}l(y_j^i,(\boldsymbol{w}^i)^{\mathrm{T}}\boldsymbol{x}_j^i+b_i)+\sum_{i=1}^{h}g_i(\boldsymbol{W}_i)\quad \text{s.t.}\quad \boldsymbol{W}=\sum_{i=1}^{h}\boldsymbol{W}_i \tag{9.11}$$

其中 $g_i(\boldsymbol{W}_i)$ 定义了第 i 个分量矩阵的正则化项，$\mathcal{C}_W$ 定义了一个 $\{\boldsymbol{W}_i\}_{i=1}^{h}$ 上的约束集。根据问题(9.11)，不同分量矩阵的正则化是可分解的并且不同分量矩阵可以有不同的正则化形式。

接下来介绍多层次方法中的 7 种模型（Jalali 等人，2010；Chen 等人，2010a、2011；Gong 等人，2012b；Zweig 和 Weinshall，2013；Han 和 Zhang，2015a、b），相应模型对 h、$\{g_i(\cdot)\}$ 和 $\mathcal{C}_W$ 的选择如表 9.1 所示。根据表 9.1，前 4 种方法具有两个分量矩阵，后 3 种方法可以具有两个或更多个分量矩阵。$\{g_i(\cdot)\}$ 的选择因不同方法而异。例如，基于 $\ell_{\infty,1}$ 和 $\ell_{2,1}$ 范数，Jalali 等人(2010) 和 Gong 等人（2012b）所提出方法中的 $\{g_i(\cdot)\}$ 约束 $\boldsymbol{W}_1$ 为行稀疏矩阵。与它们不同的是，Chen 等人（2010a、2011）提出的 $\{g_i(\cdot)\}$ 将迹范数分别作为正则化和约束条件，使 $\boldsymbol{W}_1$ 为低秩矩阵。Jalali 等人（2010）和 Chen 等人（2010a）提出的 $\{g_i(\cdot)\}$ 约束 $\boldsymbol{W}_1$ 成为稀疏矩阵，而 Chen 等人（2011）和 Gong 等人（2012b）将它变为列稀疏矩阵，以检测异常任务。Zweig 和 Weinshall（2013）假设每个分量矩阵以稀疏正则化和行稀疏正则化的不同比例组合，该比例与层数相关。在 Han 和 Zhang（2015a）的方法中，多层次任务聚类方法通过融合的 Lasso 正则化项来对每个层次的所有任务进行聚类。通过采用与 Han 和 Zhang（2015a）同样的正则化项，Han 和 Zhang（2015b）使用表 9.1 中定义的序列约束 $\mathcal{S}_W$ 学习任务间的树形结构。

表 9.1　多级方法中不同方法的 $g_i(\cdot)$ 的选择（其中 $\{\lambda_1,\lambda_2,\lambda,\eta\}$ 是正则化参数，w_i^j 表示 W_i 中的第 j 列，$\varnothing$表示空集合，$\mathcal{S}_W=\{W \mid |w_{i-1}^j-w_{i-1}^k|\geqslant|w_i^j-w_i^k|\ \forall i\geqslant 2,\ \forall k>j\}$

文献	h	$\{g_i()\}$	$\mathcal{C}_W$
Jalali 等人（2010）	2	$g_1(\boldsymbol{W}_1)=\lambda_1\lVert\boldsymbol{W}_1\rVert_{\infty,1}$ $g_2(\boldsymbol{W}_2)=\lambda_2\lVert\boldsymbol{W}_2\rVert_1$	$\varnothing$
Chen 等人（2010a）	2	$g_1(\boldsymbol{W}_1)=\begin{cases}0 & \text{如果 }\lVert\boldsymbol{W}_1\rVert_{S(1)}\leqslant\lambda_1\\+\infty & \text{其他}\end{cases}$ $g_2(\boldsymbol{W}_2)=\lambda_2\lVert\boldsymbol{W}_2\rVert_1$	$\varnothing$
Chen 等人（2011）	2	$g_1(\boldsymbol{W}_1)=\lambda_1\lVert\boldsymbol{W}_1\rVert_{S(1)}$ $g_2(\boldsymbol{W}_2)=\lambda_2\lVert\boldsymbol{W}_2^{\mathrm{T}}\rVert_{2,1}$	$\varnothing$
Gong 等人（2012b）	2	$g_1(\boldsymbol{W}_1)=\lambda_1\lVert\boldsymbol{W}_1\rVert_{2,1}$ $g_2(\boldsymbol{W}_2)=\lambda_2\lVert\boldsymbol{W}_2^{\mathrm{T}}\rVert_{2,1}$	$\varnothing$
Zweig 和 Weinshall（2013）	⩾2	$g_i(\boldsymbol{W}_i)=\frac{\lambda(h-i)}{h-1}\lVert\boldsymbol{W}_i\rVert_{2,1}+\frac{\lambda(i-1)}{h-1}\lVert\boldsymbol{W}_i\rVert_1$	$\varnothing$
Han 和 Zhang（2015a）	⩾2	$g_i(\boldsymbol{W}_i)=\frac{\lambda}{\eta^{i-1}}\sum_{k>j}\lVert\boldsymbol{w}_i^j-\boldsymbol{w}_i^k\rVert_2$	$\varnothing$
Han 和 Zhang（2015b）	⩾2	$g_i(\boldsymbol{W}_i)=\frac{\lambda}{\eta^{i-1}}\sum_{k>j}\lVert\boldsymbol{w}_i^j-\boldsymbol{w}_i^k\rVert_2$	$\mathcal{S}_W$

9.3.3 基于样本的多任务监督学习

据我们所知，此类别的工作很少，其中有代表性的工作是 Bickel 等人（2008）提出的多任务分布匹配方法。该方法首先估计每个数据样本来自其自身任务的概率与同一数据样本来自所有任务的混合概率之间的比率。在学习了这样的比率之后，该方法基于这些比率定义样本权重，然后通过聚合来自所有任务的加权样本来学习每个任务的模型。

9.4 多任务无监督学习

多任务无监督学习中第 i 个任务的训练集 $\mathcal{D}_i$ 包含 n_i 个数据样本，目标是探索 $\mathcal{D}_i$ 中包含的有用信息。这种设定与多任务监督学习不同。尽管无监督学习包含各种各样的任务，多任务无监督学习主要侧重于多任务聚类，即通过利用其中的有用信息对所有任务中的多个数据集进行聚类。

目前已有一些关于多任务无监督学习模型。比如 Zhang（2015a）提出了两个多任务聚类方法，它扩展了 Argyriou 等人（2006）的 MTFL 模型和 Zhang 和 Yeung（2010a）的 MTRL 方法，把标签看作有待从数据中学习的未知数据簇的标识。

9.5 多任务半监督学习

通常，标注数据是费时费力的，因此在很多应用场景中有标签的数据非常有限。但是，在许多情况下存在大量无标签的数据，因此，半监督学习旨在借助无标签数据来提高泛化性能。作为半监督学习的扩展，多任务半监督学习利用多个半监督学习任务之间的公共信息来提高各自的性能。

类似于监督学习中每个任务都属于分类或回归问题，多任务半监督学习具有两个设定，包括多任务半监督分类（multi-task semi-supervised classification）和多任务半监督回归（multi-task semi-supervised regression）。这两种设定都有一些模型，例如，Liu 等人（2007、2009c）提出了一种多任务半监督分类模型，该模型使用随机游走（random walk）方法在每个任务中利用无标签的数据，并基于放松的 Dirichlet 过程将任务分组为若干个任务簇。对于半监督多任务回归，Zhang 和 Yeung（2009）提出了一种基于高斯过程的方法，利用无标签的数据在高斯过程中为每个任务定义核函数，而不同的任务共享核函数的参数的先验分布。

9.6　多任务主动学习

类似于多任务半监督学习，多任务主动学习中的每个任务有一个由少量有标签数据和大量无标签数据组成的训练数据集。与多任务半监督学习不同，多任务主动学习中的每个任务旨在选择富含信息的无标签数据并通过询问标注者来获取其标签。因此，在多任务主动学习中，研究重点是设计选择富含信息的无标签数据的准则。

目前已有一些模型可用于多任务主动学习。例如，Reichart 等人（2008）提出了两个准则，使选定的无标签样本对所有任务都有价值。Acharya 等人（2014）采用期望误差下降作为选择准则。Fang 和 Tao（2015）设计了一种选择策略，在基于多臂老虎机（multi-armed bandit）的置信区间和基于迹范数正则化的低秩多任务模型的学习风险之间进行权衡。

9.7　多任务强化学习

强化学习旨在学习如何采取动作能使来自环境的累积奖励最大化。许多应用都证明了它的有效性，比如玩游戏和机器人。给定相似的环境下的不同强化学习任务，研究发现一起学习多个强化学习任务比单独学习的效果更好，这促使了多任务强化学习的产生。

目前已有一些多任务强化学习模型。例如，Wilson 等人（2007）通过马尔可夫决策过程对每个强化学习任务进行建模，而所有任务中的 MDP 通过分层贝叶斯无限混合模型进行聚类。Li 等人（2009c）使用 Dirichlet 过程来对任务进行聚类，其中每个任务都是通过区域化策略学习的。Lazaric 和 Ghavamzadeh（2010）对每个任务使用高斯过程时差值函数模型（Gaussian process temporal-difference value function model），并采用分层贝叶斯模型来关联不同任务中的值函数。通过假设所有任务中的值函数共享稀疏参数，Calandriello 等人（2014）扩展了 $\ell_{2,1}$ 正则化（Obozinski 等人，2006）和 MTFL 方法（Argyriou 等人，2006）等多任务特征选择方法来一起学习所有值函数。Parisotto 等人（2016）提出了一种行动者模拟方法，通过结合深度强化学习和模型压缩技术来学习策略网络（policy network）。

9.8　多任务在线学习

当多任务中的训练数据按顺序到来时，多任务在线学习能够对其进行处理，但是传统多任务模型则不能。

目前已有一些多任务在线学习模型。例如，通过假设多个任务共享一个目标，Dekel 等人（2006、2007）提出采用绝对范数作为全局损失函数用于度量任务间的关系，该损失函数结合了各个任务的损失。Lugosi 等人（2009）通过对所有任务的动作做出限制来建模任务之间的关联性。Cavallanti 等人（2010）通过使用不同任务之间共享的几何结构来度量任务关联，提出了基于感知机的多任务在线学习模型。Pillonetto 等人（2010）提出了一种结合多任务高斯过程和贝叶斯在线算法的模型，此模型共享不同任务间的核参数。Saha 等人（2011）提出了一个 MTRL 方法（Zhang 和 Yeung，2010a）的在线算法，它同时更新模型参数和任务协方差。

9.9 多任务多视图学习

在某些应用中，每个数据样本可以有多个不同的特征表示，每个特征表示称为一个视图，多视图学习能够处理具有多个视图的一类数据。作为多视图学习的扩展，多任务多视图学习旨在利用多个多视图学习任务之间的知识来提高每个任务的性能。

目前已有一些模型可用于多任务多视图学习。例如，He 和 Lawrence（2011）首先提出了多任务多视图分类器，它考虑了每个任务中各个视图的一致性，并根据任务共享的共同视图来定义任务相关性。Zhang 和 Huan（2012）期望在每个任务的视图中对无标签数据达成共识，而任务关系既可以由先验信息给出（Evgeniou 等人，2005），也可以像在 MTRL 方法（Zhang 和 Yeung，2010a）中那样得到学习。

9.10 并行与分布式多任务学习

当任务的数量很大时，多任务模型的计算复杂度可能很高。通过使用功能强大的多 CPU 或多 GPU 服务器，可以并且有必要设计并行多任务算法以加速学习过程。例如，Zhang（2015c）提出了第一个并行多任务方法来解决一个广泛使用的形式，它是 MTRL 模型（Zhang 和 Yeung，2010a）和其他很多任务关系学习方法的子问题。这种并行方法的核心思想是利用 FISTA 算法设计代理函数（surrogate function），该代理函数对学习任务是可分解的（decomposable），从而是可以并行计算的。Zhang（2015c）研究了三种损失函数的使用，包括 hinge、ε 不敏感和平方误差损失函数，用于多任务分类和回归问题。

在某些情况下，不同任务的训练数据可能位于不同的机器中，这使得分布式多任务算法的设计变得必要。Wang 等人（2016a）提出了一种基于去偏 Lasso 模型的分布式多任务算法，以实现机器之间的有效通信。

第10章

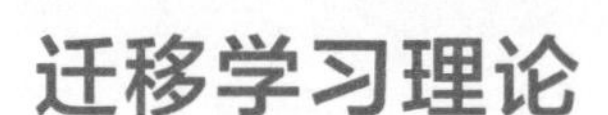

迁移学习理论

10.1 引言

除了研究如何建立模型来迁移特定的知识以解决目标学习任务外，也有一些关于迁移学习的理论研究。在迁移学习中，我们希望提高泛化性能（generalization performance），该性能衡量了迁移学习模型在从一个或多个任务的潜在分布生成的未知数据上的性能。然而，由于数据分布未知且难以准确估计，泛化性能难以分析。因此在学习理论中，泛化界（generalization bound）被用来估计泛化性能的上界。迁移学习理论分析的重点也在于推导出泛化界，即迁移学习模型在一个或多个任务上的泛化性能的上界。泛化界可以为迁移学习模型带来很多洞察，比如根据泛化界可以获得样本复杂度（sample complexity），其可以告诉我们需要多少样本才能保证泛化性能接近训练损失。因此，分析迁移学习中的泛化界具有重要意义。

在学习理论中，主要有 6 种数学工具来帮助推导泛化界，包括 Vapnik-Chervonenkis（VC）维（Vapnik，1995）、覆盖数（covering number）（Zhang，2002）、算法稳定性（algorithmic stability）（Bousquet 和 elisseef，2002）、Rademacher/高斯复杂度（Bartlett 和 Mendelson，2002）、PAC 贝叶斯定理（McAllester，1999）和 Kolmogorov 复杂度。这些工具用于限定学习模型能力

的上限。VC维定义为学习算法可以打散的最大样本点集合的基数。覆盖数定义为完全覆盖给定空间所需的具有给定尺寸的球的数量。算法稳定性度量机器学习算法如何被其训练集的微小变化所影响的程度。Rademacher/高斯复杂度度量一类实值学习函数相对于概率分布的丰富性。PAC贝叶斯定理建立了不等式来约束贝叶斯学习中先验、后验分布之间的KL散度。Kolmogorov复杂度对于特定数据类型（如文本）来说是计算机使用预定的编程语言产生该数据所需计算机程序的最短长度，因此可以将其视为指定数据所需的资源的度量。在这些工具中，VC维通常与覆盖数相结合来推导泛化界，而其他工具则可以独立地进行推导。

同样，这些工具也用于分析迁移学习模型。下面我们将展示三种迁移学习问题（多任务学习、监督迁移学习和无监督迁移学习）的泛化界。

10.2　多任务学习的泛化界

Baxter（2000）提出了多任务学习的第一个正式的泛化界。为了模拟不同任务之间的关系，该作者提出了一种称为环境的概念。环境可以看作是生成不同任务的分布，从贝叶斯学习的角度来看，它是任务的超先验。基于VC维和覆盖数等工具，作者通过假设多任务学习中存在多任务环境推导出了泛化界。与上述对迁移学习的分析类似，泛化界由三项组成。第一项是多任务模型在训练数据集时的经验损失，第二项基于相应多任务学习器的能力，最后一项是置信项。在这样的泛化界下，可以很容易地得到样本复杂度，即一个任务中有多少个任务和多少个数据可以保证泛化性能接近训练损失。

类似于Baxter（2000）的理论，Ben-David等人（2002）考虑同时从不同数据集/任务池中学习，这一问题与数据集成有一定的相关性。在这种设定下，所有任务的不同学习器被假定为一个等价关系，其中任何两个学习器都可以通过一个函数组中的某个函数相互转换。在此假设的基础上，他们研究了所有学习器的VC维，并推导了一个泛化界，以帮助分析样本的复杂度。Ben-David和Schuler（2003）以及Ben-David和Borbely（2008）推广了这项工作，他们考虑了一个类似的环境：两个任务的分布通过一个函数组中的某个函数相关。这种分析的一个好处是它可以给每个任务的泛化性能推断出一个上界，而不是像此前的研究那样考虑所有任务的平均泛化性能。

Ando和Zhang（2005）通过覆盖数分析了问题（9.4）的泛化界。Maurer（2006a）分析了线性多任务学习器的泛化界，该学习器首先对所有任务中的所有数据学习线性特征变换，然后根据变换后的特征学习线性分类器。这里所考虑的学习器与Ando和Zhang（2005）设计的相似，但其中没有包含问题（9.4）中关于任务的部分。利用Rademacher复杂度，他们推导出了一个泛化界：

$$\mathscr{E} \leqslant \hat{\mathscr{E}} + O\left(\frac{1}{\sqrt{mn_0}}\right) \tag{10.1}$$

其中 $\mathscr{E}$ 表示所有任务的泛化误差平均值，$\hat{\mathscr{E}}$ 表示所有任务的训练误差平均值，m 表示任务数，n_0 表示所有任务的训练样本数量的平均值。式（10.1）右侧的第二项通过假设特征变换矩阵的 Frobenius 范数不小于 1，可以证明任务平均协方差矩阵的 Frobenius 范数是线性多任务学习器的学习能力的上界。与此前的泛化界不同，这里推导出的泛化界依赖于数据，这意味着可以从训练数据中估计这个泛化界。

Juba（2006）使用信息论中的 Kolmogorov 复杂度来分析多任务学习，给出了统一的上界来衡量确定学习算法对一组未知可计算任务分布产生的样本所学习到的学习器的经验损失和泛化界之间的差异。

Maurer（2006b）采用 Rademacher 复杂度分析了两类多任务算法。第一类算法包括以 Evgeniou 和 Pontil（2004）以及 Evgeniou 等人（2005）的算法为代表的图正则化多任务学习算法。这些算法使用图 $\boldsymbol{G}$ 作为先验知识来描述任意一对任务之间的相似性，并在此图的基础上设计一个正则化项来对任务相似性进行编码，以使相似的任务具有相似的模型参数。基于该类算法的泛化界，我们可以看到此类学习算法的能力上限为 $\sqrt{\operatorname{tr}(\boldsymbol{G}^{-1})}$。第二类需要分析的多任务算法包括 Schatten 范数正则化 $\|\boldsymbol{W}\|_{S(p)}$（$1 \leqslant p \leqslant \frac{4}{3}$），其中迹范数正则化（Pong 等人，2010）是一种特殊情况。根据 Maurer（2006b）的分析，相应的多任务学习器的能力上限为各个任务的平均数据协方差的 Schatten $\frac{q}{2}$ 范数，其中 q 满足 $\frac{1}{p}+\frac{1}{q}=1$。

Kakade 等人（2012）分别证明了针对迹范数和 $\ell_{2,1}$ 范数，包括平方 Schatten 范数正则化和平方群稀疏正则化在内的一些矩阵正则化项具有强凸性。然后，基于在线学习中广泛使用的不等式（见 Kakade 等人（2012）的论文中的推论 4）和矩阵正则化项的强凸性，他们通过 Rademacher 复杂度推导出了泛化界。

Crammer 和 Mansour（2012）提出了一种任务聚类方法，用来迭代学习任务聚类中任务的模型参数，并根据训练损失以类似 k-means 算法的形式识别聚类结构。此外，他们通过分析其 VC 维的下界和上界推导出了泛化界。结果表明，当聚类数量的对数小于每个任务的样本数，且任务簇数目比任务数小得多时，从泛化界复杂度来看，多任务学习明显优于单任务学习。

Maurer 等人（2013）针对问题（9.3）提出了一个泛化界，其中所有任务共享一个字典，而线性函数中的系数是任务特有的。利用 Rademacher 复杂度，他们推导出了一个泛化界，证明了问题（9.3）中提出的多任务稀疏编码的表示能力针对数据协方差的平均迹范数和谱范数是有上界的。他们将该模型推广到迁移学习环境中，将在源域中学习的字典将被用于目标域而不需要再次学习，并得到了一个类似的泛化界，这也再次表明目标域中数据协方差的平均迹范数和谱范数都会影响目标学习器的能力。

Pontil 和 Maurer（2013）分析了多任务学习中的迹范数正则化。在随机矩阵求和的尾界和 Rademacher 复杂度的基础上，他们推导出了一个与维度无关的泛化界，其中模型的能力的上界是任务平均数据协方差的谱范数。虽然 Maurer（2006b）和 Kakade 等人（2012）的工作也可以分析迹范数正则化，但是 Pontil 和 Maurer（2013）的工作中呈现的泛化界更紧。

Zhang（2015b）提出了一种算法稳定性的多任务扩展，即在从每个任务的训练数据集中分别删除一个数据点时，测试多任务学习器的变化程度。为了能应用新定义的多任务算法稳定性，他证明了一个广义麦克迪米德不等式（generalized McDiarmid's inequality）允许改变所研究函数的多个输入参数，而不像传统的麦克迪米德不等式只能改变一个参数。然后通过利用这个新的不等式，他导出了一般多任务学习的泛化界。最后，这一泛化界被用来分析任务关系学习方法（例如具有固定的 Ω 的问题（9.9））、迹范数正则化和一种多层次方法（例如 Chen 等人（2010a）的方法）。

Pentina 和 Ben-David（2015）研究了支持向量机在多任务学习和终身学习（lifelong learning 或 lifelong machine learning，见第 14 章）问题下的核函数学习问题，并给出了一些泛化界以约束其泛化性能。分析表明，在温和条件下，相比单任务学习，多任务学习更有优势。具体地说，当任务数量增加时，假设在所考虑的核函数组中存在一个可以在所有任务上实现低近似误差的核函数，那么学习这样一个核函数的开销就会消失，相应的复杂度也会收敛到使用这个核函数的学习器的复杂度。

Maurer 等人（2016）分析了多任务表示学习，它学习了所有任务的共同表示，并包含了多任务特征学习（即问题（9.1））和（深层）神经网络。利用与 Rademacher 复杂度作用类似的高斯复杂度，他们给出了一个泛化界，揭示了学习器的学习能力取决于共享特征表示的 ℓ_2 范数的复杂度。此外，对于迁移学习设定，他们给出了一个类似的泛化界。使用高斯复杂度的一个好处是，它可以分析复合函数，这有可能被用于分析深层神经网络。

除了分析泛化界外，还有对一些其他问题的分析。例如，Lounicid 等人（2009）、Obozinski 等人（2011）和 Kolar 等人（2011）研究了多任务学习中的组稀疏性的理论性质，以揭示在何种条件下组 Lasso 可以识别有助于标签预测的特征。Argyriou 等人（2009、2010）研究了正则化多任务方法中表示定理有效性的充分必要条件。Solnon 等人（2012）基于最小惩罚的概念，对多任务学习中采用的多核岭回归器之间的噪声协方差矩阵进行了估计。在非渐近的设定下，该估计量可以收敛到真正的协方差矩阵。

10.3　监督迁移学习的泛化界

Maurer（2005）使用与Baxter（2000）所提出的相似的假设分析了一般的迁移学习模型，即假设源任务和目标任务都是从环境中采样。在此设定下，源任务可以学习有关环境的有用信息，然后将其提供给目标任务学习，因此在这个视角下，迁移学习可以被视作元学习。针对这样的元算法，作者提出了一种基于算法稳定性的泛化界证明的通用方法。该方法可应用于Baxter（2000）提出的偏置学习模型，以及这类希望学到一致稳定算法的元算法，也可应用于正则化最小二乘回归分析。

Mahmud和Ray（2007）考虑定义任务之间的相关性。这是一个重要的问题，因为理解它可以帮助设计关于迁移多少信息、何时以及如何迁移信息的解决方案。该研究采用任务之间的条件Kolmogorov复杂度来度量一个任务包含的关于另一个任务的信息量。该分析可以灵活地测量任务相关性，并对在贝叶斯环境中迁移“正确”的信息量进行判定。从正式和精确的意义上来说，分析表明，没有其他合理的迁移方法能比他们所提出的基于Kolmogorov复杂度理论的迁移方法做得更好。考虑实用性，作者也提出了一种近似方法来进行迁移学习。

和Baxter（2000）一样，Maurer（2009）假设所有任务都是从环境中采样的，并使用Rademacher复杂度来分析迁移学习。分析表明多任务学习模型能力上界是平均数据协方差的谱范数，这与Maurer等人（2013）得出的结论类似。此外，这项工作中的分析还解释了迁移学习优于单一任务学习的情况。也就是，源任务应该与目标任务相关，输入是高维的，并且源任务的数量应该大于数据维度以及每个任务的数据数量。

Yang等人（2013）探索了一种迁移学习设定，在这种设定中，任务以一个已知组的未知分布独立取样。该分析通过关注任务数量的渐近性来研究需要多少有标签样本才能达到任意指定的预期精度。通过与单任务学习的比较，很容易看出迁移学习的基本优势。作者提出的分析方法具有通用性，可以应用于其他学习范式，如迁移学习和自验证主动学习的结合。在这种设定下，作者发现所需的有标签样本数量明显小于单任务学习所需的数量。

Kuzborskij和Orabonan（2013）研究了另一种迁移学习场景，其假设目标学习器只能访问源学习器，而不能直接访问源数据。具体地说，基于算法稳定性，作者分析了一类假设迁移学习算法，即对源学习器进行具有偏正则化的正则化最小二乘回归。基于此分析可以发现源任务和目标任务之间的相关性，该相关性可以加速leave-one-out误差向泛化误差的收敛。即使目标域仅与小部分源域训练集相关联，也可以使用leave-one-out误差来寻找最优的目标学习器。当源域与目标域无关时，该分析给出了一种防止负迁移的理论原则性方法，使得迁移学习方法在这种情况下可以退化为单任务模型。

Pentina 和 Lampert（2014）基于 Baxter（2000）提出的环境概念提出了一个 PAC 贝叶斯泛化界，从 PAC 贝叶斯的角度分析了终身学习。该研究对现有的迁移学习范式（例如模型参数在有偏差的正则化或低维表示中的迁移）提供了一个统一的观点，并基于泛化界推导出了两种终身学习算法。接着，Pentina 和 Lampert（2015）对这项工作进行了扩展，以考虑终身学习中的两个场景。在这些场景中观察到的任务不是从任务环境中进行独立同分布采样，而在以前的工作中，所有任务都被假定为独立同分布的。第一个场景是从相同的环境中采样不同的任务，但可能具有依赖性；第二个场景允许任务环境以一致的方式随时间变化。在第一种情况下，PAC 贝叶斯泛化界被证明是独立同分布情况中类似分析的直接推广（Pentina 和 Lampert，2014）。对于第二种情况，归纳偏置（inductive bias）是以迁移过程的形式学习到的。

此前的迁移学习分析总是假设数据标签在源域和目标域中的条件概率相同，目的是匹配两个域中的边缘数据分布。为了打破这一假设，最近的工作提出了一种模型移位（model shift）设置，它允许条件概率随着域的改变而发生改变，并假定此改变是平滑的。为了在模型移位假设下分析这类工作，Wang 和 Schneider（2015）基于算法稳定性提供了一些分析。分析表明，当条件概率发生变化时，可以根据目标域中有标签样本的数量和跨域变化的平滑度得到一个广义泛化界。这种分析还得出了迁移学习比无迁移学习更有效的条件。此外，他们还提出了可以同时处理单源域和多源域两种设定的迁移学习算法。

Perrot 和 Habrard（2015）研究了迁移度量学习的一些先验知识的问题。基于算法稳定性，他们提出了一个方法使得目标域的度量接近源度量。其提出的有偏差的正则化度量学习模型被证明其泛化界具有更快的泛化率。此外，该工作提出了一个一致性（consistency）结果来显示有偏差加权正则化模型的优点，并提出了一个学习权重的解决方案。

Balcan 等人（2015）研究了终身学习中随着时间变化从多个任务中学习的问题，它假设所有任务在最初未知的内部表示中共享某些共性。其目的是学习基于当前任务的这种内部表示，这样学习到的内部表示可以促进后续任务的有效学习，例如减少对有标签数据的需求。作者开发了一种有效的算法来学习任务共享的两种不同的内部特征：第一种是低维子空间，第二种是特征的非线性布尔组合。对于这两种设置，作者分别分析了样本复杂度。此外，作者提出的学习非线性布尔组合的算法具有对偶的解释性，可以用于在“锚集”的假设下构造接近最优的稀疏布尔自动编码器。

在深度学习中有许多受欢迎的迁移学习方法，包括直接利用源网络对目标任务进行预测的冻结方法（freeze method），以及利用源网络中的参数作为目标网络的初始值然后使用目标任务中的有标签数据更新模型参数的微调方法（fine-tuning method）。这两种简单的方法在许多应用中都能达到良好效果，但它们均缺乏理论分析来解释其成功应用。McNamara 和 Balcan（2017）对这两种方法进行了分析。对于冻结方法，作者通过 VC 维确定了源任务与目标任务泛化性能的上界的关系。对于微调方法，作者提出了一个在一定条件下的 PAC 贝叶斯泛化界。此外，作者利用所提出的边界对前馈神经网络进行了分析，并提出了一种将源任务权重迁移到目标任务的新方法。

10.4 无监督迁移学习的泛化界

Ben-David 等人（2006）、Blitzer 等人（2007b）和 Ben-David 等人（2010）共同研究了两个关于无监督迁移学习的问题。首先，在什么情况下为源任务训练的分类器能在目标任务上保持良好的性能？第二，如何将目标任务中的少量有标签数据与源任务中的大量有标签数据相结合，以使目标任务的泛化损失最小？为了回答第一个问题，这些研究提出了一个泛化界，通过源分类器的损失和两个域之间的散度来约束目标分类器的泛化损失。对于散度，这些研究引入了一种依赖于分类器的散度测度，它可以从两个域的无标签数据中估计。通过假设存在能够在这两个域中都获得良好的性能的学习器，这些研究证明了该散度测度和源任务的训练损失可以结合起来以用于刻画源任务训练出来的分类器在目标任务上的泛化损失。针对第二个问题，作者研究了一种学习模型并推导了其泛化界，该模型旨在最小化源任务和目标任务的经验损失的凸组合。以往的理论研究仅最小化源任务中的损失、目标任务中的损失或来自两个域的平均损失，而在该工作中，源任务和目标任务的损失的最佳组合可以作为散度度量、两个域中的样本数量以及假设类（hypothesis class）复杂度的函数来学习。因此，所得到的泛化界是对前一个泛化界的推广。

大多数现有的算法首先确定两个域的数据分布，然后根据估计的分布进行适当的修正。与其不同的是，Huang 等人（2006）采用一种非参数方法来估计两个数据分布的比率，而不进行分布估计。该方法以核方法为基础，通过均值对两个域的分布进行匹配，被称为核均值匹配法。

Mansour 等人（2008）对具有多个源任务的无监督迁移学习问题进行了理论分析。对于每个源任务，作者给出了数据的分布以及误差至多为 ϵ 的假设。为了在目标任务中学习到一个误差较小的学习器，结合这些假设是一个很好的策略。首先，源任务的学习器的凸组合可能表现得很差。然而，该分析表明，对于由源分布加权的组合存在理论上的保证。其主要结果表明，对于任何一个固定的目标任务的学习器，都存在一个分布加权组合，该组合相对于源分布的任何混合的最大误差为 ϵ。这一设定被扩展到多个一致的目标任务学习器。分析表明存在一个分布加权组合，其误差至多为 3ε。

作为对先前工作（Ben-David 等人，2006）的推广，Mansour 等人（2009）引入了一种新的分布间距离，称为差异距离（discrepancy distance）。它适用于具有损失函数的无监督迁移学习问题。对于不同的损失函数，作者提出了基于 Rademacher 复杂度来估计有限数据样本的差异距离的方法。针对一类广泛的损失函数，作者基于这一距离推导了无监督迁移学习的新泛化界。在此基础上，结合差异距离的经验估计，作者提出了一系列适用于正则化算法的新的泛化界，这些算法包括支持向量机和核岭回归。这些泛化界促成了几种无监督迁移学习算法的提出，来最小化差异距离的经验估计值。

Cortes 等人（2010）分析了有限样本的权重，并给出了一系列理论和算法结果。首先，这项工作展示了一些简单的情形，在这些情形下，权重可能表现得很差，这表明了分析这种技术的重要性。作者给出了有界权重的泛化性能的上界和下界。更重要的是，当权重是无界的但其二阶矩是有界的时，这项工作给出了理论保证。二阶矩有界的假设与两个域中数据分布之间的 Rényi 散度有关。这些泛化界被用于设计一种新的加权算法。该工作还分析了一种广泛使用的归一化加权算法的性质。

Zhang 等人（2012）提出了一个新的框架来研究无监督迁移学习的泛化界。他们研究了两种代表性的无监督迁移学习设定：一种是多个源任务的无监督迁移学习，另一种是源数据和目标数据相结合的无监督迁移学习。具体来说，他们采用积分概率度量来测量两个域之间的差异。然后，针对任意一种设定，他们证明了一种特殊的 Hoeffding 类型的偏差不等式（deviation inequality）和对称不等式，得到了基于均匀熵数（uniform entropy number）的泛化界。基于这一新推导的泛化界，他们分析了渐近收敛性和收敛速度。此外，他们还讨论了影响无监督迁移学习渐近行为的因素。

Germain 等人（2013）提出了无监督迁移学习的第一个 PAC 贝叶斯分析。为了得到泛化界，作者基于不一致平均（disagreement averaging）定义了一种新的分布伪距离，并利用该测度在无监督迁移学习问题下推导出了随机吉布斯分类器（stochastic Gibbs classifier）的 PAC 贝叶斯泛化界。该泛化界具有直接优化任何假设空间的优点。因此，作者将其应用于线性分类器，并设计了一种线性分类器的学习算法。

Cortes 等人（2015）基于优于许多流行的无监督迁移学习算法的差异最小化（discrepancy minimization）算法提出了一种新的算法。与以往大多数固定训练样本损失权重的方法不同，新提出的算法使用的加权方法依赖于所使用的学习器，其目的是最小化新提出的广义差异。分析结果表明，该方法可以表示一个凸优化问题，为优化提供了有利的条件。此外，作者对其学习保证进行了详细的理论分析，并表明这有助于参数的选择。

第11章 传导式迁移学习

11.1 引言

在本章，我们将研究一种新型的迁移学习问题：当源域和目标域之间存在很大差距时，大多数传统迁移学习方法不能取得理想的效果。例如，斯坦福大学的研究人员研究了如何根据卫星图像预测非洲地区的贫困水平，为世界银行援助提供帮助（Jean 等人，2016）。可以将这个问题看作一个迁移学习问题，其中源域的任务是对从网络收集的图像中的对象进行分类，而目标域的任务是从卫星图像中预测某个区域的贫困程度。该源域和目标域的任务在概念上差异较大，因此在源域中学习的知识不能直接用于目标域。所以当源域和目标域之间没有直接联系、差异较大时，迁移学习算法并不能很好地解决这类问题。然而，人类能够自然地通过传递性进行间接推理和学习（Bryant 和 Trabasso，1971），这种能力可以帮助人们连接许多概念，并在两种看似不相关的概念之间传递知识。人们常用的学习方法是引入一些中间概念作为连接这些看似不相关的概念的桥梁。例如，具有扎实的数学知识的学生可能会很难理解理论计算机科学。但是，如果学生已经学习了一些基础计算机科学课程，那么基础计算机科学中的知识可以作为数学知识和理论计算机科学知识之间的桥梁。通常，基础计算机科学知识被称为源域（数学知识）和目标域（理论计算机科学知识）的一个中间域。

所以，基于人类利用传递性进行推理和学习的能力，迁移学习衍生出了一种新的学习范式，称为传导式迁移学习（Transitive Transfer Learning，TTL）。如图 11.1 所示，在 TTL 中，源域和目标域几乎没有共同因子，但它们可以通过一个或多个中间域中的共享因子连接。例如，在贫困预测问题中，从对象识别源任务中学习得到的图像高级别表示知识并不能直接迁移到目标任务中，因为目标域中的卫星图像是从鸟瞰图的视角获取的。基于此，Jean 等人（2016）引入了一个中间域，即城市的夜间光强度信息，并使用该信息作为桥梁来连接对象检测和贫困程度预测的知识。其从对象检测任务中迁移知识，以帮助学习根据日间图像预测夜间光强度的模型，然后根据光强度预测模型检测地区的贫困水平。对象检测任务可以帮助识别与城市的光强度高度相关的山丘、河流、道路和建筑物。光强度则是估计城市贫困水平的关键因素。类似地，在文本情感分类问题中，书籍评价意见语料库中的知识很难迁移到音乐评论中，因为这两个领域中使用的词语是完全不同的，并且通常会遵循不同的词语分布。

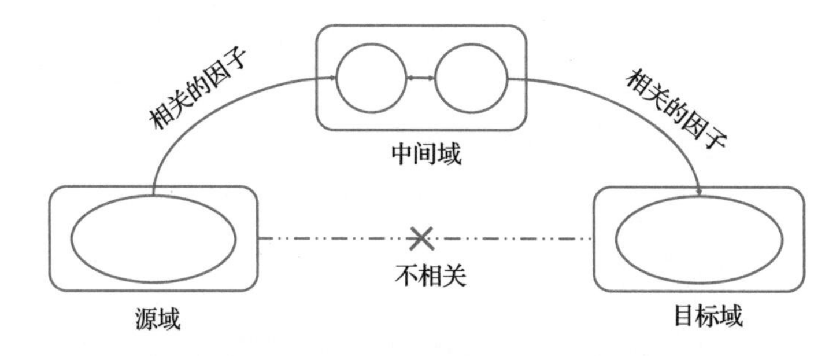

图 11.1 传导式迁移学习的核心思想

基于 TTL，Tan 等人（2015）引入了一组电影评论作为源域和目标域的桥梁。电影评论可以从在线电影网站上抓取。电影评论与书评有一些共同的词语，同时也与电影背景音乐评论共享部分词语。因此，电影评论有助于建立书籍和音乐领域之间的联系。这形成了传导性的知识迁移结构，可以帮助构建更通用的情感分类系统。

一般而言，TTL 范式对于扩展迁移学习的能力非常重要，因为它能够在具有巨大分布差异的域之间迁移知识，并有助于尽可能多地重用先前的知识。总体而言，传统机器学习使用由相同域的数据学习得到的知识，迁移学习借鉴了来自相似域的知识，而传导式迁移学习通过连接差异较大的域进一步推动迁移学习的发展和学习能力。

在设计 TTL 范式时存在两个主要的研究问题。第一个是如何选择适当的中间域数据作为差异较大的源域和目标域之间的连接桥梁。第二个问题是如何在连接的各个域之间有效地迁移知识。

在本章中，我们将在 TTL 范式下介绍三种不同的学习算法。在 11.2 节中，我们将手动选择一个中间域，并通过使用重启随机游走方法来实现知识迁移。在 11.3 节中，我们将通过分布度量方法选择中间域，比如 KL 散度和 $\mathscr{A}$ 距离（Blitzer 等人，2007a），并通过矩阵分解来迁移知识。在 11.4 节中，我们将使用深度学习来选择中间域数据和迁移知识同时通过深度神经网络进行域选择和知识迁移。

11.2 混合图上的传导式迁移学习

首先介绍传导式迁移学习问题的第一种形式，对应源域和目标域具有异构的特征空间的情况，例如，源域为描述春天风景的文本内容，而目标域是描述相同场景的图像。为了解决这个问题，我们可以通过中间域中共现的数据来连接这两个域。例如，Flickr 网站中存在着大量带有文本注释或标签的图像，这些共现的数据可以用作中间域数据以将知识从文本数据迁移到图像数据。此设置与第 6 章中介绍的异构迁移学习相关。

图 11.2 文本到图像传导式迁移学习的示例，其中使用已标注的图像作为中间域数据（图片来自维基百科和 Flickr）

然而，与异构迁移学习相比，TTL 要更复杂。在之前提到的例子中，共现的数据是通过爬虫爬取的且包含很多噪声。例如，Flickr 中的大量图像注释是不精确的、没有意义或明显错误的，只有大约 50%的图像注释与图像内容相关（Liu 等人，2009a）。如果我们直接使用它们作为知识迁移的桥梁，那么这些不相关的数据可能会降低跨域模型的准确性。除了不相关的噪声之外，当人们从某个类别中选择标签来注释图片时，标签的数量可能会有数千个，并且注释图片所用的词语与正式文档中的词语非常不同。例如，来自维基百科的文章在不同的上下文语境中具有不同的写作风格。因此，只有少数图像标签的内容可用于知识迁移。为解决这类问题，Tan 等人（2014）提出了一种混合迁移（mixed-transfer）算法，即使是使用有噪声的共现数据，该算法也能够有效地跨域迁移知识。该算法确定了哪些源域的样本和哪些特征有助于实现知识迁移。混合迁移算法将源域和目标域之间的关系建模为混合样本和特征的联合转移概率图，如图 11.3 所示。在图中共有两种类型的节点，方形节点表示样本（例如，文档和图像），圆形节点表示特征（例如，文档中的词和图像中的颜色）。两个跨域特征之间的转移概率是根据共现数据构建的，并且使用跨域的调和函数来度量，该函数对于无关数据具有鲁棒性。

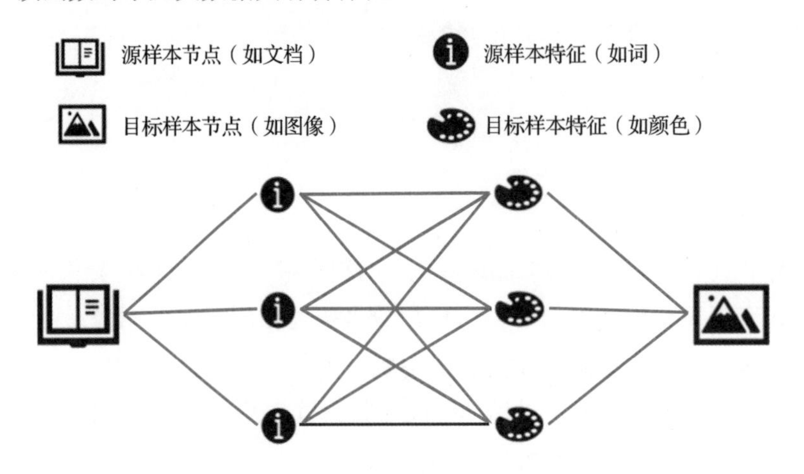

图 11.3 混合样本和特征的联合转移概率图说明

在该基于图的算法中，由重启随机游走算法模拟标签传播过程。该方式的优势是我们可以全局性地同时迁移所有样本和特征的知识。从图的结构来看，特征节点在域内和域之间起到信息传输的分发节点的作用，标签传播过程一直持续到收敛为止。在此过程中，某些特征被访问的概率很高，这些特征携带了大量的标签知识，并且可以通过随机游走过程被自动检测到。当标签传播过程收敛到固定点时，样本节点上的权重表明了标签的偏好，并可用于构建预测模型。

11.2.1 问题定义

设 $\mathscr{D}_s$ 和 $\mathscr{D}_t$ 分别表示源域和目标域。$\mathscr{D}_s=\{\boldsymbol{X}_s, \boldsymbol{y}_s\}$ 包含了 n_s 个有标签的样本。$\mathscr{D}_t=\{\boldsymbol{X}_t, \boldsymbol{y}_t\}\cup\{\boldsymbol{X}_t^u\}$ 包含了 n_t^l 个有标签的样本和 n_t^u 个无标签的样本。

为了在源域和目标域之间建立连接，数据集中包含共现数据。令 $\mathscr{O}=\{\widetilde{\boldsymbol{x}}_k^s, \widetilde{\boldsymbol{x}}_k^t\}_{k=1}^{n_0}$ 表示共现数据，其中每个样本包含两个子样本 $\widetilde{\boldsymbol{x}}_k^s$ 和 $\widetilde{\boldsymbol{x}}_k^t$。$\widetilde{\boldsymbol{x}}_k^s$ 和 $\widetilde{\boldsymbol{x}}_k^t$ 分别表示源域和目标域特征空间中的特征向量。

混合迁移学习算法的目标是通过使用来自源域、目标域和中间域数据的所有数据来学习在目标域中的无标签样本 $U=\boldsymbol{X}_t^u$ 上的分类器 $f(\cdot)$，以使其具有最低的预测误差。我们将其形式化为

$$\arg\min_f \mathbb{L}(f,\mathscr{X},\boldsymbol{y})+\mathbb{R}(f,U|\mathscr{O}) \tag{11.1}$$

其中 $\mathcal{X}$ 包含所有有标签的数据，$\boldsymbol{y}$ 是样本相应的标签，$\mathbb{L}(\cdot)$ 是损失函数，$\mathbb{R}(\cdot)$ 表示给定共现数据 $\mathcal{O}$ 下分类器和无标签数据之间的关系。

11.2.2　混合迁移算法

11.2.2.1　跨域特征相似性

首先，我们描述度量跨域特征相似性的策略。在本章中，不失一般性地，我们假设所有样本的特征值都是非负的。对于某些具有负值的特征，可以将其标准化为非负值。对于源域中的某个特征 $\mathcal{X}_k^s$，其与目标域特征空间之间的相关性定义如下：

$$\gamma_k^{(s,t)} = \frac{1}{|\widetilde{\mathcal{X}}_k^t| \times (1 - |\widetilde{\mathcal{X}}_k^t|)} \sum_{\widetilde{\boldsymbol{x}}_i^t \in \widetilde{\mathcal{X}}^t} \sum_{\widetilde{\boldsymbol{x}}_j^t \in \widetilde{\mathcal{X}}^t, \widetilde{\boldsymbol{x}}_j^t \neq \widetilde{\boldsymbol{x}}_i^t} \Phi(\widetilde{\boldsymbol{x}}_i^t, \widetilde{\boldsymbol{x}}_j^t) \tag{11.2}$$

其中，$\widetilde{\mathcal{X}}_k^t$ 表示目标域样本的集合，其中每个样本的第 k 个特征值为非负。$\Phi(\widetilde{\boldsymbol{x}}_t^t, \widetilde{\boldsymbol{x}}_{t'}^t) = \exp\left(-\frac{\|\widetilde{\boldsymbol{x}}_t^t - \widetilde{\boldsymbol{x}}_{t'}^t\|^2}{2\sigma^2}\right)$，$|\widetilde{\mathcal{X}}_k^t|$ 是 $\widetilde{\mathcal{X}}_k^t$ 的势。$r_k^{(s,t)}$ 的值越大，表明第 k 个特征与目标域关联性越高。例如，一组共享某个标签的带注释的图像，其相似度会较高。否则，该标签与这些图像无关。

关于集合 $\{\widetilde{\mathcal{X}}_k^1, \widetilde{\mathcal{X}}_k^2\}$，计算源域中第 k 个特征跟目标域中第 l 个特征相似度的相关系数的公式如下（Mitra 等人，2002）：

$$s_{k,l}^{(s,t)} = 1 - \frac{|\mathrm{cov}(f_k^s, f_l^t)|}{\sqrt{\mathrm{var}(f_k^s) \times \mathrm{var}(f_l^t)}} \tag{11.3}$$

其中，f_k^s 和 f_l^t 分别是来自 $\widetilde{\mathcal{X}}_k^s$ 和 $\widetilde{\mathcal{X}}_k^t$ 的特征向量。$\mathrm{var}(\cdot)$ 是变量的方差，$\mathrm{cov}(\cdot, \cdot)$ 是两个变量之间的协方差。

基于以上两个准则，计算相似度 $a_{k,l}^{(s,t)}$ 的公式如下：

$$a_{k,l}^{(s,t)} = \gamma_k^{(s,t)} \times s_{k,l}^{(s,t)} \tag{11.4}$$

最后可以构造两个域之间的相似度矩阵 $\mathbf{A}^{(s,t)}$，其中 $\mathbf{A}^{(s,t)}$ 中第（k，l）个元素的值为 $a_{k,l}^{(s,t)}$，且 $a_{k,l}^{(s,t)} = a_{l,k}^{(t,s)}$，也就是说矩阵 $\mathbf{A}^{(s,t)}$ 是矩阵 $\mathbf{A}^{(t,s)}$ 的转置。

11.2.2.2　图的构建

对于第 i 个域（$i \in \{s, t\}$），矩阵 $\mathbf{A}^{(i,i)}$ 的维度为 $n_i \times m_i$，其中第（k，l）个元素是第 k 个样本的第 l 维特征的值。显然矩阵 $\mathbf{A}^{(i,i)}$ 中所有元素的值都是非负的，同时跨域特征相似度矩阵为 $\mathbf{A}^{(s,t)}$。

为了在这个混合图中执行标签传播算法，必须构建一个联合转移概率图。换句话说，必须要对边的权重进行归一化以使其成为概率值。

基于矩阵 $\boldsymbol{A}^{(i,i)}$，通过归一化其每一列的元素，可以进一步构建维度为 $n_i \times m_i$ 的马尔可夫概率转移矩阵 $\boldsymbol{P}^{(i,i)}$，即 $\boldsymbol{P}^{(i,i)}$ 中每列的总和为 1。

同样，可以利用矩阵 $\boldsymbol{A}^{(i,i)}$ 的转置并通过归一化其每一列的元素来构建维度为 $n_i \times m_i$ 的马尔可夫概率转移矩阵 $\boldsymbol{Q}^{(i,i)}$，即 $\boldsymbol{Q}^{(i,i)}$ 中每列的总和为 1。

对于 $\boldsymbol{P}^{(i,i)}$ 和 $\boldsymbol{Q}^{(i,i)}$，可以在随机游走过程中模拟基于当前特征访问样本的概率。

同样地，基于矩阵 $\boldsymbol{A}^{(s,t)}$，通过归一化其每一列的元素，可以构建维度为 $m_s \times m_t$ 的矩阵 $\boldsymbol{F}^{(s,t)}$，即 $\boldsymbol{F}^{(s,t)}$ 中每列的总和为 1。值得注意的是，由于某些特征不会共现，$\boldsymbol{F}^{(s,t)}$ 中某些列的值可能为零。在这种情况下，将该列所有元素值设为$\frac{1}{m_s}$，表明在随机游走过程中访问某个样本的概率均等。基于 $\boldsymbol{F}^{(s,t)}$，可以对从目标域中的当前特征访问源域中的特征的概率进行建模。由于 $\boldsymbol{A}^{(s,t)}$ 是对称矩阵，所以 $\boldsymbol{F}^{(s,t)} = \boldsymbol{F}^{(t,s)}$。

尽管矩阵 $\boldsymbol{A}^{(i,i)}$ 中元素的特征与矩阵 $\boldsymbol{A}^{(s,t)}$ 中元素的不同，但可以通过使用耦合马尔可夫链模型将其相应的概率矩阵 $\boldsymbol{P}^{(i,i)}$、$\boldsymbol{Q}^{(i,i)}$、$\boldsymbol{F}^{(s,t)}$ 和 $\boldsymbol{F}^{(t,s)}$ 组合在一起，构建一个混合样本和特征的联合转移概率图以用于随机游走。

11.2.2.3 混合迁移算法

在基于混合图的混合迁移算法中，随机游走从与有标签的样本相对应的节点开始，并基于联合转移概率图遍历到其相邻节点，或者以概率 α 停留在同一节点。相应的模型形式化为

$$\boldsymbol{R}^{(i)}(t+1) = (1-\alpha)\boldsymbol{P}^{(i,i)}\boldsymbol{V}^{(i)}(t) + \alpha\boldsymbol{D}^{(i)}, \quad i = s,t \tag{11.5}$$

以及

$$\boldsymbol{V}^{(i)}(t+1) = \lambda_{i,i}\boldsymbol{Q}^{(i,i)}\boldsymbol{R}^{(i)}(t+1) + \sum_{j=1,j\neq i}^{2} \lambda_{i,j}\boldsymbol{F}^{(i,j)}\boldsymbol{V}^{(j)}(t), \quad i = 1,2 \tag{11.6}$$

其中，$l_d^{(i)}$ 是属于第 d 个类别的有标签样本的数量，$\boldsymbol{D}^{(i)}$ 是维度为 $n_i \times c$ 的矩阵。当且仅当第 k 个样本是有标签的且属于第 d 个类别时，矩阵 $\boldsymbol{D}^{(i)}$ 的第（k，d）个元素 $d_{k,d}^{(i)}$ 值为$\frac{1}{l_d^{(i)}}$，否则为 0。

定理 11.1 假设 α 和 $\lambda_{i,j}$ $(1 \leqslant i,j \leqslant 2)$ 是非负的。有且仅有一个非负矩阵 $\{\overline{\boldsymbol{R}}^{(i)}\}_{i=1}^{2}$ 以及 $\{\overline{\boldsymbol{V}}^{(i)}\}_{i=1}^{2}$ 满足式（11.5）和式（11.6）。

通过算法 11.1 中的迭代方法可以得到关于 $\boldsymbol{R}^{(i)}(t)$ 和 $\boldsymbol{V}^{(i)}(t)$（$1 \leqslant i \leqslant 2$）的稳态概率分布矩阵。Tan 等人（2014）证明了算法 11.1 的收敛性。

算法 11.1 混合迁移算法

1) **输入：** $\boldsymbol{P}^{(i,i)}$、$\boldsymbol{Q}^{(i,i)}$、$\boldsymbol{F}^{(i,j)}$、$d^{(i)}$，阈值σ、α、$\lambda_{i,i}$、$\lambda_{i,j}$，其中i，$j=1$，2，$i\neq j$
2) **输出：** $r^{(i)}(t)$
3) 设置$t=1$，$r^{(i)}(0)=d^{(i)}$
4) 分别根据式（11.5）和式（11.6）计算$r^{(i)}(t)$和$v^{(i)}(t)$
5) 设 $\mathrm{Diff}_1=\sum_{i=1}^{2}\|\boldsymbol{R}^{(i)}(t)-\boldsymbol{R}^{(i)}(t-1)\|_F^2$ 及 $\mathrm{Diff}_2=\sum_{i=1}^{2}\|\boldsymbol{V}^{(i)}(t)-\boldsymbol{V}^{(i)}(t-1)\|_F^2$
6) 若$\mathrm{Diff}_1<\sigma$且$\mathrm{Diff}_2<\sigma$，则停止；否则$t=t+1$，转到步骤4继续执行

11.3 基于隐性特征表示的传导式迁移学习

在11.2节，我们介绍了一个TTL解决算法，即通过引入一个中间域并基于跨域特征相似性来迁移知识。然而，在许多实际应用中，可能存在许多中间域并且并不确定哪一个中间域对TTL有帮助。此外，源域、目标域和中间域可能有不同的数据来源，并且每对域中数据分布不同。在本节中，我们将介绍一种新的学习算法来解决上述问题。该算法由两个步骤组成：第一步是找到合适的域来连接指定的源域和目标域，第二步是在所有域之间进行有效的知识迁移。在第一步中，我们将引入一个概率模型来选择合适的中间域以使得源域和目标域更接近。域的选择基于域的特征，例如域难度、域之间相似度等。在第二步中，我们同时考虑域关系和分布差异，并学习得到这些域之间的共同特征子空间以传播标签信息。

11.3.1 问题定义

在该问题设置中，有标签的源域数据为$\mathbb{S}=\{(\boldsymbol{x}_i^s,\ \boldsymbol{y}_i)\}_{i=1}^{n_s}$，无标签的目标域数据为$\mathbb{T}=\{\boldsymbol{x}_i^t\}_{i=1}^{n_t}$，并且存在$k$个无标签的中间域$\mathbb{D}_j=\{\boldsymbol{x}_i^{d_j}\}_{i=1}^{n_j}$（$j=1$，…，$k$），其中$\boldsymbol{x}^*\in R^{m^*}$表示$m^*$维的特征向量。来自不同域的数据可以具有不同的维度。$\mathbb{S}$和$\mathbb{T}$分布差异巨大，因此直接在其间迁移知识会导致目标域中性能的明显下降。引入算法的目标是选择合适的中间域以连接$\mathbb{S}$和$\mathbb{T}$以及最小化$\mathbb{T}$中的训练损失。

形式上，给定度量域之间分布差异的函数$g(\cdot,\ \cdot)$，第一步是选择一个合适的中间域使得$g(\mathbb{S},\ \mathbb{T}|\ \mathbb{D}_i)<g(\mathbb{S},\ \mathbb{T})$。第二步是通过中间域$\mathbb{D}_i$，在源域$\mathbb{S}$和目标域$\mathbb{T}$之间实现迁移学习。这是

通过学习两个特征聚类函数 $p_{sd}(\mathbb{S}, \mathbb{D}_i)$ 和 $p_{dt}(\mathbb{D}_i, \mathbb{T})$ 实现的，其输出分别是 $\mathbb{S}$ 和 $\mathbb{D}_i$ 之间以及 $\mathbb{D}_i$ 和 $\mathbb{T}$ 之间的最大公共子空间。源域中的标签信息可以通过得到的公共子空间传播到中间域数据和目标域数据中。

11.3.2 耦合的矩阵三因子分解算法

11.3.2.1 中间域选择

中间域的选择是与特定任务相关的，因此不同的问题可能需要不同的解决方案。在本节中，我们将针对情感分类问题介绍特定的中间域选择算法。正如在之前的研究中所阐述的，任务难度（Ponomareva 和 Thelwall，2012）和域距离（Ben-David 等人，2006）是影响迁移学习性能的两个主要问题。直观地说，如果源域中的任务比中间域和目标域中的任务更容易解决，则从源域数据中学习的模型在中间域和目标域中性能也会表现良好。如果中间域能够使得源域和目标域更接近而不仅仅是在它们之间直接迁移知识，那么在源域和目标域之间的知识迁移过程中，信息损失也较低，并且在目标域中其性能也将表现良好。因此，我们分别引入了域难度和域距离，如下所述。

- 域难度：由于不同问题会有不同类型的特征，所以域难度的度量是与特定问题相关的。在情感分类问题中，可以使用域复杂度（Ponomareva 和 Thelwall，2012）度量域难度。域复杂度计算为具有低频度的长尾特征的比例，定义如下：

$$\text{cplx}(\boldsymbol{D}) = \frac{|\{x|c(x) < t \times n\}|}{m} \tag{11.7}$$

其中对于非负特征，$c(x)$ 为特征 x 大于零的样本的数量，$|\{x|c(x)<t\times n\}|$ 为在小于 $t\times n$ 个样本中出现特征的数量。

- $\mathscr{A}$ 距离：$\mathscr{A}$ 距离度量从两个概率分布中采样得到的两组数据样本之间的分布差异。Ben-David等人（2006）已证明了目标域的预测误差受到源域误差和 $\mathscr{A}$ 距离以及常数因子的限制。实际上，给定两个域中的数据 $\boldsymbol{D}_i$ 和 $\boldsymbol{D}_j$，$\mathscr{A}$ 距离计算如下：

$$\text{dis}_{\mathscr{A}}(\boldsymbol{D}_i, \boldsymbol{D}_j) = 2(1 - 2\min_{h\in\mathscr{H}} \text{error}(h|\boldsymbol{D}_i, \boldsymbol{D}_j)) \tag{11.8}$$

其中 $\mathscr{H}$ 是假设空间，h 为可以对两个域的数据进行分类的代理分类器，error(·) 表示分类误差。h 通常使用逻辑回归作为代理分类器，为了学习 h，通常源数据被视为正样例，而目标域数据作为负样例。学习得到 h 后，就可以估算 $\mathscr{A}$ 距离中的 error（$h|\boldsymbol{D}_i$，$\boldsymbol{D}_j$）。

给定三元组 $\boldsymbol{t}=\{\mathbb{S}, \mathbb{D}, \mathbb{T}\}$，可以提取得到表11.1中所描述的六个特征。前三个特征描述了单个域内的特征，后三个特征描述了两个域之间的跨域距离。这些特征共同影响了迁移学习算法的成功概率。但是，设计一个通用的域选择标准是不可能的，因为不同的问题对特征具有不同的偏好（权重）。为了模拟引入的中间域的成功概率，使用以下逻辑函数：

表11.1　域特征

特征	描述
cplx_src(c_1)	源域复杂度
cplx_inter(c_2)	中间域复杂度
cplx_tar(c_3)	目标域复杂度
$\mathrm{dis}_{\mathscr{A}}^{si}(c_4)$	源域和中间域之间的 $\mathscr{A}$ 距离
$\mathrm{dis}_{\mathscr{A}}^{st}(c_5)$	源域和目标域之间的 $\mathscr{A}$ 距离
$\mathrm{dis}_{\mathscr{A}}^{it}(c_6)$	中间域和目标域之间的 $\mathscr{A}$ 距离

$$f(\boldsymbol{t})=\delta\left(\beta_0+\sum_{i=1}^{6}\beta_i c_i\right) \tag{11.9}$$

其中 $\delta(x)=\dfrac{1}{1+\exp\{-x\}}$，通过估计参数 $\boldsymbol{\beta}=\{\beta_0, \cdots, \beta_6\}$ 可以得到最大对数似然值：

$$\mathscr{L}(\boldsymbol{\beta})=\sum_{i=1}^{t} l^{(i)}\log f(\boldsymbol{t}_i)+(1-l^{(i)})\log(1-f(\boldsymbol{t}_i)) \tag{11.10}$$

其中，$l^{(i)}$ 是二分类标签，表示第 i 个三元组中的中间域是否能够连接源域和目标域。这些标签可以通过以下算法获得：在 $\mathbb{S}$ 和 $\mathbb{T}$ 上运行半监督标签传播算法，并且可以在目标域中得到预测精度 acc_{st}。在 $\mathbb{S}$、$\mathbb{D}$ 和 $\mathbb{T}$ 上也可以运行相同的算法，并可以在目标域上得到另一个精度 acc_{sit}。如果 $\mathrm{acc}_{sit}>\mathrm{acc}_{st}$，则令 $l^{(i)}=1$，否则令 $l^{(i)}=0$。

因此，中间域选择问题可以转换为概率估算问题。具有高 $f(\boldsymbol{t})$ 的候选中间域更有可能被选择。

在第二步中，迁移学习算法考虑了所有域之间的传导关系和分布差异。基于非负矩阵三因子分解算法（Non-negative Matrix Tri-Factorization，NMTF），该算法可以同时运行特征聚类和标签传播算法。下面我们将首先介绍一些背景知识。

11.3.2.2　非负矩阵三因子分解算法

在NMTF中，特征-样本矩阵可以分解为三个子矩阵。一般来说，给定一个特征-样本矩阵 $\boldsymbol{X}\in\mathbb{R}^{m\times n}$（其中 m 是数据维数，n 是样本数量），通过求解如下优化问题可以得到分解的子矩阵：

$$\arg\min_{\boldsymbol{F},\boldsymbol{A},\boldsymbol{G}} \quad \mathscr{L}=\|\boldsymbol{X}-\boldsymbol{FAG}^{\mathrm{T}}\|_F$$

$\boldsymbol{F}\in\mathbb{R}^{m\times p}$ 表示特征聚类的信息，其中 p 为特征聚类的数量。元素 $F_{i,j}$ 表示第 i 个特征属于第 j 个特征聚类的概率。

$\boldsymbol{G}\in\mathbb{R}^{n\times c}$ 为样本聚类分配矩阵，其中 c 为样本聚类的数量。如果 $\boldsymbol{G}$ 中第 i 行的最大元素位于第 j 列，则表示第 i 个样本属于第 j 个样本聚类。

$\boldsymbol{A} \in \mathbb{R}^{p \times c}$ 是关联矩阵，元素 $A_{i,j}$ 表示第 i 个特征聚类与第 j 个样本聚类相关联的概率。

11.3.2.3 NMTF 用于迁移学习

NMTF 可以用作迁移学习的基本模型。给定源域 $\mathbb{S}$ 和目标域 $\mathbb{T}$，其中 $\boldsymbol{X}_s$ 和 $\boldsymbol{X}_t$ 为其各自的特征-样本矩阵，可以同时分解这两个矩阵并允许分解的矩阵共享一些跨域信息（子矩阵）。形式上，给定两个相关域 $\mathbb{S}$ 和 $\mathbb{T}$，其特征-样本矩阵可以同时分解为

$$\begin{aligned}\mathscr{L}_{ST} &= \| \boldsymbol{X}_s - \boldsymbol{F}_s\boldsymbol{A}_s\boldsymbol{G}_s^{\mathrm{T}} \|_F + \| \boldsymbol{X}_t - \boldsymbol{F}_t\boldsymbol{A}_t\boldsymbol{G}_t^{\mathrm{T}} \|_F \\ &= \left\| \boldsymbol{X}_s - [\boldsymbol{F}^1, \boldsymbol{F}_s^2]\begin{bmatrix}\boldsymbol{A}^1 \\ \boldsymbol{A}_s^2\end{bmatrix} + \boldsymbol{G}_s^{\mathrm{T}} \right\|_F + \left\| \boldsymbol{X}_t - [\boldsymbol{F}^1, \boldsymbol{F}_t^2]\begin{bmatrix}\boldsymbol{A}^1 \\ \boldsymbol{A}_t^2\end{bmatrix}\boldsymbol{G}_t^{\mathrm{T}} \right\|_F \end{aligned} \tag{11.11}$$

其中，$\boldsymbol{F}^1 \in \mathbb{R}_+^{m \times p_1}$ 和 $\boldsymbol{A}_1 \in \mathbb{R}_+^{p_1 \times c}$ 包含源域和目标域共享的公共因子，$\boldsymbol{F}_s^2$，$\boldsymbol{F}_t^2 \in \mathbb{R}_+^{m \times p_2}$，$\boldsymbol{A}_s^2$，$\boldsymbol{A}_t^2 \in \mathbb{R}_+^{p_2 \times n}$ 包含与特定域相关的信息。p_1、p_2 为两个参数，表示隐藏特征聚类的数量。$\boldsymbol{G}_s \in \mathbb{R}^{n \times c}$ 是源域中的 0、1 标签指示矩阵，$\boldsymbol{G}_t$ 是目标域中的未知标签指示矩阵，其将在训练过程中学习得到。

根据式（11.11），可以看到源域的标签信息通过共享因子 $\boldsymbol{F}_1$ 和 $\boldsymbol{A}_1$ 传播到目标域。

11.3.2.4 耦合的矩阵三因子分解算法

源域、中间域和目标域具有传导关系，这意味着中间域连接着源域和目标域，但分别具有不同的共享因子。因此，为了获取这些属性，Tan 等人（2015）提出了耦合的非负矩阵三因子分解（Coupled non-negative Matrix Tri-Factorization，CMTF）算法。CMTF 算法如图 11.4 所示，其目标函数表示为

$$\begin{aligned}\mathscr{L} =& \| \boldsymbol{X}_s - \boldsymbol{F}_s\boldsymbol{A}_s\boldsymbol{G}_s^{\mathrm{T}} \|_F + \| \boldsymbol{X}_I - \boldsymbol{F}_I\boldsymbol{A}_I\boldsymbol{G}_I^{\mathrm{T}} \|_F + \| \boldsymbol{X}_I - \boldsymbol{F}'_I\boldsymbol{A}'_I\boldsymbol{G}_I^{\mathrm{T}} \|_F + \| \boldsymbol{X}_t - \boldsymbol{F}_t\boldsymbol{A}_t\boldsymbol{G}_t^{\mathrm{T}} \|_F \\ =& \left\| \boldsymbol{X}_s - [\hat{\boldsymbol{F}}^1, \hat{\boldsymbol{F}}_s^2]\begin{bmatrix}\hat{\boldsymbol{A}}^1 \\ \hat{\boldsymbol{A}}_s^2\end{bmatrix}\boldsymbol{G}_s^{\mathrm{T}} \right\|_F + \left\| \boldsymbol{X}_I - [\hat{\boldsymbol{F}}^1, \hat{\boldsymbol{F}}_I^2]\begin{bmatrix}\hat{\boldsymbol{A}}^1 \\ \hat{\boldsymbol{A}}_I^2\end{bmatrix}\boldsymbol{G}_I^{\mathrm{T}} \right\|_F \\ &+ \left\| \boldsymbol{X}_I - [\widetilde{\boldsymbol{F}}^1, \widetilde{\boldsymbol{F}}_I^2]\begin{bmatrix}\widetilde{\boldsymbol{A}}^1 \\ \widetilde{\boldsymbol{A}}_I^2\end{bmatrix}\boldsymbol{G}_I^{\mathrm{T}} \right\|_F + \left\| \boldsymbol{X}_t - [\widetilde{\boldsymbol{F}}^1, \widetilde{\boldsymbol{F}}_t^2]\begin{bmatrix}\widetilde{\boldsymbol{A}}^1 \\ \widetilde{\boldsymbol{A}}_t^2\end{bmatrix}\boldsymbol{G}_t^{\mathrm{T}} \right\|_F \end{aligned} \tag{11.12}$$

根据式（11.12），可以看到公式前两项对应于第一个特征聚类和图 11.4 中源域与中间域之间的标签传播；公式后两项指的是第二个特征聚类以及中间域和目标域之间的标签传播。在式（11.12）中，值得注意的是，$\boldsymbol{X}_I$ 被不同的分解矩阵分解过两次，因为 $\boldsymbol{X}_I$ 与 $\boldsymbol{X}_s$ 和 $\boldsymbol{X}_t$ 共享不同的知识。同时，我们通过标签矩阵 $\boldsymbol{G}_I$ 将这两个分解过程耦合在一起。这是因为中间域中的样本应该在不同的分解过程中具有相同的标签。

总的来说，CMTF 算法定义了域之间的传导属性。源域中的标签信息通过 $\hat{\boldsymbol{F}}_1$ 和 $\hat{\boldsymbol{A}}^1$ 迁移到中

图 11.4 TTL 框架中 CMTF 算法的图示（该算法通过特征聚类学习两个耦合的特征表示，然后基于耦合的特征表示，通过中间域将标签信息从源域传播到目标域）

间域中，并影响 $\boldsymbol{G}_I$ 的学习。融入 $\boldsymbol{G}_I$ 中的类标签的知识通过 $\hat{\boldsymbol{F}}_1$ 和 $\hat{\boldsymbol{A}}^1$ 进一步从中间域迁移到目标域中。

11.4 基于深度神经网络的传导式迁移学习

在前述问题中，我们通过一个中间域传导性地迁移知识，并且可以通过域知识或某些预定义的选择标准来选择中间域。但是，在某些实际应用中，源域和目标域并不能通过某一个中间域连接，而是需要多个中间域来连接源域和目标域。在本节中，我们将介绍一种方法（Tan 等人，2017），通过逐步从多个中间域中选择多子集的样本来连接源域和目标域以在其间迁移知识。Tan 等人（2017）使用重建误差作为两个域之间的距离度量。也就是说，如果源域和中间域中某些数据点在基于目标域上训练的模型的重建误差很小，则这些来自源域和中间域的数据点对目标域是有帮助的。基于此度量，针对 TTL 问题，Tan 等人（2017）提出了选择性学习算法（Selective Learning Algorithm，SLA）。该算法同时从源域和中间域中选择有用的样本，以学习所选数据的高级表示，并基于该高级表示向量训练目标域的分类器。SLA 的学习过程是一个迭代过程，它选择性地从中间域中添加新数据点，并删除源域中的无用数据，以逐步修改特定于源域的模型，直到满足一些停止标准。

11.4.1 问题定义

设 $\mathcal{D}_S=\{(\boldsymbol{x}_S^1, y_S^1), \cdots, (\boldsymbol{x}_S^{n_S}, y_S^{n_S})\}$ 表示源域有标签数据，大小为 n_S，通常假设其数量足够用来训练源域的准确分类器。设 $\mathcal{D}_T=\{(\boldsymbol{x}_T^1, y_T^1), \cdots, (\boldsymbol{x}_T^{n_T}, y_T^{n_T})\}$ 为目标域有标签数据，大小为 n_T，通常假设其数量不足以学习得到目标域的准确分类器。此外，设$\mathcal{D}_I=\{\boldsymbol{x}_I^1, \cdots, \boldsymbol{x}_I^{n_I}\}$ 表示多个中间域的无标签数据，其中假定 n_I 足够大。此处，域对应于某个特定分类问题的某个概念或类别，例如图像中的面部识别或飞机识别等。不失一般性地，通常假设源域和目标域中的分类都是二分类问题，且所有数据点位于相同的特征空间中。令 $p_S(\boldsymbol{x})$、$p_S(y|\boldsymbol{x})$、$p_S(\boldsymbol{x}, y)$ 分别表示

源域数据的边缘概率分布、条件概率分布和联合概率分布，$p_T(\boldsymbol{x})$、$p_T(y|\boldsymbol{x})$、$p_T(\boldsymbol{x}, y)$ 分别表示目标域数据的边缘概率分布、条件概率分布和联合概率分布，$p_I(\boldsymbol{x})$ 表示中间域的边缘概率分布。基于此，在 TTL 问题中有

$$p_T(\boldsymbol{x}) \neq p_S(\boldsymbol{x}), \quad p_T(\boldsymbol{x}) \neq p_I(\boldsymbol{x}), \quad \text{且 } p_T(y|\boldsymbol{x}) \neq p_S(y|\boldsymbol{x})$$

TTL 的目标是利用中间域中的无标签数据在彼此间具有较大差异的源域和目标域之间建立联系，并基于该联系通过从源域中迁移监督知识来训练目标域中的准确分类器。值得注意的是，并非中间域中的所有数据都与源域数据类似，其中一些数据可能完全不同。因此，仅使用所有中间域数据来连接源域和目标域可能无法正常工作。

11.4.2 选择学习算法

在本节中，我们将介绍 Tan 等人（2017）提出的选择学习算法。

11.4.2.1 自编码器及其变种

SLA 的基础组成部分是自编码器（Bengio，2009）及其变种。自编码器是一种无监督的前馈神经网络，具有一个输入层、一个或多个隐藏层和一个输出层。它通常包括两个工作过程：编码和解码。给定输入 $\boldsymbol{x} \in \mathbb{R}^q$，自编码器通常首先通过编码函数 $f_e(\cdot)$ 对输入进行编码并将其映射为隐性表示，然后通过解码函数 $f_d(\cdot)$ 对其进行解码以重建 $\boldsymbol{x}$。自编码器的工作过程概括如下：

$$\text{编码：} \boldsymbol{h} = f_e(\boldsymbol{x}), \quad \text{解码：} \hat{\boldsymbol{x}} = f_d(\boldsymbol{h})$$

其中$\hat{\boldsymbol{x}}$是基于隐藏表示向量重建得到的。通过最小化所有训练数据的重建误差可以学习得到编码和解码两个函数 $f_e(\cdot)$ 和 $f_d(\cdot)$，即 $\min\limits_{f_e, f_d} \sum\limits_{i=1}^{n} \| \hat{\boldsymbol{x}}_i - \boldsymbol{x}_i \|_2^2$。

在学习得到编码函数和解码函数之后，编码函数相对于输入 $\boldsymbol{x}$ 的输出，即 $\boldsymbol{h} = f_e(\boldsymbol{x})$，通常被认为是输入 $\boldsymbol{x}$ 的更高级的稳定表示。值得注意的是，自编码器的输入通常为向量。当自编码器的输入为诸如图像的矩阵或张量表示时，它会丢弃样本的空间信息。在此情况下，通常使用卷积自编码器，它是自编码器的一种变体。卷积自编码器通过添加一个或多个卷积层来表征输入，并通过添加一个或多个相应的解卷积层以生成输出。

11.4.2.2 基于重建误差的样本选择

SLA 的动机在于，在理想情况下，如果源域中的数据对目标域是有帮助的，那么应该能够找

到一对编码和解码函数，使得在源域数据和目标域数据上的重建误差都很小。实际上，由于源域和目标域差异较大，因此可能源域数据中只有部分数据对目标域是有用的。同时中间域的情况也是类似的。因此，需要从中间域中选择有用的样本，并从源域中删除与目标域不相关的样本。SLA 通过最小化源域和中间域所选的样本以及目标域中的所有样本上的重建误差来学习得到编码和解码函数，需要最小化的目标函数表述如下：

$$\begin{aligned}\mathcal{J}_1(f_e,f_d,\boldsymbol{v}_S,\boldsymbol{v}_T) =& \frac{1}{n_S}\sum_{i=1}^{n_S} v_S^i \parallel \hat{\boldsymbol{x}}_S^i - \boldsymbol{x}_S^i \parallel_2^2 + \frac{1}{n_I}\sum_{i=1}^{n_I} v_I^i \parallel \hat{\boldsymbol{x}}_I^i - \boldsymbol{x}_I^i \parallel_2^2 \\ &+ \frac{1}{n_T}\sum_{i=1}^{n_T} \parallel \hat{\boldsymbol{x}}_T^i - \boldsymbol{x}_T^i \parallel_2^2 + R(\boldsymbol{v}_S,\boldsymbol{v}_T)\end{aligned} \tag{11.13}$$

其中，$\hat{\boldsymbol{x}}_S^i$、$\hat{\boldsymbol{x}}_I^i$ 和$\hat{\boldsymbol{x}}_T^i$ 分别是基于自编码器的 $\boldsymbol{x}_S^i$、$\boldsymbol{x}_I^i$ 和 $\boldsymbol{x}_T^i$ 的重构版本，$\boldsymbol{v}_S=(v_S^1, \cdots, v_S^{n_S})^{\mathrm{T}}$，$\boldsymbol{v}_I=(v_I^1, \cdots, v_I^{n_I})^{\mathrm{T}}$，$v_S^i$、$v_I^i \in \{0, 1\}$ 分别是源域中的第 i 个样本和中间域中的第 j 个样本的选择指标。当其值为 1 时，将选择相应的样本，否则不予选择。$R(\boldsymbol{v}_S, \boldsymbol{v}_T)$ 是 $\boldsymbol{v}_S$ 和 $\boldsymbol{v}_T$ 上的正则化函数，通过将 $\boldsymbol{v}_S$ 和 $\boldsymbol{v}_T$ 的所有值设置为零以避免平凡解。在 SLA 中，$R(\boldsymbol{v}_S, \boldsymbol{v}_T)$ 被定义为 $\mathrm{R}(\boldsymbol{v}_S, \boldsymbol{v}_T) = -\frac{\lambda_S}{n_S}\sum_{i=1}^{n_S} v_S^i - \frac{\lambda_I}{n_I}\sum_{i=1}^{n_I} v_I^i$ 。最小化该项相当于从源域和中间域中选择尽可能多的样本。两个正则化参数 λ_{S} 和 λ_{I} 则控制了该正则化项的重要性。

11.4.2.3　融入辅助信息

通过求解式（11.13）的最小化问题，可以通过 $\boldsymbol{v}_S$ 和 $\boldsymbol{v}_T$ 从源域和中间域中为目标域选择有用的样本，并同时通过编码函数 $f_e(\boldsymbol{x})$ 学习得到不同域中数据的高级隐性表示。但是，该学习过程属于无监督学习，所学习得到的隐性表示可能与目标域中的分类问题无关。这使得将辅助信息结合到不同领域的隐性表示的学习中尤为重要。对于源域和目标域，有标签数据可以作为辅助信息，而在中间域中则是没有标签信息的数据。SLA 将中间域上的预测视为辅助信息，并使用对预测的置信度来指导隐性表示的学习。具体而言，通过最小化以下函数将辅助信息融入学习过程中：

$$\mathcal{J}_2(f_c,f_e,f_d) = \frac{1}{n_S}\sum_{i=1}^{n_S} v_S^i \ell(y_S^i, f_c(\boldsymbol{h}_S^i)) + \frac{1}{n_T}\sum_{i=1}^{n_T} \ell(y_T^i, f_c(\boldsymbol{h}_T^i)) + \frac{1}{n_I}\sum_{i=1}^{n_T} v_I^i g(f_c(\boldsymbol{h}_I^i)) \tag{11.14}$$

其中，$f_c(\cdot)$ 为能够输出分类概率的分类函数。$g(\cdot)$ 为熵函数，定义为 $g(z)=-z\ln z-(1-z)\ln(1-z)$，其中 $0\leqslant z\leqslant 1$，用于选择中间域中具有高预测置信度的样本。

11.4.2.4 全局目标函数

通过将式（11.13）和式（11.14）结合起来，可以得到如下的全局目标函数：

$$\min_{\Theta,v}\mathscr{J}=\mathscr{J}_1+\mathscr{J}_2 \quad \text{s.t.} \quad v_S^i, v_I^i\in\{0,1\} \tag{11.15}$$

其中 $\boldsymbol{v}=\{\boldsymbol{v}_S,\ \boldsymbol{v}_T\}$，$\Theta$ 表示函数 $f_c(\cdot)$、$f_e(\cdot)$ 和 $f_d(\cdot)$ 的所有参数。

为了解决上述优化问题，SLA 使用块坐标下降（Block Coordinate Descent，BCD）方法，其中在每次迭代中，每个块中的变量会被优化，同时保持其他变量固定。在问题（11.15）中存在两种变量块：Θ 和 $\boldsymbol{v}$。当 $\boldsymbol{v}$ 中的变量固定时，可以使用反向传播算法更新 Θ，该算法可以容易地计算梯度。或者，当 Θ 中的变量固定时，可以得到 $\boldsymbol{v}$ 的解析解，如下所示：

$$v_S^i=\begin{cases}1 & \ell(y_S^i, f_c(f_e(\boldsymbol{x}_S^i)))+\|\hat{\boldsymbol{x}}_S^i-\boldsymbol{x}_S^i\|_2^2<\lambda_S\\ 0 & \text{其他}\end{cases} \tag{11.16}$$

$$v_I^i=\begin{cases}1 & \|\hat{\boldsymbol{x}}_I^i-\boldsymbol{x}_I^i\|_2^2+g(f_c(f_e(\boldsymbol{x}_I^i)))<\lambda_I\\ 0 & \text{其他}\end{cases} \tag{11.17}$$

基于式（11.16），可以看到对于源域中的数据，在优化过程中只会选择那些具有低重建误差和低训练损耗的数据。同样，基于式（11.17）可以发现，对于中间域中的数据，将仅选择具有低重建误差和高预测置信度的数据。

该方法的有效性体现在以下两个方面：第一，当固定 Θ 更新 $\boldsymbol{v}$ 时，源域中的"无用"数据将被删除，并且将选择可以连接源域和目标域的中间数据用于训练；第二，当固定 $\boldsymbol{v}$ 更新 Θ 时，仅针对所选的"有用"的数据样本训练模型。算法 11.2 总结了解决全局目标函数公式（11.15）的学习过程。

算法 11.2 选择学习算法（SLA）

1）**输入：**$\mathscr{S}$、$\mathscr{T}$、$\mathscr{I}$ 中的数据，参数 λ_S、λ_I 和 T
2）初始化 Θ，$\boldsymbol{v}_S=\mathbf{1}$，$\boldsymbol{v}_I=\mathbf{0}$ //使用所有源域数据
3）**while** $t<T$ **do**
4）　基于反向传播算法更新 Θ //更新网络
5）　基于式（11.16）和式（11.17）更新 $\boldsymbol{v}$ //选择"有用"的样本
6）　$t=t+1$
7）**endwhile**
8）**输出：**Θ 和 $\boldsymbol{v}$

图 11.5 为 SLA 中的网络架构，与式（11.15）对应。如图 11.5 所示，除了样本选择组件 $\boldsymbol{v}$ 之外，其余部分为结合辅助信息的自编码器或卷积自编码器的一般化形式。

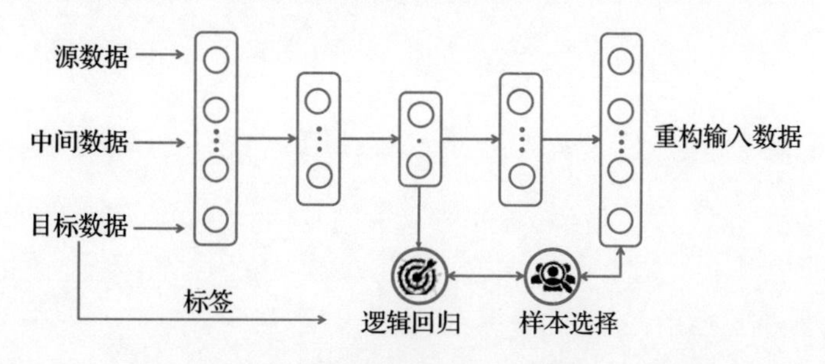

图 11.5　SLA 中的网络架构（Tan 等人，2017）

第12章

自动迁移学习：学习如何自动迁移

12.1 引言

第 1 章讨论了迁移学习的三个关键研究问题，即何时迁移、如何迁移以及迁移什么。一旦源域被认为对目标域有帮助（何时迁移），迁移学习算法（如何迁移）就可以帮助跨域学习可迁移的知识（迁移什么）。通常不同的迁移学习算法可能会学习不同的知识，这将导致迁移学习效果不均衡，这种不均衡可以通过对目标域中的非迁移算法的性能的改进来测量。为了在目标域获得良好的性能，许多迁移学习算法可以作为候选算法进行尝试，包括基于样本的迁移学习算法（Dai 等人，2007b）、基于模型的迁移学习算法（Tommasi 等人，2014）和基于特征的迁移学习算法（Pan 等人，2011）。由于计算昂贵，实际上不可能蛮力地尝试所有的迁移学习算法。作为一种权衡，研究人员通常会试探性地选择一种迁移学习算法，这可能导致次优的性能。

探索整个迁移学习算法空间并不是优化"迁移什么"的唯一途径。实际上，迁移学习经验是有帮助的。教育心理学（Luria 等人，1976；Belmont 等人，1982 年）广泛认为从经验中学习是一种很好的方法。为了提高迁移学习算法决定"迁移什么"的能力，人类可以对不同的经验进行元认知反思。不幸的是，由于忽略以前的迁移学习经验，所有现有的迁移学习算法都是从头开始学习的。

随着机器学习模型越来越复杂，对自动化机器学习（AutoML）（Yao 等人，2018）的需求已经成为机器学习的一个强大趋势。机器学习涉及许多烦琐的、需要来自人类专家的大量经验的步骤，包括样本选择、特征工程、算法选择、架构设计、模型调整和评估等，因此机器学习实践需要一个端到端的解决方案，可以将其中的许多步骤自动化。认识到需要设计复杂的架构并由人工智能专家进行复杂的参数调整，AutoML 的目标是通过引入机器学习本身的自动化，将人类从手工驱动的任务中解放出来，从而优化机器学习模型。一些研究原型和解决方案已应用于实际，参见（Kotthoff 等人，2017；Wong 等人，2018；Liu 等人，2018c；Bello 等人，2017；Feurer 等人，2015）。与传统的基于人工的模型构造相比，AutoML 具有实际部署速度快、模型选择优化、成本低等优点。AutoML 有不少应用，包括图像和语音识别、推荐系统以及预测分析。

与 AutoML 类似，迁移学习也可以应用到端到端的过程中。我们可以将自动迁移学习框架统称为 AutoTL，它代表自动迁移学习。在本章中，我们将提出一个新的自动迁移学习框架，称为学习迁移（Learning to Transfer，L2T），它通过经验自动选择迁移学习算法。该框架由 Wei 等人（2018）首次提出。L2T 是 AutoTL 的一个特例，其目的是根据以前的迁移学习经验来确定合适的算法和模型参数。

通过利用以前的迁移学习经验，L2T 框架将改进从源域到目标域的迁移性能，以确定在它们之间迁移什么以及如何迁移。为了实现这一目标，L2T 由两个阶段组成。在第一阶段，给定迁移学习经验（其中每一个经验都包含三个要素，包括源域和目标域，它们之间的知识迁移，以及性能改进），期望从这些经验中学习出反射函数（其功能是将两个域和知识映射到性能改进）。在第二阶段，对于新的源域和目标域，将学习的反射函数作为性能改进的近似值，使其最大化以确定在两个域之间迁移什么。

12.2 L2T 框架

L2T 通过多次执行迁移学习来记录 N_e 个迁移学习经验。每个迁移学习经验定义为$E_e=(\langle \mathcal{S}_e, \mathcal{T}_e\rangle, a_e, l_e)$，其中 $\mathcal{S}_e=\{\boldsymbol{X}_e^s, \boldsymbol{y}_e^s\}$ 和 $\mathcal{T}_e=\{\boldsymbol{X}_e^t, \boldsymbol{y}_e^t\}$ 分别表示源域和目标域。$\boldsymbol{X}_e^* \in \mathbb{R}^{n_e^* \times m}$表示数据矩阵，每个域都有 n_e^* 个 m 维特征空间 $\mathcal{X}_e^*$ 中的样本，其中上标 $*$ 为 s 或 t，分别表示源域或目标域。$\boldsymbol{y}_e^* \in \mathcal{Y}_e^*$ 是一个由 $\boldsymbol{X}_e^*$ 的标签组成的$n_{le}^* \times 1$ 的向量，通常源域中有标签的样本的数量比目标域的数量大得多（即 $n_{le}^t \ll n_{le}^s$）。我们考虑了每对域的同构特征空间和异构标签空间的设置，即 $\mathcal{X}_e^s=\mathcal{X}_e^t$且 $\mathcal{Y}_e^s \neq \mathcal{Y}_e^t$。$a_e \in \mathcal{A}=\{a_1, \cdots, a_{N_a}\}$ 表示在 $\mathcal{S}_e$ 和 $\mathcal{T}_e$ 之间进行的迁移学习算法。在这里，

通过算法 a_e 传递的知识将被参数化为 $\boldsymbol{W}_e$。最后，$l_e=p_e^{st}/p_e^t$ 表示性能改进率，这是相应迁移学习经验的标签，其中 p_e^{st} 是从 $\mathscr{S}_e$ 迁移 $\boldsymbol{W}_e$ 后 $\mathscr{T}_e$ 中测试数据集上的性能（例如分类准确率），p_e^t 是相同测试数据集上对应的监督学习算法的性能。

在如图 12.1 所示的训练阶段，L2T 旨在根据 N_e 个迁移学习经验 $\{E_1, \cdots, E_{N_e}\}$ 通过 $f(\mathscr{S}_e, \mathscr{T}_e, \boldsymbol{W}_e)$ 近似 l_e 来学习反射函数 f。当给定一对新的域 $\langle \mathscr{S}_{N_{e+1}}, \mathscr{T}_{N_{e+1}} \rangle$ 时，L2T 模型可以最大化 f 来学习要迁移的知识，即 $\boldsymbol{W}^*_{N_{e+1}}$，如图 12.1 中的测试阶段所示。

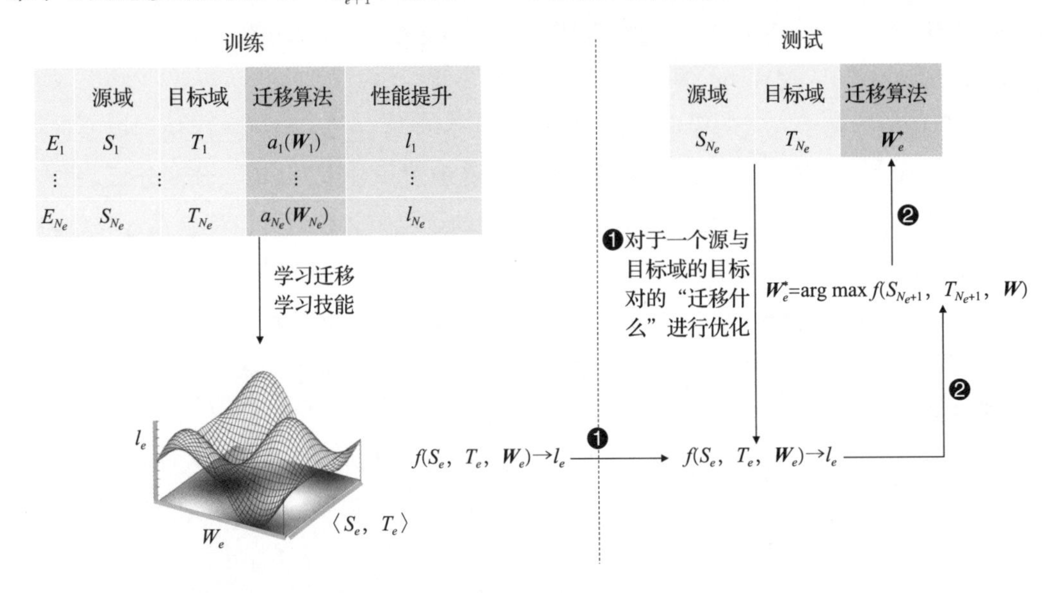

图 12.1 L2T 框架示意图（训练阶段学习反射函数 f，它根据 N_e 个迁移学习经验 $\{E_1, \cdots, E_{N_e}\}$ 来学习迁移学习技能。在测试阶段，对于第 N_e+1 个源目标对，学习到的反射函数 f 被最大化以学习它们之间迁移的知识，即 $W^*_{N_e+1}$）

12.3 参数化“迁移什么”

在不同的经验中使用的迁移学习算法通常是不同的。学习反射函数的先决条件是对候选集 $\mathscr{A}$ 中的每个算法的“迁移什么”进行统一参数化。这里假设 $\mathscr{A}$ 包含迁移单层次隐特征（latent feature）的算法，因为现有的基于模型和基于样本的迁移学习算法不能应用于我们研究的迁移学习设置（即 $\mathscr{X}_e^s=\mathscr{X}_e^t$ 且 $\mathscr{Y}_e^s\neq\mathscr{Y}_e^t$）。因此，“迁移什么”用一个隐特征矩阵 $\boldsymbol{W}$ 来进行参数化。

基于隐特征的算法跨域学习域不变特征。在这些算法中，“迁移什么”表示跨域的共享特性。定义域不变特征的方法包括两类算法，即基于公共隐空间的算法和基于流形集成的算法。

12.3.1　基于公共隐空间的算法

通过假设域不变特征位于单一共享隐空间，这类算法包括但不限于 TCA（Pan 等人，2011）、LSDT（Zhang 等人，2016）和 DIP（Baktashmotlagh 等人，2013）。其中，φ 表示将原始特征表示映射到隐空间的函数，当该函数为线性函数时，可以表示为嵌入矩阵 $\boldsymbol{W}\in\mathbb{R}^{m\times u}$，其中 u 是隐空间的维数。因此，可以用 $\boldsymbol{W}$ 参数化“迁移什么”。否则，尽管在大多数情况下可能没有明确定义非线性的 φ 的特征映射，但是根据隐空间中的相似性度量矩阵（Cao 等人，2013），仍可以用 $\boldsymbol{W}$ 参数化“迁移什么”，即根据 $\boldsymbol{X}_e^t\boldsymbol{G}(\boldsymbol{X}_e^t)^{\mathrm{T}}=\boldsymbol{Z}_e^t\ (\boldsymbol{Z}_e^t)^{\mathrm{T}}$，有 $\boldsymbol{G}=(\boldsymbol{X}_e^t)^{\dagger}\boldsymbol{Z}_e^t(\boldsymbol{Z}_e^t)^{\mathrm{T}}((X_e^t)^{\mathrm{T}})^{\dagger}$，其中 $(\boldsymbol{X}_e^t)^{\dagger}$ 是 $\boldsymbol{X}_e^t$ 的伪逆。然后将 LDL 分解应用于 $\boldsymbol{G}=\boldsymbol{L}\boldsymbol{D}\boldsymbol{L}^{\mathrm{T}}$，就可以得到隐特征矩阵 $\boldsymbol{W}=\boldsymbol{L}\boldsymbol{D}^{1/2}$。

12.3.2　基于流形集成的算法

由 Gopalan 等人（2011）提出的流形集成算法假定源域和目标域共享多个子空间，这些子空间被视为 Grassmann 流形上的点，具有相同的维度。然后，当从 Grassmann 流形中采样 n_u 个子空间时，目标样本的隐式表示变为 $\boldsymbol{Z}_e^{t(n_u)}=[\varphi_1(\boldsymbol{X}_e^t),\ \cdots,\ \varphi_{n_u}(\boldsymbol{X}_e^t)]$。$n_u$ 接近无穷大意味着所有子空间都被采样，Gong 等人（2012a）证明了此时 $\boldsymbol{Z}_e^{t(\infty)}(\boldsymbol{Z}_e^{t(\infty)})^{\mathrm{T}}=\boldsymbol{X}_e^t\boldsymbol{G}(X_e^t)^{\mathrm{T}}$，其中 $\boldsymbol{G}$ 表示相似性度量矩阵。因此最新特征表示为 $\boldsymbol{W}=\boldsymbol{L}\boldsymbol{D}^{1/2}$。

12.4　从经验中学习

给定所有的经验 $\{E_1,\ \cdots,\ E_{N_e}\}$，训练阶段用于学习反射函数 f 作为改进率的近似值。改进率 l_e 与两个因素密切相关。第一个因素是隐空间中源域和目标域之间的差异，第二个因素是隐空间中目标域的判别能力。因此，基于这两个因素，L2T 可以设计反射函数 f。下面我们将讨论如何定义这两个因素。

12.4.1　源域和目标域之间的差异

与 Pan 等人（2011）的工作类似，MMD 用于度量域之间的差异。MMD 计算源样本平均值与目标样本平均值之间的距离，如下所示：

$$\hat{d}_e^2(\boldsymbol{X}_e^s\boldsymbol{W}_e,\boldsymbol{X}_e^t\boldsymbol{W}_e)=\left\|\frac{1}{n_e^s}\sum_{i=1}^{n_e^s}\phi(\boldsymbol{x}_{ei}^s\boldsymbol{W}_e)-\frac{1}{n_e^t}\sum_{j=1}^{n_e^t}\phi(\boldsymbol{x}_{ej}^t\boldsymbol{W}_e)\right\|_{\mathcal{H}}^2$$
$$=\frac{1}{(n_e^s)^2}\sum_{i,i'=1}^{n_e^s}\mathcal{K}(\boldsymbol{x}_{ei}^s\boldsymbol{W}_e,\boldsymbol{x}_{ei'}^s\boldsymbol{W}_e)+\frac{1}{(n_e^t)^2}\sum_{j,j'=1}^{n_e^t}\mathcal{K}(\boldsymbol{x}_{ej}^t\boldsymbol{W}_e,\boldsymbol{x}_{ej'}^t\boldsymbol{W}_e)$$
$$-\frac{2}{n_e^s n_e^t}\sum_{i,j=1}^{n_e^s,n_e^t}\mathcal{K}(\boldsymbol{x}_{ei}^s\boldsymbol{W}_e,\boldsymbol{x}_{ej}^t\boldsymbol{W}_e) \tag{12.1}$$

其中，$\boldsymbol{x}_{ej}^t$ 表示 $\boldsymbol{X}_e^t$ 中的第 j 个样本，ϕ 从 u 维隐空间映射到 RKHS $\mathcal{H}$，$\mathcal{K}(\cdot,\cdot)=\langle\phi(\cdot),\phi(\cdot)\rangle$ 表示核函数。不同的核 K 产生不同的 MMD，这将导致不同的 f 形式，因此学习 f 需要确定最优的 $\mathcal{K}$。根据多核 MMD（Gretton 等人，2012），将 $\mathcal{K}$ 参数化为具有非负组合系数的 N_k 个核的线性组合，即 $\mathcal{K}=\sum_{k=1}^{N_k}\beta_k\mathcal{K}_k(\beta_k\geqslant 0,\forall k)$，并转而学习系数 $\boldsymbol{\beta}=[\beta_1,\cdots,\beta_{N_k}]^{\mathrm{T}}$。然后 MMD 可以简化为

$$\hat{d}_e^2(\boldsymbol{X}_e^s\boldsymbol{W}_e,\boldsymbol{X}_e^t\boldsymbol{W}_e)=\sum_{k=1}^{N_k}\beta_k\,\hat{d}_{e(k)}^2(\boldsymbol{X}_e^s\boldsymbol{W}_e,\boldsymbol{X}_e^t\boldsymbol{W}_e)=\boldsymbol{\beta}^{\mathrm{T}}\,\hat{\boldsymbol{d}}_e$$

其中，$\hat{\boldsymbol{d}}_e^2=[\hat{d}_{e(1)}^2,\cdots,\hat{d}_{e(N_k)}^2]^{\mathrm{T}}$，$\hat{d}_{e(k)}^2$ 根据第 k 个核 $\mathcal{K}_k$ 计算。

然而，仅有 MMD 不足以度量两个域之间的差异。当两个域之间的距离方差较大时，一对具有较小 MMD 的域几乎没有分布重叠。跨域的所有样本对之间的距离方差也是描述域差异的必要条件。根据 Gretton 等人（2012）的论文，式（12.1）是 $\hat{d}_e^2(\boldsymbol{X}_e^s\boldsymbol{W}_e,\boldsymbol{X}_e^t\boldsymbol{W}_e)=\mathbb{E}_{x_e^s x_e^{s\prime} x_e^t x_e^{t\prime}}h(\boldsymbol{x}_e^s,\boldsymbol{x}_e^{s\prime},\boldsymbol{x}_e^t,\boldsymbol{x}_e^{t\prime})$ 的经验估计，其中 $h(\boldsymbol{x}_e^s,\boldsymbol{x}_e^{s\prime},\boldsymbol{x}_e^t,\boldsymbol{x}_e^{t\prime})$ 的定义为

$$h(\boldsymbol{x}_e^s,\boldsymbol{x}_e^{s\prime},\boldsymbol{x}_e^t,\boldsymbol{x}_e^{t\prime})$$
$$=\mathcal{K}(\boldsymbol{x}_e^s\boldsymbol{W}_e,\boldsymbol{x}_e^{s\prime}\boldsymbol{W}_e)+\mathcal{K}(\boldsymbol{x}_e^t\boldsymbol{W}_e,\boldsymbol{x}_e^{t\prime}\boldsymbol{W}_e)-\mathcal{K}(\boldsymbol{x}_e^s\boldsymbol{W}_e,\boldsymbol{x}_e^{t\prime}\boldsymbol{W}_e)-\mathcal{K}(\boldsymbol{x}_e^{s\prime}\boldsymbol{W}_e,\boldsymbol{x}_e^t\boldsymbol{W}_e)$$

因此，距离方差 σ_e^2 可计算为

$$\sigma_e^2(\boldsymbol{X}_e^s\boldsymbol{W}_e,\boldsymbol{X}_e^t\boldsymbol{W}_e)=\mathbb{E}_{x_e^s x_e^{s\prime} x_e^t x_e^{t\prime}}[(h(\boldsymbol{x}_e^s,x_e^{s\prime},\boldsymbol{x}_e^t,\boldsymbol{x}_e^{t\prime})-\mathbb{E}_{x_e^s x_e^{s\prime} x_e^t x_e^{t\prime}}h(\boldsymbol{x}_e^s,\boldsymbol{x}_e^{s\prime},\boldsymbol{x}_e^t,\boldsymbol{x}_e^{t\prime}))^2]$$

由于 MMD 以 N_k 个 PSD 核为特征，我们可以得到 $\sigma_e^2=\boldsymbol{\beta}^{\mathrm{T}}\boldsymbol{Q}_e\boldsymbol{\beta}$，其中

$$\boldsymbol{Q}_e=\mathrm{cov}(h)=\begin{bmatrix}\sigma_{e(1,1)} & \cdots & \sigma_{e(1,N_k)}\\ \vdots & & \vdots\\ \sigma_{e(N_k,1)} & \cdots & \sigma_{e(N_k,N_k)}\end{bmatrix}$$

$\sigma_{e(k_1,k_2)}$ 通过如下方式计算

$$\sigma_{e(k_1,k_2)}=\mathrm{cov}(h_{k_1},h_{k_2})=\mathbb{E}[(h_{k_1}-\mathbb{E}h_{k_1})(h_{k_2}-\mathbb{E}h_{k_2})]$$

其中 $\mathbb{E}h_{k_1}$ 表示 $\mathbb{E}_{x_e^s x_e^{s\prime} x_e^t x_e^{t\prime}} h_{k_1}(\boldsymbol{x}_e^s, \boldsymbol{x}_e^{s\prime}, \boldsymbol{x}_e^t, \boldsymbol{x}_e^{t\prime})$，$h_{k_1}$ 通过第 k_1 个核计算得出。

12.4.2　目标域判别能力

由于目标域中有标签的样本数量有限，因此根据 Yang 等人（2007a）提出的无标签判别标准，使用无标签的样本来帮助评估判别能力，即

$$\tau_e = \mathrm{tr}(\boldsymbol{W}_e^{\mathrm{T}} \boldsymbol{S}_e^N \boldsymbol{W}_e) / \mathrm{tr}(\boldsymbol{W}_e^{\mathrm{T}} \boldsymbol{S}_e^L \boldsymbol{W}_e)$$

其中 $\boldsymbol{S}_e^L = \sum_{j,j'=1}^{n_e^t} \frac{H_{jj'}}{(n_e^t)^2} (\boldsymbol{x}_{ej}^t - \boldsymbol{x}_{ej'}^t)(\boldsymbol{x}_{ej}^t - \boldsymbol{x}_{ej'}^t)^{\mathrm{T}}$ 是局部散射协方差矩阵，$\boldsymbol{S}_e^N = \sum_{j,j'=1}^{n_e^t} \frac{\mathcal{K}(\boldsymbol{x}_{ej}^t, \boldsymbol{x}_{ej'}^t) - H_{jj'}}{(n_e^t)^2} (\boldsymbol{x}_{ej}^t - \boldsymbol{x}_{ej'}^t)(\boldsymbol{x}_{ej}^t - \boldsymbol{x}_{ej'}^t)^{\mathrm{T}}$ 是非局部散射协方差矩阵，$H_{jj'}$ 定义为

$$H_{jj'} = \begin{cases} \mathcal{K}(\boldsymbol{x}_{ej}^t, \boldsymbol{x}_{ej'}^t) & \boldsymbol{x}_{ej}^t \in \mathcal{N}_r(\boldsymbol{x}_{ej'}^t) \text{ 且 } \boldsymbol{x}_{ej'}^t \in \mathcal{N}_r(\boldsymbol{x}_{ej}^t) \\ 0 & \text{其他} \end{cases}$$

值得注意的是，τ_e 的计算取决于核。由从第 k 个核 $\mathcal{K}_k$ 得到的 $\tau_{e(k)}$，τ_e 可以表示成 $\tau_e = \sum_{k=1}^{N_k} \beta_k \tau_{e(k)} = \boldsymbol{\beta}^{\mathrm{T}} \boldsymbol{\tau}_e$，其中 $\boldsymbol{\tau}_e = [\tau_{e(1)}, \cdots, \tau_{e(N_k)}]^{\mathrm{T}}$。

12.4.3　优化问题

通过结合上述两个因素建立反射函数 f，可以将学习 f 的优化问题表述为

$$\begin{aligned} \boldsymbol{\beta}^*, \lambda^*, \mu^*, b^* &= \arg\min_{\boldsymbol{\beta}, \lambda, \mu, b} \sum_{e=1}^{N_e} \mathcal{L}_h\left(\boldsymbol{\beta}^{\mathrm{T}} \hat{\boldsymbol{d}}_e + \lambda \boldsymbol{\beta}^{\mathrm{T}} \hat{\boldsymbol{Q}}_e \boldsymbol{\beta} + \frac{\mu}{\boldsymbol{\beta}^{\mathrm{T}} \boldsymbol{\tau}_e} + b, \frac{1}{l_e}\right) + \gamma_1 R(\boldsymbol{\beta}, \lambda, \mu, b) \\ \text{s.t.} \quad & \beta_k \geqslant 0, \forall k \in \{1, \cdots, N_k\}, \lambda \geqslant 0, \mu \geqslant 0 \end{aligned} \tag{12.2}$$

其中 $f = 1/\left(\boldsymbol{\beta}^{\mathrm{T}} \hat{\boldsymbol{d}}_e + \lambda \boldsymbol{\beta}^{\mathrm{T}} \hat{\boldsymbol{Q}}_e \boldsymbol{\beta} + \frac{\mu}{\boldsymbol{\beta}^{\mathrm{T}} \boldsymbol{\tau}_e} + b\right)$，两个变量 λ 和 μ 用于平衡 f 中的三个项，b 是偏移量，$\mathcal{L}_h(\cdot)$ 是 Huber 回归损失（Huber，1964），正则化函数 R 定义了 ℓ_2 范数正则化，γ_1 是正则化参数。问题（12.2）结合了域之间的差异，包括 MMD 距离 $\boldsymbol{\beta}^{\mathrm{T}} \hat{\boldsymbol{d}}_e$ 和距离方差 $\boldsymbol{\beta}^{\mathrm{T}} \hat{\boldsymbol{Q}}_e \boldsymbol{\beta}$，以及目标域中的判别标准 $\boldsymbol{\beta}^{\mathrm{T}} \boldsymbol{\tau}_e$，来近似性能改进比 l_e。

12.5　推断“迁移什么”

一旦在训练阶段学习了反射函数 $f(\mathcal{S}, \mathcal{T}, \boldsymbol{W}; \boldsymbol{\beta}^*, \lambda^*, \mu^*, b^*)$，L2T 将利用所学的反射

函数来优化“迁移什么”，即针对一对新的源域 $\mathcal{S}_{N_e+1}$ 以及目标域 $\mathcal{T}_{N_e+1}$ 来确定最优的隐特征矩阵 $\boldsymbol{W}$。由于最优隐特征矩阵 $\boldsymbol{W}^*_{N_e+1}$ 是为了使 f 值最大化，因此相应的目标函数为

$$\begin{aligned}\boldsymbol{W}^*_{N_e+1} &= \arg\min_{\boldsymbol{W}} 1/f(\mathcal{S}_{N_e+1},\mathcal{T}_{N_e+1},\boldsymbol{W};\boldsymbol{\beta}^*,\lambda^*,\mu^*,b^*)+\gamma_2\|\boldsymbol{W}\|_F^2 \\ &= \arg\min_{\boldsymbol{W}}(\boldsymbol{\beta}^*)^{\mathrm{T}}\hat{\boldsymbol{d}}_{\boldsymbol{W}}+\lambda^*(\boldsymbol{\beta}^*)^{\mathrm{T}}\hat{\boldsymbol{Q}}_{\boldsymbol{W}}\boldsymbol{\beta}^*+\mu^*\frac{1}{(\boldsymbol{\beta}^*)^{\mathrm{T}}\boldsymbol{\tau}_{\boldsymbol{W}}}+\gamma_2\|\boldsymbol{W}\|_F^2\end{aligned} \quad (12.3)$$

其中 γ_2 是正则化参数。问题（12.3）中的第一项和第二项计算如下：

$$(\boldsymbol{\beta}^*)^{\mathrm{T}}\hat{\boldsymbol{d}}_{\boldsymbol{W}}=\sum_{k=1}^{N_k}\beta_k^*\Big(\frac{1}{a^2}\sum_{i,i'=1}^{a}\mathcal{K}_k(\boldsymbol{v}_i\boldsymbol{W},\boldsymbol{v}_{i'}\boldsymbol{W})+\frac{1}{b^2}\sum_{j,j'=1}^{b}\mathcal{K}_k(\boldsymbol{w}_j\boldsymbol{W},\boldsymbol{w}_{j'}\boldsymbol{W})-\frac{2}{ab}\sum_{i,j=1}^{a,b}\mathcal{K}_k(\boldsymbol{v}_i\boldsymbol{W},\boldsymbol{w}_j\boldsymbol{W})\Big)$$

$$\begin{aligned}(\boldsymbol{\beta}^*)^{\mathrm{T}}\hat{\boldsymbol{Q}}_{\boldsymbol{W}}\boldsymbol{\beta}^* &= \frac{1}{n^2-1}\sum_{i,i'=1}^{n}\sum_{k=1}^{N_k}(\beta_k^*(\mathcal{K}_k(\boldsymbol{v}_i\boldsymbol{W},\boldsymbol{v}_{i'}\boldsymbol{W})+\mathcal{K}_k(\boldsymbol{w}_i\boldsymbol{W},\boldsymbol{w}_{i'}\boldsymbol{W})-2\mathcal{K}_k(\boldsymbol{v}_i\boldsymbol{W},\boldsymbol{w}_{i'}\boldsymbol{W}) \\ &\quad -\frac{1}{n^2}\sum_{i,i'=1}^{n}(\mathcal{K}_k(\boldsymbol{v}_i\boldsymbol{W},\boldsymbol{v}_{i'}\boldsymbol{W})+\mathcal{K}_k(\boldsymbol{w}_i\boldsymbol{W},\boldsymbol{w}_{i'}\boldsymbol{W})-2\mathcal{K}_k(\boldsymbol{v}_i\boldsymbol{W},\boldsymbol{w}_{i'}\boldsymbol{W}))))^2\end{aligned}$$

其中 $\boldsymbol{v}_i=\boldsymbol{x}^s_{(N_e+1)i}$，$\boldsymbol{v}_{i'}=\boldsymbol{x}^s_{(N_e+1)i'}$，$\boldsymbol{w}_j=\boldsymbol{x}^t_{(N_e+1)j}$，$\boldsymbol{w}_{j'}=\boldsymbol{x}^t_{(N_e+1)j'}$，$a=n^s_{N_e+1}$，$b=n^t_{N_e+1}$。问题（12.3）中的第三项可以计算为 $(\boldsymbol{\beta}^*)^{\mathrm{T}}\boldsymbol{\tau}_{\boldsymbol{W}}=\sum_{k=1}^{N_k}\beta_k^*\frac{\mathrm{tr}(\boldsymbol{W}^{\mathrm{T}}\boldsymbol{S}_k^N\boldsymbol{W})}{\mathrm{tr}(\boldsymbol{W}^{\mathrm{T}}\boldsymbol{S}_k^L\boldsymbol{W})}$。非凸问题（12.3）可以采用共轭梯度法进行优化。

12.6 与其他学习范式的联系

12.6.1 迁移学习

第 1 章确定了迁移学习的三个关键研究问题，即何时迁移、迁移什么以及如何迁移。模型（Yang 等人，2007b；Tommasi 等人，2014）、样本（Dai 等人，2007b）或特征（Pan 等人，2011）都可以在域之间迁移。一些工作（Yang 等人，2007b；Tommasi 等人，2014）使用源模型来规范基于 SVM 的目标模型。在 Dai 等人（2007b）的论文中，目标学习器的能力通过利用有用的源域样本来提高。各种能够学习域间可迁移特征的技术已经被广泛研究。这些技术基于人工定义的轴特征（Blitzer 等人，2006）、降维（Pan 等人，2011；Baktashmotlagh 等人，2013、2014）、协同矩阵分解（Long 等人，2014）、字典学习/稀疏编码（Raina 等人，2007；Zhang 等人，2016）、流形学习（Gopalan 等人，2011；Gong 等人，2012a），以及深度学习（Yosinski 等人，2014；Long 等人，2015；Tzeng 等人，2015）。与 L2T 不同的是，现有的研究都侧重于从零开始迁移。

12.6.2　多任务学习

多任务学习（Caruana，1997；Zhang 和 Yang，2017b）通过在任务之间共享知识来共同学习多个相关任务，从而提高所有任务的泛化性能，这与迁移学习和 L2T 不同，如图 12.2所示。

	训练		测试
迁移学习	任务1		任务2
多任务学习	任务1 ··· 任务N		任务1 ··· 任务N
终身学习	任务1 ··· 任务N		任务N+1
学习迁移	任务1 → 任务2	··· 任务$2N-1$ → 任务$2N$	任务$2N+1$ → 任务$2N+2$

图 12.2　L2T 与其他相关学习范式间的区别

12.6.3　终身机器学习

第 14 章将介绍的终身机器学习将现有学习任务中包含的知识迁移到一个新任务，并假定新任务与现有任务处于相同的环境中。Ruvolo 和 Eaton（2013）从在线元学习的角度研究了终身机器学习。L2T 与终身机器学习的共性在于，二者的目的都是利用历史经验来提高学习系统的性能，而二者的区别在于，终身机器学习中的每一个历史经验都是一个传统的学习任务，而 L2T 中的每一个历史经验都是一个迁移学习任务。这两种学习范式的区别如图 12.2 所示。

12.6.4　自动化机器学习

正如本章前面所提到的，L2T 框架旨在为迁移学习任务自动调整合适的迁移学习模型。因此，它与 AutoML 有着密切的关系。AutoML 的目标是在有限的计算预算内，在没有人为帮助的情况下构建机器学习程序。

人们在 AutoML 中已经进行了几次成功的尝试。例如，Kotthoff 等人（2017）提出了一个设计用于自动搜索机器学习系统 WEKA 的学习算法空间及其各自的超参数设置以最大化性能的系统。Wong 等人（2018）运用迁移学习帮助改进 AutoML 过程，使应用该技术更具成本效益。Feurer 等人（2015）提出了一个基于 scikit-learn 的 AutoML 系统，该系统自动考虑过去在类似数据集上的系统性能。这项技术基于一套学习系统的集成，并且这些系统将被优化。Bello 等人（2017）提出了一种自动发现深度学习架构优化方法的方式，其使用强化学习算法来最大化基于函数基元（functional primitive）的模型性能。Liu 等人（2018c）提出了一种利用基于序列模型的优化策略来学习卷积神经网络结构的方法。这一方法比目前基于强化学习的解决方案更有效。

本章介绍的 L2T 框架是 AutoTL 框架的一个特例，它将 AutoML 应用于迁移学习任务。L2T 属于 AutoML 中的模型选择模块。各种 AutoML 技术均可用于迁移学习。然而，AutoML 和 AutoTL也有差异。具体来说，前者侧重于自动化监督学习算法，而后者（即 L2T 框架）侧重于迁移学习。因此，可以将 L2T 框架看作一种迁移学习的 AutoML 案例。

人工智能技术丛书

第13章

小样本学习

13.1 引言

“小样本学习”的概念受到以下观察的启发：人类只需要通过几个例子就可以学习一个新概念，甚至没有例子也能学习一个新的概念！婴儿能够通过少量观察来捕捉概念的典型特征。例如，当呈现一张苹果的图像，并且被告知图像中的对象是苹果时，人类可以快速捕获关于其形状、颜色和纹理的关键特征，并且自然地将这些特征与“苹果”概念相关联。之后，当我们看到莲雾时，由于它的外观和纹理与苹果十分类似，我们也可以很迅速地推测出这也是一种水果。

然而，对于大多数当前机器学习算法来说，这样简单的任务都是困难的，尤其是对于在许多感知任务中表现出很强竞争力的深度学习模型。与人类从一个小样本集合中学习的能力相比，机器学习算法的学习通常需要大量样本。通常，模型越复杂，模型在训练期间需要输入的有标签数据越多。因此，当机器学习模型遇到一个全新的概念时，仅仅依据先前的经验做出正确判断的可能性是不确定的。在大多数情况下，机器学习算法需要使用大量新样本为新任务更新模型。

为了赋予机器学习算法从少数样本中捕获有用信息的能力，研究人员试图模拟人类从小样本中学习的过程，而不是用大数据训练端到端模型。这组模型的核心建立在人类认知能力的基础上。

认知涵盖了从物理观察、心理理解到记忆的各个阶段。以水果的识别为例，苹果是我们非常熟悉的一种水果，但莲雾对于很多人来说是陌生的，而人类依然可以在这种情况下猜测出这是一种水果，因为莲雾具有和苹果相似的外形和口感。如果算法具有这种类比归纳的能力，则模型也可以容易地学习到新的概念。

根据这一见解，研究人员提出了模仿人类学习能力的小样本学习方法。其中有许多小样本学习的变体，包括零样本学习（zero-shot learning）、单样本学习（one-shot learning）、贝叶斯规划学习（Bayesian Program Learning，BPL）、短缺资源学习（low resource learning）和域泛化(domain generalization)。它们都可以被理解为迁移学习的特例。因此，在迁移学习的背景下，我们将对其逐一介绍。

与先前介绍的迁移学习设定相比，在小样本学习中，通常假设目标域具有更有限的数据，包括有标签和无标签的数据。在某些极端情况下，目标域中没有预先提供的数据样本，也就是域泛化研究的问题。在下文中，我们将分别选取零样本学习（13.2 节）、单样本学习（13.3 节）、贝叶斯规划学习（13.4 节）、短缺资源学习（13.5 节）和域泛化学习（13.6 节）中一些有代表性的模型进行介绍。

13.2 零样本学习

13.2.1 概述

在零样本学习的设定下，学习系统需要对训练集未覆盖类别的样本进行预测。该设定与传统的机器学习设定的关键区别在于新的概念或类标签仅出现在测试样本中，这种差异需要一个从现有概念到新概念的“桥梁”。大多数零样本学习方法使用的桥梁是所谓的“语义特征”，这些特征使迁移学习成为可能。

某个类的语义特征是表征该类的属性。因此，我们不直接学习从特征空间 $\mathscr{X}$ 到类空间 $\mathscr{Y}$ 的映射，而是尝试学习从特征空间 $\mathscr{X}$ 到语义空间 $\mathscr{F}$ 的映射。除此之外，我们需要一个知识库 $\mathscr{K}$，其中列出了所有类标签及其相关的语义特征，这便是我们搭建的桥梁。在获得样本的语义特征之后，我们将匹配知识库中的特征以获得与数据样本所属的类最相似的类。在下文中，我们将介绍一些常用的术语（Palatucci 等人，2009）。

语义特征空间由 $\mathscr{F}$ 表示，它是一个 d 维空间，空间中的每个维度表示一个隐式或显式属性，既可以是连续的也可以是分类的。在显式情况下，维度表示显式的语义属性，例如对象是否具有一对翅膀或对象具有多少条腿。在隐式的情况下，很难给出该特征的明确描述，但我们知道该特征有助于我们区分不同的类。这种特征中最著名的例子是词嵌入，其中具有相似语义的词在嵌入空间中彼此接近。

语义知识库由 $\mathcal{K}=\{(\boldsymbol{f}_1, y_1), \cdots, (\boldsymbol{f}_k, y_k)\}$ 表示，其中 $y_i \in \mathcal{Y}$表示标签，$\boldsymbol{f}_i \in \mathcal{F}$ 表示语义特征空间中的对应表示。假设 $\mathcal{F}$ 和 $\mathcal{Y}$之间存在一对一的映射。因此，只要得到语义特征表示 $\boldsymbol{f}$，我们就可以找到它所属的类，反之亦然。

知识库 $\mathcal{K}$可以通过手工标注或通过机器学习的方式来构建。通过手工标注，每个指定的标签由人类标注者提供，这通常是可以解释的。在图像中，标注者标记出现在图像中的对象，其中标签指示某些属性的存在与否。基于机器学习的标注方法是从文本语料库中自动学习到类标签的隐式表达，语料库需包含所有类标签的词。然后训练模型以模仿人类通过阅读学习新概念的能力。例如，我们可能不知道“狮虎”的含义，但在浏览了诸如“狮虎是雄狮和雌虎的杂交产物”之类的描述之后，我们就可以推断出在某种程度上狮虎的外观跟老虎和狮子是类似的。词嵌入对于捕捉单词的语义相似性至关重要。如果两个单词出现在相似的上下文中，则它们的语义相似性可能很高。从技术上讲，这类方法的核心是通过在给定中心词的上下文中最大化词出现的概率或在上下文中最大化给定词的中心词的出现概率来将单词编码为分布表示。

Shen 等人（2006b）通过“桥接分类器”展示了其中一种零样本学习的最初工作。这项工作赢得了 2005 年 ACM KDDCUP 数据挖掘竞赛冠军（Shen 等人，2005），随后应用于多个商业搜索引擎和广告系统。我们将在下面详细介绍该解决方案。

13.2.2　零样本学习算法

目前提出的零样本学习算法大致可以分为两类：第一类是从分类或回归的角度出发，第二类是从能量函数排名的角度出发。

13.2.2.1　分类和回归

如上所述，在零样本学习中需要一个映射过程，该过程分为两个阶段：$\mathcal{X}\to\mathcal{F}$ 和 $\mathcal{F}\to\mathcal{Y}$。在前文中，$\mathcal{F}$ 是桥接不同类的语义特征空间。语义特征空间中的每个维度可以是连续的，也可以是离散的。

为了实现零样本学习，在第一步中，我们首先需要将训练样本中的标签转换为基于知识库的语义特征 $\boldsymbol{f}$。在第二步中，我们将一组函数拟合到训练样本上，其中函数可以是针对分类特征的分类器或针对连续特征的回归模型。我们有 $\{(\boldsymbol{x}_1^s, \boldsymbol{f}_1^s), \cdots, (\boldsymbol{x}_{n_s}^s, \boldsymbol{f}_{n_s}^s)\}$，因为 $\boldsymbol{f}$ 是多维的，并且每个维度都要求有一个预测模型。

在测试阶段，我们将分类器应用于目标任务。第一步是通过我们刚刚学习得到的预测模型将 $\boldsymbol{x}_i^t$ 映射到 $\boldsymbol{f}_i^t(i\in\{1, 2, \cdots, n_t\})$；第二步是通过知识库，找到与预测的语义特征最相似的类。

Shen 等人（2006b）的算法的目标是将给定查询分类为新的类别标签，而这个新的类没有带标签的样本或者仅有少量带标签的样本。为了解决这个问题，我们使用两个阶段来构建零样本分类模型。第一阶段对应于机器学习算法的训练阶段，其中我们收集来自网络的数据用于训练一组中间分类器，该分类器将文本文档映射到中间类别（一共 300 000 个）。第二阶段将基础分类器中的标签映射到目标域中的新标签，以将基础文档完全连接到目标标签，其数量小于 100。该中间类别标签空间和上述的语义类别空间相关联，来自网络的数据先和语义特征相关联，再映射到目标类别。

Shen 等人（2006a）对该算法进行了详细描述，并进行了查询分类实验。令 $p(C_i^T|q)$ 表示给定查询 q 条件下属于类 C_i^T 的条件概率，$p(C_i^T|C_j^I)$ 和 $p(q_j|C_j^I)$ 具有相似的定义。这里 $p(C_j^I)$ 是中间类标签 C_j^I 的先验概率，其可以从 C^I 中的网页估计。它们的关系可以通过贝叶斯规则来计算：

$$\begin{aligned} p(C_i^T|q) &= \Sigma_{C_j^I} p(C_i^T, C_j^I|q) \\ &= \sigma_{C_j^I} p(C_i^T|C_j^I, q) p(C_j^I|q) \\ &\propto \sigma_{C_j^I} p(C_i^T|C_j^I) p(q|C_j^I) p(C_j^I) \end{aligned}$$

可以通过一类中单词或短语的出现频率来估计最后一个等式中的项。例如

$$p(C_i^T|C_j^I) = \prod_{k=1}^{n} (p(w_k|C_j^I))^{n_k} \tag{13.1}$$

最后，要输出的类由最大似然公式确定：

$$c^* = \underset{C_i^T}{\operatorname{argmax}}\, p(C_i^T|q) \tag{13.2}$$

图 13.1 显示了如何通过中间类建立从查询到目标类的映射。在该图中，通过由中间分类器按照首先从 Q 到 C^I 然后从 C^I 到目标 C^T 的顺序计算的特定概率，最终把查询 q_k 映射到目标类标签 C^T。

语义特征可以以诸如标注属性的显式形式或诸如标签编码的隐式形式来表示。Socher 等人（2013a）提出了一种回归模型，用于将原始特征表示投影到标签编码空间中。在这样的设置下，$\boldsymbol{f}_i$ 可以表示为 $f(y_i)$，$i\in\{1, \cdots, n\}$，其中 $f(y_i)$ 是从大语料库中学习的标签 y_i 的分布表示。该回归模型使用两层的神经网络，其目标函数定义如下：

$$l(\boldsymbol{x},y)=\|f(y)-\boldsymbol{\theta}^{(2)}\tanh(\boldsymbol{\theta}^{(1)}\boldsymbol{x})\|^2$$

其中 $\boldsymbol{\theta}^{(1)}\in\mathbb{R}^{h\times d}$，$\boldsymbol{\theta}^{(2)}\in\mathbb{R}^{m\times h}$，$\tanh(\cdot)$ 表示双曲正切函数。他们还考虑到，如果在测试集中将现有的和新的类混合在一起，则该模型可能错误地将图像归为现有类。这是迁移学习中的典型问题。由于目标域和源域具有不同的分布，因此通过源数据训练的模型不能直接应用于目标数据的预测任务。如果模型可以访问目标域中的一些样本，则可以采用一些域适应技术来减小分布差异。

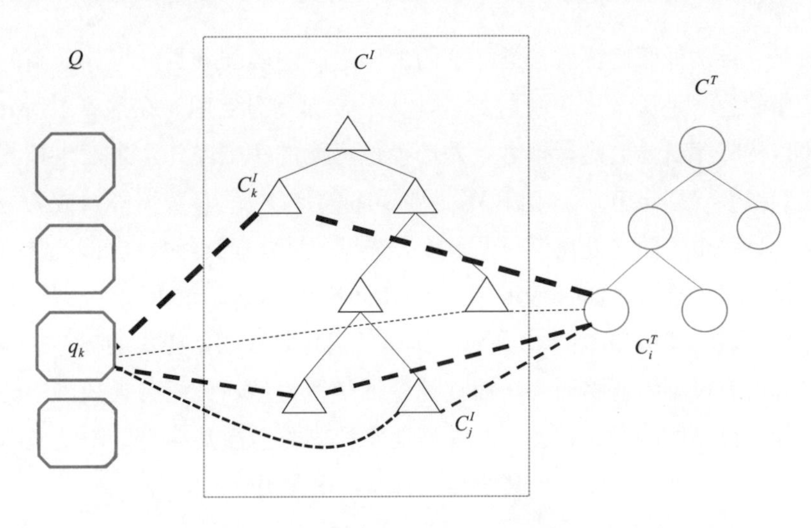

图 13.1　通过中间域进行查询分类的桥接分类器（改编自 Shen 等人（2006b）的论文）

为了解决数据短缺问题，Socher 等人（2013a）在分类步骤之前添加了一个步骤以检测新样本是否属于未见的类，然后分别采用两种策略来执行两组分类任务，一种策略处理异常样本，即不属于现有类的样本，另一种处理正常样本。

此类问题中另一个有趣的模型是语义嵌入的凸组合（Convex combination of Semantic Embedding，ConSE）（Norouzi 等人，2013）。ConSE 和 Socher 等人（2013a）的方法之间的区别在于目标函数的选择。事实上，它隐藏了标准分类过程中的回归过程，因此上面的均方误差被分类误差所取代。该方法在源域中训练分类器以估计数据点属于每个类的概率。在测试阶段，将训练的分类器应用于目标数据，以输出从每个源类中提取该数据点的概率。接下来，通过对应于每个源类的标签编码的凸组合来计算样本在语义特征空间中的表示，其中估计的概率作为权重，在数学上该表示可以定义为

$$f(\boldsymbol{x})=\frac{1}{Z}\sum_{t=1}^{T}\mathbb{P}(\hat{y}(\boldsymbol{x},t)\mid x)f(\hat{y}(\boldsymbol{x},t))$$

其中 T 表示最可能涉及的类的最大数量，$\hat{y}(\boldsymbol{x},\ t)$ 表示具有第 t 个最高概率的标签，Z 是归一化

因子。该方法背后的直觉是使用当前样本和不同类之间的相似性来推断表示。假设一个狮虎的外观一半类似于一只狮子，另一半类似于一只老虎，则 $f(\text{liger})$ 约为$\frac{1}{2}f(\text{lion})+\frac{1}{2}f(\text{tiger})$。有了预测的语义空间中的嵌入，我们可以很容易找到它在语义知识库中的最近邻。

13.2.2.2 能量函数排名

另一类方法是直接估计原始特征与类标签的编码之间的匹配分数，得分最高的类将是样本所属的类。此设置中的公式是从 $\mathscr{X}\times\mathscr{F}$ 映射到 $\mathscr{S}$，其中 $\mathscr{S}$ 是得分空间。在预测了所有类别的匹配分数之后，我们可以按降序对分数进行排名，并选择最可能的一个或几个来产生预测标签。映射函数的形式可以是双线性（即 $\boldsymbol{x}^{\mathrm{T}}\boldsymbol{W}\boldsymbol{f}$），其中 $\boldsymbol{W}$ 是要学习的 $d_x\times d_f$ 参数矩阵，或者是非线性的，例如深度神经网络。另一个不同之处在于损失函数的选择，另外损失函数也可以选择不同的形式。

以深度视觉语义嵌入模型（Deep Visual-Semantic Embedding model，DeViSE）（Frome 等人，2013）作为具体例子，其架构如图 13.2 所示。这里的目标是预测新样本的标签。该模型中的标签编码组件从预训练语言模型中迁移而来，而视觉特征学习组件从传统分类模型中迁移而来。他们用投影层替换了视觉模型的 softmax 层，以将视觉表示映射到标签编码。该模型的目的是使视觉表示与正确类的标签编码的相似性高于其他类。所以，损失函数定义为

$$l(\boldsymbol{x},y_{\text{label}})=\sum_{j\neq\text{label}}\max(0,m-f(y_{\text{label}})^{\mathrm{T}}\boldsymbol{W}g(\boldsymbol{x})+f(y_j)^{\mathrm{T}}\boldsymbol{W}g(\boldsymbol{x}))$$

其中 $g(\boldsymbol{x})\in\mathbb{R}^{d_h}$ 是图像的压缩表示，m 是边距，$f(\cdot)\in\mathbb{R}^{d_f}$ 表示标签编码，$\boldsymbol{W}$ 是 $d_h\times d_f$ 的矩阵，用于计算图像表示与标签编码之间的匹配分数。

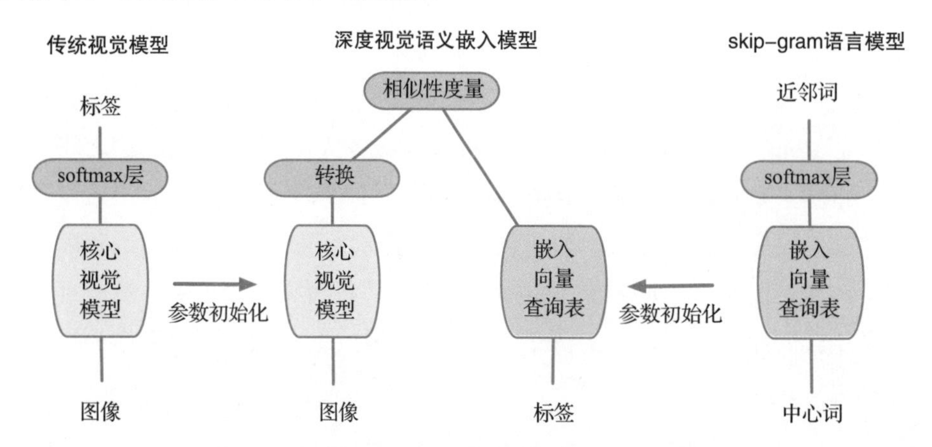

图 13.2 DeViSE 的架构（Frome 等人，2013）（左边是图像识别模型，右边是 skip-gram 语言模型，中间是基于前两个部分的联合模型）

在训练阶段，可以调整视觉模型、语言模型（即标签嵌入）和 $\boldsymbol{W}$ 中的参数以最小化训练样本上的训练损失。在测试阶段，给定测试图像，不需要计算测试图像和每个标签之间的匹配分数。我们只能在标签编码空间中识别 $\boldsymbol{W}g(\boldsymbol{x})$ 的最近邻。

13.3 单样本学习

13.3.1 概述

在单样本学习中，我们只给出每个类的一个样本。大多数机器学习算法在每类仅有一个有标签样本的情况下是难以进行良好的学习的，尤其是深度学习。模型可能在单个样本上过拟合，测试数据的一个小变化就可能对预测结果产生负面影响。减少过拟合主要有两个策略。一种是利用生成模型对先验知识进行建模（Li 等人，2006）。贝叶斯规划学习（Lake 等人，2011、2013、2015）是该领域的代表性框架，将在下一节中详细介绍。

另一种方法将单样本分类任务转换为验证任务（Koch，2015）。具体而言，当给定测试样本时，模型将样本与支持集中带有标签的范例相匹配。测试样本的预测标签是具有最高匹配分数的范例所属的类。

下面我们将重点介绍单样本学习任务的深度学习模型。

13.3.2 单样本学习算法

基于验证的方法的一个优点是简便性。尽管它的想法很简单，但基于验证的方法可以很容易地融入非常复杂的实现技术，例如深度学习算法。在这里，我们将提出一种解决此问题的神经网络结构——孪生神经网络。

13.3.2.1 孪生神经网络

孪生神经网络由 Bromley 等人（1993）首次提出，用于解决签名验证任务。它由一对相同的神经网络构成，并用一个损失函数将两个网络的输出连接起来。对称的网络结构确保比较的两个样本被映射到同一隐空间中，损失函数则用来度量样本在隐空间中的距离。孪生神经网络的动机是使模型具有一定的辨别能力。例如，给定两个对象，人类虽然可能无法分别对其命名，但可以通过比较它们的关键特征来轻松区分它们是否来自同一类别。只要模型具有识别能力，就可以通过比较来进行判断。孪生神经网络的典型架构如图 13.3 所示。

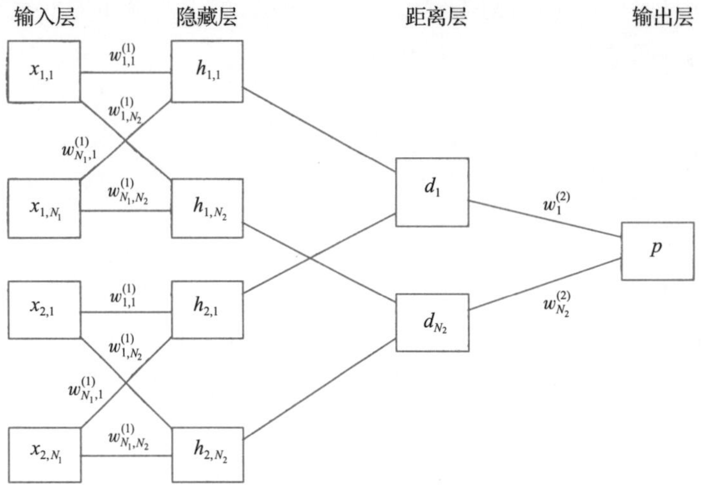

图 13.3 孪生神经网络架构（改编自 Koch（2015）的论文）

孪生神经网络的输入分别由 $\boldsymbol{x}^{(1)}$ 和 $\boldsymbol{x}^{(2)}$ 表示，输出由 $\mathbb{P}(\boldsymbol{x}^{(1)}, \boldsymbol{x}^{(2)})$ 表示。在孪生神经网络中，L 层可以是线性层、卷积层、池化层或其他非线性层中的任何一个，它们依次连接。我们使用 $\boldsymbol{h}^{(i,l)}$ 表示第 i 个神经网络中第 l 层的输出，其中 $i\in\{1, 2\}$，$l\in\{1, \cdots, L\}$。对于 $i\in\{1, 2\}$，两个神经网络的输出 $\boldsymbol{h}^{(i,L)}$ 分别被变换为两个向量 $\boldsymbol{z}^{(i)}$。最后，我们使用它们之间的距离度量作为输出 $\mathbb{P}(\boldsymbol{x}^{(1)}, \boldsymbol{x}^{(2)})$。Koch（2015）将距离度量定义为

$$d(\boldsymbol{z}^{(1)},\boldsymbol{z}^{(2)}) = \sigma\Big(\sum_j \alpha_j \,|\boldsymbol{z}_j^{(1)} - \boldsymbol{z}_j^{(2)}|\Big)$$

其中 $\boldsymbol{z}_j^{(i)}$ 是向量 $\boldsymbol{z}^{(i)}$ 中的第 j 项。该度量可以用于估计孪生网络的一对输入拥有相同标签的概率。

在训练阶段，对于来自支持集的每对输入（$\boldsymbol{x}^{(1)}$，$\boldsymbol{x}^{(2)}$），如果 $\boldsymbol{x}^{(1)}$ 和 $\boldsymbol{x}^{(2)}$ 属于同一类，则将输出 y 设置为 1，否则设置为 0。损失函数定义为

$$l(\boldsymbol{x}^{(1)},\boldsymbol{x}^{(2)}) = y\log(\mathbb{P}(\boldsymbol{x}^{(1)},\boldsymbol{x}^{(2)})) + (1-y)\log(1-\mathbb{P}(\boldsymbol{x}^{(1)},\boldsymbol{x}^{(2)}))$$

我们可以采用各种优化技术（如 SGD 和 Adam）来学习参数。

在测试阶段，我们只需将测试样本与支持集中的每个样本进行匹配，以确定具有最大置信度的支持集样本。最后，我们将相关标签视为预测结果。

13.3.2.2 其他变体

孪生神经网络可以被视为一种硬分类方法，因为它将支持集中最相似的范例的标签分配给测

试样本，而不考虑次相似的范例。但是这种方法的缺陷也显而易见，即容易受到异常范例的干扰。

如果我们能够从同一个类或其他相关的类获得两个或更多样本，则可以收集到更多证据来支撑判断。软分类的方法由此产生。Vinyals 等人（2016）提出了一种算法，该算法在分类时使用支持集中的所有范例，估计验证样本属于每个类别的概率。

给定具有 n_s 个有标签样本的支持集 $\mathscr{S}=\{(\boldsymbol{x}_i^s, y_i^s)\}_{i=1}^{n_s}$，目标是从该支持集映射到分类器 $\mathrm{cs}(\boldsymbol{x})$，该分类器可以预测所有候选类标签 y 上的概率分布。概率分布的一般形式定义为

$$\mathbb{P}(y|\boldsymbol{x},\mathscr{S})=\sum_{i=1}^{n_s}a(\boldsymbol{x},\boldsymbol{x}_i^s)\mathbb{P}(y_i^s)\quad \text{服从} \sum_{i=1}^{n_s}a(\boldsymbol{x},\boldsymbol{x}_i^s)=1$$

其中 $\boldsymbol{x}$ 是数据点，y 表示标签，$a(\boldsymbol{x},\boldsymbol{x}_i^s)=\dfrac{\exp(c(f(\boldsymbol{x}),g(\boldsymbol{x}_i^s)))}{\sum_{j=1}^{k}\exp(c(f(\boldsymbol{x}),g(\boldsymbol{x}_j^s)))}$ 表示 $\boldsymbol{x}$ 基于两个变换函数 $f(\cdot)$ 和 $g(\cdot)$ 属于与 $\boldsymbol{x}_i^s$ 相同的类的概率。

以这种方式，单样本学习问题被转换为分类问题。在测试阶段，我们需要扫描整个支持集来对测试数据点进行分类。

13.4 贝叶斯规划学习

13.4.1 概述

贝叶斯规划学习算法由 Lake 等人（2011、2013、2015）提出。它属于*无监督迁移学习*的范畴，即在训练数据中未观察到有标签信息。该框架的核心是以生成方式对概念进行建模。

BPL 假设所有概念都由抽象的原语组成。从原语生成概念的过程遵循人类学习的直觉。例如，字符由笔画和笔画之间的连接构成。笔画是基本组件，一些笔画构成高级组件，如偏旁部首，这些高级组件也在字符之间共享。最后，一个字符由不同的组件构成。Lake 等人（2015）表明 BPL 中有三个关键思想，即组合性、因果关系和学习如何学习。组合性属性是指概念由原语组成，如上面的字符笔画示例所示。因果关系属性意味着概率模型捕获从原语到概念的因果生成过程。这使得*学习如何学习*成为可能，它可以将来自不同但相关的任务的经验应用于当前任务。因此，BPL 框架也是迁移学习的一种实例。在下文中，我们将形式化 BPL 框架并介绍其详细信息。

13.4.2 用于识别字符笔画的贝叶斯规划学习

遵循 Lake 等人（2011、2013、2015）的定义，假设有一个包含 n 个黑白图像的库，每个图像

中都有一个字符。在单样本学习设置中，每个字符的数据集中只有一个例子，例如（A，B，C，…）。第 i 个图像由 $w\times h$ 的二进制矩阵 $\boldsymbol{X}^{(i)}$ 表示，其中 w 表示宽度，h 表示高度。$\boldsymbol{X}^{(i)}_{(x,y)}=1(0\leqslant x\leqslant w$，$0\leqslant y\leqslant h)$ 表示位置（x，y）中的像素是黑色，否则 $\boldsymbol{X}^{(i)}_{(x,y)}=0$。我们需要从字符的图像中推断出产生字符的过程。具体地，基本元素包括笔画数 m、每个笔画的规格 $S_j(1\leqslant j\leqslant m)$、每个笔画的起始位置 $\{W_j\}_{j=1}^{m}$，以及混合权重 $\boldsymbol{\pi}$。图 13.4 描述了生成过程。下面我们将详细说明该过程。

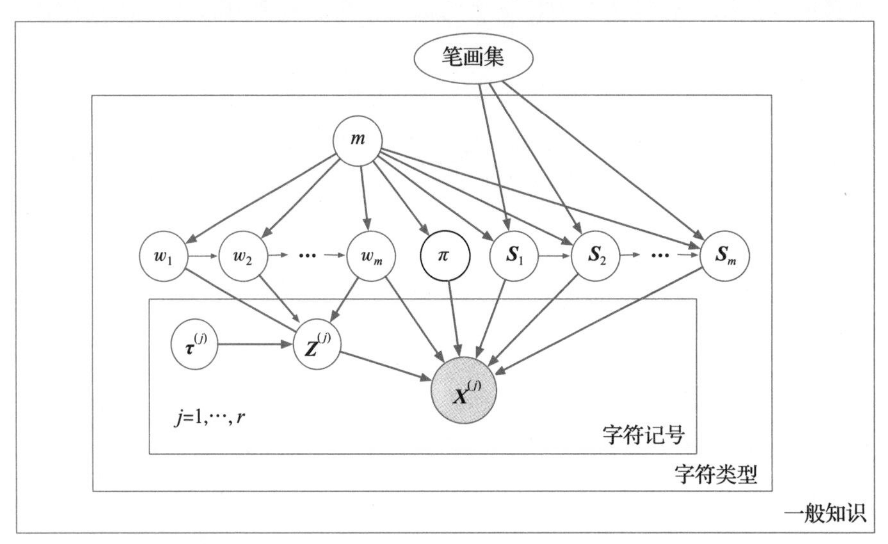

图 13.4 字符记号生成过程说明（字符类型的作用类似于模版，可以产生记号组（Lake 等人，2011））

13.4.2.1 字符类型的生成模型

字符类型由上述基本元素组成。首先，我们从 1 到 10 的均匀分布中对 m 进行采样。然后依次采样 m 个笔画。我们从均匀分布 $\mathbb{P}(S_1)=\frac{1}{K}$ 中采样第一个笔画 S_1，其中 K 是笔画集的大小。笔画的起始位置也在图像上均匀地采样，该图像具有 wh 个像素点，每个位置的选择概率为$\frac{1}{wh}$。接下来从两个转移概率分布 $\mathbb{P}(S_{i+1}\mid S_i)$ 和 $\mathbb{P}(W_{i+1}\mid W_i)$ 中采样后续笔画的样式和位置，这意味着当前笔画的绘制取决于先前的笔画。在最后一步中，我们从 Dirichlet 分布中采样混合权重 $\boldsymbol{\pi}$。

13.4.2.2 字符表征的生成模型

字符表征是观察到的字符图像。你可以将其视为写法标准，而实际的表征或图像则严重依赖于个人习惯，这些习惯因书写者而异。在这里，我们允许系统的或随机的位移。系统的位移意味着字符的布局从其标准位置发生倾斜或平移，随机位移意味着每个笔画的起始点可能不完全在字符的标准位置。$\boldsymbol{Z}=\{Z_1, Z_2, \cdots, Z_m\}$ 表示变换后的起点，$\boldsymbol{\tau}$ 表示系统的位移。所以 $\boldsymbol{Z}$ 和 $\boldsymbol{\tau}$ 的先验分布定义为

$$\mathbb{P}(\boldsymbol{\tau}) \propto \exp\left(-\frac{1}{2\sigma_t^2}\|\boldsymbol{\tau}\|_2^2\right)$$

$$\mathbb{P}(\boldsymbol{Z}|\boldsymbol{W},\boldsymbol{\tau}) \propto \prod_{i=1}^{m} \exp\left(-\frac{1}{2\sigma_z^2}\|(Z_i - W_i - \boldsymbol{\tau}\|_2^2\right)$$

在获取每个笔画的实际起始位置之后，我们现在能够根据 Revow 等人（1996）提出的调整模型生成字符笔画即图像上的墨迹。正如我们所知，当写下一个字符时，笔将压在一个点上，墨水会流到周围的位置。因此，有必要对扩散过程进行建模，否则溢出的墨迹可能被错误地视为其他笔画。位置（x，y）的颜色为白色的概率为

$$\mathbb{P}(\boldsymbol{X}_{(x,y)}^{(i)} = 0 \,|\, \boldsymbol{S}^{(i)}, \boldsymbol{Z}^{(i)}, \boldsymbol{\pi}^{(i)}) = (1 - Q(\boldsymbol{X}_{(x,y)}^{(i)} \,|\, \boldsymbol{S}^{(i)}, \boldsymbol{Z}^{(i)}, \boldsymbol{\pi}^{(i)}))^G$$

为黑色的概率是

$$\mathbb{P}(\boldsymbol{X}_{(x,y)}^{(i)} = 1 \,|\, \boldsymbol{S}^{(i)}, \boldsymbol{Z}^{(i)}, \boldsymbol{\pi}^{(i)}) = 1 - \mathbb{P}(\boldsymbol{X}_{(x,y)}^{(i)} = 0 \,|\, \boldsymbol{S}^{(i)}, \boldsymbol{Z}^{(i)}, \boldsymbol{\pi}^{(i)})$$

Q 的形式将在稍后定义，可以直观地将其视为随机噪声和来自所有 m 个笔画的影响的混合。

直觉上，如果笔画的轨迹远离位置（x，y），那么这样的笔画 $\boldsymbol{X}_{(x,y)}$ 不太可能是黑色的。可以使用高斯分布来表达该直觉，随着距离变大，笔画为黑色的概率迅速下降。当单个笔画穿过图像的许多像素（这将导致高复杂度）时，墨水模型将连续笔画离散化为多个珠子（bead）。以垂直线为例，我们可以沿着它使用多个点或珠子来近似笔画，而不是完整的线条。通过这种方式，我们可以控制沿线采样的珠子数量。将 Q 定义如下，

$$Q(\boldsymbol{X}_{(x,y)}^{(i)} \,|\, \boldsymbol{S}^{(i)}, \boldsymbol{Z}^{(i)}, \boldsymbol{\pi}^{(i)}) = \frac{\beta}{R^2} + (1-\beta)\sum_{j=1}^{m} \pi_j^{(i)} V(\boldsymbol{X}_{(x,y)}^{(i)} \,|\, S_j^{(i)}, Z_j^{(i)})$$

$$V(\boldsymbol{X}_{(x,y)}^{(i)} \,|\, S_j^{(i)}, Z_j^{(i)}) = \frac{1}{B}\sum_{b=1}^{B} N(\boldsymbol{X}_{(x,y)}^{(i)} \,|\, C_b + Z_j^{(i)}, \sigma_b^2 \boldsymbol{I})$$

其中 B 是决定笔画形状的珠子数，$C_b \in \mathbb{R}^2$ 是笔画 S_i 的珠子坐标。

13.4.2.3 贝叶斯规划学习推理

由于 BPL 方法属于单样本学习范式，因此其设定与单样本学习的一般情况相同。该模型基于有标签数据对无标签的字符标记 $\boldsymbol{X}^u$ 进行推理。然后，可以使用马尔可夫链蒙特卡罗过程以及 Metropolis-Hastings 算法对新到达的样本进行 BPL 推理，以得出系统看到的是哪个字符的最终结论。

13.5 短缺资源学习

13.5.1 概述

在机器学习中，“小样本学习”和“零样本学习”通常用于描述计算机视觉应用中训练数据不足的情况下的学习方法。但是，类似的场景也经常出现在自然语言处理任务中。在NLP社群中，研究人员采用其他术语，例如“短缺资源学习”“零资源学习”和“少资源学习”，其中“资源”指训练数据。

世界上有7000多种语言，其中大多数没有任何带注释的数据或语料库来构建自然语言处理系统。Treebank是一个著名的解析文本语料库，它用句法或语义句子结构进行注释，涵盖了40种语言，然而这些语言仍然仅是整个语言集的一小部分。即使限定在英语范围内，也存在不同的领域和不同的任务。词性标注和依赖性解析需要不同的标注形式，政治或体育新闻的情感分析也需要该领域的文本。因此，资源短缺的问题不仅存在于不同语言中，还存在于同一语言的不同任务中。

自然语言处理中的资源短缺问题并不像计算机视觉中的小样本问题那样容易解决。即使是对于人类来说，掌握一门新语言也是漫长而艰难的过程。我们需要记住大量的词汇和语法。幸运的是，不同语言或多或少都有一些不同层次的共同特征。第一，一种语言中的词汇通常与另一种语言的某些词汇具有对应关系。第二，每种语言的词汇都可以按照词性进行划分，如动词、名词和形容词。第三，句子的构成规则即一句话中词语之间的依赖关系在某些语言中共享。因此，如果我们具有一些特定的背景知识，迁移学习就可以帮助学习新的任务或语言，那么很可能达到事半功倍的效果。短缺资源学习已广泛应用于各种自然语言处理任务，在本书中我们仅将机器翻译作为代表性的示例进行讲解。

13.5.2 机器翻译

机器翻译研究经常面临一项重大挑战，即世界上大多数语言只有有限的资源来训练机器学习模型。虽然有大量的英汉、法英平行句作为样本，但只有稀少的中-葡平行句。这里，“平行句”表示同一句话在不同语言中的表述。机器翻译的一般解决方法是利用平行句构造从源语言到目标语言的映射，然而这意味着每对语言将形成单独的学习任务，与其他语言的翻译不产生任何联系，这就给机器翻译模型的迁移带来了挑战。下面我们将介绍如何使这种迁移成为可能。

我们首先介绍翻译任务的基本工具——编码器-解码器框架（见图 13.5）。在机器翻译任务中，我们把源语言的句子作为编码器的输入，把目标语言的句子作为解码器的输出。我们可以直观地将编码器的作用理解为提取整个句子的语义和结构，解码器的作用则是把提取的信息以目标语言的习惯进行表述。编码器-解码器框架的这种性质使得机器翻译中不同任务的迁移成为可能。

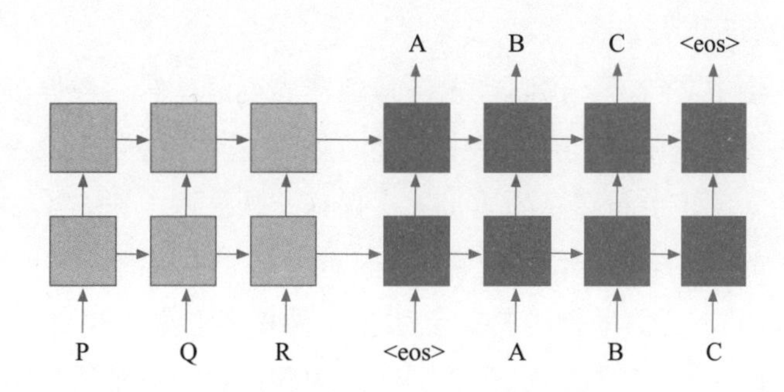

图 13.5　编码器-解码器框架（Zoph 和 Knight，2016）（亮的块表示编码器，暗的块表示解码器）

13.5.2.1　短缺资源学习

短缺资源学习假设存在少量目标语言的平行语料。Zoph 等人（2016）从有很多资源的域（即源域）训练父模型，他们的工作中所使用的是法语-英语的平行语料库，如图 13.6所示。父模型中的一部分参数用于初始化子模型中的参数，该子模型针对短缺资源乌兹别克语-英语语言对中的翻译任务。父模型和子模型被约束为共享相同的架构，该架构是具有长短期存储器单元的双层编码器-解码器模型。该模型使用注意力组件来回顾源域。

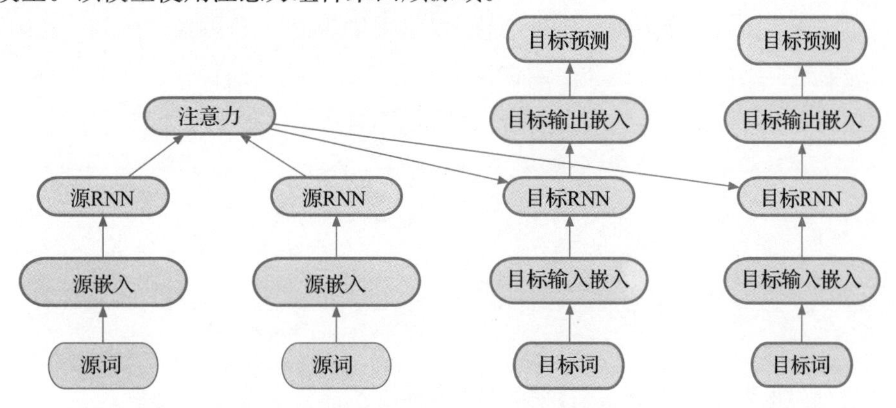

图 13.6　机器翻译架构，显示六个参数块（改编自 Zoph 等人（2016）的论文）

13.5.2.2 零资源学习

在极端情况下，即当目标域中没有可用的平行语料库时，我们面对的是零资源翻译的问题。在这种情况下，一些研究人员找到了一种中间语言来作为桥梁。例如，虽然很难找到中-葡平行语料库，但仍然可以找到中-英和英-葡平行语料库。基于这些语料库，我们可以使用英语作为翻译的中间媒介。此过程类似于传导迁移学习。

具体来说，给定一个中文句子，我们首先将其翻译成英语，然后根据该英语翻译将其翻译成葡萄牙语。然而，将两个分别在两个语料库中训练的翻译器连接起来而没有任何修改仍然会有一些不足之处。最关键的问题是中间翻译的质量无法保证。从技术上讲，生成的句子的分布可能与训练语料库中原始句子的分布不匹配，即使它们是从同一域中提取的。

Firat 等人（2016）引入了伪平行语料库方法来微调模型参数，以在一定程度上缩小分布差异。在他们的工作中，研究人员将从西班牙语到法语的翻译过程分解成先从西班牙语到英语再从英语到法语的流程。伪平行语料库的生成过程如下。首先，从英语和法语中随机选择 N 个句子对。其次，利用训练好的英语-西班牙语翻译器将相应的句子从中间语言（英语）还原为源语言（西班牙语）。最后，利用目标语言（法语）中的真实句子和源语言（西班牙语）中相应的伪表达来训练翻译器，翻译器中的编码器和解码器分别由西班牙语-英语和英语-法语翻译器初始化。由于源句是由模型而不是人类专家创建的，它可能并不完全准确，因此可能误导后续的学习过程。为了避免损害从真实数据训练得到的编码器和解码器的鲁棒性，需要将参数固定在两个分量中并且仅微调注意力单元。通过这些约束，尽管源特征可能具有一些噪声，但是注意力单元有望捕获更多的一般知识。

研究人员对将所选语言对作为进行传导迁移学习的中间域有一些顾虑。例如，法国人通常可以比中国人更快地熟悉英语，因为英语和法语在许多方面具有一些共同特征。在面对翻译任务时，尽管没有坚实的理论支持选择，但我们可以预期，不同的语言对在迁移学习过程中会产生不同的效果。

13.6 域泛化

13.6.1 概述

域泛化希望使模型在未获得来自目标域的（包括有标注、无标注）训练数据时，依然具备在目标域中进行识别的能力。与域适应不同，域泛化不要求来自目标域的训练样本的可用性。

域泛化主要有以下三种解决思路。第一种思路基于域相似性，它独立地学习每个域的模型（Xu等人，2014b）。当新域出现时，它会识别最相似的现有域，并将该域对应的模型应用于新域。第二种思路基于参数的迁移学习，对于每个域，有两组参数，一组在不同域之间共享，另一组由该域独有。第三种思路是基于特征的迁移学习，它的动机是尽管原始空间的分布在不同的域之间有所不同，但存在所有域共享的分布（Ghifary等人，2015）。根据这种直觉，所有域首先被映射到共同的子空间中。下面我们将介绍两种有代表性的算法。

13.6.2　偏差SVM

Khosla等人（2012）提出的方法基于第二种思路，在这个方法中，所有域拥有一个共享的视觉领域模型，每个域还拥有特定于该域的模型，共享模型用于学习常识，而特定域模型用于捕捉每个域的特殊性。视觉领域模型在单个任务中可能不是最准确的，但它在所有任务中的平均表现良好。每个任务由视觉领域模型和相应的特定域模型共同解决。

假设有m个源域$\{\mathbb{S}_i\}_{i=1}^m$，第i个域有数据集$\mathcal{D}_{s_i}$。每个数据集$\mathcal{D}_{s_i}=\{(\boldsymbol{x}_j^{s_i}, y_j^{s_i})\}_{j=1}^{n_{s_i}}$包含$n_{s_i}$个训练样本，其中$\boldsymbol{x}_j^{s_i}\in\mathbb{R}^d$表示$\mathcal{D}_{s_i}$中的第$j$个数据点，$y_j^{s_i}\in\{-1, 1\}$表示标签。在提出的算法中，每个域特定的参数表示为$\Delta^{s_i}\in\mathbb{R}^d$，对应于每个数据集$\mathcal{D}_{s_i}$的偏差。所有域共享的参数表示为$\boldsymbol{w}_{vw}$，偏差模型的参数是它们的组合，即$\boldsymbol{w}^{s_i}=\boldsymbol{w}_{vw}+\Delta^{s_i}$。目标函数表示为

$$\min_{\boldsymbol{w}_{vw},\Delta^{s_i},\xi,\rho} \quad \frac{1}{2}\|\boldsymbol{w}_{vw}\|^2+\frac{\lambda}{2}\sum_{i=1}^{m}\|\Delta^{s_i}\|^2+C_1\sum_{i=1}^{m}\sum_{j=1}^{n_{s_i}}\xi_j^{s_i}+C_2\sum_{i=1}^{m}\sum_{j=1}^{n_{s_i}}\rho_j^{s_i}$$

$$\text{服从}\ \boldsymbol{w}^{s_i}=\boldsymbol{w}_{vw}+\Delta^{s_i} \tag{13.3}$$

$$y_j^{s_i}\boldsymbol{w}_{vw}\boldsymbol{x}_j^{s_i}\geqslant 1-\xi_j^{s_i}\quad (i\in\{1,\cdots,m\},j\in\{1,\cdots,n_{s_i}\}) \tag{13.4}$$

$$y_j^{s_i}\boldsymbol{w}^{s_i}\boldsymbol{x}_j^{s_i}\geqslant 1-\rho_j^{s_i}\quad (i\in\{1,\cdots,m\},j\in\{1,\cdots,n_{s_i}\}) \tag{13.5}$$

$$\xi_j^{s_i}\geqslant 0,\quad \rho_j^{s_i}\geqslant 0\quad (i\in\{1,\cdots,m\},j\in\{1,\cdots,n_{s_i}\})$$

其中C_1、C_2、λ是超参数，$\xi_j^{s_i}$和$\rho_j^{s_i}$是松弛变量。式（13.3）定义了$\boldsymbol{w}_{vw}$、$\boldsymbol{w}^{s_i}$和Δ^{s_i}之间的线性关系。式（13.4）对应于使用视觉领域权重$\boldsymbol{w}_{vw}$时在所有域中的损失，使得视觉领域模型具有泛化的能力。式（13.5）对应于特定域的损失。

13.6.3　多任务自动编码器

多任务自动编码器（Ghifary等人，2015）基于前面所说的第三种思路。本质上，所有域都是

由一个共同的子空间生成的。虽然从特征空间到标签空间的映射因域而异，但可以共享来自公共子空间的映射。为了自动探索子空间，多任务自动编码器采用从自动编码器派生的架构。多任务自动编码器中所有任务共享同一个编码器，但每个任务拥有单独的解码器。该框架的一个示例如图 13.7 所示。

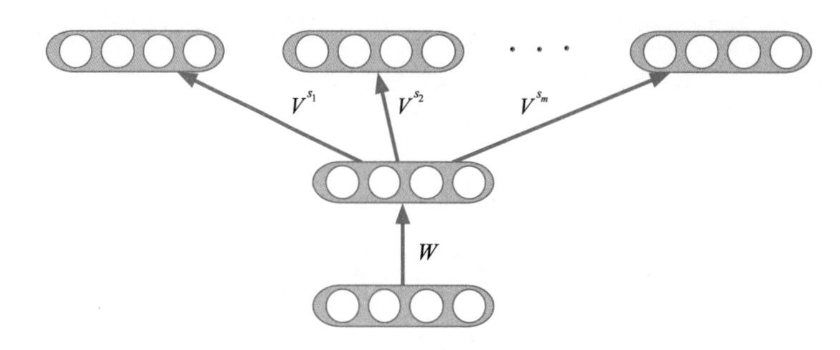

图 13.7 多任务自动编码器框架（改编自 Ghifary 等人（2015）的论文，所有域共享相同的编码器并拥有单独的解码器）

Ghifary 等人（2015）提出了一个具体的案例，这里我们介绍一个通用版本来反映其核心思想。假设有 m 个源域 $\{\mathbb{S}\}_{i=1}^{m}$，每个源域都有一个训练集 $\mathscr{D}_{s_i}=\{\boldsymbol{x}_j^{s_i}\}_{j=1}^{n_{s_i}}$。编码器和解码器定义为

$$\boldsymbol{h}_j^{s_i}=\sigma_{\text{enc}}(\boldsymbol{W}^{\mathrm{T}}\boldsymbol{x}_j^{s_i})$$

$$f_{\Theta^{s_i}}(\boldsymbol{x}_i^{s_i})=\sigma_{\text{dec}}(\boldsymbol{V}^{s_i\mathrm{T}}\boldsymbol{h}_j^{s_i})$$

其中 $\Theta^{s_i}=\{\boldsymbol{W},\boldsymbol{V}^{s_i}\}$ 包含共享的和各自的参数。损失函数定义为

$$J(\Theta^{s_i})=\sum_{j=1}^{n_{s_i}}l(f_{\Theta^{s_i}}(\boldsymbol{x}_j^{s_i}),\boldsymbol{x}_j^{s_i})$$

目标函数为

$$\hat{\Theta}^{s_i}=\underset{\Theta^{s_i}}{\operatorname{argmin}}\sum_{i=1}^{m}J(\Theta^{s_i})+\eta R(\Theta^{s_i})$$

其中 $R(\Theta^{s_i})$ 是正则化项。Ghifary（2015）使用平方 l_2 范数正则化，即 $R(\Theta^{s_i})=\|\boldsymbol{W}\|_F^2+\sum_{i=1}^{m}\|\boldsymbol{V}^{s_i}\|_F^2$，并使用随机梯度下降求解目标函数。

第14章 终身机器学习

14.1 引言

在过去的几十年里，机器学习取得了显著的进步。然而，如果我们将大多数机器学习算法与人类如何学习解决问题进行比较，就会发现其中缺少一部分。我们可以观察到，人类在一生中通过不断学习和提高自己完成各种任务的能力来解决问题。相比之下，大多数现代机器学习理论和算法仍然只关注一次性解决学习问题。我们可以在文本分类、图像分类、图像分割等方面看到许多这样的例子。

但人类通常都是以一种顺序而连续的方式一个接一个地学习解决各种问题。例如，一个音乐家可能会年复一年地学习如何演奏许多不同的乐器，以及学习如何创作和演奏不同的音乐。由于具有不断学习的能力，如果音乐家已经知道如何弹钢琴，以及如何读谱和谱曲，那么他便可以快速学会弹奏吉他。我们将这样能够持续学习且可以从之前的学习中获益的学习范式称为“终身机器学习”。

终身机器学习对机器学习来说很重要的一个原因是，大量来自不同学习任务的有标签数据变得及时可用。这在很大程度上是由诸如照相机和手机等数据采集设备以及物联网技术的普及所推动的。深度学习需要大量有标签的数据来学习复杂的模型，这些数据使学习变得更加高效。此外，随着时间的推移，TensorFlow 等高度流行的机器学习平台（Abadi 等人，2016a）以及更强大、更廉价的计算硬件的流行，使开发机器学习变得更加容易和高效。这些都是使终身机器学习变得可行的背景。在本章中，我们将详细解释终身机器学习范式。

终身机器学习在机器学习中有着悠久的历史，尤其是在迁移学习领域（Thrun，1995；Silver 等人，2013；Ruvolo 和 Eaton，2013；Chen 和 Liu，2016）。下面我们将讨论一些主要方法。

14.2 终身机器学习：定义

在本节中，我们首先依照 Silver 等人（2013）的论文中的形式，给出终身机器学习的定义。

终身机器学习并不像传统机器学习那样，假设训练和测试数据有相同的分布。相反，终身机器学习研究的是一个复杂的场景，其中随着时间的推移会有大量的任务出现，因此需要设计一种新的知识保留策略以及更具验证性的知识迁移方法。我们首先对终身机器学习进行正确的定义。

定义 14.1（终身机器学习） 终身机器学习是一种机器学习系统，它随着时间的推移，从不同的域 $\mathscr{D}=\{D_1, D_2, D_3, \cdots\}$ 完成多个学习任务 $\mathscr{T}=\{T_1, T_2, T_3, \cdots\}$，并依靠这些已经解决的任务使之后的任务可以被更加快速高效地解决。

一个典型的终身机器学习系统（见图 14.1）使用一个知识库 $\mathscr{KB}$ 来存储以前学习过的知识。

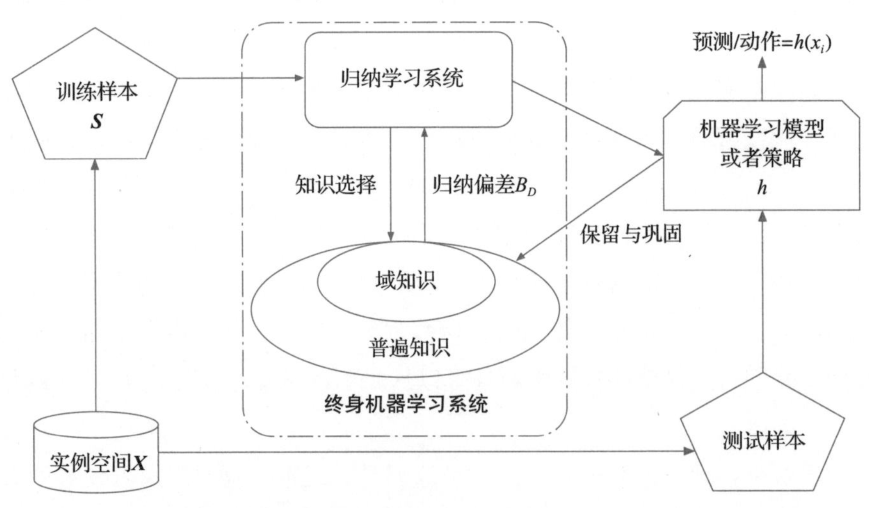

图 14.1 终身机器学习系统总体架构（改编自 Silver 等人（2013）的论文）

在 t 时刻，系统从 D_t 域接受一个任务 T_t。一个典型的终身学习系统首先基于来自 D_t 的训练数据和知识库 $\mathscr{KB}$，为任务 T_t 建立一个新的模型。然后终身机器学习系统从（D_t，T_t）中提取可迁移的知识并更新知识库。更新后的知识库被用来改善为之前的 $t-1$ 个任务训练的模型。

成功的终身机器学习系统有两个基本要素。首先，需要有一个关于先前任务的知识存储系统，将收集的样例和模型存储在通用知识库中。其次，需要有一个选择性的迁移机制来选择要迁移到当前任务的先前域和任务，这是中心域的知识。

从普遍知识的知识表示的角度来看，知识保留使终身机器学习成为可能。所学知识可以以各种形式存储。保留任务知识的最简单形式是保留其功能形式，如训练样例（Silver 和 Mercer，1996）。功能性知识的一个优点是知识的准确性和纯度，以便其有效保留。

功能性知识的一个缺点是可能需要经常搜索大量的存储空间，这是非常耗时的。或者，我们可以以当前任务可以理解的形式保留以前学习的模型，例如以前的知识可以是与当前任务具有相同表示形式的压缩形式。后一种方法的优点是，知识库中所保留的模型的紧凑形式仅需要相对较小的空间来存储以前的训练样例。此外，拥有一个模型可以允许更有效地推广模型。在过去，许多知识表示形式被用于知识保留，包括神经网络和概率分布。

迁移学习从知识重用的角度实现终身机器学习。终身机器学习不是利用从选定的先前源任务中获得的有限知识，而是针对随时间学习的所有相关源任务的大规模知识迁移。一个重要的问题包括如何识别相关的任务，以从中迁移知识，并将知识扩展到数百个源任务中。

14.3 通过不变的知识进行终身机器学习

终身机器学习的一个好例子是 Thrun（1995）描述的终身机器学习系统，它是最早的终身机器学习系统之一。在这项关于终身机器学习的工作中，学习器会在一个生命周期中遇到一系列相关的学习问题。在学习下一个任务时，终身学习器可以利用在以前的学习会话中收集到的不变知识来加强对下一个任务的学习。这个过程会随着整个终身机器学习系统的发展而迭代。

Thrun（1995）定义了一组先前学习过的任务及其训练样例。对于任何一对训练样例，如果它们的结果在该任务上一致，则它们被认为是不变函数的训练数据集的候选，这些都是正例。当样例对的结果不一致时，它们就构成了负例。

给定一组先前遇到的任务，其训练样例可以用来定义通过神经网络算法学习的不变函数。在学习下一个任务的新函数时，不变性网络可以通过提供梯度下降的附加信息来提高训练的有效性。

例如，在物体识别的案例中，可能有许多物体的图像需要学习，例如鞋、帽子等。在学会识别鞋的图像后，某些图像特征可以被识别为不变量，从而可以用来识别帽子。

14.4 情感分类中的终身机器学习

也许最简单、最常用的表示和存储知识的策略是直接将监督信息（supervised information）（如有标签数据）视为知识。在此框架中，从先前的任务中获得的监督信息存储在数据库中。当一个新任务到来时，监督信息将被用作辅助信息，以帮助建立新任务的模型。

例如，Chen 等人（2015）基于朴素贝叶斯方法（naive Bayes method）为用户评论分类提出了一种终身情感分类方法。情感分类（sentiment classification）是将用户对产品的评论或意见分为具有正面或负面情感的任务。人们对许多产品都有一些特定于该产品的术语来表达不同的观点，例如“模糊”可以用来表达对相机的负面看法，“鼓舞人心”可以用来表达对一本书的很高的评价。情感分类是自然语言处理中一项非常重要的任务，在自然语言处理中，迁移学习技术被广泛用于跨域分类。该任务是使用从相关域获得的知识对新域中的用户意见进行分类。Chen 等人（2015）在知识库中存储两种监督信息：文档级知识和域级知识。文档级的监督信息是词 w 在先前任务中出现在正例（用 $n_{+,w}^{KB}$ 表示）和负例（用 $n_{-,w}^{KB}$ 表示）中的频率。文档级的词频提供了词语情感的先验知识。

然而，正如我们之前讨论的那样，情感分类是需要具体问题具体分析的，同一个词针对不同的产品可能有不同的情感倾向。如“快”这个词通常被用来评价一台电脑运行流畅，但也可以表示“电池掉电很快”。

为了克服这种偏差，可以添加域级知识，以确保只有非歧义的词存储在知识库中。域级知识可以被视为一个词在不同域表达相同情感的可能性。更确切地说，$m_{+,w}^{KB}$ 和 $m_{-,w}^{KB}$ 分别表示词 w 在正例和负例中出现次数较多的域数。在知识迁移步骤中，$n_{+,w}^{KB}$ 和 $n_{-,w}^{KB}$ 分别用来结合经验词频计算正例和负例词频。计算得到的词频被用来计算条件概率 $P(+|w)$ 和 $P(-|w)$。域级知识被用来选择至少出现在一定数量域中的词。

除了分类问题外，共享的监督知识也用来建立迁移学习中的主题模型（topic modeling）（Chen 和 Liu，2014a、2014b；Wang 等人，2016b）。主题模型，例如概率潜在语义分析（Probabilistic Latent Semantic Analysis，PLSA）（Hofmann，1999）和潜在狄利克雷分配（Latent Dirichlet Allocation，LDA），是用于从文本文档集合中发现主题的统计模型。一个主题被定义为一个词列表，其中的概率表示词属于该主题的可能性。PLSA 假设词和文档共现的生成过程如下：

- 用概率 $\mathbb{P}(D=d_i)$ 选择文档 d_i
- 用概率 $\mathbb{P}(Z=z_k|D=d_i)$ 确定主题 z_k
- 用概率 $\mathbb{P}(W=w_j|Z=z_k)$ 选择词 w_j

在$\{d_i, z_k, w_j\}_{i,j,k}$之上的概率 $\mathbb{P}(D=d_i)$、$\mathbb{P}(Z=z_k|D=d_i)$ 和 $\mathbb{P}(W=w_j|Z=z_k)$ 通过最大化所有观察到的词和文档共现的可能性进行估计。

终身主题建模（Lifelong Topic Modeling，LTM）（Chen 和 Liu，2016）从先前的主题模型中提取了一个“必须连接”，这意味着对应的两个词应该属于同一个主题，这将帮助将来的任务训练得到更好的主题模型。更具体地说，LTM 算法有两个步骤：预先生成主题以及建模测试域中的主题。如前所述，这两个步骤分别对应于知识保留和知识迁移。

在 LTM 算法中，预先生成主题和知识保留是通过一个标准的主题模型（如 LDA）实现的。这个模型用来为每个域 $\boldsymbol{d}^t=(d_1^t, d_2^t, \cdots, d_{n^t}^t)$ 确定一个主题集 $\boldsymbol{z}^t=(z_1^t, z_2^t, \cdots, z_{k^t}^t)$。学习到的主题被合并成一个更加统一的主题集 $\mathcal{Z}=\bigcup_{t=1}^{T}\boldsymbol{z}^t$，然后将这个统一的主题集 $\mathcal{Z}$ 看作许多终身机器学习算法中使用的知识库。

在用于知识迁移的主题建模方法中，迁移学习算法被用来将知识从知识库迁移到当前领域 $\boldsymbol{d}^{T+1}$。首先，一个标准的主题建模方法被用来为当前域 $\boldsymbol{d}^{T+1}=(d_1^{T+1}, d_2^{T+1}, \cdots, d_{n^{T+1}}^{T+1})$ 学习初始主题 $\boldsymbol{z}^{T+1}=(z_1^{T+1}, z_2^{T+1}, \cdots, z_{k^{T+1}}^{T+1})$。然后，对于每个主题 $z_k^{T+1}\in\boldsymbol{z}^{T+1}$，它在知识库 $\mathcal{Z}$ 中的相似主题将通过 z_k^{T+1} 及 $\mathcal{Z}$ 中的任一任务的 KL 散度进行识别。将相似的主题放在一起可以形成一个主题集 $\mathcal{M}_k^{T+1}$。利用频繁项挖掘算法（Han 和 Kamber，2000）来查找在 $\mathcal{M}_k^{T+1}$的许多不同的主题中同时出现的词。直观上，如果两个词在不同的主题中多次同时出现，我们就应该有信心说它们是相关的。通过将主题限制在相似的主题中，我们可以通过消除不相关的主题来增加成功迁移的机会。从所有主题的上述过程学习到的所有词对都用于生成“必须连接”（must-link）集，该集合用作指导当前域 $\boldsymbol{d}^{T+1}$的主题挖掘的先验知识。LTM 采用了一种特殊类型的主题模型，即广义 Pólya Urn 模型，它将这一知识融入其吉布斯采样过程中，以鼓励这样的一对词处于同一主题中。图 14.2是 LTM 模型的架构。

除了“必须连接”约束之外，“不能连接”（cannot-link）约束也被用作终身机器学习中主题建模的知识。Chen 和 Liu（2014a）提出了一种新的终身主题模型 AMC，它代表用自动生成的“必须连接”和“不能连接”进行主题建模。除了采用“不能连接”作为知识外，AMC 还使用来自过去任务而不是当前任务的信息来学习“必须连接”。由于 LTM 模型需要来自当前任务的一定数量的数据来学习初始主题和“必须连接”，在没有来自当前任务的数据的情况下学习“必须连接”，会提高算法对当前任务中仅有非常有限的数据的问题的覆盖性。但是，如果没有这些数据，所学的“必须连接”可能与当前任务无关，这可能损害知识迁移的性能。尽管 AMC 仅从过去的任务中学习“必须连接”，但这些“不能连接”是与主题建模一起学习的。

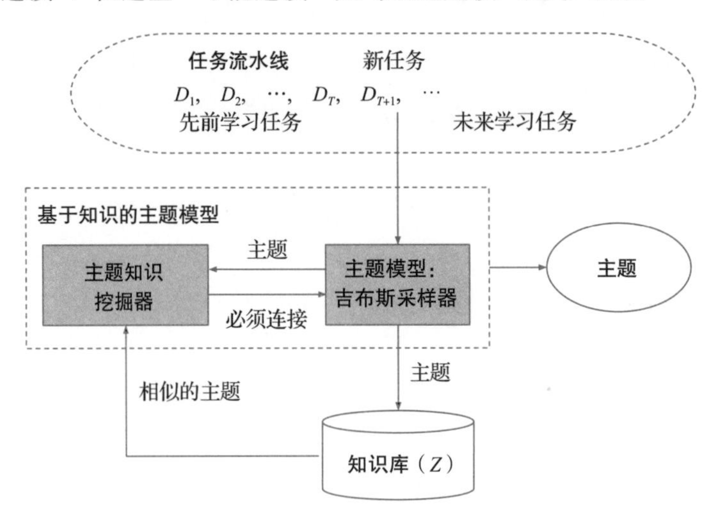

图 14.2 LTM 模型的架构（改编自 Chen 和 Liu（2016）的论文）

AMC 的总体架构如图 14.3 所示。AMC 与 LTM 的设计相似，但两者也存在差异。由于 AMC 不使用来自目标任务的任何数据来学习“必须连接”，图 14.3 中的必须连接挖掘器组件与 LTM 中的相应组件不同。在 AMC 中，必须连接挖掘器使用多重最小支持频繁项集挖掘（Multiple minimum Supports Frequent Item set Mining，MS-FIM）算法（Liu 等人，1999）来提取两个词之间的“必须连接”。传统的单最小支持频繁项集挖掘算法不能解决这一问题的原因是，模型在许多主题之间共享通用主题，如价格、质量、客户服务等。这意味着通用主题的频率要比特定主题的频率高得多，后者对学习通用主题和特定主题的“必须连接”都构成了挑战。MS-FIM 算法被应用于对包含知识库中多次出现的词语集的频繁项集进行挖掘。

与 LTM 不同的是，AMC 既挖掘“必须连接”也挖掘“不能连接”。对于词 w 来说，潜在的“不能连接”可以是除了先前在文档中与 w 共现过的词之外的任何词，因此在没有任何先验知识的情况下，候选集太过庞大以至于很难直接进行考虑。在 AMC 中，来自当前任务的主题被用来作为候选池以进行“不能连接”的挖掘。形式上，给定一个包含先前任务中所有主题的知识库 $\mathcal{Z}$，以及来自当前任务的 $z_i^{T+1} \in \boldsymbol{z}^{T+1}$，AMC 只考虑来自 $z_i^{T+1} \in \boldsymbol{z}^{T+1}$ 的两个最频繁项 w_i 和 w_j，然后通过知识库中的主题 $z_i^{T+1} \in \boldsymbol{z}^{T+1}$ 确定“不能连接”是否能被添加到两者之间。为了确定“不能连接”的关系，AMC 检查所有 $\mathcal{Z}$ 中的主题，并将极少出现在 $\mathcal{Z}$ 的主题中的词对标记为“不能连接”。一且 AMC 同时获得了“必须连接”和“不能连接”，LTM 中使用的相同的基于知识的主题建模算法就可以通过将该知识作为先验知识来指导主题建模，从而学习更好的主题模型。

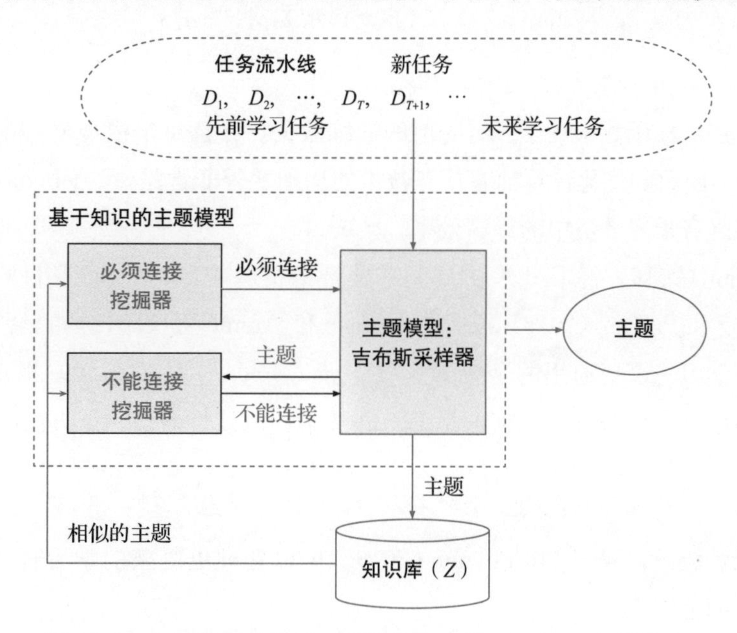

图 14.3　AMC 模型的架构（改编自 Chen 和 Liu（2016）的论文）

14.5　共享模型组件用于多任务学习

共享模型组件（shared model componet）方法受到贝叶斯统计中层次模型的启发。该工作假设所有任务的模型都是由高层隐模型生成的，该假设可以表示为

$$\forall i \quad \boldsymbol{\theta}^i \sim \boldsymbol{M} \tag{14.1}$$

其中 $\boldsymbol{\theta}^i$ 是第 i 个任务的模型，$\boldsymbol{M}$ 是高层隐模型。相似的想法被用于许多多任务学习方法（Zhang 和 Yang，2017b）中，以在任务之间进行知识共享。

在 ELLA（Efficient Lifelong Learning Algorithm）框架（Ruvolo 和 Eaton，2013）中，一个被所有任务所共享的模型字典 $\boldsymbol{M} \in \mathbb{R}^{d \times k}$ 用来表示潜在的模型组件。任务 t 的模型参数 $\boldsymbol{\theta}^t$ 表示为 M 中的潜在的模型组件的线性组合。若 $\boldsymbol{s}^t \in \mathbb{R}^k$ 表示线性组合的权重，则 $\boldsymbol{\theta}^t$ 可以表示为

$$\boldsymbol{\theta}^t = \boldsymbol{M}\boldsymbol{s}^t \tag{14.2}$$

因为 $\boldsymbol{M}$ 在所有的任务中共享，而且这些任务都在不断学习，因此在看到来自不同任务的更多训练数据后，$\boldsymbol{M}$ 应该能够随着时间的推移而改进。

更明确地说，我们定义$\{x_i^t, y_i^t\}_{i=1}^{n^t}$为任务 t 的训练集，ELLA 的目标函数可以被形式化为

$$\frac{1}{T}\sum_{t=1}^{T}\min_{s^t}\left\{\frac{1}{n^t}\sum_{i=1}^{n^t}L(f(\boldsymbol{x}_i^t;\boldsymbol{M}\boldsymbol{s}^t),y_i^t)+\mu\|\boldsymbol{s}^t\|_1\right\}$$

其中 T 是目前看到的任务的总个数，L 是损失函数。

然而，由于上述目标函数依赖于所有先前的训练数据，并且每个模型 $\boldsymbol{s}^t$ 依赖于共享模型组件 $\boldsymbol{M}$，因此对上述目标函数的优化计算随着任务数量的增加变得非常昂贵。Ruvolo 和 Eaton（2013）使用近似技术确保终身学习环境中的计算效率。

Wang 和 Pineau（2016）将 ELLA 扩展到非线性的情况中，其中模型组件不限于线性假设。更具体地说，Wang 和 Pineau（2016）没有像 Kumar 和 Daumé Ⅲ（2012）的论文中那样学习基向量字典，而是建议学习一个更通用的字典 $\boldsymbol{F}=[f^1, f^2, \cdots, f^T]$，它包含一组功能空间中的基函数，其中$\{f^t\}_{t=1}^{T}$可以是任何假设，唯独不是 ELLA 中假定的线性假设。该方法的目标函数表示为

$$\min_{\boldsymbol{F},\{\gamma^t\}}\sum_{t=1}^{T}\sum_{i=1}^{n^t}L(\langle\boldsymbol{F}(\boldsymbol{x}_i^t),\gamma^t\rangle,y_i^t)+\mu\sum_{t=1}^{T}\|\gamma^t\|_1 \tag{14.3}$$

通过放宽模型的线性假设，Wang 和 Pineau（2016）可以处理更复杂的学习任务，从而扩大“共享模型组件”方法的范围。

这类终身机器学习的研究是从多任务学习的视角进行的。通过对不同的任务进行分层建模，可以很容易地将知识保留步骤表示为共享高层隐模型。然而，与许多隐模型相似，这种方法很难理解知识库中存储的已学知识。此外，对于复杂的终身机器学习问题，假设大量任务共享一组基本模型组件可能过于简化。例如，学习如何分类文档应该与学习如何分类图像有很大的不同。

14.6 永无止境的语言学习

终身学习必须扩展到可以处理大量任务。这些任务的输出是各种形式的预测，且很可能数量庞大。这些模型输出可以作为终身机器学习的辅助工具。它们可以用作辅助特征或约束，以帮助提高当前任务的性能。

永无止境的语言学习（Never-Ending Language Learning，NELL）系统自 2010 年以来一直在卡内基-梅隆大学运行（Carlson 等人，2010；Mitchell 等人，2015），该系统从万维网上的网页学习概念。NELL 给出了终身机器学习的一个重要例子，它通过不断地利用辅助信息来扩大知识库。NELL 以连续的方式通过从万维网中爬取数以百万计的页面来学习重要的概念及其关系（因此永远不会结束）。一旦它学习了一个新的概念，它就把这个概念与知识库中已经学习的概念关联起

来，从而使知识库不断增长。例如，当看到一个词“Peking University”时，它意识到这个词指的是中国的一所大学，因为这个词中“University”的首字母是大写的，且“Peking”是过去用来指中国北京市的英文单词。

在Mitchell等人（2015）的论文中，永无止境的语言学习问题$\mathscr{L}$被定义为一组学习任务和这些学习任务的解决方案之间的一组耦合约束。更具体地说，NELL学习任务被定义为元组$\mathscr{L}_i=\{\mathscr{T}_i, P_i, \mathscr{E}_i\}$，其中$\mathscr{T}_i$是性能任务，$P_i$是任务的预定义度量，$\mathscr{E}_i$是训练经验。$\mathscr{T}_i=(\boldsymbol{X}_i, \boldsymbol{Y}_i)$定义了问题的域和模型空间$f_i:\boldsymbol{X}_i\rightarrow\boldsymbol{Y}_i$。性能度量$P_i$被用来度量每个模型$f_i$的性能。$\mathscr{E}_i$是用来训练模型的训练数据。学习任务$\mathscr{T}_i$的目标是在给定训练数据$\mathscr{E}_i$和预先定义的度量$P_i$下为第$i$个学习任务学习最优模型$f_i^*$：

$$f_i^* = \underset{f\in\mathscr{F}_i}{\operatorname{argmax}}\, P_i(f) \tag{14.4}$$

其中$\mathscr{F}_i$是所有可能模型的集合。

在NELL中，自2010年年初以来，许多不同的学习任务在每天24小时不间断地训练着。所有学习任务都通过从模型输出中派生的关系约束连接在一起。这些不同的学习任务分为以下五个主要学习功能类别：

- 短语分类：NELL被赋予一个定义了280个类别的初始本体，这些类别包括“sport”（运动）和“athlete”（运动员）等。NELL学习不同的预测函数，以将名词短语分类为本体中的一个或多个类别。这意味着每个名词短语（如苹果）可以被分配一个或多个类（如食品和公司）。为了充分利用协同训练的力量，NELL基于五种不同的数据视图为每个类别构建了5种不同的预测函数，并让它们以协同训练（Blum和Mitchell，1998）的方式相互加强，以改进学习。
- 关系分类：NELL还给出了327个不同的关系，这些关系定义了名词短语之间的联系。关系分类的目标是学习能够预测两个名词短语是否与给定关系相关的函数。例如，〈“Shanghai”，“China”〉是否满足关系CityLocatedInCountry(x，y)（城市x位于国家y）。
- 实体解析：NELL可以预测两个名词短语是否为同义词。因此，这些短语应该被识别为代表相同的含义。
- 信念（belief，即规则）元组之间的推理规则：可以预测新的信念的函数。NELL表示一个通过一系列由路径排名算法（PRA）系统学习的受限霍恩子句（Horn clause）规则，将NELL的当前知识库映射得到新的信念的函数，它可以从旧的信念中衍生出新的信念（Ni等人，2011）。

以上所有功能都可以表示为主要的学习任务 $f:\boldsymbol{X}\rightarrow\boldsymbol{Y}$。每个任务的评价指标 P_i 被简单设定为对应模型的准确率。

除了广泛的学习任务外，NELL 的另一个独特组成是如何连接它的各个成分。这些关系是如下所示的“耦合”形式的约束：

- 多视图协同训练耦合（multiview co-training coupling）：NELL 通过名词短语的不同视图构建模型。这提供了一种自然的协同训练设置，只要输入的名词短语或名词短语对相同，不同模型的预测就会被强制相同。
- 子集/超集耦合：NELL 强制某类别的模型预测结果应与父类别的模型预测结果一致。
- 多标签互斥耦合：与子集/超集耦合相似，NELL 强制两个互斥类别的模型预测结果是互斥的。
- 与其论点类型的耦合关系：在两个名词短语类别的基础上定义关系。例如，“城市 x 位于国家 y”只能定义为“城市”和“国家”的关系。这为关系学习任务的输入添加了另一组约束。
- 霍恩子句耦合：霍恩子句是一组逻辑文本，其中至少有一个文本为正。所有用于从现有知识库中推断新知识库信念的霍恩子句都被用作 NELL 的耦合约束。

根据上述描述，这些约束是直接或间接地从不同学习任务的输出中派生出来的。NELL 的总体架构如图 14.4 所示。

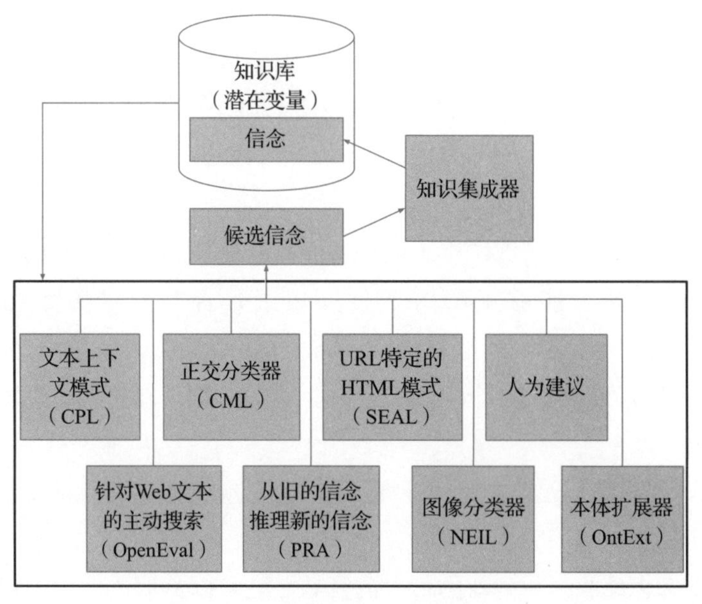

图 14.4 NELL 的架构

NELL 系统的一个显著特征是其知识库，它是 NELL 系统的核心。在 NELL 中，知识库包含了由不同模型预测的所有信念，这些信念具有很高的置信度。随着时间的流逝，数以百万的耦合约束被用来连接不同的任务。知识保留和知识迁移过程被设计成同步的过程。NELL 使用 EM（Expectation-Maximization）风格的学习范式（Dempster 等人，1977）迭代地执行知识保留（E 步骤）和知识迁移（M 步骤）。在 E 步骤中，所有模型的参数都是固定的，这些模型用于输出当前各种任务的最佳预测。

例如，在确定“Shanghai”是城市以及“China”是国家后，它推断〈“Shanghai”，“China”〉满足关系“城市 x 位于国家 y”。这一预测在 NELL 中被称为信念。每个预测都有一个置信度值，该数值表明了模型对于该预测的确定程度。如果该预测结果的置信度值比预先定义的阈值大，则 NELL 将其添加到知识库中作为新知识。

除了添加高置信度值的模型预测作为知识组件外，NELL 还包括一个主动学习组件，以从人类获取有监督的知识。在 M 步骤中，知识库中的所有信念都被用于构造耦合约束。例如，如果〈“Shanghai”，“China”〉满足关系“城市 x 位于国家 y”，则“Shanghai”必须为一个城市，“China”必须是一个国家。作为一种归纳偏差，耦合约束是机器学习模型的关键。M 步骤根据训练数据和耦合约束更新所有模型的参数。

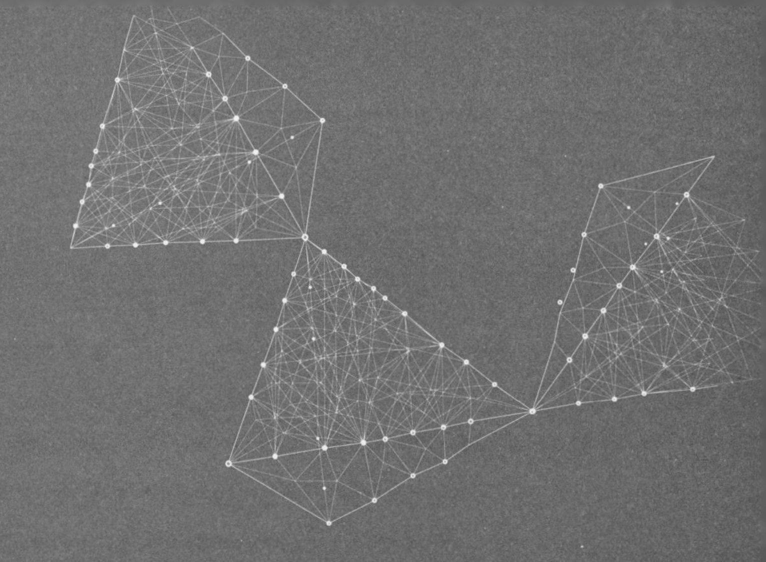

第二部分

迁移学习的应用

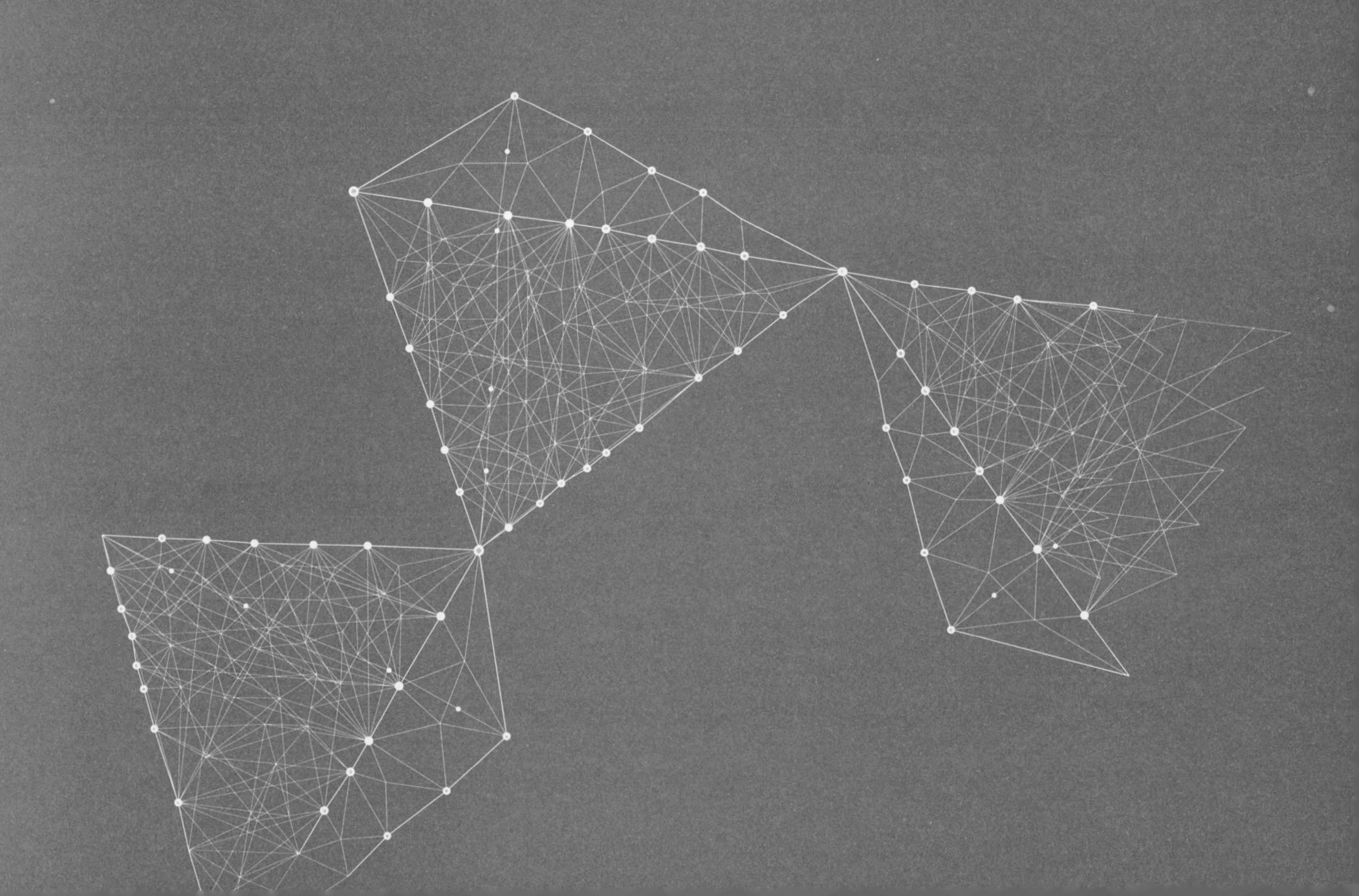

第15章

隐私保护的迁移学习

15.1 引言

机器学习技术越来越广泛应用于社交网络、银行、供应链管理和医疗保健等领域。随着这些应用的出现，各种数据（如个人医疗记录和金融交易信息）中的敏感信息越来越多。这就提出了一个关键问题：如何保护用户的隐私信息？

如今，现代社会越来越需要隐私问题的解决方案。最著名的法律之一是欧洲的通用数据保护条例（General Data Protection Regulation，GDPR）[⊖]，该条例规定了对私人用户数据的保护，并限制了组织间的数据传输。

因此，如何保证用户隐私和数据机密性已经成为机器学习中一个引起极大关注的问题。到目前为止，研究人员已经尝试从几个角度来解决这个问题（Dwork 等人，2006a、2006b；Chaudhuri 等人，2011；Dwork 和 Roth，2014；Abadi 等人，2016b；Lee 和 Kifer，2018）。

在各种方法中，数据匿名化是保护用户数据中敏感信息的一种基本方法。然而，仅进行数据

⊖ https://eugdpr.org/。

匿名化不足以保护用户隐私。事实上，通过使用额外的外部信息，攻击者可以识别匿名记录。一个众所周知的案例是，马萨诸塞州州长 William Weld 的个人健康信息在一个据称是匿名的公共数据库中被发现（Sweeney，2002；Ji 等人，2014）。通过合并健康数据库和选民登记之间的重叠记录，研究人员能够确定州长的个人健康记录。

在过去的几十年中，差分隐私（differential privacy）（Dwork 等人，2006a；Dwork，2008）已经发展成为隐私保护的标准之一。为了设计差分隐私算法，通常需要在原始数据中加入精心设计的噪声来对解析算法进行歧义化。通过注入随机噪声，单个样本不能显著影响差分隐私算法的输出，这限制了攻击者获得的信息。

近年来，许多机器学习算法被修改以实现差分隐私，包括逻辑回归（logistic regression）（Chaudhuri 等人，2011）、树模型（tree model）（Emekçi 等人，2007；Jagannathan 等人，2012；Fong 和 Weber-Jahnke，2012），以及深度神经网络（deep neural network）（Shokri 和 Shmatikov，2015；Abadi 等人，2016b）等。

然而，在应用迁移学习时，这个问题变得更加至关重要，因为迁移学习模型通常跨不同的域和数据集进行映射，并关联不同的组织机构。因此，迁移学习也面临着用户隐私挑战，尤其是当它被跨组织机构应用时。设计差分隐私保护机制来提取和迁移知识成为一个挑战。在本章中，我们将首先介绍差分隐私的定义以及相关的差分隐私算法，然后介绍一些隐私保护迁移学习的先进方法。

15.2 差分隐私

15.2.1 定义

差分隐私（Dwork 等人，2006b；Dwork 和 Roth，2014）已经被确立为一个严格的标准，以保证访问私有数据的算法的隐私。直观地说，给定隐私预算（privacy budget）ε，如果更改数据集中的一个样本不会使算法任意输出对象的对数似然值变化超过 ε，则该算法保持 ε-差分隐私（参见图 15.1）。它的正式定义如下。

定义 15.1（差分隐私） 如果对于任何两个输入数据集 $\mathscr{D}_1$，$\mathscr{D}_2$，随机机制 $\mathscr{M}$ 的任一输出 t 满足 $\mathbb{P}(\mathscr{M}(\mathscr{D}_1)=t)\leqslant e^{\varepsilon}\mathbb{P}(\mathscr{M}(\mathscr{D}_2)=t)$，则随机机制 $\mathscr{M}$ 是 ε-差分隐私的。

为了满足 ε-差分隐私保证，通常需要在学习算法中添加细致的扰动或噪声。较小的 ε 提供更严格的隐私保证，但代价是噪声较大，导致性能下降（Chaudhuri 等人，2011；Bassily 等人，2014）。为了解决这个问题，最近 Dwork 和 Roth（2014）提出了一种松弛版本的 ϵ-差分隐私，称为（ϵ，δ）-差分隐私，其中 δ 度量隐私中的损失，其定义如下。

定义 15.2（（ϵ，δ）-差分隐私） 如果对于任何两个输入数据集 $\mathscr{D}_1$，$\mathscr{D}_2$，随机机制 $\mathscr{M}$ 的任一输出 t 满足 $\mathbb{P}(\mathscr{M}(\mathscr{D}_1)=t)\leqslant e^{\epsilon}\mathbb{P}(\mathscr{M}(\mathscr{D}_2)=t)+\delta$，则随机机制 $\mathscr{M}$ 是（ϵ，δ）-差分隐私的。

接下来我们将介绍一些差分隐私学习算法。

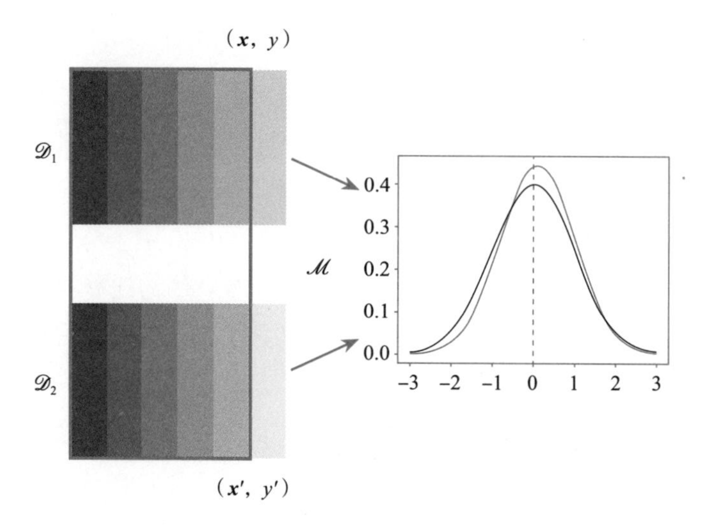

图 15.1 当使用差分隐私算法时，仅一个样本不同的两个数据集的输出分布彼此接近

15.2.2 隐私保护的正则化经验风险最小化

对于训练数据集 $\mathscr{D}$，正则化经验风险最小化选择一个假设空间 $\mathscr{H}$ 中的预测器 f，将正则化经验损失最小化为

$$\min_{f\in\mathscr{H}} J(f,\mathscr{D})=\frac{1}{n}\sum_{j=1}^{n} l(f(\boldsymbol{x}_j),y_j)+\lambda r(f) \tag{15.1}$$

其中正则化项 $r(f)$ 防止过拟合，λ 是正则化参数。正则化 ERM 方法在实践中被广泛使用，例如逻辑回归和支持向量机。为简单起见，在下文中我们只关注线性函数，即 $f(\boldsymbol{x})=\boldsymbol{w}^{\mathrm{T}}\boldsymbol{x}$。

在接下来的章节中，我们将介绍一些创建隐私保护 ERM 算法的技术，包括输出扰动、目标扰动和梯度扰动。

15.2.2.1 输出扰动

输出扰动（output perturbation）方法（Chaudhuri 等人，2011）源自 Dwork 等人（2006b）提出的灵敏度方法（sensitivity method），是一个用于对任何函数生成隐私保护近似的通用方法。对于最小化的 $\boldsymbol{w}^*=\underset{\boldsymbol{w}}{\operatorname{argmin}} J(\boldsymbol{w}, \mathscr{D})$，它输出一个预测器

$$\boldsymbol{w}_{\text{priv}} = \boldsymbol{w}^* + \boldsymbol{b}$$

其中 $\boldsymbol{b}$ 是随机噪声，其密度为

$$\mathbb{P}(\boldsymbol{b}) = \frac{1}{\alpha} \mathrm{e}^{-\beta\|\boldsymbol{b}\|_2} \tag{15.2}$$

其中 α 是归一化常数，$\beta=\frac{n\varepsilon\lambda}{2}$。Chaudhuri 等人（2011）证明：如果正则化项 $r(\cdot)$ 是可微和 1-强凸的，损失 l 是凸和可微的，并且对于所有的 z 满足 $|l'(z)|\leqslant 1$，那么输出扰动方法提供了 ε-差分隐私。

15.2.2.2 目标扰动

与输出扰动法不同，目标扰动（objective perturbation）法（Chaudhuri 等人，2011）在目标函数中添加了噪声项。它不是最小化 J，而是通过求解以下目标函数来学习预测器。

$$\boldsymbol{w}_{\text{priv}} = \underset{\boldsymbol{w}}{\operatorname{argmin}}\, J(\boldsymbol{w}, \mathscr{D}) + \frac{1}{n}\boldsymbol{b}^{\mathrm{T}}\boldsymbol{w} + \frac{1}{2}\Delta\|\boldsymbol{w}\|_2^2$$

其中 $\boldsymbol{b}$ 根据式（15.2）进行采样，$\beta=\varepsilon'/2$，ε' 和 Δ 按照如下方法进行计算：

1）$\varepsilon'=\varepsilon-\log\left(1+\frac{2c}{n\lambda}+\frac{c^2}{n^2\lambda^2}\right)$

2）如果 $\varepsilon'>0$，则 $\Delta=0$，否则 $\Delta=\frac{c}{n(\mathrm{e}^{\varepsilon/4}-1)}-\lambda$ 且 $\varepsilon'=\varepsilon/2$

其中 c 是常数项。类似地，如果 $r(\cdot)$ 是 1-强凸和二阶可微的，$l(\cdot)$ 是凸和二阶可微的，且对于所有的 z 满足 $|l'(z)|\leqslant 1$ 和 $|l''(z)|\leqslant c$，那么目标扰动方法是 ε-差分隐私的。具体地，如果使用正则化逻辑回归作为 ERM 模型，即 $r(\boldsymbol{w})=\frac{1}{2}\|\boldsymbol{w}\|_2^2$ 并且 $l(z)=\log(1+\mathrm{e}^{-z})$，那么 $c=\frac{1}{4}$。

15.2.2.3 梯度扰动

如前所述，输出扰动和目标扰动方法要求目标函数是凸的，并且具有强凸的正则化项。在一些算法（如深度模型）中，这一前提条件是不满足的。为了解决这个问题，Abadi 等人（2016b）

提出了一种梯度扰动（gradient perturbation）方法，以保证深度学习算法中的差分隐私。

具体地，在第 t 次迭代中，一组样本 L_t 被随机选中，然后调整其梯度 $g_t(\boldsymbol{x}_i)$ 到一个上界 C，即

$$\overline{g}_t(\boldsymbol{x}_i)=g_t(\boldsymbol{x}_i)/\max(1,\|g_t(\boldsymbol{x}_i)\|_2/C)$$

其中 $\boldsymbol{x}_i\in L_t$。在这组样本中添加随机高斯噪声：

$$\widetilde{g}_t=\frac{1}{L}\Big(\sum_i\overline{g}_t(\boldsymbol{x}_i)+\mathcal{N}(0,\sigma^2C^2\boldsymbol{I})\Big)$$

其中 L 是 L_t 的大小，σ 是一个常数。我们来用梯度 $\widetilde{g}_t$ 更新模型。Abadi 等人（2016b）证明了利用仔细选择的样本采样率 σ 和迭代次数，梯度扰动方法保证了（ε，δ）-差分隐私。

15.3 隐私保护的迁移学习

15.3.1 问题设置

在许多迁移学习应用中，源域和目标域或许位于不同的组织机构中，这样由于隐私问题，信息就不能直接相互传输。下面我们将讨论用户隐私问题至关重要的几种场景。

- 目标提升（target improvement）：在大多数迁移学习应用中，一个或多个源数据集被用于帮助提高在目标域中训练的模型性能。因此，有必要设计一种隐私保护机制，用于从源域提取和迁移知识，以阻止敏感信息的泄露。
- 多方学习（multiparty learning）：在该场景中，几个组织机构希望一起构建模型，同时保持敏感数据的私有性。
- 多任务学习：在多任务学习中，每个任务都互相借用信息以改进其学习模型，因此，隐私机制需要保证每一方都不会泄露自己的隐私。

15.3.2 目标提升

15.3.2.1 差分隐私假设迁移学习

Wang 等人（2018d）提出训练局部差分隐私逻辑模型，并将其迁移到目标域，如图 15.2 所示。要做到这一点，需要一个可以同时被源域和目标域访问的公共数据集（不一定有标签）来充

当信息中介。具体来说，该模型需要以下几步：

1）基于参数 ε，每个源域使用其有标签的样本来训练差分隐私逻辑回归模型 $\boldsymbol{w}_{\text{priv}}^{s_i}$。然后所有假设$\{\boldsymbol{w}_{\text{priv}}^{s_i}\}_{i=1}^{m}$被发送到目标域。

2）每个源域获取公共数据集，并使用其无标签的样本和公共数据集来计算差分隐私“重要性权重”向量 $\boldsymbol{v}^{s_i}$，然后发送$\{\boldsymbol{v}^{s_i}\}_{i=1}^{m}$到目标域。

3）目标域获取公共数据集，计算非隐私“重要性权重”向量 $\boldsymbol{v}$。

4）目标域计算“假设权重”向量 $\boldsymbol{v}_H \in \mathbb{R}^m$，使 $\boldsymbol{v}$ 与由 $\boldsymbol{v}_H$ 加权的 $\boldsymbol{v}^{S_i}$ 的线性组合的 KL 散度最小化。

5）目标模型用 $\boldsymbol{v}_H$ 和源域中的$\{\boldsymbol{w}_{\text{priv}}^{s_i}\}_{i=1}^{m}$来构造一个带信息量的高斯先验。

6）目标域通过 Marx 等人（2008）的方法利用有限的有标签目标数据和带信息量的高斯先验来训练一个贝叶斯逻辑回归模型，并返回参数 $\boldsymbol{w}_{\text{priv}}$。

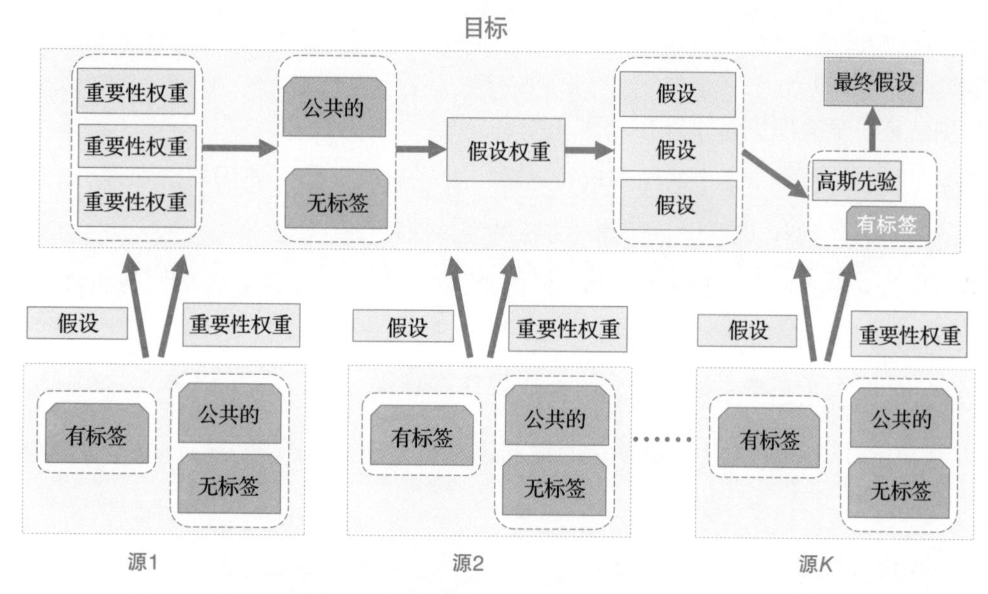

图 15.2　多源迁移学习系统示意图（改编自 Wang 等人（2018d）的论文）

15.3.2.2　特征划分与叠加的差分隐私迁移学习

为了保护隐私，添加噪声可能会对学习过程产生负面影响。因此，迁移这种有噪声的模型可能没有帮助甚至对于目标域的学习是有害的。

Guo 等人（2018b）提出了缓解这一问题的方法。为简单起见，假设只有一个源域。Guo 等人（2018b）首先根据特征将源数据集划分为 K 个子集，并使用目标扰动方法（Chaudhuri 等人，

2011）的变体为每个子集训练一个差分隐私逻辑回归模型。然后将这些模型迁移到目标域，并以一种差分隐私的方式对其进行叠加。此外，在训练过程中还可以引入特征重要性，使具有较大重要性的子集可以在很少干扰的情况下进行训练和迁移，同时还可以保证整个数据集的隐私性。整个框架如图 15.3 所示。

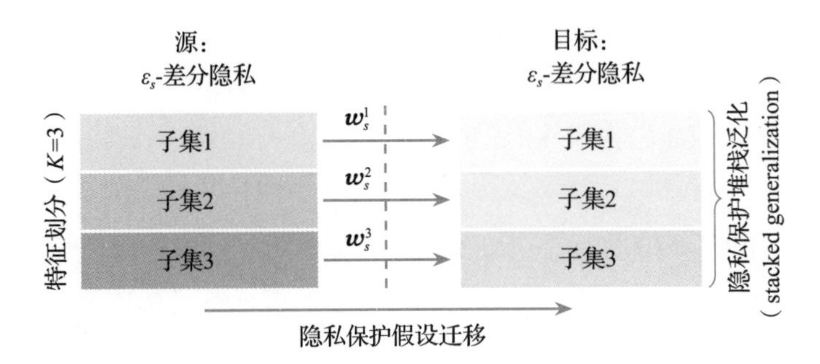

图 15.3 当 $K=3$ 时特征划分与叠加的差分隐私迁移学习框架

算法的工作原理如下：

1）根据特征将源数据集划分为 K 个不相交集。

2）根据重要性对每个子集中的样本进行缩放，并在这些子集上使用总隐私预算 ε_s 来训练 K 个差分隐私逻辑回归模型，以基于目标扰动方法的变体获得$\{\boldsymbol{w}_k^s\}_{k=1}^K$。

3）将目标数据集按样本分割成大小相等的两个部分，即 $\mathscr{D}_l$ 和 $\mathscr{D}_h$，并按照与源数据集相同的方式将两个部分都划分成 K 个不相交的集合。

4）在 $\mathscr{D}_l$ 的 K 个子集中，通过差分隐私假设迁移获得$\{\boldsymbol{w}_k^l\}_{k=1}^K$。Guo 等人（2018b）使用与 Wang 等人（2018d）不同的方法。第 2 步同样利用正则化项 $r_k(\boldsymbol{w})=\frac{1}{2}\|\boldsymbol{w}-\boldsymbol{w}_k^s\|_2^2$。整个隐私预算设置为 ε。

5）通过使用所有的 $\{\boldsymbol{x}, y\}\in\mathscr{D}_h$ 来构建一个元数据集 $\mathscr{D}_f=\{\sigma(\boldsymbol{x}_{(1)}^{\mathrm{T}}\boldsymbol{w}_1^l), \cdots, \sigma(\boldsymbol{x}_{(K)}^{\mathrm{T}}\boldsymbol{w}_K^l)\}$，其中 $\boldsymbol{x}_{(k)}$ 表示 $\boldsymbol{x}$ 在第 k 个子集中的部分。

6）在 $\mathscr{D}_f$ 上用隐私预算 ε 训练一个 ε-差分隐私逻辑回归，并获得模型参数 $\boldsymbol{w}^h$。

在 Guo 等人（2018b）的论文中，源域（通过 ε_s）和目标域（通过 ε）的隐私都得到了保证。此外，其还使用了目标扰动方法的一种变体，以便在保持整体隐私不变的同时，利用特征重要性来定义噪声。Guo 等人（2018b）提出的方法获得了更好的泛化性能，尤其是在已知特征重要性的情况下。

15.3.3 多方学习

在多方学习中，不同数据集之间没有区别。其目标是学习所有数据集的公共模型。它的私有变体需要保护每个数据集的隐私。假设对于第 i 个数据集，在其上训练了一个本地分类器 $h(\cdot)$。在 Hamm 等人（2016）的论文中，本地分类器由受信任的中心服务器收集，并基于一个带有 n 个样本的辅助无标签数据集 $\mathcal{D}_u$ 和本地分类器建立了一个公共的差分隐私模型。其工作流程如图 15.4 所示。有两种方法可以用来训练公共模型，即投票 ERM 和加权 ERM。在后面的小节中，我们将基于以下假设介绍这两种方法：

- 假设损失为 $l(h(\boldsymbol{x};\ \boldsymbol{w}),\ v)=l(v\boldsymbol{w}^{\mathrm{T}}\boldsymbol{x})$。
- 损失 $l(\cdot)$ 是凸的和连续可微的。
- $|l'(z)|<1$，$\forall z\in\mathbb{R}$。
- 对于所有 $\boldsymbol{x}$，$\|\boldsymbol{x}\|_2\leqslant 1$。

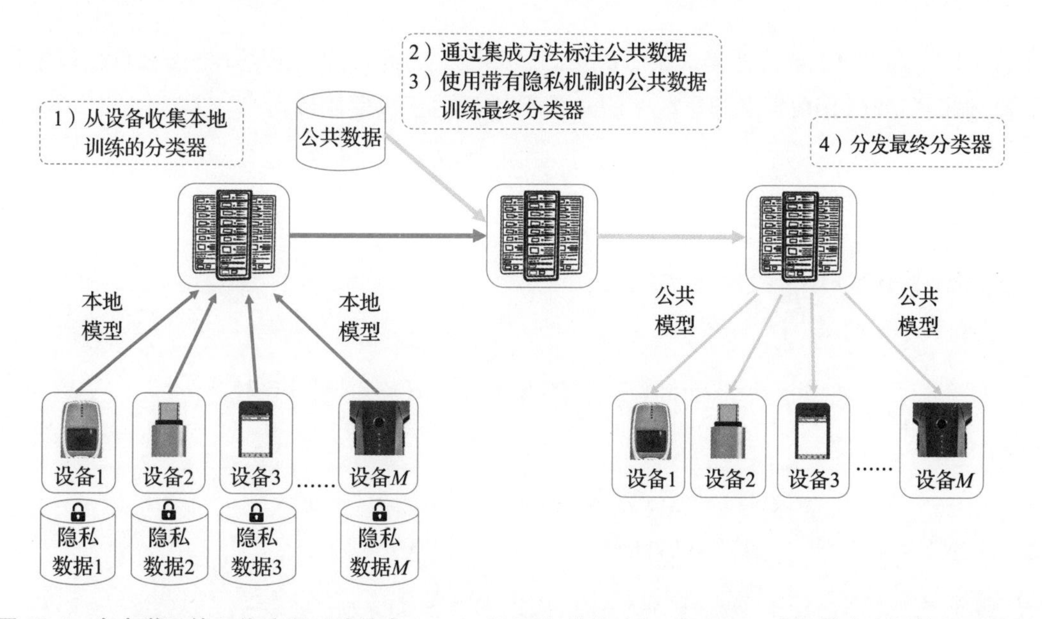

图 15.4 多方学习的工作流程（改编自 Hamm（2016）的论文）。其中每一方都持有少量的隐私数据，并使用这些数据训练本地分类器。然后，局部分类器的集成为辅助数据生成标签，而辅助数据又用于训练全局分类器。为了保护隐私，最终的分类器在处理后发布

15.3.3.1 投票 ERM

投票 ERM 按如下方式工作：

1）对于 $\boldsymbol{x}\in\mathcal{D}_u$，生成投票标签 $v(\boldsymbol{x})$：

$$v(\boldsymbol{x})=\begin{cases}1 & \sum_{i=1}^{m} I[h_i(\boldsymbol{x})=1]\geqslant\frac{m}{2}\\ 0 & 其他\end{cases}$$

2）找到最小化的 $\boldsymbol{w}^*$：

$$\boldsymbol{w}^*=\underset{\boldsymbol{w}}{\operatorname{argmin}}\frac{1}{n}\sum_{\boldsymbol{x}\in\mathcal{D}_u} l(h(\boldsymbol{x};\boldsymbol{w}),v(\boldsymbol{x}))+\frac{\lambda}{2}\|\boldsymbol{w}\|_2^2$$

3）从 $\mathbb{P}(\boldsymbol{b})\propto \mathrm{e}^{-0.5\varepsilon\|\boldsymbol{b}\|_2}$ 采样随机向量 $\boldsymbol{b}$。

4）输出 $\boldsymbol{w}_{\text{priv}}=\boldsymbol{w}^*+\boldsymbol{b}$。

理论分析显示扰动输出 $\boldsymbol{w}_{\text{priv}}$ 是 ε-差分隐私的。

15.3.3.2 加权 ERM

投票 ERM 方法的主要问题是对单方决定的敏感性。为此，加权 ERM 方法被提出以解决这一问题。具体来说，$\alpha(\boldsymbol{x})$ 被定义为样本 $\boldsymbol{x}$ 的 m 个分类器的正投票比例：

$$\alpha(\boldsymbol{x})=\frac{1}{m}\sum_{i=1}^{m} I[h_i(\boldsymbol{x})=1]$$

然后加权 ERM 算法按如下方式工作：

1）对所有 i 计算 $\alpha(\boldsymbol{x}_i)$。

2）找到最小化的 $\boldsymbol{w}^*$：

$$\boldsymbol{w}^*=\underset{\boldsymbol{w}}{\operatorname{argmin}}\frac{1}{n}\sum_{\boldsymbol{x}\in\mathcal{D}_u} l^{\alpha}(h(\boldsymbol{x};\boldsymbol{w}),\alpha(\boldsymbol{x}))+\frac{\lambda}{2}\|\boldsymbol{w}\|_2^2$$

其中

$$l^{\alpha}(\cdot)=\alpha(\boldsymbol{x})l(\boldsymbol{w}^{\mathrm{T}}\boldsymbol{x})+(1-\alpha(\boldsymbol{x}))l(-\boldsymbol{w}^{\mathrm{T}}\boldsymbol{x})$$

3）从 $\mathbb{P}(\boldsymbol{b})\propto \mathrm{e}^{-0.5\varepsilon\|\boldsymbol{b}\|_2}$ 采样随机向量 $\boldsymbol{b}$。

4）输出 $\boldsymbol{w}_{\text{priv}}=\boldsymbol{w}^*+\boldsymbol{b}$。

理论分析显示 $\boldsymbol{w}_{\text{priv}}$ 是 ε-差分隐私的。

15.3.4　多任务学习

对于第 9 章介绍的多任务学习，在学习过程中，当所有任务相互帮助时应考虑到隐私，因此也存在隐私问题。Xie 等人（2017）提出了一种差分隐私保护多任务学习方法。假设模型参数 $\boldsymbol{w}^i$ 被分解为两个分量，即 $\boldsymbol{w}^i=\boldsymbol{p}^i+\boldsymbol{q}^i$，其中 $\boldsymbol{p}^i\in\mathbb{R}^d$ 是学习任务相关性的分量，$\boldsymbol{q}^i\in\mathbb{R}^d$ 是特定于任务的分量，从而 $\boldsymbol{W}=\boldsymbol{P}+\boldsymbol{Q}$。因此，提出的目标函数公式为

$$\min_{\boldsymbol{P},\boldsymbol{Q}}\sum_{i=1}^{m}\left(\frac{1}{n_i}\sum_{j=1}^{n_i}l_j^i(\boldsymbol{p}^i+\boldsymbol{q}^i)\right)+\lambda_1 r_P(\boldsymbol{P})+\lambda_2 r_Q(\boldsymbol{Q})$$

其中 $l_j^i(\boldsymbol{w}^i)$ 定义了第 i 个任务中模型参数为 $\boldsymbol{w}^i$ 时的第 j 个数据的损失，$r_P(\boldsymbol{P})$ 表示知识迁移，$r_Q(\boldsymbol{Q})$ 是模型复杂度的惩罚项。这里假设 $r_Q(\boldsymbol{Q})$ 是按照任务分解的，即 $r_Q(\boldsymbol{Q})=\sum_{i=1}^{m}r_Q^i(\boldsymbol{q}_i)$。这样，$\boldsymbol{Q}$ 中的每个列 $\boldsymbol{q}_i$ 能被分发到计算节点，并且能进行本地更新。对于 $\boldsymbol{P}$，先计算 $\boldsymbol{p}^i$ 的梯度信息，然后中心服务器收集该梯度信息并更新 $\boldsymbol{P}$。这是因为只有 $\boldsymbol{p}^i$ 被传递到中心服务器，噪声才能被添加进去来保证差分隐私。

第16章

计算机视觉中的迁移学习

16.1 引言

几十年来，理解我们周围的视觉世界一直是人工智能的研究热点，对该领域的研究取得了巨大的进步。人工智能模型的性能已经在各种视觉任务和环境中达到了人类的水平，例如人脸识别、手写字符识别、唇读等。在人工智能早期，大多数视觉模型都是基于人工提取的特征，如图像分类和视频分类。最近，由于具有强大的层次化特征学习能力，深度神经网络模型已经成为一种新趋势。

然而，视觉模型的进步严重依赖于大量有标签数据。由于难以获得有标签数据，因此需要迁移学习。为了将知识从源域迁移到目标域，基于特征的方法被广泛采用。一些模型使用源域特征扩充目标域特征，一些模型学习一个映射函数将源域映射到目标域，其他模型在两个域中学习共享字典。在深度神经网络中，一些学习到的特征是高度“可迁移的”，因此从一个数据集中学习的特征自然可以被泛化和迁移到另一个域和环境中。

本章内容安排如下。16.2节侧重于图像应用，其中图像分类是最广泛研究的视觉应用，因此首先将对其进行讨论。然后将介绍迁移学习模型用于其他视觉应用，例如解决视频分类和目标检测问题。16.3节将对迁移学习模型在医学图像的应用进行具体讨论，包括对分类、检测和分割任务的研究。我们选择医学图像作为迁移学习的应用领域的原因是，在该领域中很难获得高质量的有标签数据，这使得迁移学习在该领域的应用非常困难。

16.2　概述

图像数据无处不在。例如，用户在社交网络上共享照片、交通摄像头监控道路环境、在线购物网站上的广告以图片的形式呈现等。理解图像在各种应用中有着关键作用，包括自动驾驶、视频监控、推荐系统等。由于大规模有标签数据库和先进视觉模型的建立，在理解视觉世界方面的研究取得了显著进步。然而，在实际应用中，有标签数据很少。例如，当在新的城市设置交通摄像头时，交通流量的分布可能与其他城市不同，而手动标记视频帧耗时且浪费人力。因此，在迁移学习模型可以应用的场景下，有必要迁移来自其他城市或公共数据集中有标签数据的知识。

在接下来的小节中，我们将介绍用于视觉任务的迁移学习模型。我们首先关注图像分类任务，然后讨论其他视觉任务，如视频分类、生成图像描述、目标检测等。对于解决视觉域适应问题的研究，可参考 Csurka（2017）以及 Patel 等人（2015）的论文。

大多数迁移学习模型都是通用的，它们可以直接用于各种视觉应用，无须特别调整。有很多与图像分类相关的迁移学习模型，如图 16.1所示。它们被分为浅层模型和深度模型。深度模型通常是人工神经网络，它学习层次表示，而浅层模型不能。对于浅层模型，主要有四种迁移方法，即基于特征增强、基于特征变换、参数自适应和基于字典的方法。对于深度模型，迁移方法可以分为基于特征的和基于模型的方法，通常它们会一起使用。接下来我们将介绍这两种迁移学习模型。

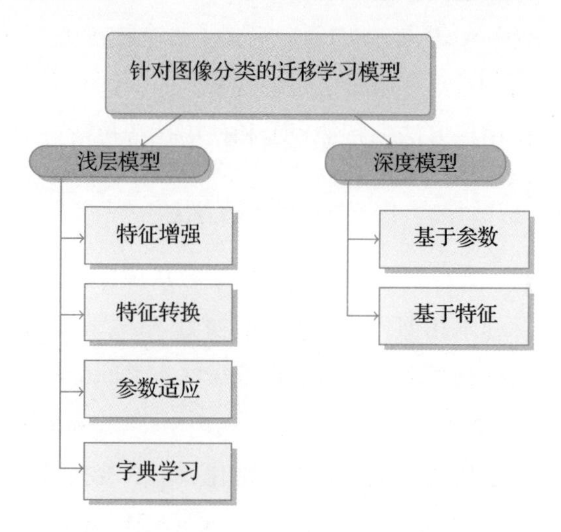

图 16.1　图像分类迁移学习模型的分类

16.2.1　浅层迁移学习模型

本节我们将介绍用于图像分类的浅层迁移学习模型，它可以被分为四类方法，即基于特征增强、基于特征变换、参数自适应和基于字典的方法。

16.2.1.1 基于特征增强的方法

DauméⅢ（2007）通过增强目标特征空间提出了一种迁移学习方法。增广特征空间由三部分组成，即跨域共享的一般特征、源域的私有特征以及目标域的私有特征。通过将这三个部分连接起来以实现特征增强：

$$\phi_s(\boldsymbol{x})=[\boldsymbol{x},\boldsymbol{x},\boldsymbol{0}]^{\mathrm{T}} \qquad \phi_t(\boldsymbol{x})=[\boldsymbol{x},\boldsymbol{0},\boldsymbol{x}]^{\mathrm{T}} \tag{16.1}$$

其中 **0** 表示 d 维的零向量，ϕ_s 和 ϕ_t 分别表示源域和目标域的特征增强映射。知识跨域迁移通过同时考虑域共享和域特定的特征来实现，这种方法可以扩展到多域的设置。

通过考虑连接源域和目标域的中间子空间，人们扩展了基于特征增强的方法（Gopalan 等人，2011、2014；Gong 等人，2012a）。测地线流采样（Geodesic Flow Sampling，GFS）法（Gopalan 等人，2011）将源域和目标域的生成子空间视为格拉斯曼（Grassmann）流形上的点，然后沿着测地线对点进行采样以获得中间子空间表示。来自两个域的原始特征表示被投影到这些子空间中，并且它们被连接成高维特征表示。随后在得到的特征表示上构造判别分类器。测地线流核法（Gong 等人，2012a）定义了一个核函数，它集成了从源域到目标域的测地流上的无数个子空间，而不是对有限子空间进行采样。Gopala 等人（2014）提出了更一般的框架，考虑在 RKHS 空间中使用核方法的特征表示和使用拉普拉斯特征映射的低维流形表示。

16.2.1.2 基于特征变换的方法

基于特征变换的方法学习从源样本到目标样本的线性或非线性变换，使变换后的源样本与目标样本相似。这个想法最初由 Saenko 等人（2010）提出。其中通过 $\boldsymbol{W}$ 参数化该特征变换，并且将变换的源域样本和目标域样本之间的相似性定义为

$$\mathrm{sim}(\boldsymbol{x}_s,\boldsymbol{x}_t)=(\boldsymbol{x}_s)^{\mathrm{T}}\boldsymbol{W}\boldsymbol{x}_t$$

为了避免过拟合，将正则化项引入变换 $\boldsymbol{W}$，用 $r(\boldsymbol{W})$ 表示。特征转换迁移的优化问题定义为

$$\min_{\boldsymbol{W}} r(\boldsymbol{W}) \quad \text{s. t.} \quad c_i(\boldsymbol{X}_s^{\mathrm{T}}\boldsymbol{W}\boldsymbol{X}_t)\geqslant 0, \quad 1\leqslant i\leqslant c \tag{16.2}$$

其中 c_i 表示第 i 个监督约束。在 Saenko 等人（2010）的论文中，正则化项被定义为 $r(\boldsymbol{W})=\mathrm{tr}(\boldsymbol{W})-\log\det(\boldsymbol{W})$，并且考虑两种类型的约束，即基于类的约束和基于对应关系的约束。对基于类的约束，分别从源域和目标域中选择一个随机的有标签样本。如果这两个样本属于同一个类，那么它们之间的距离应该小于一个阈值，反之其距离应该大于一个阈值。或者，如果已知两个样本的标签信息之外的关系，则可以构建基于对应关系的约束。相似性和相异性约束有助于学习域不变的转换。问题（16.2）中定义的约束优化问题将首先转换为无约束问题，然后通过信息论度

量学习方法求解。

后来，Kulis 等人（2011）提出了一个更一般的公式，其中 Saenko 等人（2010）提出的模型成了一个特例。该公式学习了一个非对称的非线性变换，使模型能够处理特征类型和维度的变化。

即使源域和目标域具有不同的表示，特征转换方法也能很好地工作，它属于异构迁移学习。Dai 等人（2008）首次提出了这样的工作，称为翻译学习（translated learning），其中训练数据和测试数据可以来自完全不同的特征空间。例如，源可以是文本，而目标可以是文本或音频。翻译学习是异构转移学习的一个例子。这种方式的一个主要方法是获得一个“字典”，它可以作为一个翻译器来连接不同的特征空间。

翻译学习的直观思想是将来自源域以及目标域的一些或全部训练数据转换至共同的目标特征空间中，使它们可以在该单个空间中完成学习。该方法可用于诸如跨语言文本分类和跨域图像理解的应用。它还可以在使用文本来解释图像的语义的应用中用于连接文本和图像之间的知识。它与通常用于自然语言理解的机器翻译方法的关键区别在于如何连接不同的特征空间。与关注要翻译的文本的顺序性不同，在翻译学习中，目标数据可以是任何顺序。

Dai 等人（2008）提出了翻译学习问题的解决方案，即充分利用可用数据来构建字典或翻译器。虽然仅目标域数据可能不足以为目标域构建良好的分类器，但通过利用源域中可用的有标签数据，我们确实可以构建有效的翻译器，这反过来可以增强目标域中的训练数据。一个示例是使用万维网上可用的社交标记数据在文本和图像特征空间之间进行转换。

翻译学习模型假设学习任务由公共标签空间 c 表示，它在源域和目标域中是相同的。可以使用马尔可夫链 $c \rightarrow f \rightarrow x$ 来表示学习过程，其中 f 表示样本 x 的特征。源域数据 x_s 由源特征空间中的特征 f_s 表示，而目标域中的测试数据 x_t 由目标特征空间中的特征 f_t 表示。翻译学习通过马尔可夫链 $c \rightarrow f_s \rightarrow x_s$ 对源空间中的学习进行建模，该链可以连接到目标空间中的另一个马尔可夫链 $c \rightarrow f_t \rightarrow x_t$。翻译学习的一个重要特征是展示如何连接这两个路径，以便形成新的链 $c \rightarrow f_s \rightarrow f_t \rightarrow x$，以将知识从源空间转换到目标空间。在此过程中，映射 $f_s \rightarrow f_t$ 充当特征级翻译器。该算法称为 TLRisk，它利用 Lafferty 和 Zhai（2001）的论文中的风险最小化框架来建模翻译学习。

我们首先描述翻译学习的总体目标。可以使用风险函数 $R(c, x_t)$ 来衡量将 x_t 分类为类别 c 的风险。为了预测实例 x_t 的标签，我们只需找到最小化风险函数 $R(c, x_t)$ 的类标签 c，以便估计假设 h_t：

$$h_t(x_t) = \underset{c \in C}{\operatorname{argmin}} R(c, x_t) \tag{16.3}$$

当 c 和 x_t 相关时，风险函数 $R(c, x_t)$ 可以形式化为期望损失。由于 C 仅取决于 c、X_t 仅取决于 x_t，我们可以使用 $p(C|c)$ 代替 $p(C|c, x_t)$，并用 $p(X_t|x_t)$ 代替 $p(X_t|c, x_t)$。

Dai 等人（2008）将风险函数表示如下：

$$R(c,x_t) = \int_{\Theta_C}\int_{\Theta_{X_t}} L(\theta_C,\theta_{X_t},r=1)p(\theta_C|c)p(\theta X_t|x_t)\mathrm{d}\theta_{X_t}\mathrm{d}\theta_C \tag{16.4}$$

其中 Θ_C 和 Θ_{X_t} 分别是对应于标签空间 C 和目标数据空间 X_t 的模型空间。$L(\theta_C, \theta_{X_t}, r=1)$ 表示样本类标签关联的错误预测导致的损失函数，其中 θ 是表示特定模型的变量。在该目标函数中，损失函数 $L(\theta_C, \theta_{X_t}, r=1)$ 可以通过模型 θ_C 和 θ_{X_t} 下的两个分布空间的 KL 散度（Kullback 和 Leibler，1951）来估计。该散度估计反过来需要从特征空间 f_s 到特征空间 f_t 的翻译器，这些可以通过获取在网络上出现的数据来估计。当然，在构建字典时必须要小心，因为网络数据中可能存在很多固有的偏差和噪声（Dai 等人，2008）。

16.2.1.3 参数自适应的方法

本节将介绍几种算法来将从源域数据训练的模型适应到目标域中的模型学习。Yang 等人（2007c）提出了一种自适应 SVM，它学习源域模型和目标域模型之间的“δ 函数”。该适应形式化为

$$f_t(\boldsymbol{x}) = f_s(\boldsymbol{x}) + \delta f(\boldsymbol{x})$$

其中 f_s、f_t 和 δf 分别表示源域模型、目标域模型和 δ 函数。此外，δ 函数定义为 $\delta f(\boldsymbol{x}) = \boldsymbol{w}^{\mathrm{T}}\phi(\boldsymbol{x})$，其中 $\boldsymbol{w}$ 表示 δ 函数的参数，映射 ϕ 将数据样本投影到高维空间中。为了估计参数 $\boldsymbol{w}$，A-SVM的目标函数从标准 SVM 扩展为

$$\min_{\boldsymbol{w}} \quad \frac{1}{2}\|\boldsymbol{w}\|^2 + C\sum_{i}^{n_t}\varepsilon_i$$

$$\text{s.t.} \quad \varepsilon_i \geqslant 0, \; y_i f_s(\boldsymbol{x}_i) + y_i\boldsymbol{w}^{\mathrm{T}}\phi(\boldsymbol{x}_i) \geqslant 1 - \varepsilon_i \; \forall (\boldsymbol{x}_i, y_i) \in \mathscr{D}_t \tag{16.5}$$

其中 ε_i 度量分类错误，C 控制两个术语之间的权衡。问题（16.5）学习目标域模型，该模型正确地对目标域中的有标签样本进行分类，并且与源域模型尽可能接近。

Duan 等人（2009）提出的域迁移 SVM 通过减少 MMD 度量的域差异并同时学习目标决策函数来改进 A-SVM。自适应多核学习（Duan 等人，2012c）学习基于多个基核的核函数。还有一些方法可以共同学习特征变换和分类器参数（Shi 和 Sha，2012；Hoffman 等人，2013；Donahue 等人，2013）。

16.2.1.4 基于字典的方法

字典学习将高维数据表示为基本元素的线性组合。基本元素称为“原子”，原子构成字典。字典学习已成功应用于各种视觉任务，如人脸识别、图像重建、图像去模糊等。但是，字典学习在跨域设置中具有挑战性，因为源域中学习的字典可能由于域偏移而不适合目标域。研究者提出了几种模型来解决这个问题（Qiu 等人，2012；Shekhar 等人，2013；Ni 等人，2013）。

Shekhar（2013）提出了一个 SDDL 框架，用于在低维空间中学习源域和目标域的共享字典。该框架考虑两个损失，即分别由 C_1 和 C_2 表示的重构损失和正则化损失。首先将数据投影到低维空间中，其中映射的参数分别由 $\boldsymbol{W}_s$ 和 $\boldsymbol{W}_t$ 表示。由 $\boldsymbol{K}$ 表示的共享字典通过最小化低维空间中的重构损失来学习。重构损失 C_1 定义为

$$C_1(\boldsymbol{K},\boldsymbol{W}_s,\boldsymbol{W}_t)=\|\boldsymbol{W}_s\boldsymbol{X}_s-\boldsymbol{K}\boldsymbol{V}_s\|_F^2+\|\boldsymbol{W}_t\boldsymbol{X}_t-\boldsymbol{K}\boldsymbol{V}_t\|_F^2 \tag{16.6}$$

其中 $\boldsymbol{V}_s$ 和 $\boldsymbol{V}_t$ 分别表示字典 $\boldsymbol{K}$ 上的 $\boldsymbol{X}_s$ 和 $\boldsymbol{X}_t$ 的稀疏表示。

同时，引入正则化损失 C_2 以确保投影不会丢失太多信息，并将其定义为

$$C_2(\boldsymbol{W}_s,\boldsymbol{W}_t)=\|\boldsymbol{X}_s-\boldsymbol{W}_s^{\mathrm{T}}\boldsymbol{W}_s\boldsymbol{X}_s\|_F^2+\|\boldsymbol{X}_t-\boldsymbol{W}_s^{\mathrm{T}}\boldsymbol{W}_s\boldsymbol{X}_s\|_F^2 \tag{16.7}$$

结合式（16.6）和式（16.7）并应用代数计算，将整体优化问题表述为

$$\min_{\boldsymbol{K},\widetilde{\boldsymbol{W}},\widetilde{\boldsymbol{V}}}\ \|\widetilde{\boldsymbol{W}}\widetilde{\boldsymbol{X}}-K\widetilde{\boldsymbol{V}}\|_F^2-\lambda\mathrm{tr}((\widetilde{\boldsymbol{W}}\widetilde{\boldsymbol{X}})(\widetilde{\boldsymbol{W}}\widetilde{\boldsymbol{X}})^{\mathrm{T}})$$

$$\text{s.t.}\quad \boldsymbol{W}_s\boldsymbol{W}_s^{\mathrm{T}}=\boldsymbol{I},\boldsymbol{W}_t\boldsymbol{W}_t^{\mathrm{T}}=\boldsymbol{I},\|\widetilde{\boldsymbol{v}}_j\|_0\leqslant T_0,\forall j$$

其中 λ 是正常数，T_0 表示稀疏程度。$\|\cdot\|_0$ 表示 ℓ_0 范数，定义为向量中非零元素的数量。$\widetilde{\boldsymbol{W}}$、$\widetilde{\boldsymbol{X}}$、$\widetilde{\boldsymbol{V}}$定义为

$$\widetilde{\boldsymbol{W}}=[\boldsymbol{W}_s,\boldsymbol{W}_t],\quad \widetilde{\boldsymbol{X}}=\begin{bmatrix}\boldsymbol{X}_s & \boldsymbol{0}\\ \boldsymbol{0} & \boldsymbol{X}_t\end{bmatrix},\quad \widetilde{\boldsymbol{V}}=[\boldsymbol{V}_s,\boldsymbol{V}_t]$$

此框架可以扩展为核版本，也可以处理多个源域。

16.2.2　深度迁移学习模型

在深度学习的背景下，主要有两种迁移学习方法，即基于模型和基于特征的迁移学习，这两种方法通常同时用于深度迁移学习模型。由于深度迁移学习模型已经在前面的章节中讨论过，这里我们提供用于图像分类的深度迁移学习模型的概述，而不再深入研究细节。

通过参数共享和微调的基于模型的迁移学习是最广泛采用的方法。这是因为深度神经网络中的参数是可迁移的，它们适用于多个域（Yosinski 等人，2014；Oquab 等人，2014；Donahue 等人，2014）。参数的泛化能力被称为“可迁移性”。两种流行的基于模型的迁移学习方法是参数共享和微调。参数共享假设参数是高度可迁移的，它直接将源网络中的参数复制到目标网络，并且这部分参数在目标网络训练过程中不再更新。微调方法假设源网络中的参数是有用的，但需要使用目标数据进行训练以更好地适应目标域。

基于特征的迁移学习模型学习源域和目标域的公共特征空间（Long 等人，2015；Ganin 等人，

2016)。对于深度神经网络，基于特征的迁移学习通常与基于模型的迁移学习结合使用。典型示例如图 16.2 所示。前三层从源网络复制，对应于基于模型的迁移学习中的参数共享以及基于特征的迁移学习中的特征共享。接下来的两层使用来自源网络的参数进行初始化，并在训练过程中进行微调。最后三层是域特有的，并基于目标域数据进行学习。

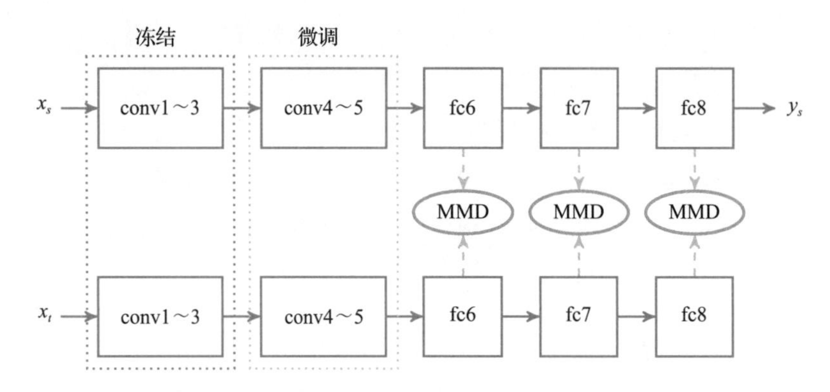

图 16.2 域适应网络（改编自 Long 等人（2015）的论文，它采用 8 层 AlexNet 架构，既适用于基于模型迁移学习也适用于基于特征迁移学习）

He 等人（2018b）表明，通过从零学习模型，一些采用基于 ImageNet 数据集的微调方法的视觉任务达到了相当高的性能。我们认为这种现象是基于目标域具有足够多的训练数据的先决条件而发生的。因此当目标域具有很少的训练数据时，微调方法可以比纯监督学习方法执行得更好。

16.2.3 迁移学习用于其他视觉任务

到目前为止，我们一直关注用于图像分类的迁移学习模型。其他视觉任务也有相应的迁移学习模型，例如视频分类、图像/视频描述、目标检测等。在视频分类数据集中使用 CNN 学习的特征的泛化能力在实验中得到了研究（Karpathy 等人，2014）。虽然仅在目标域上训练的网络只有 41.3%的准确率，但是采用基于参数的迁移学习方法可以显著提升准确率。在从源网络保留低级别层并重新训练网络的顶层时，准确率可以达到 65.4%。Abu-El-Haija 等人（2016）的论文给出了类似的结果。通过在大型 YouTube-8M 数据集上进行预训练，ActivityNet 的 mAP 从 53.8%提高到了 77.6%。在图像/视频描述任务中，使用在 ImageNet 数据集上预先训练的参数初始化卷积网络是一种广泛采用的技术（Vinyals 等人，2015；Xu 等人，2015；Venugopalan 等人，2015a、2015b）。基于参数的迁移学习也已应用于目标检测，其中模型决定图像中的感兴趣区域是否包含特定对象（Sermanet 等人，2013；Girshick 等人，2014；Hoffman 等人，2014）。除了基于参数的迁移学习之外，还可以通过在源域和目标域之间对齐局部边界框的特征子空间来调整 RCNN 检测器（Raj 等人，2015）。

16.3　迁移学习用于医学图像分析

在过去的几十年中，医学成像技术，例如计算机断层扫描（Computed Tomography，CT）、核磁共振（Magnetic Resonance，MR）、正电子发射断层扫描（Positron Emission Tomography，PET）、乳腺 X 光、超声波、X 光等，在疾病的早期发现、诊断和治疗中发挥了重要作用。在临床中，医学图像的解释依赖于放射学家和医生等人类专家。因此，作为计算机视觉的一个子领域，医学图像分析（Medical Image Analysis，MIA）在 20 世纪 90 年代出现，用于自动完成临床护理和生物医学研究的分类、检测和分割等任务。

虽然 MIA 是计算机视觉的一个子领域，但与一般的图像相比，医学图像具有一些独有特点：

- **数据少且有标签数据非常昂贵**：医学图像数据是在非常私密的环境下通过特殊设备收集的，因此，医学图像数据通常仅有数百量级数量的样本。这比一般图像数据集小得多，如 ImageNet 和 CIFAR。对医学图像的标记通常依赖于经验丰富且训练有素的人类专家，如医生和放射科医师，这使医学图像的标注更加昂贵。
- **数据复杂**：计算机视觉任务通常专注于 2D 图像或视频。然而，医学图像具有更复杂的数据形式。X 射线图像通常包括患者某一身体区域的若干视图；一些检查设备如 CT 提供 3D 图像或视频而不是 2D 图像或视频；核磁共振图像（Magnetic Resonance Image，MRI）在 3D 图像中甚至具有多种形态；超声设备通常生成顺序图像数据。
- **标签不平衡**：在实践中，医学图像数据是不平衡的。由于大多数患者是健康的，因此癌症病例的真实确认阳性结果的出现机会远低于阴性结果。这使数据具有不平衡的分布，而这反过来使模型难以学习。另外，数据的异常通常发生在图像的局部，并且这些局部将确定整个图像的标签。例如，由于肺部 CT 扫描中的小肿瘤将导致阳性标记，无论其他部分的分类结果是什么。这是多实例学习的典型案例（Dietterich 等人，1997）。

接下来，我们将讨论迁移学习如何帮助不同设定下的 MIA 任务。

16.3.1　医学图像分类

由于医学图像数据集的规模通常较小，因此医学图像处理中迁移学习的普及并不令人惊讶。

使用预训练的网络作为特征提取器以及微调预训练的网络这两种方法广泛用于基于迁移学习的医学图像分类中。Antony 等人（2016）的研究表明，微调明显优于直接进行特征提取，两者膝关节骨性关节炎的多级评估的准确率分别达到了 57.6%和 53.4%。但是，Kim 等人（2016）的研究表明，使用 CNN 作为特征提取器优于细胞病理学图像分类中的微调。

与通用计算机视觉类似，医学成像领域最初侧重于无监督的预训练。早期进行尝试的研究（Brosch 和 Tam，2013；Plis 等人，2013；Suk 和 Shen，2013；Suk 等人，2014）专注于脑 MRI 的神经成像，如图 16.3 所示。研究人员应用深度置信网络无监督地学习 MRI 数据分布 $P(x|h)$ 和隐性表示 $P(h|x)$。特别地，像受限玻尔兹曼机（Restricted Boltzmann Machine，RBM）或堆叠自动编码器（Stacked AutoEncoder，SAE）这样的生成模型学习通过最小化 $\prod_{x \in X} P(x)$ 或 $\sum_{x \in X} |x - f_w(x)|^2$ 推断隐性表示 h 来重建输入 x。然后，隐性表示 h 可以被直接重复使用或者用标签信息进一步微调，以进行阿尔茨海默病诊断的分类。

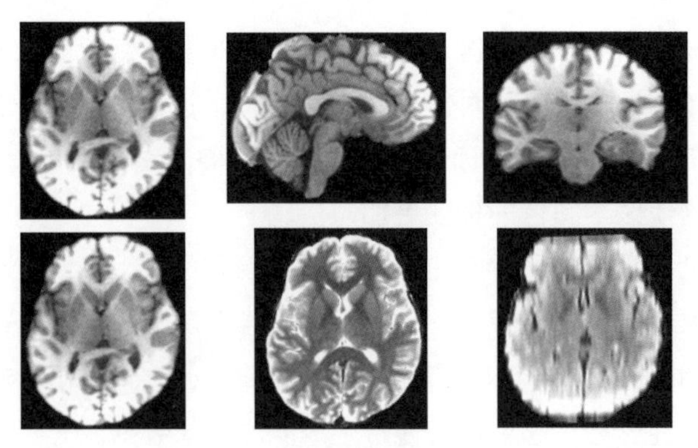

图 16.3　来自公开 BRATS 数据集的 3D 多模式 MRI 图像（Menze 等人，2015；Bakas 等人，2017）（第一排显示 T1 模式中三个不同视角的 MRI 图像，第二排分别显示 T1、T2 和 FLAIR 模式的图像）

在后来的研究中，研究人员尝试从大型图像数据集（如 ImageNet）迁移监督学习学习到的表示，以改善小型医学图像数据集上的学习。尽管一般图像和医学图像之间存在许多差异，但迁移的表示有助于使学习到的模型在许多诊断任务中达到与人类专家相当甚至更好的表现，包括视网膜疾病（Kermany 等人，2018）、肺炎（Rajpurkar 等人，2017）和皮肤癌（Esteva 等人，2017）。

以视网膜疾病的诊断（Kermany 等人，2018）为例，从 ImageNet 数据集进行微调包括以下四个步骤：（1）选择 Inception 网络作为骨干模型，并在开始时随机初始化；（2）首先在 ImageNet 数据集上训练 Inception 网络，其最终分类器层输出 1000 个类中的一个；（3）在 ImageNet 数据集上预训练之后，具有 1000 个输出节点的最终分类器层被另一个随机初始化的分类器层替换以预测 4

个视网膜状态，而其他先前的层保持不变；（4）整个网络继续微调最后几个全连接层，所有先前的 CNN 层都被冻结。整个过程如图 16.4 所示。事实证明，使用有限的有标签数据，这种策略可以达到 93.4%的高准确率。

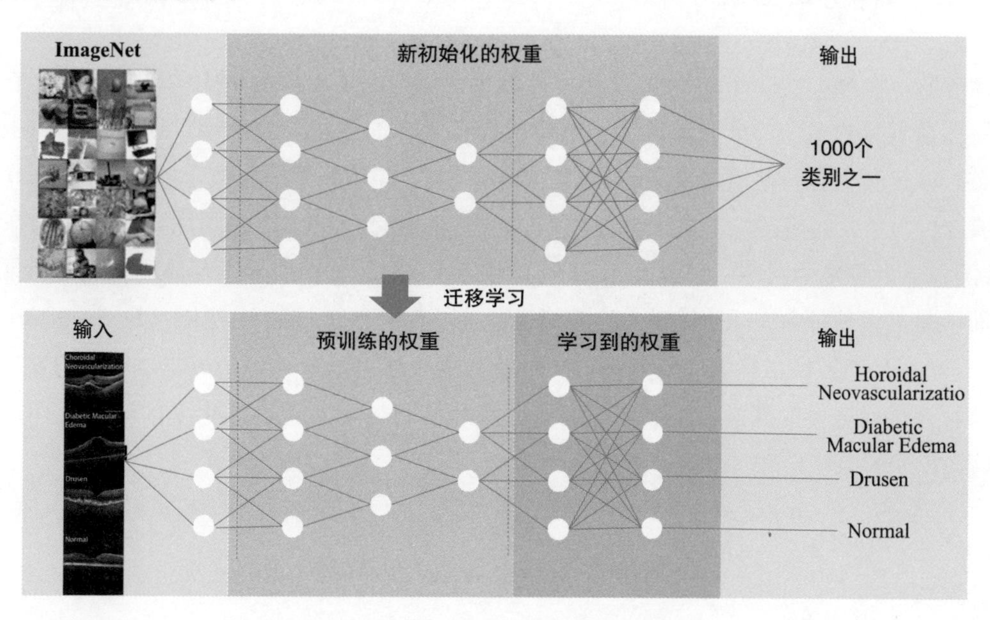

图 16.4　一个从 ImageNet 数据集微调的例子，关于如何在视网膜疾病诊断方面达到与人类专家相当或更好的表现（改编自 Kermany 等人（2018）的论文）

16.3.2　医学图像异常检测

在一些关于异常检测问题的工作中，已发现从大规模一般图像数据集（例如，ImageNet 数据集）的迁移始终是有益的。Shin 等人（2016）利用不同的深度 CNN 架构（包括 CifarNet、AlexNet 和 GoogLeNet）开发和广泛评估迁移学习。更重要的是，这项工作还调研和比较了不同的迁移学习训练方案：微调，从预训练网络初始化模型，然后用来自目标域的有标签数据训练模型；off-the-shelf，除了最后一个分类器层之外，从源域预训练的网络被冻结，最后一个分类器层随机初始化，并在目标数据上训练。在所研究的两个问题（即胸腹淋巴结检测和间质肺病分类）中，利用 ImageNet 数据的迁移学习可以实现最优越的性能。

Samala 等人（2016）研究了两个相似医学图像域之间的迁移学习用于乳腺癌的肿块检测。所提出的方法使用 CNN 从乳腺 X 线照片迁移知识，开发了用于数字乳腺断层合成（Digital Breast Tomosynthesis，DBT）体积中的肿块检测的计算机辅助检测（Computer-Aided Detection，CAD）

系统。经验研究表明，使用迁移学习可以改善曲线下面积（Area Under Curve，AUC）评分。

16.3.3 医学图像分割

图像分割（image segmentation）是通用计算机视觉和医学图像分析中的常见任务，它被定义为将数字图像划分为多个部分（像素组，也称为超像素）的过程。分割模型用于对图像中的像素进行分类，以进行具有一些语义含义的分割。Dou 等人（2018）使用对抗学习来从源 MRI 域到目标 CT 域进行无监督的域适应。该工作使用残差网络来进行分割的像素预测，并且首先在源域中的 MRI 图像上训练整个网络。它假设 MRI 域和 CT 域之间的分布差异主要体现在低级特征（如灰度值）而不是高级特征（如几何结构）中。因此，作者引入了域适配模块（Domain Adaptation Module，DAM）来替换目标域的低级层，同时域判别模块（Domain Critic Module，DCM）将多个高级特征连接起来作为其输入以学习如何区分源域和目标域。通过优化下面的对抗性损失共同训练 DCM 和 DAM：

$$\min_{M} L_M(X^t, D) = -\mathbb{E}_{(M(x^t), F_H(x^t)) \sim \mathbb{P}_g}(D(M(x^t), F_H(x^t))$$

$$\min_{D} L_D(X^s, X^t, M) = \mathbb{E}_{(M(x^t), F_H(x^t)) \sim \mathbb{P}_g}(D(M(x^t), F_H(x^t))) - \mathbb{E}_{(M(x^s), F_H(x^s)) \sim \mathbb{P}_s}(D(M(x^s), F_H(x^s)))$$

其中 M 表示 DAM，D 表示 DCM。如图 16.5 所示，DCM 和 DAM 协同工作，学习如何在源域和目标域之间对齐高级特征，然后目标域将可以重用分割模型的高级层。

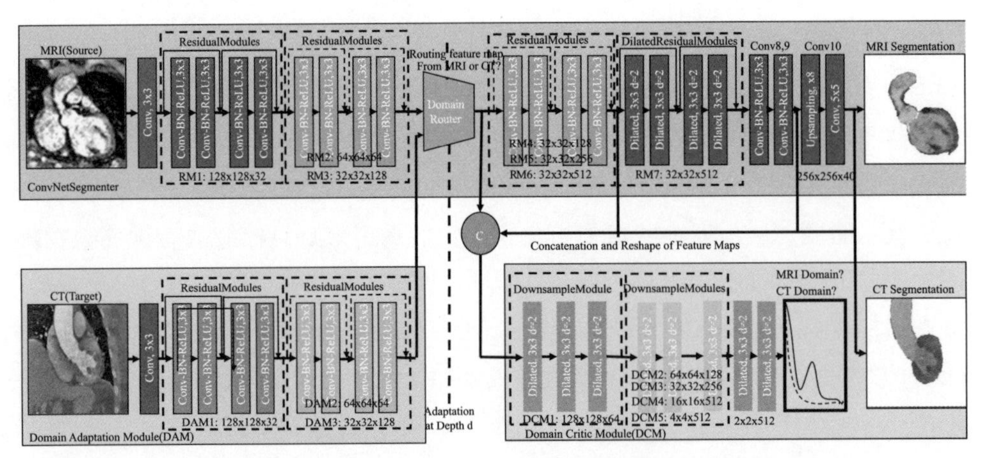

图 16.5 从 MRI 分割到 CT 分割的无监督域适应框架（改编自 Dou 等人（2018）的论文）

第17章 自然语言处理中的迁移学习

17.1 引言

迁移学习在自然语言处理（NLP）任务中的应用通常被称为域适应（domain adaptation）。迁移学习在各种 NLP 任务中扮演着重要的角色，特别是当训练模型的数据有限时。在这种情况下，迁移学习可以利用从其他相关学习任务中获得的知识来帮助这些任务。

本章将概述 NLP 中的迁移学习算法，并分两部分进行概述。在第一部分（17.2 节）中，我们将对如何在 NLP 任务中使用迁移学习进行概述。在第二部分（17.3 节）中，我们将重点讨论迁移学习如何帮助情感分析。在下一章，我们将用一整章的篇幅来讨论对话系统中的迁移学习，这是 NLP 中的一项任务。

17.2 NLP 中的迁移学习

神经网络是 NLP 中迁移学习的基本模型。由于神经网络通常采用梯度下降法（gradient descent）进行训练，因此在源域和目标域使用梯度信息进行优化以完成知识迁移是非常简单的。根据样本在源域和目标域中的使用方式，共有两种主要的基于神经网络的迁移学习方法，包括参数初始化（parameter INITialization，INIT）和多任务学习。在某些情况下，我们可以使用这两种方法的混合，即按照 INIT 方法的思想在源域上进行预训练，然后基于 MTL 方法在源域和目标域上同时训练。

17.2.1 问题设置

在迁移学习设置下，假设有 m 个源任务 $\{\mathbb{S}_i\}_{i=1}^{m}$ 和一个目标任务 $\mathbb{T}$，其中 $m\geqslant 1$。第 i 个源任务 $\mathbb{S}_i$ 有一个训练集 $\mathscr{D}_{s_i}$，该数据集包括 n_{s_i} 对数据点和标签 $\{(\boldsymbol{x}_j^{s_i}, y_j^{s_i})\}_{j=1}^{n_{s_i}}$，其中第 j 个数据点 $\boldsymbol{x}_j^{s_i}\in\mathbb{R}^{d_{s_i}}$ 位于一个 d_{s_i} 维空间中，并且 $y_j^{s_i}$ 对于分类任务属于 $\{-1, 1\}$ 而对于其他任务是一个标量。目标任务 $\mathbb{T}$ 中的训练数据集 $\mathscr{D}_t$ 有 n_t 个数据点 $\{\boldsymbol{x}_i^t\}_{i=1}^{n_t}$，其中 $x_i^t\in\mathbb{R}^{d_t}$。第 i 个源任务的数据矩阵定义为 $\boldsymbol{X}_{s_i}=(\boldsymbol{x}_1^{s_i}, \cdots, \boldsymbol{x}_{n_{s_i}}^{s_i})$，标签向量定义为 $\boldsymbol{y}_{s_i}=(y_1^{s_i}, \cdots, y_{n_{s_i}}^{s_i})^{\mathrm{T}}$。目标任务的数据矩阵和标签向量分别定义为 $\boldsymbol{X}_t$ 和 $\boldsymbol{y}_t$。第 i 个源任务 $\mathbb{S}_i$ 中的数据点分布定义为 $\mathbb{P}_{s_i}^{X}$，给定数据点的标签的条件分布为 $\mathbb{P}_{s_i}^{Y|X}$，联合分布为 $\mathbb{P}_{s_i}^{X\times Y}$。目标域中的对应分布分别定义为 $\mathbb{P}_t^{X}$、$\mathbb{P}_t^{Y|X}$ 和 $\mathbb{P}_t^{X\times Y}$。

17.2.2 NLP 应用中的参数初始化

INIT 方法首先在 m 个源任务 $\{\mathbb{S}_i\}_{i=1}^{m}$ 上训练神经网络，然后使用学习到的参数初始化目标任务 $\mathbb{T}$ 中的神经网络。之后，如果有标签的数据在 $\mathbb{T}$ 中可用，则使用它们更新目标神经网络的参数。应用参数初始化有两种方法：

1）参数冻结（freezing）。该方法将在源域上训练的神经网络应用到目标域，而不进行任何修改。

2）参数微调（fine tuning）。在该方法中，神经网络是在源域上训练的。然后将该神经网络应用到目标域中，在目标域数据上对某些层的参数进行固定而学习其他层的参数。微调方法如图 17.1 所示。

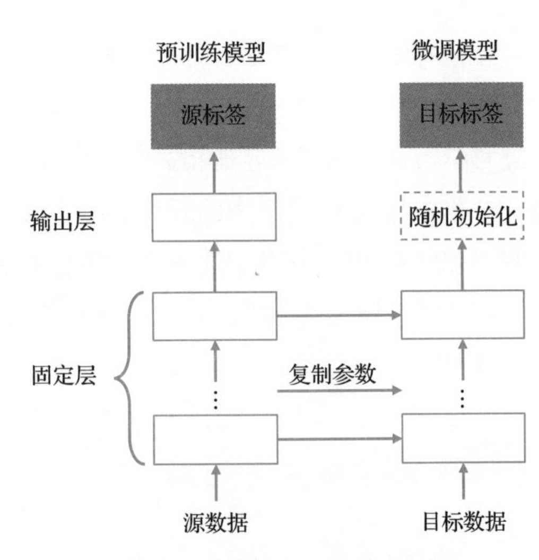

图 17.1 在目标域上训练顶层并固定其他层的微调方法

随着分布式表示的普及，预训练词嵌入模型（如 word2vec（Mikolov 等人，2013a）和 glove（Pennington 等人，2014））被广泛使用，从大规模源数据集预先训练的词表示被用于许多 NLP 任务的初始化目标模型中的词嵌入层。当目标数据集的规模远小于用于词嵌入的源数据集的规模时，可以观察到冻结词表示优于微调词表示（Seo 等人，2016），反之微调方法优于冻结方法（Kim，2014）。

Min 等人（2017）在源数据集 SQuAD（Rajpurkar 等人，2016）上训练了一个 BiDAF 模型（Seo 等人，2016），该数据集是一个跨度监督（span-supervised）的问答（QA）数据集。然后将该模型适应到另外两个 QA 数据集 WikiQA 和 SemEval 2016 上。此外，在句子评分任务上训练的特定层被应用于不同的任务，即蕴涵任务（entailment task）。

Devlin 等人（2018）在两个任务（掩码式语言建模和下一个句子预测）上预训练了提出的来自 Transformer 的双向编码器表示模型，然后在 11 个 NLP 任务/数据集（包括多体裁自然语言推理、Quora 问题对、问题自然语言推理、斯坦福大学情感树库（Treebank）、语言可接受性语料库、语义文本相似性基准、微软释义语料库、识别文本蕴涵、Winograd 自然语言推理、斯坦福大学问答数据集、CoNLL 2003 命名实体识别数据集、对抗生成数据集）上对预训练的 BERT 模型进行微调，实现了最先进的性能。

17.2.3　NLP 应用中的多任务学习

MTL 方法同时从源域和目标域学习，整体的损失函数定义如下：

$$J = \lambda J_t + (1-\lambda) J_s \tag{17.1}$$

其中 J_t 和 J_s 为每个领域本身的损失函数。$\lambda \in (0, 1)$ 是正则化参数，用于平衡两个域的损失函数。

下面我们将通过强调不同的策略和原理来介绍 MTL 方法在 NLP 任务中的应用。

17.2.3.1　机器翻译

将 MTL 用于机器翻译的不同模型共有两类。

第一类是在 MTL 框架下训练一个统一的翻译模型，从而将一种源语言同时翻译成几种不同的目标语言。这种通用的模型可以看作是编码器-解码器框架的一种变体。Dong 等人（2015）构建了一个基于 RNN 的编码器-解码器模型，它具有多个目标任务，每个任务都针对一种目标语言。其中不同的任务共享同一个编码器，如图 17.2 所示。与 Dong 等人（2015）的方法不同，Zoph 和 Knight（2016）为每种目标语言定义了一个特定的编码器，并对其进行共同训练。Malaviya 等人（2017）构建了一个从 1017 种语言翻译到英语的巨大的多对一神经机器翻译系统。此外，Johnson

等人（2016b）联合训练了编码器和解码器。

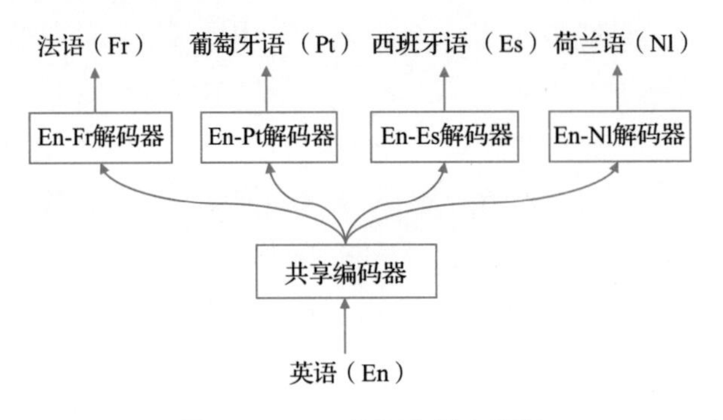

图 17.2 MTL 用于多语言翻译

第二类机器翻译工作利用其他相关的任务作为辅助任务来帮助机器翻译任务。Luong 等人（2016）使用句法分析和图像描述作为辅助任务。Wu 等人（2017）联合建模目标词序列及其依赖树结构来帮助机器翻译任务。如图 17.3 所示，Niehues 和 Cho（2017）构建了一个可以学习三个 NLP 任务的基于注意力的编码器-解码器模型，这三个任务包括词性（Part-Of-Speech，POS）标注、命名实体识别以及机器翻译。在这里，词性标注和命名实体识别也可以被建模为翻译问题。例如，它们不是将源词翻译成目标语言，而是将词翻译成词性标签或命名实体标签。

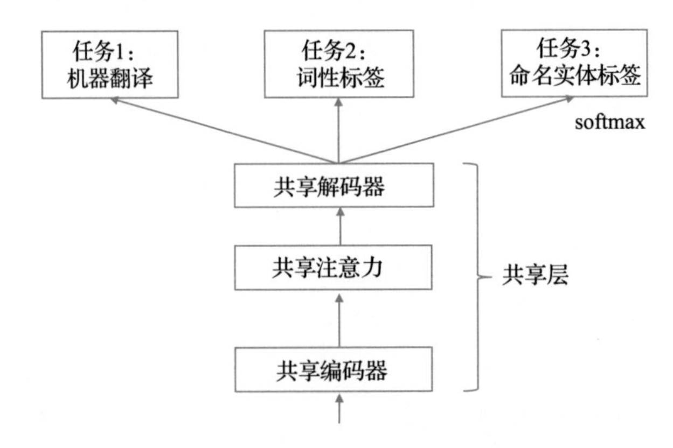

图 17.3 在一个基于 MTL 方法的神经网络模型中学习三个 NLP 任务

17.2.3.2 多语言任务

与机器翻译类似，使用 MTL 方法联合训练多个 NLP 任务通常是有益的，例如词性标注（Fang 和 Cohn，2017）、依存句法分析（Duong 等人，2015；Guo 等人，2016b）、对话分割

(Braud 等人，2017)、序列标注（Yang 等人，2016)、命名实体识别（Gillick 等人，2016）和文档分类（Pappas 和 Popescu-Belis，2017)。

17.2.3.3　关系提取

在关系提取中通常可以共享与不同关系或角色相关的信息。具体而言，从其他类型的关系或甚至其他任务中学到的知识可以迁移到目标关系，并有助于改进关系提取器的表现。

Jiang（2009）分析了弱监督学习环境下的关系提取问题，该环境下目标关系的种子实例很少，其他类型关系的有标签样本较多。Jiang（2009）提出了一个通用的 MTL 框架，其中许多相关任务的分类器共享一个公共组件，并一起被训练。

Liu 等人（2015b）提出了一个多任务 DNN，将多域分类结合起来进行查询分类和信息检索，用于在网页搜索中进行排序。实验结果表明，该 MTL 模型优于非多任务学习的基线方法。

Yang 和 Mitchell（2017）提出了一个双向 LSTM 网络，用于预测语义角色标签及一个关系网络，从而预测单个文本表示的语义角色。该集成模型是一种关系型神经模型，它是利用从序列 LSTM 网络中提取的知识来学习的。

Katiyar 和 Cardie（2017）采用了一种方法，该方法联合提取实体提及和关系。其研究表明，基于注意力的 LSTM 网络可以在不使用依赖树的情况下提取实体之间的语义关系。在 ACE05 数据集上的实验表明，该模型明显优于联合结构化的感知器模型（Li 和 Ji，2014)。

17.2.3.4　自然语言问答

对于 NLP 的问答任务和阅读理解任务，许多有效的方法都基于 RNN 来学习一个从文本文档和给定的问题到答案的映射。传统的方法把文档看作一个长句子，并对其逐词编码。但是，如果文档较长，则模型质量和训练效率会降低。研究人员研究了人们如何通过略读文档、识别相关部分并仔细阅读这些部分来进行阅读理解，并由此得到了启发，即对于 QA 和阅读理解任务来说，共同学习文档的不同部分是有益的。

Choi 等人（2017）提出了一种用于 QA 任务的框架，该框架由两部分组成：一个简单快速的句子选择模型和一个更复杂的基于问题和被选中句子的答案生成模型。这两部分是共同学习的。

Wang 等人（2018c）联合训练排序器和答案提取阅读器以用于开放域 QA 任务，其中排序器学习对检索到的段落进行排序。在开放域 QA 任务中，给定一个问题，模型可以访问大型语料库（如维基百科），而不是预先选择的段落。

17.2.3.5 语义分析

NLP研究中一个长期存在的问题是语义分析，其目的是将自然语言文本解析为语义。其中的一个挑战是数据资源的限制，因为解析器通常是人工设计的且文本是人工标记的。因此，对于语义分析任务，在给定多个带标签的文本数据时，通常采用MTL方法，以帮助利用尽可能多的共享信息。

Guo等人（2016a）描述了一个通用框架，该框架可以利用多类型源树库来改进目标树库的分析。具体来说，该框架考虑了两种源树库，包括多语言通用树库和单语言异构树库。

Peng等人（2017）并行地学习了三种语义依赖图形式，包括DM（DELPH-IN MRS）表示、PAS（Predicate-Argument Structure）表示和PSD（Prague Semantic Dependencies）表示。

Fan等人（2017）共同学习了不同层次参数共享的基于Alexa的语义分析的不同形式。他们探索了三种用于序列到序列建模的多任务架构，包括一对多、一对一和一对多共享。

Zhao和Huang（2017）首次提出了端到端的话语分析器，通过将Penn树库与RST树库结合起来，联合训练了句法分析器、话语分析器以及首个句法话语树库。

17.2.3.6 表示学习

学习文本例如词和句子的向量化表示的挑战在于定义目标函数。大多数现有的表示学习模型都是基于具有损失函数的单个任务，例如预测下一个词（Mikolov等人，2013b）或句子（Kiros等人，2015），或训练一个特定的任务（例如蕴涵（Conneau等人，2017）或机器翻译（McCann等人，2017））。因此，这些任务的性能通常受到有限训练数据的限制。与只从一个任务中学习表示不同，直观地从多个任务中进行表示学习可以利用来自多个任务的更多的监督数据。此外，多任务学习的使用还得益于正则化的影响，例如降低过拟合的风险，从而使学习到的表示可以跨任务通用。

Jernite等人（2017）采用三项辅助任务用于句子表示学习。第一个任务是学习如何在一篇文章中安排句子的顺序。第二个任务给定一段话中的前三句话，从五个候选的句子中选出下一个句子。第三个任务被训练来恢复句子中的连词。

Hashimoto等人（2017）引入了联合多任务（Joint Many-Task，JMT）模型，通过不断增加模型的深度来利用语言层次，以解决日益复杂的任务，如图17.4所示。JMT模型可以以端到端的方式进行训练，用于词性标注、组块识别、依存句法分析、语义相关性和文本蕴涵。在JMT模型中，较高的层具有到较低层的短路连接。

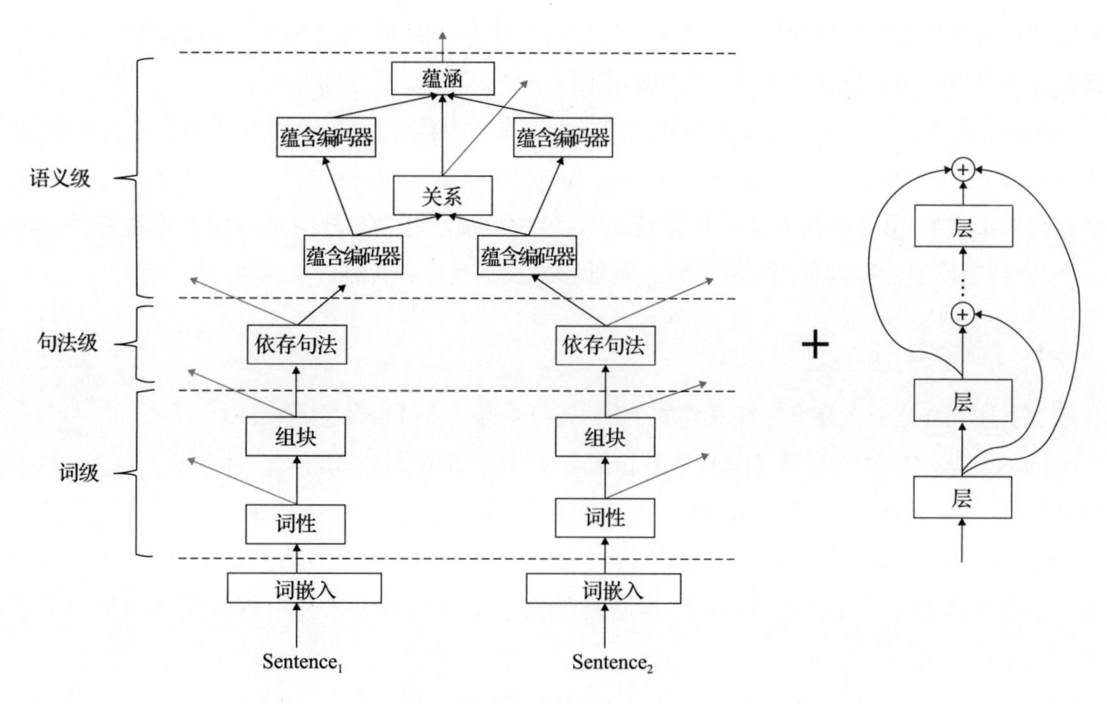

图 17.4 JMT 模型（改编自 Hashimoto 等人（2017）的论文）

17.2.3.7 组块识别

组块识别（Chomsky，1956）是一种有效的自然语言处理技术，它将语言结构按层次结构进行分组，并通过与低层次任务（如词性标注）进行联合训练而受益。

Collobert 和 Weston（2008）首先提出了一种通用的深度神经网络架构，该架构使模型能够同时学习多个 NLP 任务，如语义角色标记（Semantic Role Labeling，SRL）、命名实体识别、词性标注、组块识别和语言建模。

Søgaard 和 Goldberg（2016）表明，当低层次任务（如词性标注和命名实体识别）作为组块识别的辅助任务时，可以学习这些任务以在神经网络底层中生成特征表示。此外，作者还展示了将这种层次结构用于域适应的方法。

Ruder 等人（2017）将分块、命名实体识别和简化版 SRL 定义为主要任务，并将它们与词性标注配对作为辅助任务，然后在 MTL 设置中使用该任务集合。

17.2.3.8 自动语音识别

自动语音识别（Automatic Speech Recognition，ASR）的 MTL 方法通常在语音识别任务中

用额外的有监督信息作为辅助任务的输入，以端到端的方式训练 ASR 模型。例如，语音识别和帧级状态分类可以作为辅助任务来学习有用的中间表示。

Toshniwal 等人（2017）发现在中间层放置辅助损失函数可以提高性能，这是由于端到端训练和传统管道方法的综合优势。同样，Arık 等人（2017）推出了 Deep Voice，一款基于深度神经网络的高质量文本-语音转换系统。该系统由五个主要部分组成，分别是定位音素边界的分割模型、字-音转换模型、音素时长预测模型、基础频率预测模型和音频合成模型。

17.2.3.9　其他 NLP 任务

除了上述任务之外，还有一些其他的 NLP 任务受益于 MTL 设置。

Balikas 等人（2017）研究了细粒度（fine-grained）情感分类问题，它将 Twitter 消息按五个等级进行了分类，该研究展示了如何利用三个类别和细粒度情感分类问题来联合学习三元问题。

Augenstein 和 Søgaard（2017）使用了几个辅助任务，包括多词表达的语义超感官标注和用于关键短语边界分类的多词表达识别，即检测科学文章中的关键短语并根据预定义类型对其进行标注。

Luo 等人（2017）提出了一种基于注意力的神经网络，用于在统一的框架内对指控预测任务和相关文章提取任务进行联合建模。

17.3　情感分析中的迁移学习

迁移学习在 NLP 中的一个成功应用是用户评论的情感分析（sentiment analysis）。通常，用户会在电子商务网站上对产品留下许多文本评论，或者在社交媒体信息中针对社交事件发表意见。情感分析的目的是将这些评论作为输入，并输出它们的情感倾向，如“正面的”或“负面的”。在本节中，我们将介绍如何把迁移学习技术应用于情感分析。

如上所述，用户倾向于使用自然语言文本在社交媒体或评论网站上表达对产品或服务的看法和态度。因此，建立能够利用这些用户评论并正确预测其情感倾向的模型是很有帮助的。情感分析的目的是自动确定文本的整体情感倾向，通过产生正负倾向作为输出来实现这一目标。随着现代社会对理解用户反馈的需求的增长，情感分析在过去几十年中引起了越来越多的关注（Pang 等人，2002；Hu 和 Liu，2004；Pang 和 Lee，2008；Liu，2012）。情感倾向的特征可以部署在实际系统中，该系统可以测量市场反馈，并在各种场景（如网页、讨论板和博客）中收集观点。鲁棒的情感分析系统可以极大地促进服务型社会的发展。

深度神经网络等技术已广泛应用于基于监督学习的情感分析中。这些监督模型通常需要大量有标签数据作为训练数据，以建立特定领域的情感分类模型（Wang 和 Manning，2012；Socher 等人，2013b；Tang 等人，2015）。构建情感模型的一个主要瓶颈是为新应用领域标注新的语料库所花费的成本，因为这些新领域中的数据标注可能既耗时又昂贵。这是一个典型的冷启动问题。

为了解决上述冷启动问题，需要进行跨领域情感分类（cross-domain sentiment classification）。跨领域情感分析的目的是利用来自具有丰富的有标签数据的源域的知识来提高没有或仅有很少有标签数据的目标域的性能。由于跨领域情感分析可以加快新服务的发布，所以在许多快速增长的行业，它已成为一种可供选择的方向。

对于跨领域情感分类，主要的挑战在于源域和目标域中的特征分布不对齐或含义不一致，这是由于不同领域的情感表达方式不同。例如，“lightweight”可能在一个领域中表达正面情感，而在另一个领域中表达负面情感。其示例如图 17.5 所示。

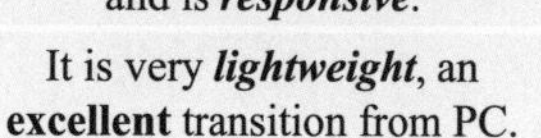

图 17.5　跨领域（电影→电子产品）情感分类示例（斜体的是非枢轴词，带下划线的是枢轴词。向上的大拇指代表正面情感，向下的大拇指代表负面情感）

因此，在跨领域情感分析中，我们假设了一种场景，其中一旦在源域中获得了一个好的情感分类器，那么希望使用最少的人工标记数据将知识迁移到目标域。例如，我们可能已经为电影领域建立了一个良好的情感模型，则希望将知识迁移到一个新的领域，即电子产品领域。我们需要克服跨域情感分类中的几个挑战。

首先，目标域通常包含不出现或很少出现在源域中的情感词或短语。例如，在电影领域，“动人的”（engaging）和“深刻的”（thoughtful）这两个词用来表达正面情感，而“无趣的”（insipid）和“没有情节的”（plotless）往往表达负面的情感。然而，在电子产品领域，“光滑的”（glossy）和“响应的”（responsive）通常用来表达正面情感，而“失真的”（fuzzy）和“模糊的”（blurry）

则用来表达负面情感。

其次，一个词的语义常常因所在领域的不同而不同。例如，在电子产品领域，“轻量级”（lightweight）通常用于表达对便携式电子设备的正面情感，因为“轻量级”的设备更容易携带。然而，该词在电影领域则表达负面情感，因为通常没有引起观众强烈反响的电影被认为是“轻量级”的。因此，由于领域的差异，将在源域中训练的情感分类器直接应用于目标域可能使其性能大大降低。

下面我们将介绍一些基于迁移学习的跨领域情感分析的代表性技术。

17.3.1 问题定义和符号

在本节中，我们将介绍一些用于跨领域情感分类的有用符号和定义。

- **枢轴**（pivot）。Blitzer 等人（2006）介绍了枢轴的概念。枢轴是具有两个属性的特征。第一，它经常出现在两个领域中。第二，在两个领域中，它对于判别式学习的表现是相同的，即它的语义和倾向是跨领域不变的。
- **非枢轴**（non-pivot）。Blitzer 等人（2006）提出了与枢轴相反的非枢轴短语的概念。非枢轴通常具有两个特征。第一，就发生率而言，非枢轴在一个领域中比在另一个领域中的发生更频繁，它的存在高度依赖于领域。第二，非枢轴的语义在不同的领域有所不同。

跨领域情感分类可以根据目标域是否利用有标签数据分为两类。在本章中，我们将重点讨论更具挑战性的情况，即目标域中仅有无标签的数据，仅依靠源域中的有标签数据来指导模型学习。下面给出跨领域情感分类的形式化定义。

定义 17.1（跨领域情感分类） 给定 $\mathbb{S}$ 和 $\mathbb{T}$ 两个域分别表示源域和目标域。假设在源域 $\mathbb{S}$ 中有一组有标签的数据 $\boldsymbol{X}_s=\{\boldsymbol{x}_i^s, y_i^s\}_{i=1}^{n_s}$，在目标域 $\mathbb{T}$ 中有一组无标签的数据 $\boldsymbol{X}_t=\{\boldsymbol{x}_j^t\}_{j=1}^{n_t}$，跨领域情感分类的目标是基于有标签的源数据和无标签的目标数据为目标域训练一个准确的分类器。

下面，我们将跨领域情感分类问题的解决方案划分为浅模型和深模型。

17.3.2 浅模型

为了对齐两个域中的非枢轴特征，可以使用浅模型。浅模型是指不依赖深度结构（如深度神经网络）的机器学习模型。这种模型基于连接源域和目标域的枢轴上的知识。然后，通过将枢轴和非枢轴关联起来，模型可以找到域之间更多的对应关系。非枢轴与不同域中的相同枢轴相关，且认为它们与枢轴具有对应关系，因此它们应相互对齐。

下面我们将介绍两种典型的浅层方法：基于结构对应的方法和基于谱聚类的方法。

17.3.2.1　基于结构对应的方法

Blitzer 等人（2007a）提出了跨领域情感分类的结构对应学习（Structural Correspondence Learning，SCL）方法。这一方法的直观思路是，非枢轴可以预测枢轴在两个域中的出现。如果一个非枢轴可以很好地预测一个枢轴的存在，则学习到的两者的权重可以被用于将两个域中的所有非枢轴和对应的枢轴映射到相同的特征空间。

假设我们正在处理跨领域情感分类任务，并且希望将知识从电影领域迁移到电子产品领域。虽然电影评论的许多特征与电子产品评论的相同，即“great”和“awful”等枢轴，但许多词却完全不同，如“glossy”和“responsive”。同样，许多词对于电影领域很有用，但对于电子产品领域的情感分类却没有用处。例如，“engaging”和“thoughtful”等是没有用的。SCL 的关键直观思路是，即使（“engaging”，“thoughtful”）和（“glossy”，“responsive”）是特定领域的，如果它们与诸如“great”之类的枢轴词具有高相关性，并且与诸如“awful”之类的词具有低相关性，那么它们仍然可以与这些枢轴词对齐，从而相互关联。

考虑到源域的有标签数据和两个域中的无标签数据，SCL 首先选择 m 个枢轴，这些枢轴在两个域中经常出现，并且与情感标签具有较高的互信息值。这些枢轴充当源域和目标域之间的桥梁。然后，其他 n 个特征都被视为非枢轴。如图 17.6 所示，SCL 通过使用 m 个线性枢轴预测器预测两个域中每个枢轴的发生，来模拟枢轴与非枢轴之间的相关性，并得出两个域都适用的映射后的特征空间。

n个非枢轴特征（词袋）

	engaging	thoughtful	responsive	glossy	…
评价1：	1	1	0	0	…
评价2：	0	0	1	1	…

m个伪标签

great	awful	…
1	0	…
1	0	…

图 17.6　多枢轴预测任务的示例

我们把第 i 个枢轴预测器的权重向量定义为 $\boldsymbol{w}_i \in \mathbb{R}^n$，这使得 $\boldsymbol{w}_i$ 中的正值代表对应的非枢轴和第 i 个枢轴是正相关的。所有的权重向量都可以排列成一个矩阵 $\boldsymbol{W}=[\boldsymbol{w}_i]_{i=1}^{m} \in \mathbb{R}^{n\times m}$ 并且 $\Theta \in \mathbb{R}^{n\times k}$

包含$\boldsymbol{W}$的前k个左奇异向量，这里的Θ是权重空间的主要预测因子。给定一个特征向量$\boldsymbol{x}\in\mathbb{R}^d$，其中$d=m+n$，用$\mathrm{DS}(\boldsymbol{x})$定义它的非枢轴部分。SCL应用映射$\Phi=\mathrm{DS}(\boldsymbol{x})\Theta$来获得新的$k$维特征并为扩充的样本$\langle\boldsymbol{x}, \mathrm{DS}(\boldsymbol{x})\Theta\rangle$学习一个情感预测器，其中$\langle\cdot,\cdot\rangle$是拼接操作。

17.3.2.2 基于谱特征的方法

Pan等人（2010a）提出了一个谱特征对齐（Spectral Feature Alignment，SFA）算法，用于从由枢轴和非枢轴映射形成的共现矩阵中学习模型。如果一个枢轴特征和一个非枢轴特征在一些上下文中频繁地共现，那么该非枢轴特征与枢轴高度相关，并且该知识可用于从共现矩阵中产生映射。

基于以上的直观判断，通过使用枢轴作为桥梁能把源域和目标域中的非枢轴分组为有意义的簇。SFA算法将枢轴与非枢轴之间的共现关系转化为域间的二部图（bipartite graph），并在二部图上采用谱聚类算法（Ng等人，2002）来解决域不匹配问题。

SFA在域之间构造了一个二部图。它先选择l个在两个域中有高词频和低互信息值的词作为枢轴，然后让剩余$m-l$个词作为非枢轴，其中m是总词数。$\boldsymbol{W}_P\in\mathbb{R}^l$和$\boldsymbol{W}_{NP}\in\mathbb{R}^{(m-l)}$分别是枢轴和非枢轴词典，SFA利用枢轴和非枢轴之间的共现关系来构造二部图$G=(V_P\cup V_{NP}, E)$。在G中，V_P中的每个点对应$\boldsymbol{W}_P$中的一个枢轴，V_{NP}中的每个点对应$\boldsymbol{W}_{NP}$中的一个非枢轴，E中的边分别连接V_P和V_{NP}中的两个顶点。对于每条边$e_{ij}\in E$，都有一个非负权重r_{ij}根据共现来度量枢轴$w_i\in\boldsymbol{W}_P$和非枢轴$w_j\in\boldsymbol{W}_{NP}$之间的关系。通过这种方式，它们形成了一个共现矩阵$\boldsymbol{M}\in\mathbb{R}^{(m-l)\times l}$。图17.7展示了二部图的一个例子。最后，我们使用这个构造的二部图来模拟枢轴和非枢轴间的内在关系。

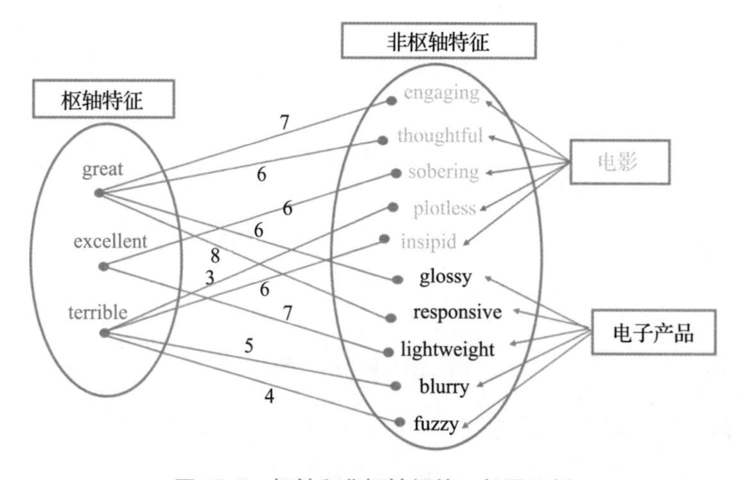

图17.7 枢轴和非枢轴间的二部图示例

17.3.3　基于深度学习的方法

深度神经网络已成功应用于各种 NLP 任务，如文本分类（Kim，2014）、机器翻译（Bahdanau 等人，2014）、问答（Wang 等人，2017c）。由于中间层具有良好的可迁移能力，也可以在迁移学习中利用 DNN 来自动学习域不变的特征表示以进行跨领域情感分类。下面我们将介绍基于 DNN 的四个类别，包括基于自动编码器的模型（Glorot 等人，2011；Chen 等人，2012a；Zhou 等人，2016；Ziser 和 Reichart，2017）、基于嵌入的模型（Bollegala 等人，2015）、对抗学习模型（Goodfellow 等人，2014）和基于枢轴的神经模型（Ziser 和 Reichart，2017、2018）。

17.3.3.1　基于自动编码器的模型

基于自动编码器的模型旨在基于重构标准对齐域特定的特征，并学习跨域共享的中间表示。下面我们将介绍几个典型的基于自动编码器的模型。

堆叠去噪自动编码器

自动编码器是一种前馈神经网络，它以无监督的方式进行训练，以从给定输入的隐性表示中对其进行重构（Bengio 等人，2007）。如图 17.8 所示，自动编码器共有三层，包括输入层、隐藏层和输出层，因此由编码器和解码器两部分组成。在数学上，给定一个输入 $\boldsymbol{x}\in\mathbb{R}^d$，编码器 f 试图将 $\boldsymbol{x}$ 映射到一个隐性表示 $\boldsymbol{z}\in\mathbb{R}^k$，其中 k 等于隐藏层中神经元的数量，通常小于输入的维度。f 通常被定义为非线性函数

$$\boldsymbol{z}=f(\boldsymbol{x})=\sigma_e(\boldsymbol{W}_e\boldsymbol{x}+\boldsymbol{b}_e) \tag{17.2}$$

其中 σ_e 是编码器中的非线性激活函数，如 sigmoid 或者 tanh 函数，$\boldsymbol{W}_e\in\mathbb{R}^{k\times d}$是线性变化矩阵，$\boldsymbol{b}_e\in\mathbb{R}^k$是偏差。解码器 g 目的是将隐性表示 $\boldsymbol{z}$ 重构出输入，即

$$\hat{\boldsymbol{x}}=g(\boldsymbol{z})=\sigma_d(\boldsymbol{W}_d\boldsymbol{z}+\boldsymbol{b}_d) \tag{17.3}$$

其中 σ_d 是解码器的激活函数，$\boldsymbol{W}_d\in\mathbb{R}^{d\times k}$和 $\boldsymbol{b}_d\in\mathbb{R}^d$是可学习的参数。自动编码器的目标是最小化平均重构误差：

$$\mathscr{L}(\boldsymbol{x},\hat{\boldsymbol{x}})=\min_{\boldsymbol{W}_e,\boldsymbol{b}_e,\boldsymbol{W}_d,\boldsymbol{b}_d}\sum_{i=1}^{n}\|\boldsymbol{x}_i-\hat{\boldsymbol{x}}_i\|_2^2 \tag{17.4}$$

其中 $\boldsymbol{x}_i$ 是 n 个训练样本中的第 i 个样本。

去噪自动编码器（Denoising AutoEncoder，DAE）（Vincent 等人，2008）是原始自动编码器的一个变种。在 DAE 中，每个输入 $\boldsymbol{x}$ 都被随机污染成$\widetilde{\boldsymbol{x}}$，其目标是从加入了随机噪声的数据中重

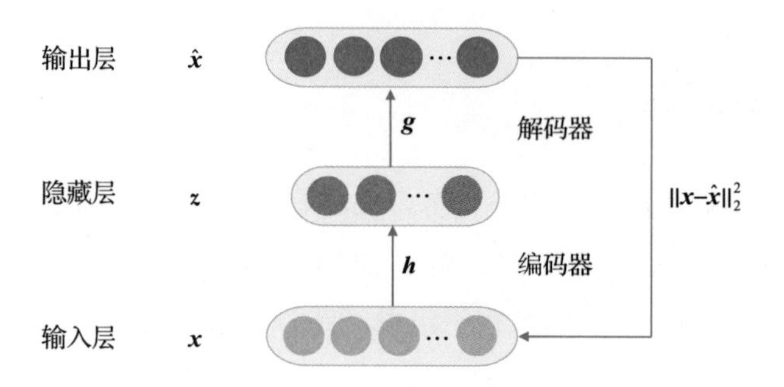

图 17.8 自动编码器架构

构输入数据，即最小化如图 17.9 所示的去噪重构误差 $\mathscr{L}(\boldsymbol{x}, \boldsymbol{g}(\boldsymbol{f}(\tilde{\boldsymbol{x}})))$。将多个 DAE 堆叠至一个深度学习架构中，就形成了堆叠去噪自动编码器（Stacked Denoising Autoencoder，SDA）。

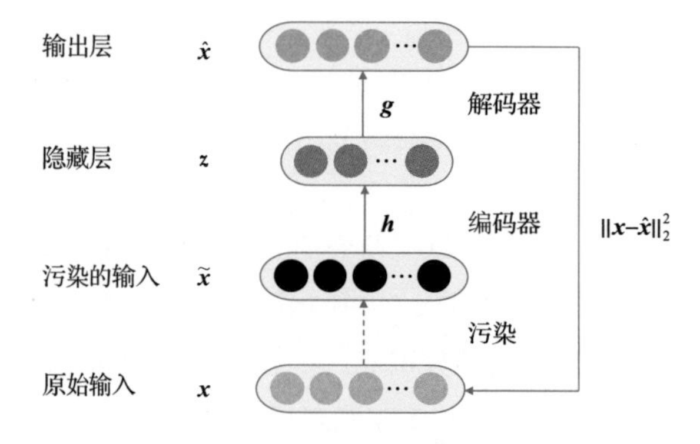

图 17.9 去噪自动编码器架构

Glorot 等人（2011）成功应用 SDA 来学习跨领域情感分类的泛化特征表示。该方法基于两个域的无标签数据和源域中的标签信息，采用两步过程来处理跨领域情感分类问题。Glorot 等人（2011）根据源数据和目标数据的联合训练 SDA 来重构输入，然后为源有标签数据的特征表示 $f(\boldsymbol{x})$训练一个线性分类器（如 SVM）。SDA 能够提取出隐因子（解释了输入数据的变化），并根据特征与该因子的相关性自动对特征进行分组。

双迁移自编码器

Zhou 等人（2016）提出了一个双迁移自动编码器（Bi-Transferring AutoEncoder，BTAE）用于跨领域情感分类。双迁移意味着自编码器能够把源域数据迁移到目标域，同时也能把目标域数据迁移到源域。与传统的自编码器相比，BTAE 包含一个编码器 f_c 以及两个分别用于源域和目标域的解码器 g_s 和 g_t。BTAE 框架如图 17.10 所示。

具体来说，编码器 f_c 的目的是将两个域的输入样本 $\boldsymbol{x}$ 映射到一个隐特征表示 $\boldsymbol{z}$：

$$z = f_c(\boldsymbol{x}) = \sigma_e(\boldsymbol{W}_e\boldsymbol{x} + \boldsymbol{b}_e) \tag{17.5}$$

解码器 g_s 和 g_t 尝试将隐性表示分别映射到源域和目标域，即

$$g_s(z) = \sigma_d(\boldsymbol{W}_s\boldsymbol{z} + \boldsymbol{b}_s), \quad g_t(z) = \sigma_d(\boldsymbol{W}_t\boldsymbol{z} + \boldsymbol{b}_t)$$

这两个域能互相生成重构表示。BTAE 系统的目标函数形式化表示为

$$\min_{f_c, g_s, g_t, \boldsymbol{B}_s, \boldsymbol{B}_t} \|\boldsymbol{X}_s - g_s(f_c(\boldsymbol{X}_s))\|_2^2 + \|g_t(f_c(\boldsymbol{X}_s)) - \boldsymbol{X}_t\boldsymbol{B}_t\|_2^2 + \|\boldsymbol{X}_t - g_t(f_c(\boldsymbol{X}_t))\|_2^2$$
$$+ \|g_s(f_c(\boldsymbol{X}_t)) - \boldsymbol{X}_s\boldsymbol{B}_s\|_2^2 + \gamma(\|\boldsymbol{B}_s\|_F^2 + \|\boldsymbol{B}_t\|_F^2) \tag{17.6}$$

其中 γ 是正则化参数。目标函数（17.6）中的第一项是最小化源域重构误差，第二项是基于源域数据并在线性转换矩阵 $\boldsymbol{B}_t$ 的帮助下最小化目标域数据的重构误差，第三项和第四项的定义是相似的。求解完问题（17.6）之后，迁移的源域数据 $g_t(f_c(\boldsymbol{X}_s))$ 和目标域具有相似的分布，因此能够用于为目标域训练情感分类器。

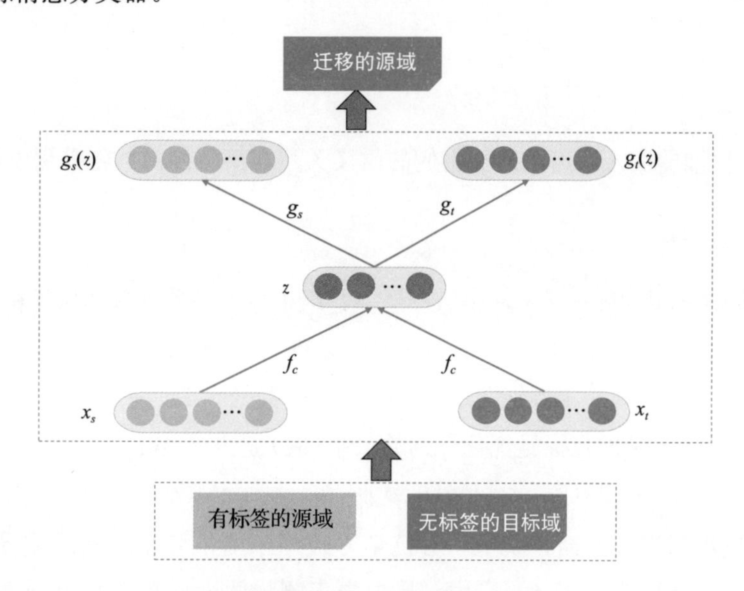

图 17.10　双迁移自动编码器框架（改编自 Zhou 等人（2016）的论文）

17.3.3.2　基于嵌入的模型

基于嵌入的模型（Bollegala 等人，2015）侧重于学习域特定的词表示，以准确地捕捉域特定的词语义。实际上，这种方法既可以解决特征不匹配问题，也可以解决语义变化问题。Bollegala 等人（2015）提出了用于跨领域情感分析的跨域词表征学习（Cross-Domain Word Representation Learning，CDWRL）方法。CDWRL 的目标是预测每个枢轴词出现位置周围的非枢轴词，从而获取非枢轴的语义与情感倾向。因此，学习跨域词嵌入有两个要求。首先，对于这两个域，枢轴必

须准确预测共现的非枢轴。其次，在这两个域中，枢轴词表示必须相似。因此，CDWRL 的目标函数表示为

$$\min L(\boldsymbol{C}_s,\boldsymbol{W}_s)+L(\boldsymbol{C}_t,\boldsymbol{W}_t)+\lambda R(\boldsymbol{C}_s,\boldsymbol{C}_t)$$

其中 s、t 分别是源和目标域，$\boldsymbol{C}$、$\boldsymbol{W}$ 分别是枢轴和非枢轴。$L(\boldsymbol{C}_s, \boldsymbol{W}_s)$ 是基于排序的预测铰链损失（hinge loss）函数：

$$L(\boldsymbol{C}_s,\boldsymbol{W}_s)=\sum_{d\in D_s}\sum_{(\boldsymbol{c}_s,\boldsymbol{w}_s)\in d}\sum_{\boldsymbol{w}_s^*\sim p(\boldsymbol{w}_s)}\max(0,1-\boldsymbol{c}_s^{\mathrm{T}}\boldsymbol{w}_s+\boldsymbol{c}_s^{\mathrm{T}}\boldsymbol{w}_s^*)$$

其中 $\boldsymbol{c}_s$、$\boldsymbol{w}_s$ 是文档中共现的枢轴和非枢轴，$\boldsymbol{w}_s^*$ 是不与 $\boldsymbol{c}_s$ 共现的枢轴，非枢轴的边缘分布 $p(\boldsymbol{w})$ 能从语料计数中估计。相似地，$L(\boldsymbol{C}_t, \boldsymbol{W}_t)$ 定义为

$$L(\boldsymbol{C}_t,\boldsymbol{W}_t)=\sum_{d\in D_t}\sum_{(\boldsymbol{c}_t,\boldsymbol{w}_t)\in d}\sum_{\boldsymbol{w}_t^*\sim p(\boldsymbol{w}_t)}\max(0,1-\boldsymbol{c}_t^{\mathrm{T}}\boldsymbol{w}_t+\boldsymbol{c}_t^{\mathrm{T}}\boldsymbol{w}_t^*)$$

正则化项 $R(\boldsymbol{C}_s, \boldsymbol{C}_t)$ 定义为

$$R(\boldsymbol{C}_s,\boldsymbol{C}_t)=\frac{1}{2}\sum_{i=1}^{K}\|\boldsymbol{c}_s^{(i)}-\boldsymbol{c}_t^{(i)}\|$$

通过学习枢轴和非枢轴的嵌入，可以捕捉它们的语义关系与情感倾向并将其用于域适应。

17.3.3.3　对抗学习模型

生成对抗网络（Goodfellow 等人，2014）是一个用于各种任务（从图像风格迁移到数据扩充）的受欢迎的深度生成模型。GAN 的目标是学习生成分布 $\mathbb{P}_G^X$ 来模拟真实的数据分布 $\mathbb{P}_{\mathrm{real}}^X$。具体地，GAN 学习一个生成网络 G 和一个判别网络 D。G 从生成器分布 $\mathbb{P}_G^X$ 中生成样本，D 学习判别样本是来自 $\mathbb{P}_G^X$ 还是 $\mathbb{P}_{\mathrm{real}}^X$。GAN 的目标是优化下列的最小-最大损失函数：

$$\phi=\min_G\max_D(\mathbb{E}_{x\sim\mathbb{P}_{\mathrm{real}}^X}[\log D(x)]+\mathbb{E}_{z\sim\mathbb{P}_G^Z}[\log(1-D(G(z)))]) \tag{17.7}$$

GAN 被广泛应用到许多方面，其中，对抗学习被用来衡量分布之间的差异。Ganin 和 Lempitsky（2015）及 Ganin 等人（2016）应用对抗损失来测量两个分布之间的 H 散度，并提出了神经网络的域对抗训练（Domain-Adversari training of Neural Network，DANN）用于域适应。

与 GAN 相比，DANN 由三部分组成：特征提取器 G_f、类别预测器 G_y 和域分类器 G_d。输入 $\boldsymbol{x}$ 首先通过 G_f 映射到 D 维特征表示 $\boldsymbol{f}=G_f(\boldsymbol{x};\ \boldsymbol{\theta}_f)\in\mathbb{R}^D$，其中 $\boldsymbol{\theta}_f$ 表示 G_f 中的参数。然后，特征表示 $\boldsymbol{f}$ 通过 G_y 映射到标签 y，其中 G_y 的参数由 $\boldsymbol{\theta}_y$ 表示。同时，特征表示 $\boldsymbol{f}$ 也通过 G_d 映射到域标签 d，参数由 $\boldsymbol{\theta}_d$ 表示。

在学习阶段，DANN 的目标是最小化源有标签数据的标签预测损失。因此，它对特征提取器和类别预测器的参数 $\boldsymbol{\theta}_f$ 和 $\boldsymbol{\theta}_y$ 都进行了优化，以最小化源域的经验损失。这就保证了特征 $\boldsymbol{f}$ 在源

域上是有区分性的。同时，DANN 试图使特征 $\boldsymbol{f}$ 在域间保持不变，这相当于使源域和目标域的数据分布相似。为了获得域不变的特征表示，DANN 对参数 $\boldsymbol{\theta}_f$ 进行了优化，使域分类器的分类损失最大化，以使两个域的分布尽可能相似，同时优化了域分类器的参数 $\boldsymbol{\theta}_d$，使域分类器的损失最小化，并使其能够区分源域和目标域中的特征表示。

DANN 等对抗生成学习系统可以直接应用于在领域间迁移情感分类模型，但这些深度神经方法不能直接识别枢轴且缺乏对迁移内容的解释能力。事实上，在基于深度学习的模型中，可解释性是一个主要问题，其模型通常被称为“黑箱”模型。在实践中，最好向用户解释为什么模型选择某个词作为枢轴词或非枢轴词，以更多地提供系统做出正确决策的可信度。

先前的跨领域情感分类工作的另一个局限性是，大多数情况下，枢轴和非枢轴都是人工挑选的。那么最好能够从两个域中自动学习枢轴。Li 等人（2017b）提出了一种称为对抗记忆网络（Adversarial Memory Network，AMN）的方法（如图 17.11 所示）以自动捕获跨域设置中的枢轴。他们还在域对抗学习框架中引入了一种新的词注意力机制，以提供可解释性。它利用记忆网络的注意力机制来解释要迁移的内容，这种机制可以基于注意力得分自动显示哪些词更有可能是枢轴，并对域不变表示做出更多贡献。

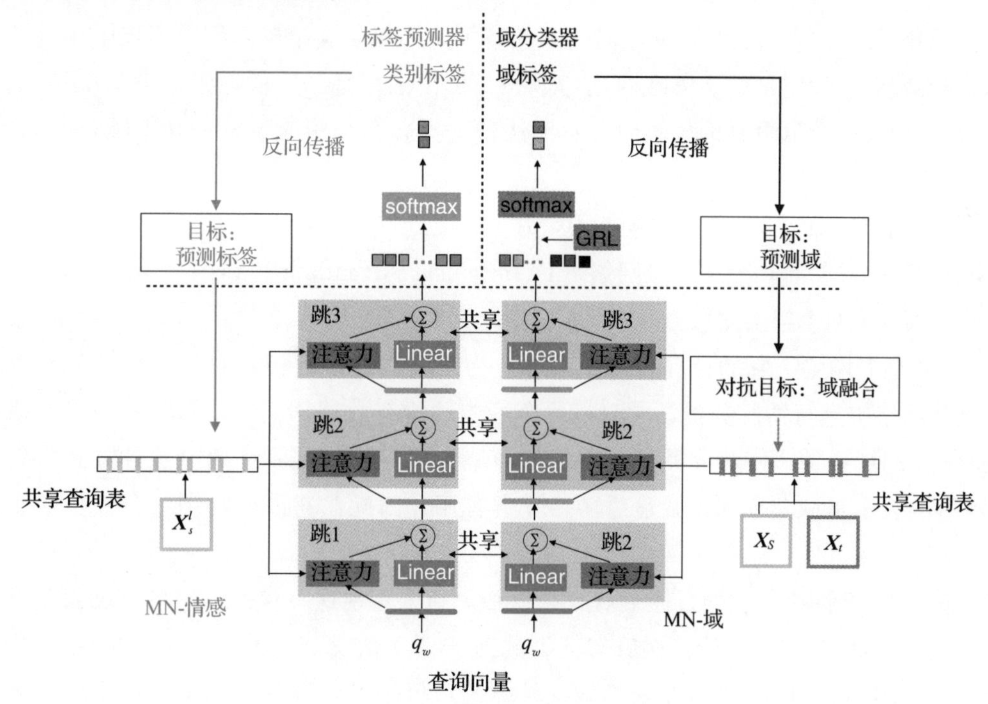

图 17.11　对抗存储网络框架

图 17.12 给出了几个学习结果的示例，以可视化 AMN 模型的注意力。我们可以看到 great、good、best、beautiful、fantastic、gorgeous、terrible、disappointed、disappointment 和 poor 等具有高注意力权重的词是枢轴。这些确实是人们选择的单词。

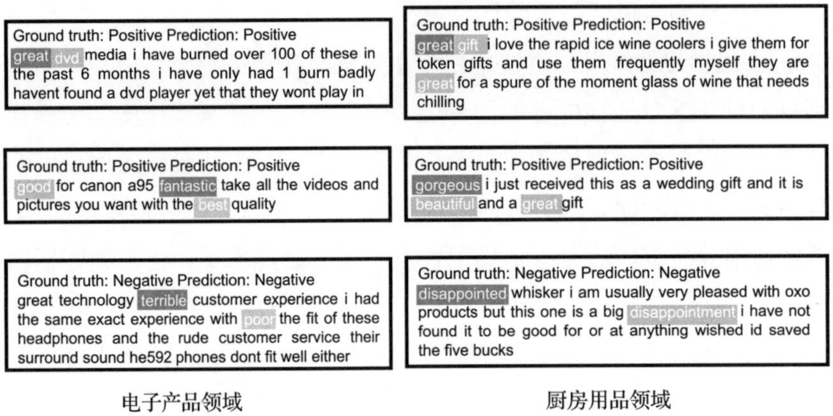

Ground truth: Positive Prediction: Positive
great dvd media i have burned over 100 of these in the past 6 months i have only had 1 burn badly havent found a dvd player yet that they wont play in

Ground truth: Positive Prediction: Positive
great gift i love the rapid ice wine coolers i give them for token gifts and use them frequently myself they are great for a spure of the moment glass of wine that needs chilling

Ground truth: Positive Prediction: Positive
good for canon a95 fantastic take all the videos and pictures you want with the best quality

Ground truth: Positive Prediction: Positive
gorgeous i just received this as a wedding gift and it is beautiful and a great gift

Ground truth: Negative Prediction: Negative
great technology terrible customer experience i had the same exact experience with poor the fit of these headphones and the rude customer service their surround sound he592 phones dont fit well either

Ground truth: Negative Prediction: Negative
disappointed whisker i am usually very pleased with oxo products but this one is a big disappointment i have not found it to be good for or at anything wished id saved the five bucks

电子产品领域　　厨房用品领域

图 17.12　电子产品领域→厨房用品领域的自适应任务的注意力可视化
（颜色越深代表注意力权重越大且是枢轴的概率越大）

尽管 AMN 具有优秀的实验表现，但由于忽略了文档的层次结构，所以它仅限于关注词级的注意力。在实践中，我们希望能够准确地捕获长文档中的枢轴，它们通常遵循层次结构。另外，当源域和目标域仅有少量重叠的枢轴时，它无法自动捕获和利用非枢轴点和枢轴点之间的关系，从而导致性能下降。

为了同时利用枢轴和非枢轴的协同能力，并解释要迁移的内容，Li 等人（2017b）为跨领域情感分类引入了一个层次注意力迁移网络（Hierarchical Attention Transfer Network，HATN）。HATN 联合训练了两个层次注意力网络：P 网络和 NP 网络。

第一部分是 P 网络，它的目标是捕获枢轴。为了实现这一目标，它将源域中的有标签数据 $\boldsymbol{X}_s$ 输入到 P 网络中进行情感分类，同时将两个域中的所有数据 $\boldsymbol{X}_s$ 和 $\boldsymbol{X}_t$ 都输入到 P 网络中进行基于对抗学习的域分类，使域分类器不能区分源域和目标域的表示。通过这种方式，它保证了来自 P 网络的表示是域共享的，并且对情感分类有用。因此，它可以利用注意力机制来识别枢轴特征。

第二部分是 NP 网络，它的目标是对齐非枢轴。为了实现这一目标，它将通过隐藏 P 网络识别的所有枢轴生成的源域 $\mathbb{S}$ 中的转换后有标签数据 $g(\boldsymbol{X}_s)$ 输入到 NP 网络进行情感分类。同时，所有以相同方式生成的域 $\mathbb{S}$ 和 $\mathbb{T}$ 中的转换后数据 $g(\boldsymbol{X}_s)$ 和 $g(\boldsymbol{X}_t)$ 都被送入 NP 网络进行+(正)/−(负) 枢轴预测。

P 网络和 NP 网络共同工作，根据转换后的样本 $g(\boldsymbol{x})$ 来预测原始样本 $\boldsymbol{x}$ 是否包含正或负枢轴。转换后的样本 $g(\boldsymbol{x})$ 有两个标签，标签 z^{+} 表示 $\boldsymbol{x}$ 是否包含至少一个正枢轴，标签 z^{-} 表示 $\boldsymbol{x}$ 是否包含至少一个负枢轴。背后的直观推断是正的非枢轴倾向于与正枢轴共现，负的非枢轴倾向于与负枢轴共现。通过这种方式，NP 网络可以发现域特定的特征，并将这些枢轴作为一个桥梁，利用注意力机制捕获那些期望与枢轴紧密相关的非枢轴。

NP 网络需要正枢轴和负枢轴作为跨域的桥梁。由于 P 网络具有利用注意力自动捕捉枢轴的能力，因此 HATN 的训练过程分为两个阶段：

- 独立注意力学习：为跨领域情感分类训练 P 网络。我们使用在验证集上提前停止时获得的 P 网络的最佳参数，然后根据正面评论中的最高注意力得分选择正枢轴，并以类似的方式获得负枢轴。
- 联合注意力学习：联合训练 P 网络和 NP 网络以进行跨领域情感分类。同时将源域 $\mathbb{S}$ 中的有标签数据 $\boldsymbol{X}_s$ 和转换后的数据 $g(\boldsymbol{X}_s)$ 分别输入 P 网络和 NP 网络，并将它们的表示连接起来以进行情感分类。注意，输入 NP 网络的转换后的有标签数据 $g(\boldsymbol{X}_s)$ 可同时用于情感分类和＋(正)/－(负) 枢轴预测，但输入 NP 网络的转换后的无标签数据 $g(\boldsymbol{X}_t)$ 只能用于＋(正)/－(负) 枢轴预测。

图 17.13 中展示了几个示例以可视化 HATN 模型的注意力。图 17.13 说明了 P 网络倾向于更高程度地注意域之间的枢轴，例如，正枢轴 best、excellent、good 和负枢轴 disappointed、poor、annoying。包含这些枢轴的句子在 P 网络中也得到了更高的句子注意力。与 P 网络不同的是，NP 网络的目标是更多地注意两个域中的非枢轴，如源书籍领域中的非枢轴 readable、insipid 和目标电子产品领域中的非枢轴 pixelated、fuzzy、distorted。包含这些非枢轴的句子在 NP 网络中也得到了更高的句子注意力。

17.3.3.4　基于枢轴的神经模型

基于枢轴的神经模型旨在通过神经网络学习非枢轴和枢轴之间的相关映射。Ziser 和 Reichart (2017) 提出了一种将 SCL 思想应用于基于自动编码器的神经网络的自动编码器结构对应学习 (AutoEncoder-based Structural Correspondence Learning，AE-SCL) 方法。AE-SCL 学习将数据点的非枢轴编码为低维表示，以便可以从该表示中解码样本中存在的枢轴特征。AE-SCL 的架构如图 17.14 所示。

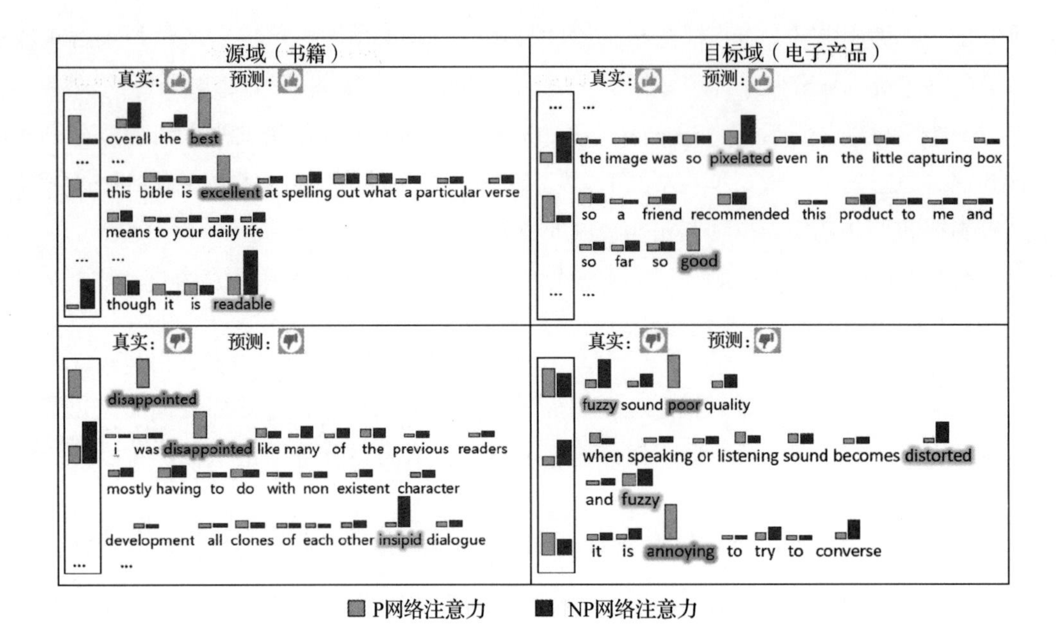

图 17.13 HATN 模型在书籍→电子产品的自适应任务中的注意力可视化（改编自 Li 等人（2017b）的论文）

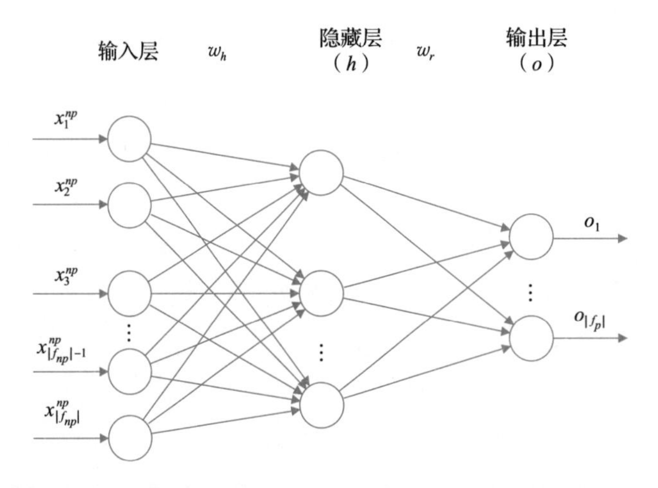

图 17.14 AE-SCL 模型的架构（改编自 Zise 和 Reichart（2017）的论文）

具体地，定义特征集合 f、枢轴子集 $f_p \subseteq \{1, \cdots, |f|\}$ 和非枢轴子集 $f_{np} \subseteq \{1, \cdots, |f|\}$，且 $f_p \cup f_{np} = f$，$f_p \cap f_{np} = \varnothing$。另外，输入 $\boldsymbol{x}$ 的枢轴和非枢轴表示分别定义为 $\boldsymbol{x}^p$ 和 $\boldsymbol{x}^{np}$。

AE-SCL 的目标是通过学习一个从 $\boldsymbol{x}^p$ 到 $\boldsymbol{x}^{np}$ 的非线性预测函数来引入鲁棒而稳定的特征表示。

预测函数基于自动编码器框架。基于 $\boldsymbol{x}^{np}$，AE-SCL 先编码 $\boldsymbol{x}^{np}$ 到中间表示$h_{w^h}(\boldsymbol{x}^{np})=\sigma(\boldsymbol{w}^h\boldsymbol{x}^{np})$，然后用解码函数 $\boldsymbol{o}=r_{w^r}(h_{w^h}(\boldsymbol{x}^{np}))=\sigma(\boldsymbol{w}^r h_{w^h}(\boldsymbol{x}^{np}))$ 预测枢轴 $\boldsymbol{x}^p$ 在输入中的发生概率。因此，自然地使用交叉熵损失函数。

两个观察结果是有先后顺序的。首先，具有相似语义含义的枢轴通常具有类似的词嵌入。其次，在输入中出现的枢轴比不在输入中出现的枢轴要少得多。因此，Ziser 和 Reichart（2017）提出了一种具有相似正则化的自动编码器结构对应学习（AutoEncoder Structual Correspondence Learning with Similarity Regularization，AE-SCL-SR），在 AE-SCL 模型中注入预训练的枢轴词嵌入，以改进具有语义相似枢轴的样本之间的泛化能力。此外，Ziser 和 Reichart（2018）还提出了一种基于枢轴的语言建模，将枢轴纳入语言建模方法中。

第18章 对话系统中的迁移学习

18.1 引言

笼统地讲，对话系统可以分为开放领域的对话系统（open-domain dialogue system）(Sutskever 等人，2014；Shang 等人，2015；Serban 等人，2016、2017）和面向任务的对话系统（task-oriented dialogue system）（Young 等人，2013）。开放领域的对话系统不限制对话的具体领域且可以用于闲聊应用。面向任务的对话系统用于在限定领域内引导用户完成特定任务。它可以部署在电话中心（一种在线交流平台），或者是客服中心，可以减少人力和降低成本。

开放领域的对话系统不限定对话的具体领域，因此需要应对多样化的问题话题，而且领域知识很难加入。端到端的模型（sequence-to-sequence model）或称编码器-解码器模型（encoder-decoder model）(Sutskever 等人，2014；Shang 等人，2015；Serban 等人，2016、2017）被广泛用于开放领域的对话系统中。目前，学术界鲜有研究将迁移学习用于开放领域对话系统，因此本章将集中讨论如何把迁移学习应用到面向任务的对话系统中。

面向任务的对话系统的输入文本来自用户，它可以基于对话上下文和问题为用户生成文本形式的回答，其架构如图 18.1 所示。目前，面向任务的对话系统的设计需要大量的专家知识和人工标注数据。因此，基于框架的面向任务对话系统（frame-based task-oriented dialogue system）被广泛应用。在基于框架的系统中，一个槽位（slot）是一种基本的信息片，包含一些可能取值。例如，针对点餐服务，我们可以选择中国菜、日本菜或印度菜等。

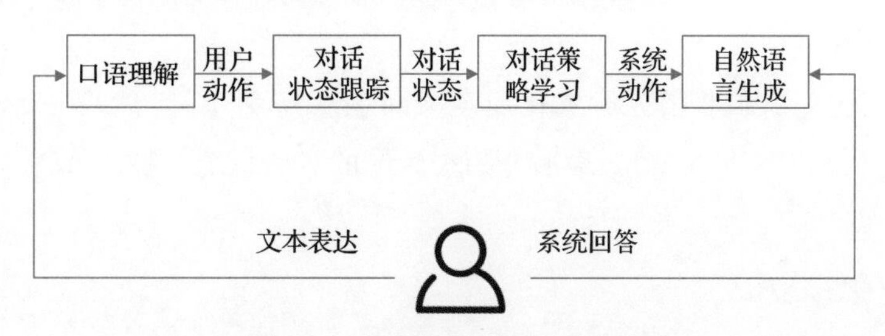

图 18.1　面向任务对话系统的架构

以功能为划分标准，对话系统整体上可以被分割为不同的组件。每个组件负责某个特定的子任务，组件间的通信是靠槽位及其取值的传递来实现的。在面向任务的对话系统中有四种基本的组件，包括口语理解（spoken language understanding）模块、对话状态跟踪（dialogue state tracking）模块、对话策略学习（Dialogue Policy Learning，DPL）模块和自然语言生成（natural language generation）模块。口语理解模块（He 和 Young，2006；Mairesse 等人，2009；Henderson 等人，2012；Yao 等人，2013、2014）负责识别对话意图（speech-act）、槽位及其对应的取值。它以用户的口语为输入，然后识别其中的对话意图和槽位取值。对话状态跟踪模块（Lee 和 Kim，2016；Sun 等人，2016；Wang 和 Lemon，2013；Henderson 等人，2014；Zilka 和 Jurcicek，2015）用于推断和维护当前的对话状态。它的输入是经口语理解模块处理过的用户口语信息（包括对话意图、槽位及其取值）。它根据用户当前对话信息和上一轮的对话状态，来跟踪当前的对话状态。对话策略学习模块（Williams，2008a、2018b；Young 等人，2010；Lefèvre 等人，2009）的输入是当前的对话状态，并以此来决定系统的下一个对话动作。自然语言生成模块（Wen 等人，2015a）将系统对话动作转换回文本，并回复给用户。在这四个模块中，对话策略学习模块是核心组件。

根据训练方法的不同，面向任务的对话系统还可以分为模块化对话系统和端到端对话系统。模块化对话系统中的各个组件允许有分离的目标函数。与此不同的是，整个端到端的对话系统在训练时只有唯一的目标函数。一般情况下模块化对话系统的模块耦合性较小，因此我们可以较为自由地插入不同的组件。因此组件参数可以训练得到，也可以独立地人工给定。同时，用于训练单个组件的数据可以较为容易地得到。然而，如果没有一个一致的目标函数，则一个具有不同组件的系统可能无法正常工作。端到端的对话系统仅有一个目标函数，在所有参数联合训练时，整个系统的各个部分将被一同训练并能取得更好的性能。另一方面，端到端的对话系统不需要针对各个子模块收集单独标注的数据，因而可以减少人工成本。但是由于端到端系统的所有组件是被同时训练的，如果改变某些组件结构，则系统必须经过重新训练才能运行。总之，训练一个端到端的对话系统更加困难。

在本章的其余部分，我们将首先形式化地定义问题（18.2 节），然后一一介绍面向任务的对话系统的四大模块（18.3～18.6 节），最后介绍端到端的对话系统（18.7 节）。

18.2 问题形式化定义

在面向任务的对话系统中，给定一个历史对话的序列和当前的用户问题，系统的目标是预测正确的回答。我们用 X 来表示问题，用 Y 来表示回答。第 n 个问题可以表示成 $X_n=\{x_1, x_2, \cdots, x_{N_n^x}\}$，其中 N_n^x 代表了对应句子的词数；第 n 个问题对应的回答用 $Y_n=\{y_1, y_2, \cdots, y_{N_n^y}\}$ 表示，其中 N_n^y 表示 Y_n 中的词数，N 表示对话中的对话轮数。给定对话历史 $H_n=\{\{X_j, Y_j\}_{j=1}^{n-1}, X_n\}$ 的情况下，我们的任务是预测 Y_n。

如前所述，在面向任务的对话系统中有四大主要组件：

1）口语理解模块。在每个时间步 n，输入一句口语文本 X_n，它将识别出这句话的抽象用户动作 $\widetilde{X}_n$。

2）对话状态跟踪模块。给定上一对话状态 $\widetilde{H}_{n-1}$、抽象系统动作 $\widetilde{Y}_{n-1}$ 和一个抽象用户口语 $\widetilde{X}_n$，对话状态跟踪器旨在保持对当前对话状态 $\widetilde{H}_n$ 的跟踪。

3）对话策略学习模块。输入对话状态 $\widetilde{H}_n$，预测抽象系统动作 $\widetilde{Y}_n$。

4）自然语言生成模块。输入抽象系统动作 $\widetilde{Y}_n$，输出最终的系统回答语句 Y_n。

下面我们将介绍如何利用迁移学习来帮助这四个模块的训练。

18.3 口语理解中的迁移学习

口语理解模块负责将口语文本转换为结构化输出，如对话意图、槽位和槽位值。接下来我们将总结用于口语理解的迁移学习方法。总体来说，有三种主要的方法用于知识迁移，包块模型适配、基于样本的迁移和基于参数的迁移。

18.3.1 问题定义

口语理解模块输入的是未经处理的文本对话语句 X_n，它可以识别出其中的抽象用户动作 X_n。抽象用户动作 $X_n=\{a_n, \boldsymbol{s}_n=\{s_j=v_j\}\}$ 包含用户的对话意图 a_n(也称为意图)，以及一串槽位值对 $\boldsymbol{s}_n=\{s_1=v_1, s_2=v_2, \cdots\}$。

在口语识别中存在两个主要的问题，即对话意图分类和槽位填充。

1）对话意图分类：输入一条用户口语 X_n，输出该用户口语的对话意图 a_n。对话意图分类可以被看成是一个多标签分类问题。

2）槽位填充：该问题的目的是在用户的口语 X_n 中找到所有的槽位值对 $\boldsymbol{s}_n=\{s_1=v_1, s_2=v_2, \cdots\}$。槽位填充任务可以被看成是一个基于句子中词序列的序列分类问题。例如，对于一个输入的句子 “who played Zeus in the 2010 action movie Titans” 来说，其期望的输出是针对句子中的每一个词添加的一个语义标签，如 “who:{} played:{} zeus:{character=zeus} in:{} the:{} 2010:{year=2010} action:{genre=action}movie:{type=movie}Titans:{name=Titans}”。

18.3.2 模型适配

Tür（2005）提出采用模型适配与推进的方法优化对话意图分类问题。其源域和目标域共享了同一个对话意图标签的集合。注意，这两个领域的对话意图是不同分布的。该工作的目标是利用最小化源域和目标域模型之间的 KL 散度来正则化目标域的模型。其损失函数定义为

$$\begin{aligned} L(\boldsymbol{w}) = & \sum_n \sum_{a'} (\ln(1+\exp(-A_n[a']f(X_n,a';\boldsymbol{w})))) \\ & + \eta \mathrm{KL}(P(An[a'] \\ = & 1 \mid X_n) \| \sigma(f(X_n,a';\boldsymbol{w}))) \end{aligned}$$

其中 n 是样本的索引，a'是标签集合中的一个元素，$P(A_n[a']=1 \mid \boldsymbol{X}_n)$ 代表在源域中 $\boldsymbol{X}_n$ 属于标签 a'的概率，$\sigma(f(\boldsymbol{X}_n), a')$ 代表在目标域中 $\boldsymbol{X}_n$ 属于标签 a'的概率。在这个目标函数中，第一项度量了目标域上的训练误差，第二项代表了源域和目标域模型间的 KL 散度。

18.3.3 基于样本的迁移

Tür（2006）提出了对话意图分类问题中的样本迁移方法。在源域和目标域中有一些相似的意

图类别，但是没有可用的映射函数。此时，在源域中，具有相似标签的数据被选出来用于建立目标域中的意图分类模型。令目标域的数据集为 $\{X, a\}$，源域的数据集为 $\{X^s, a^s\}$。源域中的分类器为 $p(a^s|X^s)=f^s_{a^s}(X^s)$，目标域中的分类器为 $p(a|X)=f^t_a(X)$。

为了保证迁移样本的质量，Tür（2006）将目标域的分类器施加于源域的每一个实例 X^s 上。如果对于源域样本 X^s 属于目标域标签 a 的预测概率在给定的阈值之上，即 $f^t_a(X^s)>\rho$，那么 X^s 会被迁移到目标域并作为其中的一个标签为 a 的样本。在一定量的样本被迁移之后，目标域的分类器将使用源域的样本和目标域的样本重新训练。

18.3.4 参数迁移

Yazdani 和 Henderson（2015）提出具有相似标签的分类器之间可以共享参数，因此相似的分类器可以具有相似的预测函数。在这个方法中，对对话意图 a 进行分类的模型是线性分类器，并且标签 $a_j(s_k=v_m)$（每个标签可以由几个单词表示，例如标签“告知（咖啡种类＝拿铁)”是由“告知”“咖啡种类”和“拿铁”这几个单词计算而成）对应的分类器参数是一个权重向量 $\boldsymbol{w}_{a_j(s_k=v_m)}$。对于标签 $a_j(s_k=v_m)$，利用逻辑回归 $y=\sigma(\boldsymbol{w}^{\mathrm{T}}_{a_j(s_k=v_m)}\phi(x_i))$ 进行分类器建模。Yazdani 和 Henderson（2015）假设权重向量 $\boldsymbol{w}_{a_j(s_k=v_m)}$ 可以基于给定的标签词向量，并利用两层感知机来进行建模。特别地，标签 $a_j(s_k=v_m)$ 的权重参数可以基于词向量 a_j、s_k 和 v_m 来计算：

$$\boldsymbol{w}_{a_j(s_k=v_m)}=\sigma([\phi(a_j),\phi(s_k),\phi(v_m)]\boldsymbol{W}_{ih})\boldsymbol{W}_{ho}$$

其中 $\phi(x_i)$ 代表词 x_i 的词向量，σ 是激活函数，$\boldsymbol{W}_{ih}$ 是 $3d\times h$ 的矩阵，$\boldsymbol{W}_{ho}$ 是 $d\times d$ 的矩阵（例如标签“告知（咖啡种类＝拿铁)”的参数 $\boldsymbol{w}$，可以由 $a_j=$“告知”、$s_k=$“咖啡种类”和 $v_m=$“拿铁”这几个单词经过上述公式计算而成)。参数 $\boldsymbol{W}_{ih}$ 和 $\boldsymbol{W}_{ho}$ 在各个标签间共享，因此这是一个迁移学习方法。

Jeong 和 Lee（2009）提出了将领域相关和领域无关的参数分别处理的方法。其中，领域无关的参数在各个领域之间被共享用于知识的迁移。他们利用 CRF 模型建模槽位填充问题，将槽位集合的概率表示为

$$\mathbf{s}=\arg\max_{\mathbf{s}'} P(\mathbf{s}'|X)$$

其中 $X=\{x_1, x_2, \cdots\}$ 是输入的词序列，$\boldsymbol{s}=\{s_1, s_2, \cdots\}$ 是相对应的标签序列。槽位集合概率可以被分解为

$$P(\mathbf{s}|X)=\prod_t P(s_t|x_t,s_{t-1})$$

$$P(s_t|x_t,s_{t-1})=\frac{1}{Z(x_t,s_{t-1})}\exp(\phi_d(s_{t-1},s_t,x_t)+\phi_{\mathrm{ind}}(s_{t-1},s_t,x_t)$$

其中 $Z(x_t, s_{t-1})$ 是正则化项，$\phi_d(s_{t-1}, s_t, x_t)$ 是领域相关部分，$\phi_{\text{ind}}(s_{t-1}, s_t, x_t)$ 是领域无关部分。模型的输入特征可以包括滑动窗口的 n-gram 词汇特征和状态转移概率。领域无关部分在各个领域中被共享以迁移知识。

总之，模型适配可以用于调整源域的模型，使其在目标域上具有更好的性能。给定目标域的数据，在源域上预训练的模型可以利用目标域上一定量的样本进行微调。但这里需要强调的是，源域和目标域必须使用相同类型的模型。与此同时，样本迁移可以在不修改分类器结构的前提下实现，而且很容易训练。但是，源域和目标域需要被多次训练，这往往较为耗时。参数迁移可以从源域到目标域迁移公共的模型参数。但是，模型参数必须被划分为共享参数和领域相关参数，因此许多分类器并不适用于这种迁移方法。

18.4　对话状态跟踪中的迁移学习

对话状态跟踪模块根据系统动作、用户输入和上一对话状态来跟踪对话状态。下面我们将介绍一些针对对话状态跟踪问题的多领域迁移学习方法。这些方法可以分为基于特征的方法（Ren 等人，2014）和基于模型的方法（Williams，2013；Mrksic 等人，2015）。

基于特征的多领域对话状态跟踪旨在学习通用的、领域无关的特征，使训练完成的模型可以在各个其他领域被复用。基于模型的多领域对话状态跟踪使用领域内的数据，把一个通用的、领域无关跟踪模型适配到各个目标领域上。

18.4.1　基于特征的多领域对话状态跟踪

基于特征的对话状态跟踪旨在构建可在多个领域中复用的通用的、领域无关的特征。

Ren 等人（2014）提出通过使用领域无关的特征集合，系统可以共享同一个对话状态跟踪模型。对于每个用户输入，系统可以提取一个联合特征表示。在该用户输入联合特征表示中，不同的特征是从不同的领域中分别提取的。为每个领域提取的特征都是经过特别设计的，以便对于不同的领域可以使用同一个对话状态跟踪器。

18.4.2　基于模型的多领域对话状态跟踪

基于模型的对话状态跟踪器把一个通用的、领域无关的跟踪器用特定领域的数据集重新训练调整，以建立一个针对多领域的对话状态跟踪器。

Williams(2013) 将模型分为两个部分，包括领域共享组件和领域特有组件。为此，原始特征表示被扩展以建立新的特征表示。举例来说，假设有三个领域，对于第一个领域中的一个样本，其新的特征表示为（$\boldsymbol{f}_1^{\mathrm{T}}$，$\mathbf{0}$，$\mathbf{0}$，$\boldsymbol{f}_1^{\mathrm{T}}$）^{T}，其中 $\boldsymbol{f}_1$ 是原始特征表示。对第二个领域的样本来说相应的表示是（$\mathbf{0}$，$\boldsymbol{f}_2^{\mathrm{T}}$，$\mathbf{0}$，$\boldsymbol{f}_2^{\mathrm{T}}$）^{T}，对第三个领域来说是（$\mathbf{0}$，$\mathbf{0}$，$\boldsymbol{f}_3^{\mathrm{T}}$，$\boldsymbol{f}_3^{\mathrm{T}}$）^{T}。于是，参数对应的线性分类器可以形式化地写为（$\boldsymbol{w}_1^{\mathrm{T}}$，$\boldsymbol{w}_2^{\mathrm{T}}$，$\boldsymbol{w}_3^{\mathrm{T}}$，$\boldsymbol{w}_0^{\mathrm{T}}$），其中 $\boldsymbol{w}_1$、$\boldsymbol{w}_2$、$\boldsymbol{w}_3$ 是领域特有的模型参数，$\boldsymbol{w}_0^{\mathrm{T}}$ 是领域共享的参数。

Mrksic 等人（2015）提出可以针对所有领域先训练一个泛化的对话状态跟踪 RNN，然后用这个泛化模型来初始化每个领域各自的 RNN 模型。其核心思想在于在处理数据之前先使用去中心化的特征。例如，句子“want available internet”被预处理为“want tag-slot-value tag-slot-name”。去中心化的特征允许在领域间和细粒度槽位间同时迁移知识。然而，由于不同槽位具有不同的数据分布，为了让泛化模型对于各个槽位都有较好的性能，模型调整步骤仍然是必需的。

18.5 对话策略学习中的迁移学习

学术界流行使用马尔可夫决策过程来建模对话策略学习问题（Biermann 和 Long，1996；Levin 等人，1997；Walker 等人，1998；Singh 等人，1999）。DPL 模型试图通过一系列的用户交互来达到一个特定的目标。当前对话环境的信息是利用对话状态来建模的，DPL 模块可以据此来选择可用的系统动作。这里，下一个时间步的对话状态只依赖于当前状态和系统动作，该系统动作服从马尔可夫假设。在某些情景下，系统当前的状态不能被完全确定。此时，部分可观察马尔可夫决策过程（Partially Observable Markov Decision Process，POMDP）（Young 等人，2013）可以被用来建模对话策略。在每一步中，POMDP 跟踪所有可能的对话状态的分布，而不是只跟踪当前真实的对话状态。这里所有可能的对话状态被称为信念状态。信念状态被假定服从马尔可夫假设，也就是说下一步的信念状态只依赖于当前的信念状态和采取的系统动作。POMDP 策略基于当前信念状态而不是真实状态来决定系统最优动作。

基于是否同时考虑多个领域，对话系统可以分为单领域对话系统和多领域对话系统。单领域意味着训练数据和测试数据在同一个领域中，故而单领域对话策略学习单一领域的最优对话策略。多领域对话系统利用源域的知识来帮助目标域的策略学习。接下来我们将介绍多领域迁移学习在对话策略学习问题中的应用。大部分的方法基于 Q 学习框架，我们将这些方法分为三类，包括迁移线性模型、迁移高斯过程和迁移贝叶斯委员会机器。

在介绍这三种方法之前，我们首先介绍一些符号标记。在一个模块化对话系统中，不失一般性地，可以将对话策略学习形式化为马尔可夫决策过程，因为 POMDP 策略也可以被表示为基于信念状态的 MDP。定义 MDP 为 $\{H, Y, P, \mathscr{R}, \gamma\}$，其中 H 代表对话状态，Y 代表智能体回答，P 代表状态转移概率函数，$\mathscr{R}$ 代表奖励函数，$\gamma\in[0, 1]$ 代表奖励因子。在时间步 n，$\widetilde{H}_n$ 代表对话状态，$\widetilde{Y}_n$ 代表智能体回复，r_n 代表奖励因子。此时假定口语理解模块和对话状态跟踪器已经计算出了当前的状态 $\widetilde{H}_n$，因此我们可以观察到 $\widetilde{H}_n$、$\widetilde{Y}_n$ 和 r_n。系统目标是寻找一个最优策略，它可以最大化累计返回值 $G_n=\sum_{k=0}^{\infty}\gamma^k r_{n+k}$。

18.5.1　针对 Q 学习的迁移线性模型

Genevay 和 Laroche（2016）通过迁移线性模型，将一个已有的用户模型适配到一个新的用户上。特别地，动作值函数可以通过 $Q(\widetilde{H}, \widetilde{Y})=\sigma(\phi(\widetilde{H}, \widetilde{Y})^{\mathrm{T}}\boldsymbol{w})$ 被近似估计，其中 $\phi(\widetilde{H}, \widetilde{Y})$ 代表从状态动作对 $(\widetilde{H}, \widetilde{Y})$ 中抽取的特征向量，$\boldsymbol{w}$ 是该线性函数的权重向量，σ 是激活函数。该方法只选择与目标域数据不相似的传输点。也就是说，对于源域中的轨迹 $\langle\widetilde{H}^s, \widetilde{Y}^s, \widetilde{H}'^s, r^s\rangle$，如果存在一个目标域中的轨迹 $\langle\widetilde{H}, \widetilde{Y}, \widetilde{H}', r\rangle$ 满足 $\widetilde{Y}=\widetilde{Y}^s$ 和 $\|\widetilde{H}-\widetilde{H}^s\|\leqslant\eta$，那么这个源域中的轨迹将不会被迁移到目标域。该策略首先使用源域上选择的数据 $\mathscr{D}^s=\{\langle\widetilde{H}^s, \widetilde{Y}^s, \widetilde{H}'^s, r^s\rangle\}$ 进行训练，然后策略函数的参数将被迁移到目标域并进行更新。

Genevay 和 Laroche（2016）试图将已有的用户模型适配到新用户上。基于一组预训练的特征，可以计算源域和目标域之间的相似度 $\|\widetilde{H}-\widetilde{H}^s\|$。这些特征包括前后时间步槽位间的通用误差、时间步的个数、对话的长度和语音识别分数。

针对 Q 学习的迁移线性模型简单且有效，但是它只有在源域和目标域处于相同特征空间的时候才可用。

18.5.2　针对 Q 学习的迁移高斯过程

Gašić 等人（2013、2014、2015a、2015b、2015c）使用高斯过程来学习 Q 函数，并将其定义为

$$Q^{\pi}(\widetilde{H},\widetilde{Y})\sim\mathcal{N}(m(\widetilde{H},\widetilde{Y}),k((\widetilde{H},\widetilde{Y}),(\widetilde{H}',\widetilde{Y}')))$$

其中 $m(\widetilde{H},\widetilde{Y})$ 是平均值函数，$k((\widetilde{H},\widetilde{Y}),(\widetilde{H}',\widetilde{Y}'))$ 是核函数。核函数可以分解为状态空间和动作空间上若干个独立的核：

$$k((\widetilde{H},\widetilde{Y}),(\widetilde{H}',\widetilde{Y}'))=k_{\widetilde{H}}(\widetilde{H},\widetilde{H}')\,k_{\widetilde{Y}}(\widetilde{Y},\widetilde{Y}')$$

给定训练状态-动作序列 $\boldsymbol{B}=[(\widetilde{H}_0,\widetilde{Y}_0),\cdots,(\widetilde{H}_n,\widetilde{Y}_n)]^{\mathrm{T}}$ 和对应即时奖励 $\boldsymbol{r}=[r_0,\cdots,r_n]^{\mathrm{T}}$，对于任意状态-动作对 $(\widetilde{H},\widetilde{Y})$，Q 函数 $Q^{\pi}(\widetilde{H},\widetilde{Y})$ 定义为

$$Q(\widetilde{H},\widetilde{Y})\mid\boldsymbol{B},\boldsymbol{r}\sim\mathcal{N}(\overline{Q}(\widetilde{H},\widetilde{Y}),\mathrm{cov}((\widetilde{H},\widetilde{Y}),(\widetilde{H},\widetilde{Y})))$$

其中后验均值为

$$\overline{Q}(\widetilde{H},\widetilde{Y})=\boldsymbol{k}(\widetilde{H},\widetilde{Y})^{\mathrm{T}}\boldsymbol{H}^{\mathrm{T}}(\boldsymbol{HKH}^{\mathrm{T}}+\sigma^2\boldsymbol{HH}^{\mathrm{T}})^{-1}(\boldsymbol{r}-\boldsymbol{m})$$

协方差为

$$\mathrm{cov}((\widetilde{H},\widetilde{Y}),(\widetilde{H},\widetilde{Y}))=k((\widetilde{H},\widetilde{Y}),(\widetilde{H},\widetilde{Y}))-\boldsymbol{k}(\widetilde{H},\widetilde{Y})^{\mathrm{T}}\boldsymbol{H}^{\mathrm{T}}(\boldsymbol{HKH}^{\mathrm{T}}+\sigma^2\boldsymbol{HH}^{\mathrm{T}})^{-1}\boldsymbol{Hk}(\widetilde{H},\widetilde{Y})$$

其中 $\boldsymbol{m}=[m(\widetilde{H}_0,\widetilde{Y}_0),\cdots,m(\widetilde{H}_n,\widetilde{Y}_n)]^{\mathrm{T}}$，$\boldsymbol{K}$ 是核矩阵，$\boldsymbol{H}$ 是对角线为 $[1,-\gamma]$ 的带状矩阵（band matrix），$\boldsymbol{k}(\widetilde{H},\widetilde{Y})=[k((\widetilde{H}_0,\widetilde{Y}_0),(\widetilde{H},\widetilde{Y})),\cdots,k((\widetilde{H}_n,\widetilde{Y}_n),(\widetilde{H},\widetilde{Y}))]$，$\sigma^2$ 是噪声方差。

迁移高斯过程策略目前基本有两种方法。

1）迁移平均值函数 $\overline{Q}(\widetilde{H},\widetilde{Y})$。Gašić 等人（2015a、2015b、2015c）将源域的数据用于优化目标域的 Q 函数 $\overline{Q}(\widetilde{H},\widetilde{Y})$。Gašić 等人（2013、2014）以及 Casanueva 等人（2015）将源域的平均值函数用作目标域平均值函数的先验。

2）迁移协方差函数 $k((\widetilde{H},\widetilde{Y}),(\widetilde{H},\widetilde{Y}))$。Gašić 等人（2013、2014、2015a、2015b、2015c）以及 Casanueva 等人（2015）将状态动作对定义到不同领域上。

核函数 $k((\widetilde{H},\widetilde{Y}),(\widetilde{H}',\widetilde{Y}'))$ 是迁移学习方法的核心。根据不同的核函数定义，迁移学习方法可以被分为不同的种类。

Gašić 等人（2014）只使用源域 $\mathscr{S}$ 的槽位。该工作根据 BUDS（Thomson 和 Young，2010）来定义信念状态，其跨域核函数为

$$k_{\widetilde{H}}(\widetilde{H}^s,\widetilde{H})=\sum_{S\in\mathscr{S}}\langle\widetilde{H}_s^s,\widetilde{H}_s\rangle$$

其中 s 代表源域的槽位。源域对话意图 a^s 和目标域对话意图 a 之间的核函数定义为

$$k_A(a^s,a)=\begin{cases}\delta_{a^s}(a) & a\in\mathscr{A}^s\\ 0 & a\notin\mathscr{A}^s\end{cases}$$

其中 $\mathscr{A}^s$ 和 $\mathscr{A}^t$ 分别是源域和目标域的对意图集合，$\delta_{a^s}(a)$ 是源域中的核函数。

Gašić 等人（2013）基于源域和目标域中的公共槽位定义了跨域核函数。对于只在目标域中出现的槽位，最相似的源域槽位被用于计算核函数。特别地，核函数定义为

$$k_{\widetilde{H}}(\widetilde{H}^s,\widetilde{H}) = \sum_{s^s \in \mathscr{S}} \langle \widetilde{H}^s_{s^s}, \widetilde{H}_{s^s} \rangle + \sum_{s^t \in \mathscr{S}} \langle \widetilde{H}^s_{l(s^t)}, \widetilde{H}_{s^t} \rangle$$

其中 s^s 代表源域 $\mathscr{S}$ 的槽位，s^t 代表代表目标域 $\mathscr{T}$ 的槽位，函数 $l:\mathscr{T}\to\mathscr{S}$ 负责找到使得与目标域槽位 s^t 最相似的源域槽位 $l(s^t)$。动作的核函数定义为

$$k_a(a^s,a) = \begin{cases} \delta_{a^s}(a) & a \in \mathscr{A}^s \\ \delta_{a^s}(L(a)) & a \notin \mathscr{A}^s \end{cases}$$

其中函数 $l:\mathscr{A}^t\to\mathscr{A}^s$ 将一个源域中不存在的动作映射到源域的替换动作，$\delta_{a^s}(a)$ 是定义在源域中的核函数。

假定源域和目标域来自于不同的用户但具有相同的槽位，Casanueva 等人（2015）提出使用附加的特征来确定核函数：

$$k((\widetilde{H}^s,\widetilde{Y}^s),(\widetilde{H},\widetilde{Y})) = k_{\widetilde{H}}(\widetilde{H}^s,\widetilde{H})k_{\widetilde{Y}}(\widetilde{Y}^s,\widetilde{Y})k_{\widetilde{H}}(\boldsymbol{l}^s,\boldsymbol{l})$$

其中 $\boldsymbol{l}^s$ 是源域中状态动作对的声学特征向量，类似地，$\boldsymbol{l}$ 是目标域中状态动作对的声学特征向量。故而基于外部特征的核函数可以帮助计算跨域相似度。

Gašić 等人（2015a）提出针对知识图谱中的每个节点建立一个分布式策略。一个对话策略被分解为一组主题相关策略，这些策略分布于图谱的各个类节点上。其中图谱的根节点是其所有的子节点的泛化，所以该策略可以被用于所有的子领域。所提出的方法只匹配满足下式的公共槽位：

$$k_{\widetilde{H}}(\widetilde{H}^s,\widetilde{H}) = \sum_{s\in\mathscr{S}\cup\mathscr{T}} \langle \widetilde{H}^s_s, \widetilde{H}_s \rangle \quad 及 \quad k_A(a^s,a) = \begin{cases} \delta_{a^s}(a) & a \in \mathscr{A}^s \\ 0 & a \notin \mathscr{A}^s \end{cases}$$

其中 $\delta_{a^s}(a)$ 是源域中定义的核函数。如果没有公共槽位，则未匹配槽位会被处理为抽象槽位，并被重命名为“slot-1”和“slot-2”等。源域和目标域中的抽象槽位是有序匹配的。

针对 Q 学习的迁移高斯过程没有假设两个领域间有完全一致的特征空间，但是这些方法仍然假设领域之间存在公共槽位。此外，迁移高斯过程的计算代价是昂贵的，因此它无法支持大规模训练数据集。

18.5.3　针对 Q 学习的迁移贝叶斯委员会机器

以往的方法假设领域间始终有公共的槽位，但是此假设并非一直成立。当没有公共槽位时，我们可以利用贝叶斯委员会机器来迁移对话策略。贝叶斯委员会机器把在不同领域中训练的策略

整合起来，这种方式特别适用于高斯过程（Gašić 等人，2015b、2015c）。

贝叶斯委员会机器是一种高斯过程，其中组合均值函数 $\overline{Q}(\widetilde{H},\widetilde{Y})$ 计算如下：

$$\overline{Q}(\widetilde{H},\widetilde{Y})=\Sigma^{Q}(\widetilde{H},\widetilde{Y})\sum_{i=1}^{M}\Sigma_i^{Q}(\widetilde{H},\widetilde{Y})^{-1}\overline{Q}_i(\widetilde{H},\widetilde{Y})$$

协方差函数 Σ^{Q} 计算如下：

$$\Sigma^{Q}(\widetilde{H},\widetilde{Y})^{-1}=-(M-1)\times k((\widetilde{H},\widetilde{Y}),(\widetilde{H},\widetilde{Y}))^{-1}+\sum_{i=1}^{M}\Sigma_i^{Q}(\widetilde{H},\widetilde{Y})^{-1}$$

其中 M 是贝叶斯委员会机器中的策略数量，$Q_i(\widetilde{H},\widetilde{Y})$ 是第 i 个策略的 Q 函数，$\overline{Q}_i$ 是$Q_i(\widetilde{H},\widetilde{Y})$ 的平均值，Σ_i^{Q} 是 $Q_i(\widetilde{H},\widetilde{Y})$ 的协方差。注意，$Q_i(\widetilde{H},\widetilde{Y})$ 是基于一组状态-动作和奖励对训练得到的。为了评估一个状态-动作对（$\widetilde{H},\widetilde{Y}$），贝叶斯委员会机器要求该状态-动作对可以通过所有 $Q_i(\widetilde{H},\widetilde{Y})$ 预测。在这种情况下，核函数必须定义在不同领域的状态-动作对之间。与高斯过程相似，这也是迁移学习方法的核心。

Gašić 等人（2015b、2015c）不假设源域和目标域之间共享槽位。源域和目标域槽位基于正则化熵被一对一匹配。对于每个领域 $c\in\{\mathscr{S},\mathscr{T}\}$，基于它们的正则化熵对槽位进行排序，使得对于领域 c 中的 $i\leqslant j$ 都满足 $\eta(s_i^c)\geqslant\eta(s_j^c)$。源域 $\mathscr{S}$ 和目标域 $\mathscr{T}$ 间的核函数计算如下：

1）迭代地，对于领域 $c\in\{\mathscr{S},\mathscr{T}\}$ 中的 s_i^c，当下标 i 满足 $i\leqslant\min(|\mathscr{S}|,|\mathscr{T}|)$（$|c|$ 表示领域 c 中的槽位数量）时，匹配信念状态和动作所对应的元素；

2）否则，忽略和未成对槽位 j 相关的信念状态所对应的元素，如果有某个动作和槽位 j 相关，则将动作核函数设为 0。

贝叶斯委员会机器并不假设领域之间有公共槽位，而是定义了一个基于熵的跨域核函数来估计不同领域之间数据的相似性。但是，每个贝叶斯委员都是一个高斯过程模型，其计算代价仍然很昂贵，因此它也不能支持大规模数据集。

18.6 自然语言生成中的迁移学习

本节我们将讨论一些应用于自然语言生成模块的迁移学习方法。自然语言生成模块将一个系统动作转换为一句话，而这句话具有恰当性、流畅性和可读性。Walker 等人（2007）以及 Mairesse 和 Walker（2008、2011）提出可以将通用的句子规划模型适配到不同的个人语言风格上。尽管这些模型可以处理很多语言问题，但是它们严重依赖于人类专家知识和人工规则。不同于这类方法，基于 RNN 的语言模型（Shi 等人，2015；Wen 等人，2015b、2016）能够灵活和通用地生成自然语言，并且不需要太多的人工工作。这里我们重点关注针对基于 RNN 的语言模型的迁移学习。

在基于 RNN 的语言模型中，主要有三类迁移学习技术：

1）模型微调（model fine-tuning）。模型首先在源域中进行训练，之后在目标域的数据上重新训练。

2）课程学习（curriculum learning）。在每个训练周期，训练样本被重新排序，即通用的样本首先用于模型训练，然后特定的目标领域数据才用于模型训练。

3）样本合成（instance synthesis）。通过对泛化的源域句子进行槽位值替换，来构造合成的目标域句子。

18.6.1　自然语言生成中的模型微调

Wen 等人（2013、2015b）提出利用领域内数据来微调领域外模型，以实现迁移学习。其基本模型称为 SC-LSTM 模型（Wen 等人，2015a）。作者首先利用所有源域数据训练一个领域外模型，然后利用不同比例的目标域数据来微调模型参数。论文中用到了两个基准算法，分别是编码器-解码器模型和 SC-LSTM 模型。作者发现当目标域的数据量充足的时候，微调 SC-LSTM 模型和 SC-LSTM 模型都能够比编码器-解码器模型取得更好的性能。然而，当目标域的数据不充足的时候，简单的编码器-解码器模型能够取得更好的性能。

18.6.2　自然语言生成中的课程学习

Shi 等人（2015）提出使用课程学习方法（Elman，1993）来优化 RNN 语言模型。作者提出了两个课程学习策略。第一个策略将数据恰当排序，使模型首先在大量的源域数据上训练，然后在少量的目标域数据上训练。第二个策略基于模型微调，它首先在源域数据上训练整个模型，然后在目标域数据上微调这个模型。数据排序策略和模型微调策略的不同之处在于在排序的时候哪些源域和目标域的数据会被用到。在数据排序策略中，每个训练周期模型首先使用源域的数据，然后使用目标域的数据。在模型微调策略中，模型完全使用源域的数据进行最优化，然后适配到目标域上。

18.6.3　自然语言生成中的样本合成

Wen 等人（2016）提出基于 SC-LSTM 模型（Wen 等人，2015a）将模型微调和样本合成结合起来，以用于自然语言生成中的领域适配。首先，SC-LSTM 模型在泛化的源域数据上进行训练，然后在泛化的目标域数据上进行微调。在这种情况下，对于具有只在目标域中出现的新槽位值的句子，模型只能从零学起，没有知识可以用来迁移。然后，将源域样本填入新的槽位值就可以生成一些合成样本。具体地，原始数据中的槽位值被目标域中相似的新槽位值所替代。最后，合成数据可以被用来训练目标域的模型，以实现知识迁移。在这个方法中，源域和目标域数据之间的相似度度量必须被预先定义，通常来说这个相似度函数基于槽位类型来定义。

综上所述，模型微调和循序学习可以用于迁移低级别的语言模型知识，但是它们的不同之处在于如何利用源域的数据来帮助目标域模型的训练。进一步，这两个方法都不能处理只在目标域中出现的新槽位值。假设不同槽位值的表达是相似的，则样本合成方法可以将语言模型知识迁移到目标域中新的槽位值上。

18.7 端到端对话系统中的迁移学习

在本节中，我们将介绍一种特殊的对话系统，称为端到端（end-to-end）的、面向任务的对话系统。传统的模块化对话系统需要大量的人工确定的规则或者为每个组件提供大量的标注数据。模块化的对话系统中的模块是人工设置或分开训练的，而端到端对话系统中的各个组件使用同一个目标函数进行训练。端到端对话系统不需要中间标注，因此可以减少建立对话系统所需的人工成本。

模块化的对话系统首先识别当前的对话状态，然后决定下一步的动作，而端到端对话系统没有真值对话状态的唯一定义，取而代之的是，在每一个时间步对话系统直接以当前的问题作为输入而后基于内部状态生成输出的句子。内部状态在每个时间步都会被更新，在某些方面，它表示每个时间点的抽象对话状态。所以可以把整个端到端对话系统看成一个策略函数，其输入是对话历史以及当前问题，输出是系统的回答。与模块化对话系统不同，端到端对话系统的动作空间是全部可能句子的集合。

基于可以被迁移的知识的类型，我们把相关工作分为两类：

1）完全参数微调方法。首先在源域上利用足够多的训练数据预训练一个端到端对话模型，然后在目标域上利用少量的训练数据对其参数进行微调。

2）部分参数共享方法。与所有参数都被迁移的模型微调方法不同，这类方法只在不同领域间共享部分模型参数。

18.7.1　完全参数微调

完全参数微调方法包括两个步骤。首先，在源域充足的训练数据上预训练一个端到端的对话模型。然后，利用目标域的少量数据对预训练的对话模型进行微调。

Serban 等人（2016）在一个大规模的问答语料上预训练了词嵌入和 HERD 对话模型（Sordoni 等人，2015），然后将该模型适配到目标领域。详细地说，词嵌入数据是在谷歌新闻语料（Mikolov 等人，2013b）上预训练的，源域使用 SubTle 数据集预训练 HERD 对话模型，目标域使用 MovieTriples 数据集。实验结果显示预训练的词嵌入可以大大提高对话模型的性能。

Zhang 等人（2017b）将编码器-解码器模型迁移到由五个志愿者组成的聊天任务上。该解码器-编码器模型是利用大规模问答对语料预训练的。作者提出的模型包括两个阶段，即初始化阶段和适配阶段，以生成具有特定个性化风格的回答。源数据包括从几个中国在线论坛上搜集而来的一百万条中文一对一问答对数据。目标数据由从五个志愿者处搜集而来的 2000 个聊天信息组成，但不包含个人信息。为了评估回答的个性化风格，作者使用语义分布和词重叠率作为评估指标。实验结果显示五个迁移学习模型可以捕获五个志愿者的个性化回答风格。

Yang 等人（2017）利用对偶学习（dual learning）将预训练的基于 LSTM 的编码器-解码器对话模型迁移到目标域上。他们分别初始化提问智能体和回答智能体，然后将提问智能体设为主任务，将回答智能机设为对偶任务，最后执行对偶学习。主任务和对偶任务可以形成闭环过程，并生成信息反馈来训练对话系统，即使目标域只有少量的训练数据。在适配过程中，提问智能体首先生成一个中间回答，然后回答智能体基于中间回答生成一个问题。这个对偶过程可以监控生成的回答的质量，同时提高提问智能体和回答智能体的性能。

Joshi 等人（2017）的目标是在多个不同用户的记忆网络（memory network）中共享参数。对于每个用户，其评估指标为每个回答准确度。在实验中，作者提出的多画像迁移学习模型优于只用单一用户数据训练的基准模型。

18.7.2　部分参数共享

相对于完全参数微调方法，部分参数共享方法只在领域间共享一部分模型参数。由于领域之间的差异，有些模型参数是依赖领域的而无法被迁移。迁移所有的模型参数可能导致负迁移，这将损害目标域上的模型性能。为了减少负迁移，迁移学习中典型的处理方法是将模型参数划分为多个部分，其中某些参数在领域间共享以迁移知识，另一些在各自的领域中是私有的。

Li 等人（2016）提出了个性化的自然语言回答模型来处理一组用户的发言一致性问题。其提出的模型是一个编码器-解码器模型，该模型学习编码器-解码器模型中的通用参数并且这些参数在所有用户之间共享。另外，模型会针对每个用户学习个性化的参数以捕获每个用户的特征，如背景信息和说话风格。

下面我们将介绍两个基于迁移学习实现个性化对话系统的工作。

18.7.2.1 通过个性化 Q 函数实现迁移强化学习

Mo 等人（2018）的目标是将通用对话策略从一组源用户迁移到目标用户，来为目标用户建立个性化的对话策略。由于用户偏好的不同，直接微调整个模型可能会带来负迁移。因此作者提出了一个个性化的面向任务的对话（PErsonalized Task-oriented diALogue，PETAL）系统，它是一个基于 POMDP 的用于学习个性化的对话系统的迁移学习框架。PETAL 系统首先从源域中学习公共对话知识，然后将这些知识迁移到目标用户。

图 18.2 展示了一个购买咖啡对话。其中 X 代表用户说的话，Y 代表智能体的回答。在本例中，给定对话上下文 $H_2^u=\{X_1, Y_1, X_2\}$ 和候选回答集 $\{Y_{c_1}, Y_{c_2}, Y_{c_3}\}$，对话策略决定用哪个回答回复用户更为合适。该问题的输入包括源域客户 $\{u_s\}$ 的大量对话数据 $\{\{X_n^{u_s}, Y_n^{u_s}\}_{n=0}^{T}\}$，以及目标域客户 u_t 少量的对话数据 $\{\{X_n^{u_t}, Y_n^{u_t}\}_{n=0}^{T}\}$。该方法的期望输出是针对目标域用户 π^{u_t} 的策略。

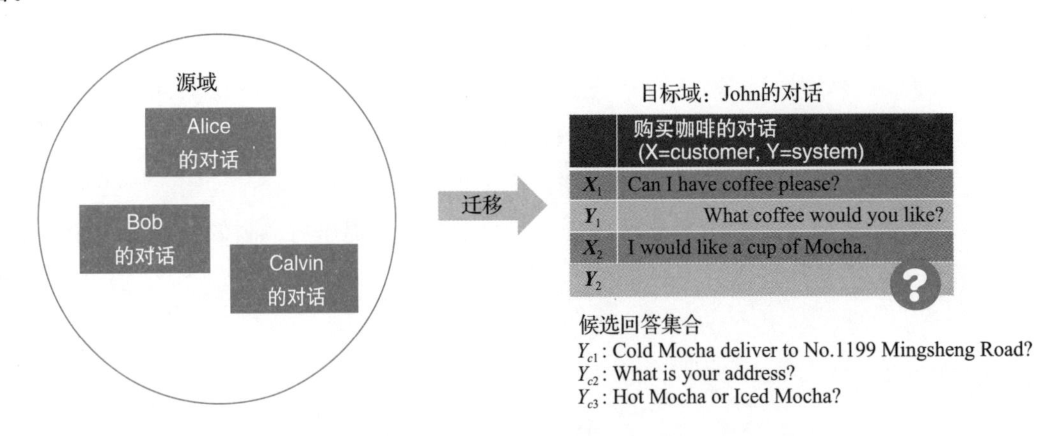

图 18.2 PETAL 系统中的设置

个性化的购买咖啡对话可以被形式化为强化学习问题，其流程图如图 18.3 所示。在每一轮对话中，基于系统提问 Y 和用户回答 X，对话信念状态会从一个状态转换到另一个状态。通过提出

个性化问题 Y^p，系统可以显著缩短对话流程。例如，如果系统知道某个用户总是点一杯冰抹茶送到家，那么系统会用个性化问题“Cold Mocha deliver to No. 1199 Mingsheng Road?”来询问该用户，用户则很大概率会回答“是”，因而使得对话流程缩短。

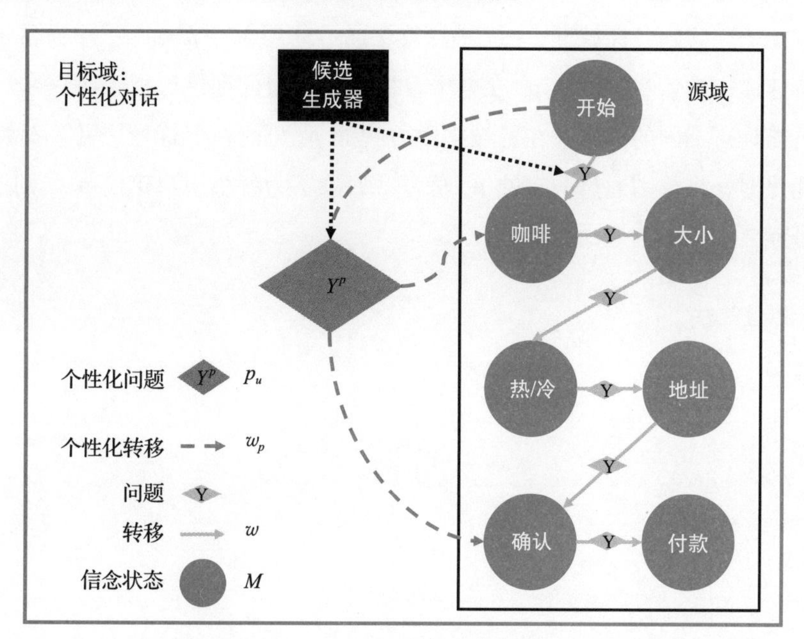

图 18.3　PETAL 系统在购买咖啡任务上的流程图

由于用户偏好的不同，直接微调整个对话模型可能带来负迁移。在强化学习对话策略中，Mo 等人（2018）提出了一个个性化的 Q 函数，包括通用部分 Q_g 和个性化部分 Q_p，即

$$\begin{aligned} Q^{\pi^u}(H_n^u, Y_n^u) &= Q_g(H_n^u, Y_n^u; \boldsymbol{w}) + Q_p(H_n^u, Y_n^u; \boldsymbol{p}_u, w_p) \\ &\approx \mathbb{E}_{\pi^u}\left[\sum_{k=0}^{\infty}\gamma^k r_{t+k+1}^{u,g} \mid H_n^u, Y_n^u\right] + \mathbb{E}_{\pi^u}\left[\sum_{k=0}^{\infty}\gamma^k r_{t+k+1}^{u,p} \mid H_n^u, Y_n^u\right] \end{aligned} \tag{18.1}$$

其中 $r_t^{u,g}$ 和 $r_t^{u,p}$ 分别表示在时刻 t 针对用户 u 的通用奖励和个性化奖励，通用 Q 函数 $Q_g(H_n^u, Y_n^u; \boldsymbol{w})$负责预测所有用户与通用对话策略相关的期望奖励。$\boldsymbol{w}$ 是通用 Q 函数的参数集合，它包含大量的参数因而需要大量的训练数据。个性化 Q 函数 $Q_p(H_n^u, Y_n^u; \boldsymbol{p}_u, w_p)$ 负责预测和各个用户的偏好相关的期望奖励。

通用部分对应通用对话策略，它在源域上预训练，然后迁移到目标域。个性化部分建模了每个用户的个性化偏好，只利用目标域数据进行训练。$\boldsymbol{M}$、$\boldsymbol{w}$ 和 w_p 在不同用户之间共享，并且在源域上训练之后迁移到目标域。这些参数包含公共的对话知识，它独立于用户偏好。进一步地，用

户特定的变量 $\boldsymbol{p}_u$ 捕捉不同用户的偏好。

算法 18.1 详细说明了 PETAL 算法的细节。PETAL 算法在源域上为各个用户训练模型。$\boldsymbol{M}$、$\boldsymbol{w}$ 和 w_p 在各个用户之间共享，对于每个用户，在源域上还有一个单独的参数 $\boldsymbol{p}_u$。然后，PETAL 算法将 $\boldsymbol{M}$、$\boldsymbol{w}$ 和 w_p 迁移到目标域上。PETAL 算法通过使用 $\boldsymbol{M}$、$\boldsymbol{w}$ 和 w_p 作为目标域中对应参数的初始化值进行迁移，然后将它们和 $\boldsymbol{p}_u$ 在各个目标用户有限的训练数据上进一步训练。由于源域和目标域用户可能具有不同的偏好，在源域中学习到的 $\boldsymbol{p}_u$ 可能在目标域中并不是特别有用。各个目标用户的个性化偏好将分别通过各自的 $\boldsymbol{p}_u$ 学习。如果不为各个用户建模 $\boldsymbol{p}_u$，则源域和目标域用户的不同偏好可能会互相影响进而导致负迁移。

算法 18.1 PETAL 算法

输入：$\mathscr{D}^s$，$\mathscr{D}^t$

输出：$\Theta=\{\boldsymbol{M}, \boldsymbol{w}, w_p\{\boldsymbol{p}_u\}\}$

1) **for** $\{X_n^u, Y_n^u\}$ in $\mathscr{D}^s$ **do**
2)   **if** $\boldsymbol{p}_u$ 存在 **then**
      载入 $\boldsymbol{p}_u$
3)   **else**
      $\boldsymbol{p}_u \leftarrow 0$
4)   **end if**
5)   **for** $(H_n^u, Y_n^u, r_n^u, H_{n+1}^u, Y_{n+1}^u)$ in $\{X_n^u, Y_n^u\}$ **do**
6) $\Theta_{t+1} \leftarrow \Theta_t + \alpha \Delta_\Theta \mathscr{L}(\Theta_t)$
7)   **end for**
8) **end for**
9) **for** $\{\{X_n^u, Y_n^u\}_n^{\mathrm{T}}\}$ in $\mathscr{D}^t$ **do**
10)   **if** $\boldsymbol{p}_u$ 存在 **then**
      载入 $\boldsymbol{p}_u$
11)   **else**
      $\boldsymbol{p}_u \leftarrow 0$
12)   **end if**
13)   **for** $(H_n^u, Y_n^u, r_n^u, H_{n+1}^u, Y_{n+1}^u)$ in $\{X_n^u, Y_n^u\}$ **do**
14) $\Theta_{t+1} \leftarrow \Theta_t + \alpha \Delta_\Theta \mathscr{L}(\Theta_t)$
15)   **end for**
16) **end for**

18.7.2.2 通过个性化词语门实现迁移强化学习

Mo 等人（2017）在端到端个性化对话策略间迁移通用对话策略。由于不同用户具有不同的偏好，直接迁移对话策略可能导致负迁移。例如，如果只根据源域用户数据，则迁移策略可能会为目标用户生成一段错误的地址。Mo 等人（2017）提出了一种个性化解码器，它可以在不同用户间迁移共享的短语级别的知识并可以同时保持用户交互中的个性化信息。此工作所提出的个性化解码器还包含一个新颖的个性化控制门，这将允许解码器在生成通用短语和个性化短语之间互相切换。

图 18.4 展示了一个问题样例。用户 u 的第 n 轮问题记作 $X_n^u=\{x_{n,t}^u\}_{t=1}^{N_n^{u,x}}$，$N_n^{u,x}$ 代表 X_n^u 中的词语数量。在第 n 轮中智能体的回答记作 $Y_n^u=\{y_{n,t}^u\}_{t=1}^{N_n^{u,y}}$，其中 $N_n^{u,y}$ 代表中 Y_n^u 中的词语数量。在本例中，给定对话上下文 $H_2^u=\{X_1, Y_1, X_2\}$，对话系统逐词生成回答 Y_2。这里对应的迁移学习问题是通过综合其余用户的对话历史，为某个用户学习端到端、个性化、面向任务的对话系统。该问题的输入包括各个用户的历史对话轮次 $\mathcal{T}^u=\{X_n^u, Y_n^u, r_n^u\}_{n=1}$，其中奖励值 r_n^u 是在第 n 轮对话中得到的。另一个输入是针对 Y_n^u 中的各个词语的用户个性化词语标签 $\mathcal{O}_n^u=\{o_{n,t}^u\}_{t=1}^N$，其中 $o_{n,t}^u=1$ 代表 $x_{n,t}^u$ 是个性化词语，$o_{n,t}^u=0$ 代表是 $x_{n,t}^u$ 通用词语。个性化词语定义为在领域槽位中所有可能的用户选项词语。例如在图 18.5 中，“Hot Latte”是个性化短语，“Still”和“?”是通用短语。问题的输出是针对每个用户 u 的对话策略 π^u，该策略对每个对话历史 $H_n^u=\{\{X_i^u, Y_i^u\}_{i=1}^{n-1}, X_n^u\}$ 都生成一个回答 Y_n^u。

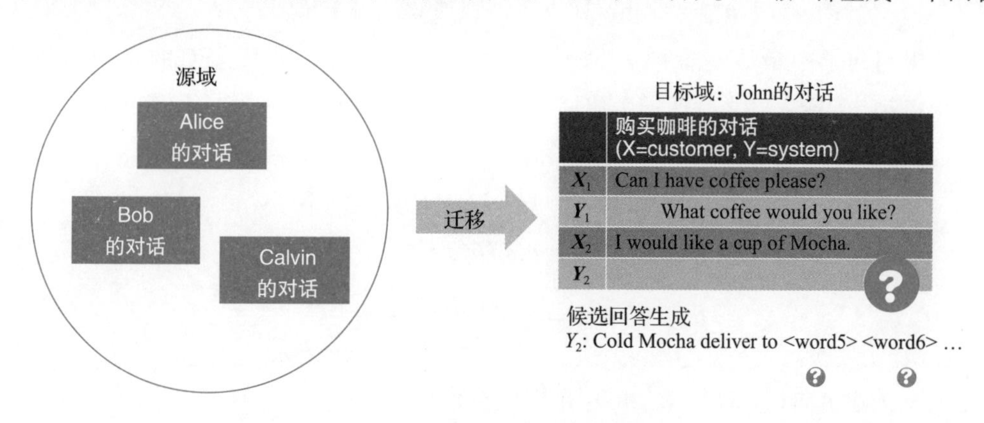

图 18.4 个性化解码器中的设置

由于不同用户有不同的偏好，直接迁移对话句子可能导致负迁移。例如，如果只根据源域用户偏好，迁移策略可能会为目标域用户提出错误的建议。不同于传统的迁移整个句子的方法，此工作所提出的模型可以在一组用户间迁移细粒度的短语。Mo 等人（2017）提出了一个个性化解码器，它包含一个通用解码器来生成通用句式，以及一个个性化解码器来生成个性化偏好词语。作

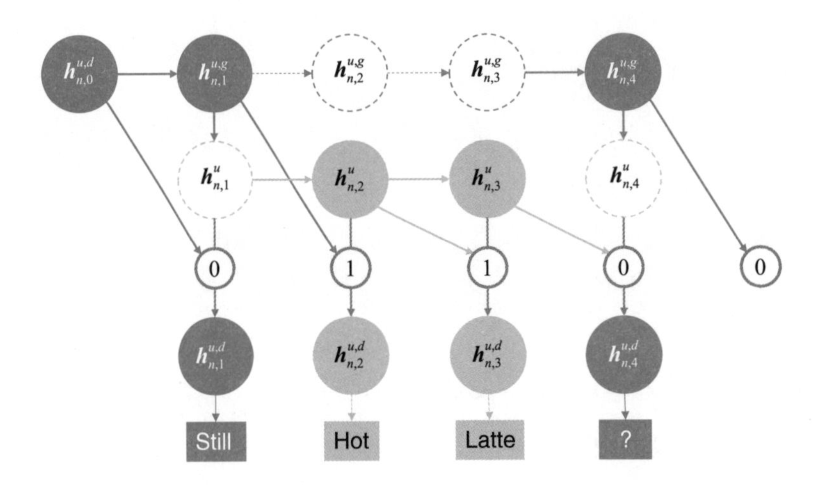

图 18.5　利用个性化编码器实现个性化回答生成（在各个时间步的个性化控制门用灰色圆圈表示）

者设计了一个个性化词语门机制来为各个生成的词语选择合适的解码器，使得个性化解码器可以在生成通用短语和个性化短语间互相切换。例如在图 18.5 中，个性化控制门会选择个性化的解码器来生成个性化短语“Hot Latte”，用公共解码器来生成公共短语“Still”和“?”。个性化解码器可以在一句话中为不同的用户生成不同的个性化短语，而公共短语所蕴含的知识在所有用户间共享。

基本解码器：第 n 轮第 t 个单词的隐状态定义为

$$\boldsymbol{h}^{u,d}_{n,t}=\tanh(\boldsymbol{W}^{d}\boldsymbol{h}^{u,d}_{n,t-1}+\boldsymbol{U}^{d}\ \hat{\boldsymbol{y}}^{u}_{n,t-1}+\boldsymbol{V}^{d}\boldsymbol{h}^{u,c}_{n})$$

其中$\hat{\boldsymbol{y}}^{u}_{n,t-1}$是相同句子中最后一个词$\hat{y}^{u}_{n,t-1}$对应的词嵌入，tanh(·) 代表双曲正切函数。解码器 RNN 以 $\boldsymbol{h}^{u,d}_{n,0}$和 $\boldsymbol{h}^{u,c}_{n}$ 为输入，之后逐词生成回答，其中 $\boldsymbol{h}^{u,c}_{n}$ 是用于生成当前回答的嵌入向量。给定 $\boldsymbol{h}^{u,d}_{n,t}$和$\hat{y}^{u}_{n,t-1}$，生成下一个词$\hat{y}^{u}_{n,t}=y$ 的概率计算如下：

$$\omega(\boldsymbol{h}^{u,d}_{n,t},\hat{y}^{u}_{n,t-1})=\boldsymbol{H}_{0}\boldsymbol{h}^{u,d}_{n,t}+\boldsymbol{E}_{0}\hat{\boldsymbol{y}}^{u}_{n,t-1}+\boldsymbol{b}_{o} \tag{18.2}$$

$$g(\boldsymbol{h}^{u,d}_{n,t},\hat{y}^{u}_{n,t-1},y)=\boldsymbol{o}^{\mathrm{T}}_{y}\omega(\boldsymbol{h}^{u,d}_{n,t},\hat{y}^{u}_{n,t-1}) \tag{18.3}$$

$$p(\hat{y}^{u}_{n,t}=y)=\frac{\exp(g(\boldsymbol{h}^{u,d}_{n,t},\hat{y}^{u}_{n,t-1},y))}{\sum\limits_{\forall y'}\exp(g(\boldsymbol{h}^{u,d}_{n,t},\hat{y}^{u}_{n,t-1},y'))} \tag{18.4}$$

其中 $\boldsymbol{o}_{y}$ 是词 y 的输出向量，$\boldsymbol{H}_{0}$，$\boldsymbol{E}_{0}$ 和 $\boldsymbol{b}_{0}$ 是模型参数。

针对短语级别迁移学习的个性化对话解码器：图 18.5 描述了这种个性化解码器。相对于迁移整个句子的句子级别迁移算法，这里提出算法是短语级别的，它用于将句子中的共享部分迁移到目标域，其中短语指包含明确含义的短词语序列。为了实现最大程度的知识迁移并避免由用户偏好不同带来的负迁移现象，这里提出的个性化解码器具有一个共享组件和一个个性化组件。为了学习如何在短语级别上在共享和个性化组件之间进行切换，Mo 等人（2017）引入了一个个性化控

制门 $o_{n,t}^{u}$，每个词的个性化控制门由训练数据中学习得到。

给定第 n 个回答的嵌入向量 $\boldsymbol{h}_{n}^{u,c}$，以及预测词语 $\hat{y}_{n,0}^{u}$ 的初始状态 $\boldsymbol{h}_{n,0}^{u,d}$，该初始状态计算如下：

$$\boldsymbol{h}_{n,0}^{u,g}=\boldsymbol{h}_{n,0}^{u,d}, \boldsymbol{h}_{n,0}^{u}=\boldsymbol{h}_{n,0}^{u,d}, \hat{o}_{n,0}^{u}=0$$

$$\hat{\boldsymbol{y}}_{n,0}^{u}=\mathbf{0}, \hat{\boldsymbol{y}}_{n,0}^{u,g}=\mathbf{0}$$

其中 $\boldsymbol{h}_{n,t}^{u,g}$ 是共享组件的隐状态，$\hat{y}_{n,t}^{u,g}$ 记录了由共享组件生成的最后一个词语，$\boldsymbol{h}_{n,t}^{u}$ 是个性化组件的隐状态，以及 $\boldsymbol{h}_{n,t}^{u,d}$ 是用于生成词语 $\hat{y}_{n,t}^{u}$ 的隐状态。

共享组件使用 GRU 模型来捕获被所有用户共享的长期依赖信息。特别地，在每个时间步 t，共享组件定义为

$$\boldsymbol{z}_{n,t}^{u}=\sigma(\boldsymbol{W}_{z}^{g}\boldsymbol{h}_{n,t-1}^{u,g}+\boldsymbol{U}_{z}^{g}\hat{\boldsymbol{y}}_{n,t-1}^{u,g}+\boldsymbol{V}_{z}^{g}\boldsymbol{h}_{n}^{u,c}+\boldsymbol{b}_{z}) \tag{18.5}$$

$$\boldsymbol{r}_{n,t}^{u}=\sigma(\boldsymbol{W}_{r}^{g}\boldsymbol{h}_{n,t-1}^{u,g}+\boldsymbol{U}_{r}^{g}\hat{\boldsymbol{y}}_{n,t-1}^{u,g}+\boldsymbol{V}_{r}^{g}\boldsymbol{h}_{n}^{u,c}+\boldsymbol{b}_{r}) \tag{18.6}$$

$$\widetilde{\boldsymbol{h}}_{n,t}^{u,g}=\sigma(\boldsymbol{W}_{h}^{g}(\boldsymbol{r}_{n,t}^{u}\odot\boldsymbol{h}_{n,t-1}^{u,g})+\boldsymbol{U}_{h}^{g}\hat{\boldsymbol{y}}_{n,t-1}^{u,g}+\boldsymbol{V}_{h}^{g}\boldsymbol{h}_{n}^{u,c}+\boldsymbol{b}_{h}) \tag{18.7}$$

$$\hat{\boldsymbol{h}}_{n,t}^{u,g}=\boldsymbol{z}_{n,t}^{u}\odot\boldsymbol{h}_{n,t-1}^{u,g}+(1-\boldsymbol{z}_{n,t}^{u})\odot\widetilde{\boldsymbol{h}}_{n,t}^{u,g} \tag{18.8}$$

其中 $\odot$ 代表向量或矩阵间的点积，$\sigma(\cdot)$ 是 sigmoid 函数，$\boldsymbol{z}_{n,t}^{u}$ 是更新门，$\boldsymbol{r}_{n,t}^{u}$ 是遗忘门，$\hat{\boldsymbol{h}}_{n,t}^{u,g}$ 是暂定更新隐状态。如果第 t 个词是一个共享词语（即 $\hat{o}_{n,t}^{u}=0$），则模型会像往常一样更新共享隐状态和最后的通用词语，否则 $\boldsymbol{h}_{n,t}^{u,g}$ 和 $\hat{\boldsymbol{y}}_{t}^{u,g}$ 将保持不变。因此 $\boldsymbol{h}_{n,t}^{u,g}$ 和 $\hat{\boldsymbol{y}}_{t}^{u,g}$ 可以按如下公式更新：

$$\boldsymbol{h}_{n,t}^{u,g}=(1-\hat{o}_{n,t}^{u})\odot\hat{\boldsymbol{h}}_{n,t}^{u,g}+\hat{o}_{n,t}^{u}\odot\boldsymbol{h}_{n,t-1}^{u,g} \tag{18.9}$$

$$\hat{\boldsymbol{y}}_{t}^{u,g}=(1-\hat{o}_{n,t}^{u})\odot\hat{\boldsymbol{y}}_{t-1}^{u}+\hat{o}_{n,t}^{u}\odot\hat{\boldsymbol{y}}_{t-1}^{u,g} \tag{18.10}$$

个性化组件是一个 RNN 模型，它可以从共享组件中生成基于句子上下文 $\boldsymbol{h}_{n,t}^{u,g}$ 的序列。针对每个用户都有一个独立的 RNN 模型。在每个时间步 t，个性化组件接收 $\hat{\boldsymbol{y}}_{t-1}^{u}$、$\hat{o}_{n,t}^{u}$、$\boldsymbol{h}_{n,t-1}^{u}$ 和 $\boldsymbol{h}_{n,t-1}^{u,g}$ 为输入，输出 $\hat{\boldsymbol{h}}_{n,t}^{u}$，其定义如下：

$$\hat{\boldsymbol{h}}_{n,t}^{u}=\sigma(\boldsymbol{W}^{u}\boldsymbol{h}_{n,t-1}^{u}+\boldsymbol{U}^{u}\hat{\boldsymbol{y}}_{n,t-1}^{u}+\boldsymbol{V}^{u}\boldsymbol{h}_{n,t-1}^{u,g}) \tag{18.11}$$

个性化隐状态将按如下公式更新：

$$\boldsymbol{h}_{n,t}^{u}=(1-\hat{o}_{n,t}^{u})\odot\boldsymbol{h}_{n,t}^{u,g}+\hat{o}_{n,t}^{u}\odot\hat{\boldsymbol{h}}_{n,t}^{u} \tag{18.12}$$

如果控制门 $\hat{o}_{n,t}^{u}=1$，则 $\boldsymbol{h}_{n,t}^{u}$ 等于 $\hat{\boldsymbol{h}}_{n,t}^{u}$；如果 $\hat{o}_{n,t}^{u}=0$，模型则会将 $\boldsymbol{h}_{n,t}^{u,g}$ 的值赋给 $\boldsymbol{h}_{n,t}^{u}$。

个性化控制门 $o_{n,t}^{u}$ 是二元的，即 $o_{n,t}^{u}\in\{0, 1\}$。在 t 时刻，预测控制门 $\hat{o}_{n,t}^{u}$ 是 $\hat{o}_{n,t-1}^{u}$、$\boldsymbol{h}_{n,t-1}^{u,g}$、$\boldsymbol{h}_{n,t-1}^{u}$ 和 $\boldsymbol{h}_{n,t-1}^{u}$ 的函数[⊖]：

⊖ 在训练过程中，真实值 $o_{n,t}^{u}$ 作为标签来训练 $\hat{o}_{n,t}^{u}$ 的预测函数。

$$p(\hat{o}^u_{n,t}=1)=\begin{cases}\sigma(\boldsymbol{W}^g_o\boldsymbol{h}^{u,g}_{n,t-1}+\boldsymbol{U}^g_o\hat{\boldsymbol{y}}^u_{n,t-1}+\boldsymbol{b}_o) & \hat{o}^u_{n,t-1}=0\\ \sigma(\boldsymbol{W}^u_o\boldsymbol{h}^u_{n,t-1}+\boldsymbol{U}^u_o\hat{\boldsymbol{y}}^u_{n,t-1}+\boldsymbol{b}^u_o) & \hat{o}^u_{n,t-1}=1\end{cases}\tag{18.13}$$

$\hat{o}^u_{n,t}$决定是否使用个性化组件来生成下一个词。$\boldsymbol{h}^{u,d}_{n,t}$定义为

$$\boldsymbol{h}^{u,d}_{n,t}=(1-\hat{o}^u_{n,t})\odot\boldsymbol{h}^{u,g}_{n,t}+\hat{o}^u_{n,t}\odot\boldsymbol{h}^u_{n,t}\tag{18.14}$$

其中 $\boldsymbol{h}^{u,d}_{n,t}$是隐状态向量，直接用于生成下一个词$\hat{y}^u_{n,t}$。生成下一个词$\hat{y}^u_{n,t}$的概率通过式（18.2）～式（18.4）中的生成过程定义。

解码过程如下：

1）基于 $\boldsymbol{h}^{u,g}_{n,0}$和 $\boldsymbol{h}^{u,c}_n$，初始化 $\boldsymbol{h}^{u,g}_{n,0}$、$\boldsymbol{h}^u_{n,0}$、$\hat{o}^u_{n,0}$、$\hat{\boldsymbol{y}}^u_{n,0}$和$\hat{\boldsymbol{y}}^{u,g}_{n,0}$。$\hat{o}^u_{n,0}$初始化为 0，$\hat{\boldsymbol{y}}^u_{n,0}$初始化为零向量。

2）基于 $\boldsymbol{h}^{u,c}_n$、$\hat{o}^u_{n,t-1}$、$\boldsymbol{h}^{u,g}_{n,t-1}$、$\boldsymbol{h}^u_{n,t-1}$和$\hat{\boldsymbol{y}}^u_{t-1}$计算个性化控制门$\hat{o}^u_{n,t}$，见式（18.13）。

3）基于个性化控制门$\hat{o}^u_{n,t}$计算 $\boldsymbol{h}^{u,g}_{n,t}$、$\boldsymbol{h}^u_{n,t}$和输出的隐状态 $\boldsymbol{h}^{u,d}_{n,t}$。

4）基于输出的隐状态 $\boldsymbol{h}^{u,d}_{n,t}$生成$\hat{y}^u_{n,t}$，见式（18.14）。

5）重复第 2～4 步，直到遇到终止符。

共享和个性化组件可以通过监督学习和强化学习一起训练。

个性化解码器有能力迁移对话知识，而且它可以容易地和多种模型组合在一起，包括 Seq2seq 模型（Sutskever 等人，2014）和 HERD 模型（Serban 等人，2015）。个性化 HERD 的架构如图 18.6所示，该架构通过将 HERD 和个性化解码器组合在一起得到。

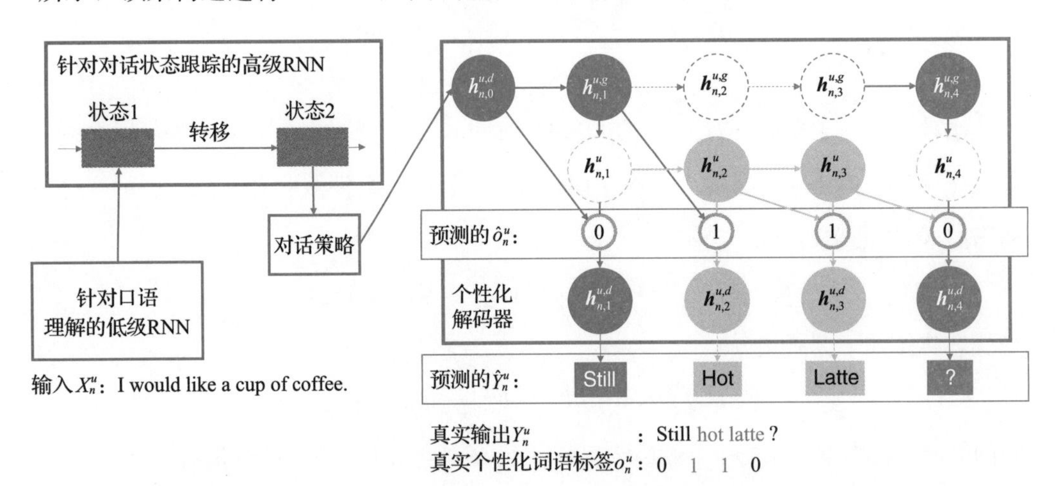

图 18.6 个性化 HERD 的架构，由个性化解码器和 HERD 结合得到

第19章 推荐系统中的迁移学习

19.1 引言

推荐系统是许多智能系统的关键组成部分。在我们的日常生活中有许多推荐系统的例子，包括新闻推荐、产品推荐以及在线广告等。例如，在亚马逊、Netflix 和 Facebook 中，推荐技术分别用于推荐书籍、电影和朋友。在所有推荐技术中，协同过滤和它的扩展模型是许多应用的首选技术。

然而，协同推荐面临着数据稀疏的问题，即用户对产品或物品的偏好数据通常太少，无法通过这些数据来学习他们真正的偏好。这尤其是个性化推荐的一个局限。此外，为了支持新的推荐应用，数据稀疏性意味着我们将面临一个冷启动问题，这使得优化新的推荐服务变得困难。

推荐技术通常可以映射到一个矩阵补全操作（matrix completion operation），其目的是填充矩阵中的缺失值。这些矩阵通常被称为偏好矩阵，通常根据用户和物品构建。这些矩阵通常是非常稀疏的，但幸运的是，可能经常会有一些相关的源数据，我们可以探索这些源数据来缓解目标域中的数据稀疏性问题。这可以通过迁移学习来实现。

在许多应用中，迁移学习在文本挖掘、移动计算、生物信息学等领域取得了巨大的成功。与许多其他机器学习领域一样，迁移学习也被应用于推荐系统领域，通过从源数据中提取和迁移知识来改进目标学习任务。存在许多辅助数据可以用于提高目标域的推荐性能。推荐系统中的迁移学习主要用于解决冷启动问题，我们通常通过使用协同学习算法的变种来解决。本章主要研究协同推荐中的迁移学习方法。

Li 等人（2009a）首次提出了使用码本迁移（CodeBook-based Transfer，CBT）算法进行迁移学习的集成推荐系统算法。随后，出现了许多将迁移学习应用于推荐系统的研究工作，其中包括所有基于样本、基于特征和基于模型的迁移学习框架。

本章的内容组织如下。首先，19.2 节将讨论针对推荐系统的一些代表性的迁移学习方法。然后，19.3 节和 19.4 节将分别介绍新闻推荐和 VIP 推荐中的迁移学习应用。

19.2 在推荐中迁移什么

在本节中，我们将从迁移学习中“迁移什么”的角度出发，讨论针对推荐系统的三种迁移学习方法。这些方法包括基于样本的迁移学习、基于特征的迁移学习和基于模型的迁移学习。在讨论每个类别的一些代表性工作之前，我们针对推荐系统提出了一个统一的知识迁移框架：

$$\min_{\Theta,\mathcal{K}_I,\mathcal{K}_F,\mathcal{K}_M} l(\Theta,\mathcal{K}_I,\mathcal{K}_F,\mathcal{K}_M \mid \mathbb{T},\mathbb{S}) + r(\Theta \mid \mathcal{K}_I,\mathcal{K}_F,\mathcal{K}_M,\mathbb{S}) + r(\mathcal{K}_F) \tag{19.1}$$
$$\text{s.t.}\quad \Theta \in c(\mathcal{K}_I,\mathbb{T},\mathbb{S})$$

其中 $\mathbb{T}$ 是目标数据，$\mathbb{S}$ 是源数据，Θ 是要学习的参数，$\mathcal{K}_I$、$\mathcal{K}_F$、$\mathcal{K}_M$ 分别代表了基于样本的迁移学习中的知识、基于特征的迁移学习中的知识和基于模型的迁移学习中的知识。我们可以看到问题（19.1）中的框架包含一个损失函数、两个正则化项和一个约束。

在式（19.1）中，函数 $l(\cdot)$ 是损失函数，$r(\cdot)$ 是正则化函数。我们希望在控制模型大小的前提下，尽可能减少损失，以确保学习的泛化能力。

19.2.1 推荐系统中基于样本的迁移学习方法

针对推荐系统中基于样本的迁移学习方法旨在将用户反馈或评分等知识作为样本从源数据 $\mathbb{S}$ 迁移到目标数据 $\mathbb{T}$。问题（19.1）中的优化问题的数学形式为

$$\min_{\Theta,\mathcal{K}_I} l(\Theta,\mathcal{K}_I \mid \mathbb{T},\mathbb{S}) + r(\Theta \mid \mathcal{K}_I,\mathbb{S}),\quad \text{s.t.}\quad \Theta \in c(\mathcal{K}_I,\mathbb{T},\mathbb{S}) \tag{19.2}$$

在这个公式中，有一个损失函数 $l(\cdot)$、一个正则化项 $r(\cdot)$ 和一个约束 $c(\cdot)$。不同的迁移学习方法可能会对问题表述的不同部分进行实例化。例如 Pan 等人（2015a、2016b）以及 Hu 等人（2019）

论文中的 $l(\cdot)$ 和 $r(\cdot)$ 和 Pan 等人（2012、2017）论文中的 $l(\cdot)$ 和 $c(\cdot)$。

Pan 等人（2015b）研究了两种具有不同程度的不确定性的单类反馈，如偏好学习和物品排序的交易与浏览。具体地说，他们学习了每个浏览样本的置信度，然后通过自适应贝叶斯个性化排序（Adaptive Bayesian Personalized Ranking，ABPR）算法将加权的置信度浏览样本迁移到具有交易记录的目标偏好学习任务中。

Pan 等人（2016b）研究了标记反馈（如数值评分）和未标记反馈（如浏览），并设计了一种自迁移学习（self-Transfer Learning，sTL）算法，该算法迭代地识别一些可能喜欢的浏览样本，并对其进行迁移来改进目标评分预测任务。

Hu 等人（2019）提出了一个称为迁移混合（Transfer-Meets Hybrid，TMH）的深度学习模型，通过一个注意力加权方案，有选择地由相应的目标用户迁移交互的源物品样本，并通过混合的方式利用记忆网络挖掘目标（用户、物品）对的非结构化文本信息。

Pan 等人（2012）将用户的不确定行为，即以评分区间形式的反馈，作为源评分样本，并将其集成到目标 5 星级评分矩阵分解任务中，通过集成分解迁移（Transfer by Integrated Factorization，TIF）方法进行迁移偏好学习。

Pan 等人（2017）提出了迁移排序（Transfer to Rank，ToR）方法，首先利用目标显式反馈和源隐式反馈的结合，得到用户感兴趣的物品候选列表，然后将其迁移到目标矩阵分解任务中，只需进行显式反馈，即可对候选列表进行重新排序。

基于样本的迁移学习方法已经应用于不同的推荐问题，包括评分、交易、浏览和安装等输入，以及包括评分预测和物品排序在内的输出。样本的知识迁移可以采用不同的形式，包括浏览样本（Pan 等人，2015a、2016b）、安装样本（Hu 等人，2019）、评分样本（Pan 等人，2012）和候选物品样本（Pan 等人，2017）。此外，还可以以不同的方式定制迁移学习算法，例如适应性类型（Pan 等人，2015b）、迭代类型（Pan 等人，2016b）、集成类型（Pan 等人，2012；Hu 等人，2019）和两阶段类型（Pan 等人，2017）。

19.2.2　推荐系统中基于特征的迁移学习方法

针对推荐系统的基于特征的迁移学习方法通常选择共享和迁移从源数据或同时从源数据和目标数据中学习到的一些隐含特征因子中的知识。基于问题（19.1）的实例化优化问题的数学形式为

$$\min_{\Theta,\mathcal{K}_F} l(\Theta,\mathcal{K}_F\mid\mathbb{T},\mathbb{S})+r(\Theta\mid\mathcal{K}_F,\mathbb{S})+r(\mathcal{K}_F) \tag{19.3}$$

其中包括一个损失函数 $l(\cdot)$ 和两个正则化项 $r(\cdot)$。

Singh 和 Gordon（2008）在单个框架中研究用户的评分行为和物品属性，并通过共享物品隐含特征的知识来连接两个不同的领域。更具体地说，他们设计了一个协同矩阵分解模型，将用户和物品的评分矩阵以及关于物品的数据矩阵进行联合分解，并共享协同学习到的物品的隐含特征矩阵，以实现双向知识迁移。此外，Shi 等人（2013b）提出了一种定义在上下文信息上的评分矩阵以及物品相似性矩阵上的联合矩阵分解（Joint Matrix Factorization，JMF）方法。

Pan 等人（2010b）利用用户侧和物品侧的源浏览（examination）信息来改进目标评分预测问题。特别地，他们设计了一种坐标系迁移（Coordinate System Transfer，CST）算法，其中坐标系实际上是分别从用户侧和物品侧源浏览数据中学习到的用户和物品的隐含特征。然后通过两个有偏正则化项将这些隐含特征迁移到目标评分预测任务中。可以看出，CST 方法是一种两阶段的方法，包括坐标系的构建和迁移学习。

Pan 和 Yang 等人（2013）采用前端二元反馈（如用户的喜欢和不喜欢）来协助目标评分预测任务。为了获取丰富的共享知识，他们设计了一种基于共同分解迁移（Transfer by Collective Factorization，TCF）的方法，该方法通过两个共享隐含矩阵对数据独立知识进行建模，同时通过两个非共享矩阵对数据依赖影响进行建模，以对目标数值评分和源喜欢/不喜欢的二元评分进行建模。在 TCF 中，两个共享的隐含特征矩阵，即用户的隐含特征矩阵和物品的隐含特征矩阵，被设计成以协同方式连接两个异构数据。

Pan 等人（2016a）共享了物品的隐含特征矩阵，从联合相似性学习的角度，通过基于联合相似性学习的迁移（Transfer via Joint Similarity Learning，TJSL）方法研究了两个单类反馈，如购买和浏览。特别地，TJSL 方法旨在学习候选物品和购买物品之间的相似性，以及候选物品和浏览物品之间的相似性。经验表明，通过共享物品的隐含特征，这种联合相似性学习可以在物品排序方面获得更好的性能。

Hu 等人（2018）开发了针对共享用户跨域推荐的深度迁移学习模型。他们提出了一种协同跨网络（Collaborative cross Networks，CoNet），它可以以深度表示的方式迁移源域知识。知识迁移发生在两个方向，即从源域到目标域以及从目标域到源域。其思路是将表示从源网络反馈到目标网络中的隐藏层。这使得即使是在稀疏数据的情况下，目标域中的偏好学习也更容易，因为目标网络只需要参考源表示来学习增量“残差”（residual）表示。

He 等人（2018a）设计了一个称为基于贝叶斯神经网络的通用跨领域框架（General Cross-domain framework via BAyesian Neural network，GCBAN）的深度学习模型，通过共享用户及其画像属性的隐含表示，将两个推荐领域关联起来。

Gao 等人（2019）开发了一个神经注意力迁移推荐（Neural Attentive Transfer Recommendation，NATR）模型，从辅助评分矩阵中迁移物品的隐含特征，即嵌入，并且通过物品级注意力机制和领域级注意力机制对其进行加权，以实现更有效的知识迁移。

还有一些研究工作将深度学习、特征工程和混合方法相结合，以便更充分地利用推荐系统中的不同信息和知识（Cheng 等人，2016；Covington 等人，2016；Zhang 等人，2017d）。此外，一些研究工作转向探索从源特征矩阵到目标特征矩阵的非线性映射的深层模型，以超过传统线性映射的知识迁移性能（Man 等人，2017；Zhu 等人，2018）。

从上述代表性工作中可以看出，隐含特征迁移可以应用于推荐中的不同学习任务，例如，Singh 和 Gordon（2008）使用物品侧源文本信息进行评分预测，Pan 等人（2010b）则使用用户侧和物品侧的浏览信息，Pan 和 Yang（2013）使用前端二元评分，Pan 等人（2016a）同时进行购买和浏览的物品排序信息，Gao 等人（2019）利用了物品侧数值评分，He 等人（2018a）使用用户侧源文本信息和数值评分进行评分预测。隐含特征的共同共享知识可以以协同的方式从源域迁移到目标域（Singh 和 Gordon，2008；Pan 和 Yang，2013；Pan 等人，2016a；He 等人，2018a）或以适应性的方式迁移到目标域（Pan 等人，2010b；Hu 等人，2018；Gao 等人，2019）。

19.2.3　推荐系统中基于模型的迁移学习方法

推荐系统中基于模型的迁移学习方法旨在从源域中提取一些通用的模型或压缩的知识，并将其迁移到目标域。我们从问题（19.1）的一般框架中得到了简化的优化问题的数学形式：

$$\min_{\Theta, \mathcal{K}_M} l(\Theta, \mathcal{K}_M \mid \mathbb{T}, \mathbb{S}) + r(\Theta \mid \mathcal{K}_M, \mathbb{S}) \tag{19.4}$$

其中包括一个损失函数 $l(\cdot)$ 和一个正则化项 $r(\cdot)$。

Li 等人（2009a）首次提出了使用码本迁移（CBT）算法进行迁移学习的集成推荐系统。CBT 模型首先从源评分数据中构造出反映用户组和物品簇相关知识的码本，然后在非负矩阵分解（non-negative matrix factorization）框架下将码本迁移给目标评分预测任务。实验研究表明，码本有助于缓解目标域中的稀疏性问题。码本中的迁移知识也可以以协同的方式共享，就像在评分矩阵生成模型（Rating-Matrix Generative Model，RMGM）中那样（Li 等人，2009b）。此外，Gao 等人（2013）提出了簇级别隐变量模型（Cluster-level Latent Factor Model，CLFM），其中包含两种类型的码本，一种用于共享公共评分模式，另一种用于领域特定的评分模式。

Pan 等人（2015a）提出了一种通过因子分解机进行的压缩知识迁移（Compressed Knowledge Transfer via Factorization Machine，CKT-FM），以集成显式和隐式反馈。首先，CKT-FM 通过聚

类方法挖掘用户和物品的压缩知识，其中假设从用户和物品成员中提取的知识在两种反馈中是稳定的。其次，CKT-FM 利用基于特征工程的因子分解方法，即因子分解机，将挖掘的压缩知识迁移到目标评分预测任务。

Kanagawa 等人（2019）将一种称为领域分离网络（Bousmalis 等人，2016b）的深度学习方法应用于具有两个偏好数据的基于内容的跨领域推荐问题，其中源和目标偏好预测任务之间共享一个公共编码器和一个公共解码器，同时还保留对应于源数据和目标数据的两个私有编码器。

我们可以看到，推荐系统中大多数基于模型的迁移学习的主要思想是共享或迁移高级别的评分行为，例如用户和物品的聚类或成员关系，这些行为在显式和隐式反馈中被假定是相对稳定和一致的。当目标域在评分方面极为稀疏时，所迁移的知识尤其有用。

最后，我们将上述迁移学习方法总结在表 19.1 中。可以看到，大多数迁移学习模型都是设计成从前端源信息迁移知识，这些信息包括浏览、不确定评分和二元评分。

表 19.1　用于推荐系统的迁移学习方法的简要总结

分类	方法和问题设置
基于样本	ABPR：从前端浏览到交易的物品排序 sTL：从前端浏览到数值评分的评分预测 TMH：从用户端安装行为到读取反馈的物品排序 TIF：从前端不确定评分到数值评分的评分预测 ToR：从前端浏览到数值评分的物品排序
基于特征	CMF、JMF：从物品侧信息到评分的评分预测 CST：从两侧浏览到数值评分的评分预测 TCF：从前端二元评分到数值评分的评分预测 TJSL：从前端浏览到交易的物品排序 CoNet：从用户侧信息到评分的物品排序 GCBAN：从用户侧信息到评分的评分预测 NATR：从物品侧数值评分到评分的物品推荐
基于模型	CBT、RMGM、CLFM：从数值评分到数值评分的评分预测 CKT-FM：从前端浏览到数值评分的评分预测 DSN：从交互到交互的物品推荐

19.3 新闻推荐

在本节中，作为迁移学习的目标问题，我们引入新闻推荐问题。

新闻推荐已经成为移动设备中的一项重要服务，其目的是让大多数用户知道世界上发生了什么。在本节中，我们将重点介绍向新用户推荐最新的新闻文章。我们假设用户在某个新闻推荐服务中首次注册，并且以前没有读过任何新闻文章。此任务与新用户冷启动挑战和新物品（即新闻文章）冷启动挑战相关，因此称为*双冷启动推荐*（Dual Cold-Start Recommendation，DCSR）。

对于双冷启动推荐问题，现有的新闻推荐方法（Das 等人，2007；Liu 等人，2010a）不适用，因为这些方法依赖用户的历史阅读行为和新闻文章的内容信息，这些信息在双冷启动推荐问题中不可用。

可以从迁移学习的角度来解决双冷启动推荐问题。尽管在新闻领域中没有关于冷启动用户和冷启动物品的用户行为，但也可能存在其他相关领域的用户行为。具体来说，我们利用了相关领域（即应用程序（APP）领域）的一些知识，其中用户的应用程序安装行为在该领域可用。新闻领域的大多数冷启动用户已经安装了一些应用程序，而这些信息可能有助于确定用户对新闻文章的偏好。特别地，我们假设具有类似应用程序安装行为的用户可能对新闻文章有类似的兴趣。有了这个假设，应用程序域中的邻域信息就可以作为知识来迁移到新闻文章的目标域。

19.3.1　问题定义

在新闻推荐问题中有两个领域：一个是应用程序领域，作为源域；另一个是新闻领域，作为目标域。

在应用程序领域中有一个三元组，即（u，g，G_{ug}），表示用户 u 已经安装了属于类型 g 的移动应用程序 G_{ug} 次。然后，应用程序领域的数据可以表示为用户类型矩阵 $\boldsymbol{G}$，如图 19.1 所示。

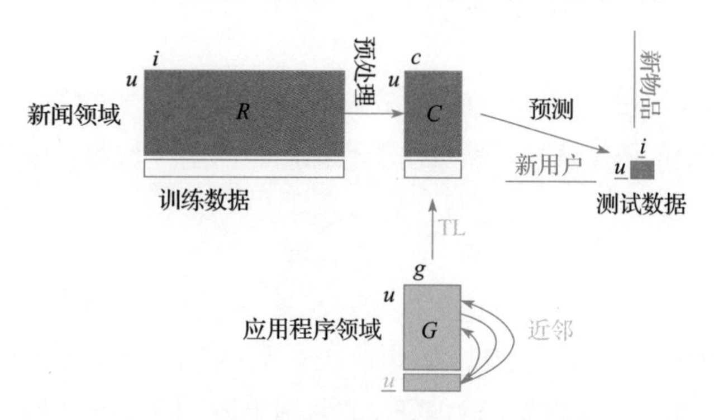

图 19.1　针对双冷启动推荐问题的 NTL 方法

在新闻领域，有一个用户-物品矩阵 $\boldsymbol{R}$ 来表示用户是否读过某物品。每个物品 i 与一个一级类别 $c_1(i)\in\mathscr{C}_1$ 和一个二级类别 $c_2(i)\in\mathscr{C}_2$ 相关。因此有一个四元组集合，即（u，i，$c_1(i)$，$c_2(i)$），表示用户 u 已读过属于 $c_1(i)$ 和 $c_2(i)$ 的物品 i。在预处理之后，可以得到一个用户类别矩阵 $\boldsymbol{C}$，其中每个条目表示属于某个用户已读类别的物品数。

该问题的目标是向以前没有阅读过任何物品的新用户推荐新物品（即最新的新闻文章）的排序列表。注意，在双冷启动推荐设置下，我们只使用物品的类别信息，而不使用内容信息。

19.3.2　挑战和解决方案

双冷启动推荐问题的主要难点是缺乏针对新用户和新物品的历史偏好数据。也就是说，我们面临的新用户冷启动的挑战在于，我们将为其提供推荐的目标用户是以前没有阅读过任何物品的；面临的新物品冷启动的挑战在于，我们将向目标用户推荐的目标物品对于所有用户来说都是全新的。在这种挑战下，大多数现有的推荐算法都不适用。

为了解决双冷启动推荐问题中的两个挑战，我们对应用程序领域和新闻领域进行了偏好假设，即两个领域中的邻域结构相似。我们引入了一种基于邻域的迁移学习（Neighborhood-based Transfer Learning，NTL）方法，它可以将邻域知识从应用程序领域迁移到新闻领域，从而解决新用户的冷启动挑战。针对新物品冷启动挑战，我们设计了一种类别级偏好来取代传统的物品级偏好，因为后者不适用于 DCSR 问题中的新物品。通过利用上述两种方法来解决这两个挑战，一些经过全面研究的基于邻域的推荐方法将适用于双冷启动推荐问题。

19.3.3　解决方案：基于邻域的迁移学习

在大多数推荐方法中，用户-用户（或物品-物品）相似性是一个核心概念，因为邻域的构建可以用于志同道合的用户的偏好聚合，然后用于目标用户的偏好预测。用户 u 对物品 i 的偏好预测公式的数学形式为

$$\hat{r}_{u,i}=\frac{1}{|\mathcal{N}_u|}\sum_{u'\in\mathcal{N}_u}\hat{r}_{u',i} \tag{19.5}$$

其中，$\mathcal{N}_u$ 表示用户 u 的一组最近邻，用余弦相似度等进行度量。$\hat{r}_{u',i}$ 表示用户 u' 对物品 i 的偏好估计。取平均分 $\hat{r}_{u,i}$ 作为用户 u 对物品 i 的偏好，它将用于物品的排序和 k 项最佳推荐。

对于双冷启动推荐问题，我们无法仅使用来自新闻领域的数据在测试数据中的冷启动用户和训练数据中的热启动用户之间建立关联。NTL 方法的主要思想是利用应用程序领域中用户之间的相关性，并假定具有类似应用程序安装行为的用户在新闻领域中可能相似。例如，两个已安装了相同类型应用程序（如商业）的用户可能都喜欢有关财务主题的新闻文章。

在该偏好假设下，我们首先计算在应用程序领域中冷启动用户 u 和热启动用户 u'之间的相似度：

$$s_{u,u'} = \frac{G_{u\cdot}G_{u'\cdot}^{\mathrm{T}}}{\sqrt{G_{u\cdot}G_{u\cdot}^{\mathrm{T}}}\sqrt{G_{u'\cdot}G_{u'\cdot}^{\mathrm{T}}}} \tag{19.6}$$

其中 $G_{u\cdot}$ 是用户类型矩阵 $\boldsymbol{G}$ 中关于用户 u 的行向量。一旦我们计算了余弦相似度，则对于每个冷启动用户 u，我们首先删除具有较小相似度值的用户（例如 $s_{u,u'}<0.1$），然后取最相似的用户来构造邻域 $\mathcal{N}_u$。

对于式（19.5）中的物品级偏好$\hat{r}_{u',i}$，我们无法直接获得其分数，因为物品 i 对于所有用户来说都是新的，包括热启动用户和目标冷启动用户 u'。我们可以通过一个类别级偏好来近似物品级偏好：

$$\hat{r}_{u',i} \approx \hat{r}_{u',c(i)} \tag{19.7}$$

其中 $c(i)$ 是一级或二级类别。共有两种类别级的偏好：

$$\hat{r}_{u',c(i)} = \hat{r}_{u',c_1(i)} = N_{u',c_1(i)} \tag{19.8}$$

$$\hat{r}_{u',c(i)} = \hat{r}_{u',c_2(i)} = N_{u',c_2(i)} \tag{19.9}$$

其中，$N_{u',c_1(i)}$和 $N_{u',c_2(i)}$分别表示（用户 u'）属于一级类别 $c_1(i)$ 和二级类别 $c_2(i)$ 的物品数量。

最后，利用式（19.7）~式（19.9），可以将式（19.5）改写为

$$\hat{r}_{u,i} \approx \frac{1}{|\mathcal{N}_u|}\sum_{u'\in\mathcal{N}_u} N_{u',c_1(i)} \tag{19.10}$$

$$\hat{r}_{u,i} \approx \frac{1}{|\mathcal{N}_u|}\sum_{u'\in\mathcal{N}_u} N_{u',c_2(i)} \tag{19.11}$$

这将用于偏好预测。具体来说，近邻 $\mathcal{N}_u$ 帮助解决新用户冷启动挑战，而类别级别偏好 $N_{u',c_1(i)}$或 $N_{u',c_2(i)}$解决新物品冷启动挑战。

19.4 社交网络中的 VIP 推荐

在本节中，我们将介绍另外一个推荐问题，即社交媒体和社交网络中的 VIP 或者关键意见领袖（Key-Opinion-Leader，KOL）推荐。

微博（如 Twitter）和即时通信（如 Skype 等）等社交网络服务在我们的日常生活中发挥着越来越重要的作用。与推荐系统中信息过载（Toffler，1970）的基本动机相似（Resnick 和 Varian，1997），用户可能难以从同一社交网络平台的数亿用户中找到其他感兴趣的用户。这一挑战的一个例子是，在微博服务中，每天都有大量的新用户加入网络。有效的推荐解决方案必须克服这种社

交网络中“用户过载”的挑战，这类似于亚马逊等在线购物网站中“信息过载”的挑战。

在一个社交网络中，一些知名用户被称为 VIP，他们对信息的传播和社交网络的发展做出了巨大贡献。VIP 推荐旨在向其他用户推荐 VIP 用户。这是社交网络可持续发展的一项重要任务，因为良好的 VIP 推荐会给在线社交社区带来更多的关系链和活动程度。然而，即使对于 VIP 推荐，由于 VIP 数量较多，用户过载或更准确地说是 VIP 过载的问题仍然存在。

VIP 推荐任务面临两大挑战。第一，微博社交网络中的“关注”（following）关系数据非常稀疏，使得传统的基于相似性的技术难以应用于这种场景。第二，这些数据的量非常大，因此考虑到计算代价，成对相似性计算是不可行的。为了解决这两个问题，在本节中，我们将提出一种基于社交关系的迁移（SOcial Relation based Tranfer，SORT）方法，该方法从包含其他服务的源数据中提取有用的知识，并应用公共知识帮助改进 VIP 推荐。

与传统的基于邻域的方法（如 Resnick 规则（Resnick 等人，1994））相比，SORT 方法有两个主要优点。第一，由于它避免了传统方法的瓶颈步骤相似性计算，因此它非常适合超大用户集。第二，它通过迁移学习技术，利用成熟的即时通信社交网络的额外知识进行准确的推荐。

19.4.1 问题定义

在由微博社交网络组成的目标域中，假设有 n 个用户和 m 个 VIP，其中 m 个 VIP 是通过考虑社会影响和业务影响等各种因素来选择的。其目标是为每个用户推荐给定 m 个 VIP 中的 k 个最佳 VIP。由于“关注”关系的用户- VIP 矩阵的稀疏性，我们关注解决方案的效率和有效性，并希望利用迁移学习设置下的源数据。

用数学符号来表示，有一个矩阵 $\boldsymbol{R}=[r_{ui}]_{n\times m}\in\{1,?\}^{n\times m}$，其中“1”表示用户 u 和 VIP i 之间观察到的关注关系，“?”表示缺少的或未观察到的值。请注意，关注关系通常被视为弱关系。我们使用掩模矩阵 $\boldsymbol{Y}=[y_{ui}]_{n\times m}\in\{0, 1\}^{n\times m}$ 来表示是否观察到条目（u，i），若观察到则 $y_{ui}=1$，否则 $y_{ui}=0$。同样，在即时通信的源域中，有一个矩阵 $\boldsymbol{X}=[x_{uw}]_{n\times n}\in\{1,?\}^{n\times n}$，这里“?”表示缺失值，“1”表示观察到的用户 u 和 w 之间的朋友关系。因为即时通信服务已经存在了很长一段时间，所以朋友关系代表着强关系。因此，我们可以将朋友关系矩阵简化为 $\boldsymbol{X}=[x_{uw}]_{n\times n}\in\{1, 0\}^{n\times n}$，其中“0”表示用户 u 和用户 w 之间的非朋友关系。请注意，$\boldsymbol{R}$ 和 $\boldsymbol{X}$ 的用户之间有一个一对一的映射。其目标是通过从 $\boldsymbol{X}$ 迁移知识，帮助每个用户找到一个个性的包含 k 个最佳 VIP 的列表。

请注意，即时通信的源社交网络 $\boldsymbol{X}$ 可以替换为同一个微博的目标社交网络中的关注关系 $\boldsymbol{S}_1\in\{1,?\}^{n\times n}$ 或 VIP $\boldsymbol{S}_2\in\{1,?\}^{m\times m}$，其中 $\boldsymbol{S}_1$ 和 $\boldsymbol{S}_2$ 分别代表用户-用户关注关系和VIP-VIP 关注关系。

考虑到 $\boldsymbol{X}$ 和 $\boldsymbol{R}$ 的“距离”或“类比”以及 $\boldsymbol{S}_1$（或 $\boldsymbol{S}_2$）和 $\boldsymbol{R}$ 的“距离”或“类比”，这两个设置分别定义为远迁移（far transfer）和近迁移（near transfer）（Hinrichs 和 Forbus，2011）。

简单总结一下，所提出的问题设置可以被视为在即时通信和微博这两个异构社交网络之间迁移知识，即

$$\begin{cases} \boldsymbol{X} \Rightarrow \boldsymbol{R} & \text{远迁移} \\ \boldsymbol{S}_1, \boldsymbol{S}_2 \Rightarrow \boldsymbol{R} & \text{近迁移} \end{cases} \tag{19.12}$$

其中远迁移表示即时通信和微博这两个不同的社交网络之间的知识迁移，近迁移表示微博目标社交网络内的知识迁移。该问题的目标是预测 $\boldsymbol{R}$ 中的缺失值，因此我们可以为每个用户排序和推荐 VIP，如图 19.2 所示。

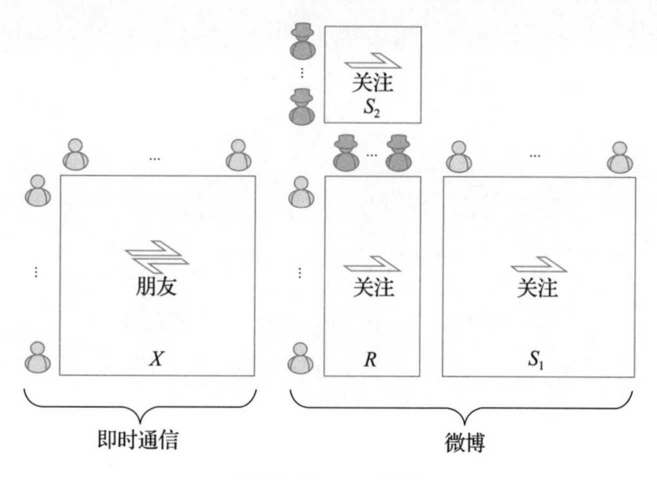

图 19.2　VIP 推荐

19.4.2　挑战和解决方案

VIP 推荐是一个基本的单类协同过滤问题（Pan 等人，2008a），因为在 VIP i 上用户 u 的评分为“1”或未知（缺失值）。因此，大多数基于邻域的协同过滤方法不能直接用于评分预测，我们将会在后面解释。我们观察到在 VIP 推荐中存在两个非常基本的挑战：

1）第一个挑战是可扩展性，因为当有数百万用户时，估计每两个用户之间的相似性非常耗时；

2）第二个挑战是稀疏性，因为在 $\boldsymbol{R}$ 中观察到的关注关系非常少。这导致估计的用户之间的相似性可能不准确。

可以看出，这两个挑战根植于基于邻域的协同过滤方法的“相似性”中，例如 Resnick 规则（Resnick 等人，1994）。据我们所知，分布式算法可以解决第一个挑战，然而大多数迁移学习工作都集中在解决第二个挑战上。很少有研究工作能够在一个框架中解决这两个挑战。下面我们将介绍该问题的解决方案。

19.4.3 解决方案：基于社交关系的迁移

19.4.3.1 简化预测公式

Pearson 相关系数（Pearson Correlation Coefficient，PCC）是一种被广泛采用的基于评分的相似性测量方法。该方法基于两个用户 u 和 w 共同评分的物品计算其间的相似度（Resnick 等人，1994），其定义如下：

$$PCC(u,w)=\frac{\sum_i y_{ui}y_{wi}(r_{ui}-m_{u\cdot})(r_{wi}-m_{w\cdot})}{\sqrt{\sum_i y_{ui}y_{wi}(r_{ui}-m_{u\cdot})^2}\sqrt{\sum_i y_{ui}y_{wi}(r_{wi}-m_{w\cdot})^2}}$$

其中，$m_{u\cdot}=\sum_i y_{ui}y_{wi}r_{ui}/\sum_i y_{ui}y_{wi}$ 是用户 u 的平均评分，$m_{w\cdot}=\sum_i y_{ui}y_{wi}r_{wi}/\sum_i y_{ui}y_{wi}$ 是用户 w 的平均评分。然后，用户 u 和 w 之间的归一化相似度可以计算如下：

$$s_{uw}=\frac{PCC(u,w)}{\sum_{u'\in N_u}PCC(u,u')}$$

其中，N_u 是根据 PCC 得到的用户 u 的最近邻用户集合。最后，根据 Resnick 等人（1994）的论文，我们可以预测用户 u 对物品 i 的评分为

$$\hat{r}_{ui}=\bar{r}_{u\cdot}+\sum_{w\in N_u}y_{wi}s_{uw}(r_{wi}-m_{w\cdot}) \tag{19.13}$$

其中，第一项 $\bar{r}_{u\cdot}=\sum_i y_{ui}r_{ui}/\sum_i y_{ui}$ 是用户 u 对所有由用户 u 评分的物品的平均评分。式（19.13）可等效地重新形式化为

$$\hat{r}_{ui}=\bar{r}_{u\cdot}-\sum_{w\in N_u}y_{wi}s_{uw}m_{w\cdot}+\sum_{w\in N_u}y_{wi}s_{uw}r_{wi} \tag{19.14}$$

其中第一项表示用户 u 的全局平均评分，第二项表示其最近邻的局部平均评分的聚合。对于 VIP 推荐的单类协同过滤，有 $\bar{r}_{u\cdot}=1$ 和 $m_{w\cdot}=1$，这样的平均评分不包含任何判别性信息，可以安全地丢弃。最后，我们得到一个简化的预测规则：

$$\hat{r}_{ui}=\sum_{w\in N_u}y_{wi}s_{uw}r_{wi} \tag{19.15}$$

也就是说，通过加权聚合，可以根据用户 u 的最近邻在物品 i 上的偏好来估计用户 u 在物品 i 上的评分。

19.4.3.2 SORT方法

如前所述，式（19.15）中的简化预测公式存在两个挑战，包括可扩展性和稀疏性。这里我们引入将目标域的相似性计算替换为源域中已有关系的SORT方法。具体来说，我们使用一个成熟的即时通信源社交网络，该网络可以避免相似性计算和邻域搜索的过程。我们将式（19.15）中的 N_u 和 s_{uw} 替换为 $\widetilde{N}_u$ 和 x_{uw}，以获得修正的预测公式：

$$\hat{r}_{ui}=\sum_{w\in\widetilde{N}_u}y_{wi}x_{uw}r_{wi}\tag{19.16}$$

其中，$\widetilde{N}_u$ 表示即时通信社交网络中用户 u 的朋友集合，x_{uw} 表示用户 u 和其朋友 w 的关系。为了平等地考虑每个朋友，我们在式（19.16）中设置 $x_{uw}=1$，然后得到

$$\hat{r}_{ui}=\sum_{w\in\widetilde{N}_u}y_{wi}r_{wi}\tag{19.17}$$

对于微博中的单类协同过滤问题，我们可以进一步将式（19.17）中的 $y_{wi}r_{wi}$ 替换成 $f_{wi}=\begin{cases}1 & \text{用户 } w \text{ 已关注 VIP } i\\ 0 & \text{其他}\end{cases}$，然后可以得到

$$\hat{r}_{ui}=\sum_{w\in\widetilde{N}_u}f_{wi}\tag{19.18}$$

这意味着，如果用户 u 在即时通信社交网络中有 $|\widetilde{N}_u|$ 个朋友，其中 $\sum_{w\in\widetilde{N}_u}f_{wi}$ 个朋友关注了VIP用户 i，然后VIP用户 i 的用户 u 的偏好等于 $\sum_{w\in\widetilde{N}_u}f_{wi}$。我们可以看到两个不同的微博社交网络（关注关系 f_{wi}）和即时通信（朋友关系 $\widetilde{N}_u$）被以直观的方式整合在一起，如式（19.18）所示。即时通信的社交关系知识将自然地嵌入到预测方法中。

根据式（19.18），我们可以看到预测得分 $\hat{r}_{ui}$ 必须是整数，因为 f_{wi} 为1或0。这样，用户 u 可能在几个不同的VIP上有相同的得分，因此无法区分VIP的排名位置。为了解决这个问题，我们进一步引入每个VIP用户 i 的人气评分 p_i，$0\leqslant p_i\leqslant 1$（$i=1,\cdots,m$），以获得预测规则：

$$\hat{r}_{ui}=p_i+\sum_{w\in\widetilde{N}_u}f_{wi}\tag{19.19}$$

SORT方法将朋友关系从即时通信源社交网络迁移到微博中的目标VIP推荐。我们可以看到，在Resnick公式（Resnick等人，1994）中，相似性计算和邻域搜索的过程是可以避免的。

第20章

生物信息学中的迁移学习

20.1 引言

随着生物学技术的快速发展，生物学数据的规模也有了飞速增长。由于生物传感器技术成本的逐渐降低，这些数据也更加容易获取。因此，我们可以预见面向个人基因组和个性化医疗领域的应用研究将会大幅增加。

生物信息学（bioinformatics）本质上是一个跨学科的研究领域，它涵盖了众多不同的学科，包括生物学、生物化学、机器学习、数据管理、信息检索，以及计算机科学等。同时，研究人员也从广泛的设备上获取了不同类型的数据，例如基因芯片数据、基因组测序数据、医学影像数据等（Larrañaga等人，2006）。基于这些数据，生物信息学致力于研究用于生物属性信息推断的统计学模型。研究者开发了各种不仅在结果上表现出众，同时具有生物学见解的技术，例如监督/非监督学习，用于解决不同类型的问题，诸如生物序列分类（biological sequence classification）、基因表达分析（gene expression analysis）和生物网络重构（biological network reconstruction）等。

从生物学数据中学习知识的一个常见假设是，有足够多的有标签训练数据用于训练准确的模型。然而，在许多实际生物信息学问题中，有标签的数据是有限的或者只能通过支付巨额费用才能获得。这样的数据稀疏性问题已经成为将机器学习技术应用于生物信息学领域的一个主要瓶颈。除此之外，一旦存在数据稀疏性问题，训练的模型将很容易过拟合，从而使学习到的模型在实际应用中的性能有所下降。

为了解决这样的数据稀疏性问题，研究者提出了各种新颖的机器学习方法。在这些方法中，迁移学习和多任务学习是两种优秀的解决方案。本章接下来将介绍如何使用迁移学习和多任务学习来解决生物信息学领域的问题。

20.2　生物信息学中的机器学习问题

本章主要关注生物信息学领域的多个研究问题，包括生物序列分析（biological sequence analysis）、基因表达分析、遗传分析（genetic analysis）、系统生物学（systems biology）以及生物医学文本和图像挖掘（biomedical text and image mining）。

*生物序列分析*主要是研究如何给 DNA 片段序列分配相对应的功能标注，这一研究对于我们理解基因组十分重要。一个典型的例子是基因外显子和内含子边界剪接位点的识别问题，不同剪接点位置的选择会导致生成不同的蛋白质。由于剪接点位置有不同的选择可能，该研究问题十分复杂。一些其他的研究案例还包括：预测允许蛋白质结合并确定其功能的调节区域；预测基因转录的起始位点；预测编码区域。另一个关于序列分析的重要问题是序列角度的主要组织相容性复合物（Major Histocompatibility Complex，MHC）的结合预测，其中来自病原体的序列提供了大量潜在的候选疫苗（Dönnes 和 Elofsson，2002）。MHC 分子是人类免疫系统的关键，对其结合肽的预测有助于基于肽的疫苗的设计。尽管关于 MHC 结合预测的研究取得了很大的成功，但是，大多数这类分子仍缺乏足够的相关训练数据，这阻碍了机器学习方法在这一研究问题中的应用。另外，基于序列的蛋白质亚细胞定位预测也是生物序列分析中一个重要的问题，其目的是为蛋白质序列提供定位标注。

*基因表达分析和遗传分析*是一个重要的研究课题，该课题基于基因芯片技术来分析蛋白质和信使核糖核酸（mRNA）。基因芯片可以测定基因的相对 mRNA 水平。该技术的一个应用场景是，通过比较一些生物样本的基因表达水平随时间的变化规律，来了解正常细胞和癌细胞之间的区别（Aas，2001）。这一任务的一个特性是基因对应的特征数量往往要比样本的数量多，这导致很难将传统的特征选择方法直接应用在这些数据集上进行降维（Xing 等人，2001）。另一个在基因表达数据分析中采用的技术是双向聚类，该技术的主要目的是同时在样本和基因两个维度进行聚类（Yang 等人，2011）。在遗传分析领域，一些研究使得全基因关联研究（Genome-Wide Association

Study，GWAS）能够分析成千上万个单核苷酸多态性（Single-Nucleotide Polymorphism，SNP），并将其与临床条件或者可测量的特征联系起来。在这些研究中，统计学和机器学习的方法被结合起来使用（Yang 等人，2008；Wan 等人，2009）。

*系统生物学*是指对基因-蛋白质调控网络进行建模和基于蛋白质-蛋白质交互网络进行推断的研究任务。由于考虑了许多不同类型的数据，数据融合与集成是其中重要的研究问题。因此，系统生物学面临的计算挑战在于如何整合以及挖掘大规模、多维度和类型多样的数据。除了基于统计模型的自动预测方法，研究人员开发了诸如可视化的混合创新方法，用于解决系统生物学中大规模数据及复杂建模的问题。

*生物医学文本挖掘*是指使用信息检索技术从科学文献中提取有关基因、蛋白质及其功能关系的信息（Krallinger 和 Valencia，2005）。如今我们看到大量关于生物学研究发现的文章被发表在各类期刊、博客、书籍以及会议出版物上。例如，PubMed 和 MEDLINE 为生物学研究人员提供了不断更新的研究发现和相关信息。如果遵循传统的信息获取方法，研究人员则需要阅读大量的文献来挖掘在其研究领域中潜在的研究发现。如果借助文本挖掘技术，则可自动检测以文本形式公开发布的最新研究成果并将其呈现给研究人员。

*生物医学图像挖掘*在很多应用中是一个重要的研究问题。人工图像分类不仅耗费大量时间，而且工作重复而不可靠。给定一组具有不同类别的训练图像数据集，图像自动分类方法的目标是训练一个模型以准确预测新图像的类别。一个典型的例子是使用计算机辅助检测技术，通过扫描乳腺 X 光片这类医学影像数据，实现乳腺癌的识别。此类模型的一个重要研究课题是如何减少分类的假阳性率。

迁移学习对于解决上述生物信息学研究中的数据稀疏性问题十分重要。接下我们将讨论在这些领域中的迁移学习研究。

首先介绍一些在本章中使用的数学符号。源域 $\mathcal{D}_s$ 数据包含数据样本 $\boldsymbol{x}_i$ 及其对应的标签 y_i，因此，源域数据（$\boldsymbol{X}_s$，$\boldsymbol{y}_s$）可以表示为（$\boldsymbol{x}_i^s$，$\boldsymbol{y}_i^s$）$_{i=1}^{n_s}$。同样，目标域 $\mathcal{D}_t$ 数据包含数据样本 $\boldsymbol{x}_i^t$ 及其对应的标签 y_i^t，因此目标域数据（$\boldsymbol{X}_t$，$\boldsymbol{y}_t$）可以表示为$\{(\boldsymbol{x}_i^t, y_i^t)\}_{i=1}^{n_t}$。函数 $f_s(\cdot)$ 和 $f_t(\cdot)$ 分别表示源域 $\mathcal{D}_s$ 和目标域 $\mathcal{D}_t$ 中的预测函数。在多任务学习中，$i(i=1, \cdots, m)$ 的数据集（$\boldsymbol{X}_i$，$\boldsymbol{y}_i$）可以表示为$\{(\boldsymbol{x}_j^i, y_j^i)\}_{j=1}^{n_i}$，其中 m 是任务的总数量。

20.3　生物序列分析

生物序列分析的主要目标是，在给定的一组训练数据下学习如何标注基因序列或者蛋白质序列。如前所述，学习如何标注序列往往会遭遇数据稀疏性问题，进而容易发生模型的过拟合。为了解决这一问题，多任务学习方法通常被用于同时标注两组或者两组以上的序列数据。在这一方法中，序列数据可以来自不同的领域。通过共同学习这些任务，数据稀疏性的问题可以得到缓解。

正则化（regularization）方法也经常被应用于多任务学习。在正则化框架下，该方法的目标函数包含两个项：针对所有任务训练数据的经验损失项，以及编码不同任务之间相关性的正则化项。

比较早期的一项工作是 Evgeniou 和 Pontil（2004）提出的一个面向多任务学习扩展的 SVM 模型，该模型的任务是最小化下述目标函数：

$$\xi(\{\boldsymbol{w}_t\}) = \sum_{t=1}^{m}\sum_{i=1}^{n_t} l(y_i^t, \boldsymbol{w}_t^{\mathrm{T}}\boldsymbol{x}_i^t) + \lambda_1 \sum_{t=1}^{m} \|\boldsymbol{w}_t\|_2^2 + \lambda_2 \sum_{t=1}^{m} \|\boldsymbol{w}_t - \frac{1}{m}\sum_{t'=1}^{m}\boldsymbol{w}_{t'}\|_2^2 \tag{20.1}$$

式（20.1）中的第一项和第二项分别表示经验损失以及参数向量的 l_2 范数，这两项和传统的单任务 SVM 模型中的一致。单任务 SVM 和多任务 SVM 之间的不同主要在于式（20.1）中的第三项，该项定义为惩罚每个任务的参数向量和所有任务平均参数向量之间的较大偏差。这一惩罚项约束了不同任务之间的参数向量应该相似。

多任务序列分类研究中最早的一项是 Widmer 等人（2010a）的工作，他们提出了两个基于正则项的多任务学习方法，用于预测不同生物体的剪接位点。为了使用来自相关生物体的信息，Widmer 等人（2010a）提出了两个原理性的方法来结合不同生物体之间的关系。他们提出的方法修改了 Evgeniou 和 Pontil 在 2004 年发表的论文中的正则项。然而，不同于后者的方法，Widmer 等人的方法中不同生物体之间的关系由通过生物分类学或系统发展关系推导出的树或图结构所定义。其第一个方法基于自顶向下的方式训练模型，该模型在相应任务的数据集上训练层次结构中的每个节点，并且父节点为其提供先验信息。与之对应的目标函数如下：

$$\xi(\{\boldsymbol{w}_t\}) = \sum_{t=1}^{m}\sum_{i=1}^{n_t} l(y_i^t, \boldsymbol{w}_t^{\mathrm{T}}\boldsymbol{x}_i^t) + \lambda_1 \sum_{t=1}^{m} \|\boldsymbol{w}_t - \boldsymbol{w}_{\mathrm{parent}(t)}\|_2^2 \tag{20.2}$$

在生物学中，由于进化的继承性，生物体与其祖先应该是相似的。这一先验知识启发了他们的第二个方法，其目标函数如下：

$$\xi(\{\boldsymbol{w}_t\}) = \sum_{t=1}^{m}\sum_{i=1}^{n_t} l(y_i^t, \boldsymbol{w}_t^{\mathrm{T}}\boldsymbol{x}_i^t) + \lambda_1 \sum_{t=1}^{m}\sum_{t'=1}^{m} \gamma_{tt'} \|\boldsymbol{w}_t - \boldsymbol{w}_{t'}\|_2^2 \tag{20.3}$$

其中正则项约束了 $\boldsymbol{w}_t$ 应当依赖参数 $\gamma_{tt'}$ 与 $\boldsymbol{w}_{t'}$ 相似，该参数反映了两类生物体在进化过程中的相似性。

除此之外，Widmer 等人（2010a）不仅考虑了任务 t 的数据，还基于层次结构 R 考虑了该任

务的祖先任务 r_t 的数据。对应的目标函数如下所示：

$$\xi(\{\boldsymbol{w}_t\}) = \sum_{t=1}^{m}\sum_{i=1}^{n_t} l(y_i^t, \boldsymbol{w}_t^{\mathrm{T}}\boldsymbol{x}_i^t) + \lambda_1 \sum_{t=1}^{m} \|\boldsymbol{u}_t\|_2^2 + \lambda_2 \sum_{t=1}^{m}\sum_{r_t=1}^{R} \|\boldsymbol{v}_{r_t}\|_2^2 \tag{20.4}$$

其中 $\boldsymbol{u}_t$ 是叶子节点的参数向量，$\boldsymbol{v}_{r_t}$ 表示其祖先的参数向量，该祖先在层次结构中以内部节点表示。

同样，Schweikert 等人（2008）考虑了一些跨多个生物体的剪接位点识别的领域迁移学习方法。他们使用分析良好的源域模型以及其相关的数据来获得或者增强缺少分析的目标域模型。在该工作中，生物体 C. elegans 是源域，C. remanei、P. pacificus、D. melanogaster 以及 A. thaliana 等生物体分别是目标域。领域迁移学习方法包括：

- 简单组合：

  作为基准参考，最简单的方式是将源域数据和目标域数据通过相同的权重直接组合。

- 凸组合：

$$F(x) = \alpha f_t(x) + (1-\alpha) f_s(x) \tag{20.5}$$

  其中 α 是权衡参数，用于平衡源数据和目标数据的贡献。

- 对偶任务学习：

$$\xi(\{\boldsymbol{w}_s, \boldsymbol{w}_t\}) = C\sum_{i=1}^{n_s+n_t} l(y_i^{s+t}, \boldsymbol{w}^t\boldsymbol{x}_i^{s+t}) + \lambda\|\boldsymbol{w}_s - \boldsymbol{w}_t\| \tag{20.6}$$

  其中 $\boldsymbol{w}_s$ 和 $\boldsymbol{w}_t$ 是优化对象。

- 核平均匹配：

$$\hat{\Phi}(\boldsymbol{x}_k) = \Phi(\boldsymbol{x}_k) - \alpha\Big(\frac{1}{n_s}\sum_{i=1}^{n_s}\Phi(\boldsymbol{x}_i) - \frac{1}{n_t}\sum_{i=n_s+1}^{n_s+n_t}\Phi(\boldsymbol{x}_i)\Big) \quad \forall i = 1,\cdots,n_s \tag{20.7}$$

  其中核函数映射 Φ 将数据映射到 RKHS。

Schweikert 等人（2008）的实验验证了用于识别不同生物体剪接位点的分类函数之间的差异会随着这些生物体进化距离的增加而变大。

Jacob 和 Vert（2007）设计了一种算法，该算法通过共享不同等位基因之间的结合信息，同时学习多个等位基因的肽-MHC-I 结合模型。等位基因之间信息的共享通过用户定义的相似性度量方法来控制，其中相似性度量可以由超类型来定义，也可以通过直接比较在肽-MHC 结合中起到重要作用的关键残留物来定义。一对等位基因 a 和候选肽 p 被表示为特征向量。随后，基于核函数技巧，Jacob 和 Vert（2007）定义了面向每个等位基因与肽特征向量对之间的核函数：

$$K((p,a),(p',a')) = K_{\mathrm{pep}}(p,p')K_{\mathrm{all}}(a,a') \tag{20.8}$$

其中对于肽核函数 K_{pep}，可以使用肽表示之间任意的核函数；对于等位基因核函数 K_{all}，作者利用了一些其他方法来构建等位基因之间的关系，包括多任务核以及超类型核。

Jacob 等人（2018）提出了一种将相似任务聚类的正则化多任务方法，用于 MHC-I 的结合预测。为了实现这一目标，与之相应的正则项定义如下：

$$\Omega(\boldsymbol{W}) = \varepsilon_M \Omega_{\mathrm{mean}}(\boldsymbol{W}) + \varepsilon_B \Omega_{\mathrm{between}}(\boldsymbol{W}) + \varepsilon_w \Omega_{\mathrm{within}}(\boldsymbol{W})$$

其中 $\Omega_{\mathrm{mean}}(\boldsymbol{W})$ 衡量权重向量的均值，$\Omega_{\mathrm{between}}(\boldsymbol{W})$ 衡量聚类之间的差异，$\Omega_{\mathrm{within}}(\boldsymbol{W})$ 衡量聚类内部的差异。

在 Jacob 和 Vert（2007）以及 Jacob（2008）的工作之后，Widmer 等人（2010b）根据 Jacob 和 Vert（2007）的工作提出了基于开发更先进的核函数来提升多任务核方法在 MHC-I 结合预测中的性能。此外，Widmer 等人（2012c）调研了多任务学习场景，在该场景下任务之间存在隐含结构的关系，他们将该方法应用于剪接位点的识别以及 MHC-I 的结合预测。更具体而言，他们基于元任务建模了任务之间的关联程度，例如任务 t 和 t' 之间的信息迁移取决于在这两个任务中共同出现的元任务数量。

正如 20.2 节提到的，基于蛋白质序列的蛋白质亚细胞定位预测可以被归类为生物序列研究。Xu 等人（2011）针对蛋白质亚细胞定位预测问题，将 SVM 下的多任务学习方法（实现 1）与 Argyrious 等人（2006、2008）提出的基于共同特征表示的方法（实现 2）进行了比较。为了回答“多任务学习是否能比单任务学习产生更加准确的分类效果”这一问题，Xu 等人（2011）在不同生物体上进行了大量的实验，以比较所提出的多任务学习方法与基准方法的测试准确率。基于实验结果，我们能够发现基于多任务学习的方法相较于单任务学习的方法，通常会提升蛋白质亚细胞定位预测的性能，同时不同任务之间的关联程度也可能影响多任务学习方法的性能。

Liu 等人（2010b）针对 siRNA 效能预测提出了一个基于多任务线性回归模型的跨平台模型。给定 siRNA 的向量化表达，线性岭回归（linear ridge regression）模型被用于预测未知的 siRNA 的效能，该预测基于已知效能的 siRNA 集合。结果表明，在 siRNA 效能预测中，在与不同 mRNA结合的 siRNA 中存在某种效能分布的多样性，并且这一跨不同 siRNA 的共同特性对设计有效的 siRNA 存在一定的影响。

20.4　基因表达分析和遗传分析

矩阵作为一种描述基因表达数据的形式，其每一行表示数据样本，每一列表示基因表达模式。

每一个数据样本可以分为两个类别："控制"（control）类和"样例"（case）类。基因表达分类的主要目的是将新的样本划分到正确的类别中。这个问题在实践中具有挑战性，因为该问题是一个小样本问题，其样本的数量远小于特征的维度并且存在很多噪声数据。

Chen 和 Huang（2010）提出了一种多任务的支持向量样本学习（Multi-Task Support Vector Sample Learning，MTSVSL）用于癌症基因表达数据的分类。MTSVSL 方法构建了两个学习任务，第一个任务实现数据的分类，第二个任务用于回答"这个样本是否是支持向量样本"。对于这两个任务的学习，MTSVSL 方法首先从支持向量中提取重要的样本，然后在神经网络中同时学习这两个任务。

在遗传分析中，一个重要的课题是全基因组关联研究。为了从多个人类种群中实现联合的 GWAS，Puniyani 等人（2010）开发了一种新颖的多任务回归，针对不同人类种群使用 $\ell_{1,2}$ 正则项来识别有用的 SNP，其对应的目标函数如下：

$$\xi(\boldsymbol{B})=\frac{1}{2}\sum_{t}\|\boldsymbol{y}^{t}-\boldsymbol{X}^{t}\boldsymbol{\beta}^{t}\|_{2}^{2}+\lambda\|\boldsymbol{B}\|_{1,2}$$

其中 $\boldsymbol{B}$ 是一个 $m\times P$ 的矩阵，m 是 SNP 的数量，第 j 行 $\boldsymbol{\beta}_j$ 对应第 j 个 SNP。在这里，$\ell_{1,2}$ 正则项被用来选择所有任务中的特征。

20.5 系统生物学

近年来，迁移学习在系统生物学中的应用逐渐变得流行。迁移学习技术，例如任务正则化方法（task regularization approach）、分布匹配方法（distribution matching approach）、矩阵分解方法（matrix factorization approach）及贝叶斯方法（Bayesian approach）都被应用于系统生物学。

基因交互网络分析在深入获取各种细胞属性的研究中十分有用。Tamada 等人（2005）利用两种生物体之间的进化信息重建了每个生物体的基因网络。给定两类生物体 A 和 B 以及相对应的基因表达数据 D_A 和 D_B，基于爬山搜索算法最大化后验概率 $P(G_A, G_B|D_A, D_B, H_{AB})$，这两种生物体的基因网络 G_A 和 G_B 将被同时构建。其中 H_{AB} 模拟生物体 A 和 B 之间的进化信息。为了计算基于基因表达数据 D_A 和 D_B 的概率 $P(H_{AB}|G_A, G_B)$，研究人员根据经验选择了两个自由参数。作为后续的工作，Nassar 等人（2008）提出了一种由参数 β 决定的新的打分方程来捕获生物体 A 和 B 之间的进化信息，而不是根据经验选择两个参数。参数 β 表示底层贝叶斯网络之间的相似性。

Kato 等人（2010b）考虑了多角度的评估方法，该方法通过共享局部知识来学习模型，对应的目标方程如下：

$$\xi(\{\boldsymbol{w}_t\}) = \sum_{t=1}^{m}\sum_{i=1}^{n_t} l(y_i^t, \boldsymbol{w}_t^{\mathrm{T}}\boldsymbol{x}_i^t) + \lambda_1 \sum_{t=1}^{m} \|\boldsymbol{w}_t\|_2^2 + \lambda_2 \sum_{t=1}^{m}\sum_{v\in V_t}(\|\boldsymbol{w}_v\|^2 + \lambda_3 \|\boldsymbol{w}_v - \boldsymbol{w}_t\|) \tag{20.9}$$

其中 V_t 表示节点 t 的邻居节点集合。本质上讲，该公式借助邻居节点的帮助来提升单个任务的性能。

蛋白质-蛋白质交互预测同样是系统生物学中的重要研究问题。Qi 等人（2010）基于有标签的和部分有标签的参考数据集，提出了基于半监督的多任务模型来预测蛋白质-蛋白质的交互。其基本的思想是通过正则化项对监督分类任务和半监督辅助任务进行多任务学习。这等价于通过如下损失函数联合学习两个任务：

$$\xi(\{\boldsymbol{w}\}) = \sum_{i=1}^{n_{\text{labeled}}} l(y_i, \boldsymbol{w}^{\mathrm{T}}\boldsymbol{x}_i) + \mathrm{Loss}(\mathrm{AuxiliaryTask}) \tag{20.10}$$

Xu 等人（2010）提出通过协同矩阵分解 CMF 方法（Singh 和 Gordon，2008）来解决同样的问题。他们提出的方法使用两个交互网络中蛋白质的相似性，同时表明了当源矩阵足够稠密并且与目标网络相似时，迁移学习对于预测稀疏网络中蛋白质-蛋白质的交互十分有效。考虑一个相似性矩阵 $\boldsymbol{S}\in\mathbb{R}^{m\times n}$ 作为网络 G 到 P 的对应关系，矩阵 $\boldsymbol{S}$ 中的每一行和每一列分别表示网络 G 和 P 中的蛋白质，每一个元素 $S_{i,j}$ 表示网络 G 中的节点 i 和网络 P 中的节点 j 的相似性。该方法对应的目标函数如下：

$$\min_{\boldsymbol{Z},\boldsymbol{V},\boldsymbol{U}} D(\boldsymbol{X}^t, \boldsymbol{Z}\boldsymbol{V}^{\mathrm{T}}) + \lambda^s D(\boldsymbol{X}^a, \boldsymbol{U}\boldsymbol{V}^{\mathrm{T}}) + \lambda^U \|\boldsymbol{U}\|_F^2 + \lambda^V \|\boldsymbol{V}\|_F^2 + \lambda^Z \|\boldsymbol{Z}\|_F^2 \tag{20.11}$$

其中 $\boldsymbol{X}^t = \begin{bmatrix} \boldsymbol{L}_{m\times m} & 0 \\ 0 & \boldsymbol{L}_{n\times n} \end{bmatrix}$，$\boldsymbol{X}^a = \begin{bmatrix} 0 & \boldsymbol{S} \\ \boldsymbol{S}^{\mathrm{T}} & 0 \end{bmatrix}$，$D(\cdot,\cdot)$ 表示两个输入数据之间的差异。基于式（20.11）中定义的问题，我们发现，基于一个共享因子 $\boldsymbol{V}$，$\boldsymbol{Z}\boldsymbol{V}^{\mathrm{T}}$ 用来逼近 $\boldsymbol{X}^t$ 而 $\boldsymbol{U}\boldsymbol{V}^{\mathrm{T}}$ 则来逼近 $\boldsymbol{X}^a$，该因子 $\boldsymbol{V}$ 被用来在两个网络之间迁移有用的知识。

Zhang 等人（2010b）提出了稀疏多任务回归方法，将双向聚类应用于具有表型特征的基因表达数据。这一算法能够克服基因和表型之间的依赖性，其对应的目标函数如下：

$$\min_{\boldsymbol{T},\boldsymbol{P}_d} \sum_{d=0}^{D} \|\boldsymbol{X}_0\boldsymbol{T}\boldsymbol{P}_d - \boldsymbol{Y}_d\|_F^2 + \lambda \|\boldsymbol{T}\|_1 \quad \text{s. t. } \|\boldsymbol{P}_d\|_F = 1, \forall d \in \{1,\cdots,D\}$$

其中 $\boldsymbol{T}_d = \boldsymbol{T}\boldsymbol{P}_d$ 表示在不同实验条件下表型的反应主要取决于同一低维度空间 $\boldsymbol{T}$。因此，上述目标函数中的第一项约束了在不同条件下基因表达和表型特征之间的匹配，而第二项则在空间 $\boldsymbol{T}$ 上施加稀疏性约束。

Bickel 等人（2008）基于观察到的患者的遗传特性，研究预测不同药物组合对 HIV 的治疗结

果的问题，其中每个任务对应一个特定的药物组合。作者提出针对不同的药物组合，通过池化所有任务的数据联合训练模型，再基于权重来调整每个特定任务的数据。这一方法的目标是针对每一个任务 t，通过最小化损失函数 $p(x, y|t)$ 学习假设 f_t：$x \to y$，其中 x 描述的是患者携带的病毒的基因型以及患者的治疗史，y 是类别标签，表示治疗是否成功。简单地池化所有任务的可用数据将生成一个训练样本集合 $D=\{(\boldsymbol{x}_j^i, y_j^i, i)\}$。所提出的方法旨在为每个样本创建任务特定的权重函数 $r_t(x, y)$。

20.6　生物医学文本和图像挖掘

在生物医学领域，一个重要的问题是语义角色标记，即通过文本的形式来标记基因、蛋白质和生物实体的角色。这些文本通常是人工标记的，而这样的标记方法十分费时。为了解决这一问题，Dahlmeier 和 Ng（2010）将 SRL 问题转化成迁移学习的问题，通过使用现有的 SRL 资源来解决新领域的问题。他们采用了三种领域迁移学习的方法，包括样本加权、增强方法以及样本剪枝。

除了生物医学文本挖掘，生物医学图像挖掘同样是生物信息学的一个重要研究问题。例如，Bi 等人（2008）从多任务学习的角度出发，对医学影像中与临床相关的异常结构进行检测。所提出的方法通过共享共同的特征表达来捕获任务之间的依赖关系，并被证明在消除不相关特征和识别具有分辨能力的特征中是有效的。给定 m 个任务，针对任务 t，其对应的训练数据集包含了数据矩阵 $\boldsymbol{X}^t$ 和标签向量 $\boldsymbol{y}^t$。在 Bi 等人（2008）的工作中，针对任务 t 的线性学习函数的模型参数是 $\boldsymbol{\alpha}_t$，可以表示为 $\boldsymbol{\alpha}_t=\boldsymbol{C}\boldsymbol{\beta}_t$，其中 $\boldsymbol{\beta}_t$ 是任务特定的，$\boldsymbol{C}$ 是对角线矩阵，其中 $\boldsymbol{c}$ 是非负对角线向量。对应的目标函数如下：

$$\min_{\boldsymbol{\beta},\boldsymbol{c}} \sum_{t=1}^{m} (l(\boldsymbol{C}\boldsymbol{\beta}_t, \boldsymbol{X}^t, \boldsymbol{y}^t) + P_1(\boldsymbol{\beta}_t)) \quad \text{s. t.} \quad P_2(\boldsymbol{c}) \leqslant \gamma$$

其中 P_1 和 P_2 是正则化函数。基于这一目标函数，我们可以发现 $\boldsymbol{c}$ 是一个表示每个特征是否要被模型所使用的向量，因此，这一过程是在对所有任务学习一个共同的特征表达。

20.7　基于深度学习的生物信息学

20.7.1　深度神经追踪

深度学习的出现影响了许多应用，其中有一些工作将深度迁移学习技术应用于生物信息学领域。

Liu 等人（2017）提出了一种基于深度学习的算法，用于在遗传数据中进行基因选择。该方法解决的问题是生物信息学中典型的问题：使用遗传变异体的表型预测遭遇了日益增长的高维度和低样本量挑战。截至 2008 年，生物学家已经发现了智人（homo sapiens）的一千五百万个遗传变异体（SNP）。这一数据在 2011 年增长到了 2008 年的四倍，2016 年增长到了一亿五千万。相反，只有数千个样本是可用的（Consortium，2015）。这种高维度、低样本量（High Dimension，Low Sample Size，HDLSS）的数据在其他领域的科学发现中同样十分关键，例如在化学、金融工程等领域（Fan 和 Li，2006）。

当在这类“臃肿数据”上训练模型时，严重的过拟合以及高不确定性的梯度变化是大部分机器学习算法最主要的挑战（Friedman 等人，2001）。

首先，选择最优的特征子集可以缩小特征空间的大小，进而减少模型过拟合的风险。其次，通过特征选择可以发现新的科学知识。

例如，针对基因型癌症进行特征选择能帮助积累与癌症相关的遗传变异体的知识。然而，选择最优的特征子集是众所周知的 NP 难题（Amaldi 和 Kann，1998）。相对应地，研究人员提出了大量折中的特征选择方法。在这些方法中，一系列有代表性的方法（包括 Lasso（Tibshirani，1996））致力于稀疏线性模型（sparse linear model）。不幸的是，稀疏线性模型忽略了输入和输出之间以及不同特征之间的非线性关系，这两类关系被证实在解释表型预测的遗传力缺失问题中具有很重要的意义。尽管一些尝试性的工作通过核函数方法（Li 等人，2005；Yamada 等人，2014）或者通过梯度提升树（gradient boost tree）（Xu 等人，2014c）来实现非线性的特征选择，但几乎所有的工作都在大样本量的帮助下解决数据维度灾难这一问题。

Liu 等人（2017）为 HDLSS 数据量身定制了一种 DNN 模型，称为*深度神经追踪*（Deep Neural Pursuit，DNP）。DNP 从非常长（大约有 200 000 个基因）的基因序列中选择样本量非常小的特征子集。为了缓解过拟合问题，DNP 采用网络中多个丢弃单元的均值来计算具有低方差的梯度。通过使用深度神经网络，DNP 具有非线性建模的优势，同时具有对高维度数据的鲁棒性及从少量样本中学习的能力。这一方法使得其在端到端的模型训练形式中保持特征选择的稳定性。

对于前馈神经网络（feedforward neural network），我们可以根据与特征关联的连接是否至少含有一个非零权重来选择特定的输入特征。为了实现这一目标，我们在输入权重中添加 $l_{p,1}$ 范数约束，即$\|\boldsymbol{W}_{\mathscr{F}}\|_{p,1}$。我们使用$\boldsymbol{W}_{\mathscr{F}_j}$ 来表示第 j 个输入节点的权重。可以定义输入权重的 $l_{p,1}$ 范数为 $\|\boldsymbol{W}_{\mathscr{F}}\|_{p,1} = \sum_j \|\boldsymbol{W}_{\mathscr{F}_j}\|_p$，其中$\|\cdot\|_p$是向量上的 l_p 范数。$l_{p,1}$ 范数的一个影响是加强了组的稀疏性（Evgeniou 和 Pontil，2007），在这里我们假设来自$\boldsymbol{W}_{\mathscr{F}_j}$ 的权重组成一个组。训练前馈神经网络的一

个通用目标函数如下所示：

$$\min_{\boldsymbol{W}}\sum_{i}^{n}\ell(y_i,f(\boldsymbol{x}_i|\boldsymbol{W}))\quad \text{s. t. } \|\boldsymbol{W}_{\mathscr{F}}\|_{p,1}\leqslant\lambda \tag{20.12}$$

不失一般性地，我们只考虑二分类问题并在上述问题中使用逻辑回归损失（logistic loss）函数。

使用DNP进行特征选择的整个流程包含了训练一个深度神经网络。图20.1展示了基于贪心的DNP特征选择方法，其对应的具体算法流程如算法20.1所示。

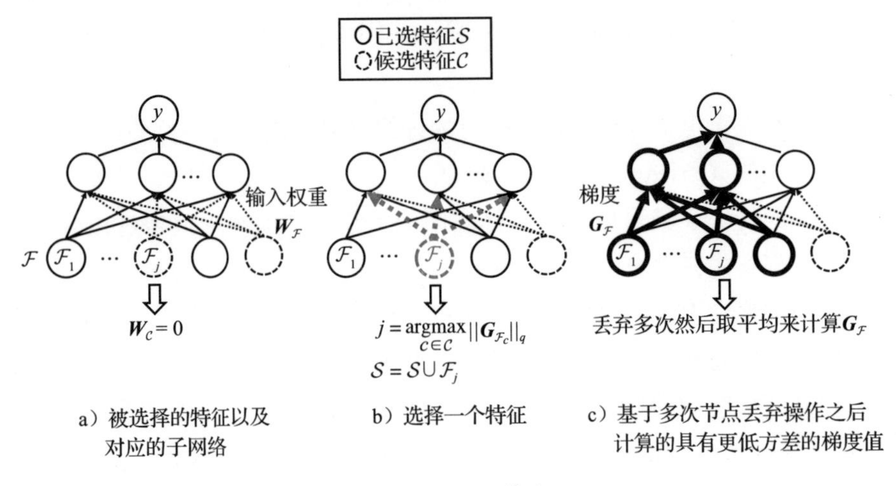

图20.1 DNP算法

算法20.1 深度神经追踪

1）**输入**：$\boldsymbol{X}\in\mathbb{R}^{n\times d}$，$\boldsymbol{y}\in\mathbb{R}^{n}$，选择的特征的最大数量$k$
2）**初始化**：$\mathscr{S}=\{\text{bias}\}$，$\mathscr{C}=\mathscr{F}$，$\boldsymbol{W}_{\mathscr{C}}=0$
3）**while** $|\mathscr{S}|\leqslant k+1$ **do**
4）　固定候选权重$\boldsymbol{W}_{\mathscr{C}}=0$；
5）　更新隐含层和输入$\boldsymbol{W}_{\mathscr{S}}$的权重；
6）　丢弃多次并对$\boldsymbol{G}_{\mathscr{F}_c}$取平均；
7）　$j=\arg\max_{c\in\mathscr{C}}\|\boldsymbol{G}_{\mathscr{F}_c}\|q$；
8）　使用Adagrad更新学习率；
9）　用Xavier初始化方法初始化$\boldsymbol{W}_{\mathscr{F}_j}$；
10）　$\mathscr{S}=\mathscr{S}\cup\mathscr{F}_j$且$\mathscr{C}=\mathscr{C}\setminus\mathscr{F}_j$；
11）**end while**

在DNP中，我们维持两个集合，即一个已选集合$\mathscr{S}$和一个候选集合$\mathscr{C}$，并且$\mathscr{S}\cup\mathscr{C}=\mathscr{F}$。

首先，$\mathscr{S}$从偏差值开始，以防止所有线性整流（ReLU）隐单元处于非激活状态。除了与偏差相关联的权重，神经网络中其他权重在一开始都被初始化为 0。对于已选特征集合 $\mathscr{S}$，输入权重 $\boldsymbol{W}_{\mathscr{F}}$ 包括已选输入权重 $\boldsymbol{W}_{\mathscr{S}}$ 和候选权重 $\boldsymbol{W}_{\mathscr{C}}$，其中 $\boldsymbol{W}_{\mathscr{S}}$ 是与 $\mathscr{S}$中的特征相关联的输入权重。我们固定所有的候选权重 $\boldsymbol{W}_{\mathscr{C}}$ 值为 0（即算法 20.1 中的步骤 4 和步骤 5），然后更新整个网络直到收敛。在图 20.1a 中，我们分别用实线和虚线的圈来表示 $\mathscr{S}$ 和 $\mathscr{C}$。所有虚线的连接都被固定为 0。之后，$\boldsymbol{G}_{\mathscr{F}}$ 被用于选择一个特征，例如 $\mathscr{C}$ 中的第 j 个特征（步骤 7）。

初始化之后，$\boldsymbol{W}_{\mathscr{F}}$ 的更新通过基于 Xavier 初始化方法（Glorot 和 Bengio，2010）初始化新的被选择的输出权重 $\boldsymbol{W}_{\mathscr{F}_j}$ 以及复用之前的权重 $\boldsymbol{W}_{\mathscr{S}}$ 来进行（步骤 9）。集合 $\mathscr{S}$ 和 $\mathscr{C}$ 的更新分别通过添加和删除 j 节点来进行（步骤 10）。

一个问题是如何使用 $\boldsymbol{G}_{\mathscr{F}}$ 选择特征。不失一般性地，我们假设所有的特征是归一化后的结果。

梯度的幅度表示通过更新对应的权重目标方程将会减少多少（Perkins 等人，2003）。

相似地，从一组梯度的范数可以推断出通过一同更新这组权重，损失函数可以减少多少。根据 Tewari 等人（2011）的工作，问题（20.12）中定义的最小化 $l_{p,1}$ 范数与基于梯度的最大化 l_q 范数的贪心特征选择是一致的，其中 q 满足 $1/p+1/q=1$。

我们假设 $\|\boldsymbol{G}_{\mathscr{F}_j}\|_q$ 的值越大，其对应的第 j 个特征在最小化式（20.12）所定义的问题中的贡献也越大。因此，我们选择具有最大 $\|\boldsymbol{G}_{\mathscr{F}_j}\|_q$ 值的特征。根据实验，我们选择 $p=q=2$，因为在实验比较中，不同 p 值的设定在结果上仅显示出了很有限的差异。在另一方面，DNP 可以满足范数约束，即当在第 k 次迭代中提前停止时，模型的权重满足 $\|\boldsymbol{W}_{\mathscr{F}}\|_{p,1} \leqslant \lambda$。图 20.1b 展示了单个特征的选择。

由于样本量小，DNP 中的梯度反向传播（backpropagated gradient）存在特别高的方差，这一现象导致基于梯度的特征选择存在误导性。如图 20.1c 所示，DNP 利用多层的丢弃节点方法（dropouts）来避免出现较高方差的梯度。作为一种正则化项，丢弃节点方法（Srivastava 等人，2014）在神经网络前向训练和后向传播的过程中随机地丢弃神经元节点和特征值。因此，我们在由余下节点构成的子网络中计算梯度 $\boldsymbol{G}$。

在 DNP 中实现多次丢弃节点能够提升特征选择的质量。首先，根据算法 20.1 的步骤 6，DNP 多次随机地丢弃神经元节点，在余下的神经元和连接中计算 $\boldsymbol{G}_{\mathscr{F}_c}$，并计算这些 $\boldsymbol{G}_{\mathscr{F}_c}$ 值的均值。像这样的多次丢弃节点方法能够获得具有低方差的梯度均值。

更重要的是，多次的节点丢弃操作使 DNP 具有稳定的特征选择效果。作为特征选择的一个至关重要的标准，稳定性意味着被选择的特征应该保持一致，即使使用了稍有不同的训练数据集（Kalousis 等人，2007）。多次的节点丢弃操作将特征选择与很多个随机的子网络结合起来，进而使 DNP 更强大并具有更高的稳定性。

20.7.2 生物信息学中的深度迁移学习

Sevakula 等人（2018）针对分子癌症分类提出了一种新颖的迁移学习框架。其中所有类型的肿瘤数据被用来学习一个基于堆叠稀疏自动编码器的强大特征表示，在学习得到的特征表示的基础上，分类器模型被训练用于分类不同类型的肿瘤数据。

深度迁移学习被应用到生物医学命名实体识别任务中。例如，Gigorgi 和 Bader（2018）证明了将基于大规模有噪声的语料库训练的深度神经网络迁移到小规模但更可靠的语料库可以提升性能。

深度学习同样被应用到生物医学影像挖掘中。具体地，Zhang 等人（2017c）使用深度卷积神经网络作为多层特征提取器来为原位杂交（In Situ Hybridization，ISH）图像生成通用的表达。他们首先使用自然图像训练模型作为特征提取器，然后用标记好的 ISH 图像来对预先训练好的模型进行微调。实验结果表明，该方法可以获得更好的分类性能并将降低标注成本。

Wang 等人（2017b）将深度迁移学习方法用于膜蛋白接触预测与折叠（membrane protein contact prediction and folding）的研究。他们通过拼接两个深度残差神经网络（deep residual neural network）（He 等人，2016）来预测膜蛋白接触。膜蛋白对于药物设计十分重要，但是针对膜蛋白结构的实验研究具有挑战性，因此训练数据很少。然而，由于缺乏足够的被完全研究过的膜蛋白结构，机器学习的方法难以应用。为了克服这一困难，Wang 等人（2017b）基于数千个已被完全研究的非膜蛋白结构数据训练了一个深度学习模型，其中这些非膜蛋白数据作为源数据而膜蛋白数据作为目标数据。这一迁移学习模型在膜蛋白接触预测中效果显著，并大幅度提高了识别准确度。该作者深入研究了为什么迁移学习在膜蛋白预测中性能优越。他们发现膜蛋白和非膜蛋白中潜在的接触发生模式是相似的，这意味着问题的空间结构也是相似的。

一个数据集由酶-配体交互数据、G-蛋白耦合受体（G-Protein-Coupled Receptor，GPCR）-配体交互数据和离子通道-配体交互数据构成。另一个公开的配体交互数据集包括四个子集，分别是酶、离子通道、GPCR 和核受体（Kashima 等人，2009）。

第21章

行为识别中的迁移学习

21.1 引言

基于传感器观测的人类行为识别是人工智能和移动计算中一个重要的主题。它也是一项艰巨的任务，因为传感器和行为数据通常包含噪声而且是有限的。在本章中，我们将讨论人类行为识别中的两个主要问题，包括位置估计和行为识别。解决这两个问题有助于回答人类行为识别中的典型问题，例如用户在哪里、用户在做什么，以及用户是否有兴趣在某个地方做某事。在先前尝试解决这些问题的过程中，我们发现实际上最大的挑战来自数据稀疏性。这种数据稀疏性可能是因为我们在定位时对新环境只有有限的有标签数据，或者针对用户行为识别中的用户和行为的传感器数据较少。迁移学习可以有效地将依赖于领域的辅助数据纳入训练过程，从而大大减轻数据稀疏性问题，因此成了应对这些挑战的一种可行的方法。在本章的其余部分，我们将介绍使用迁移学习进行无线定位和基于传感器的行为识别的研究工作。

21.2 针对无线定位的迁移学习

图 21.1 展示了使用 Wi-Fi 信号强度来进行室内定位估计的示例。其中在室内环境中移动的用

户携带了诸如智能手机或笔记本电脑等移动设备。移动设备可以检测来自各种接入点（Access Point，AP）的多个 Wi-Fi 信号。然后，检测到的 Wi-Fi 信号强度值将用于形成特征向量。如图 21.1 所示，在 $d_1 \in \mathbb{Z}^+$ 接入点的环境中，移动设备从这些接入点接收无线信号。在各位置处接收的信号强度（Received Signal Strength，RSS）值可用作特征向量 $\boldsymbol{x} \in \mathbb{R}^{d_1}$，即 $\boldsymbol{x}=[-30\text{dBm}, -50\text{dBm}, -70\text{dBm}]$，其中 dBm 是标准信号强度衡量指标。设备的位置对应于标签 $y \in \mathcal{Y}$，其中 $\mathcal{Y}$ 是环境中可能位置的集合。通常，移动设备在不同位置会接收到不同的信号强度矢量。因此如果给定信号到位置的映射函数，我们就可以利用当前的信号强度矢量来预测用户的位置。这种信号到位置映射功能也称为定位模型，它能够将信号矢量变换成位置。在离线训练阶段，给定足够的有标签数据 $\{(x_i, y_i)\}$，可以学习映射函数 $f: \mathbb{R}^{d_1} \rightarrow \mathcal{Y}$。在在线测试阶段，我们使用 f 来预测新信号向量 $\boldsymbol{x}$ 的位置（Pan 等人，2007a）。

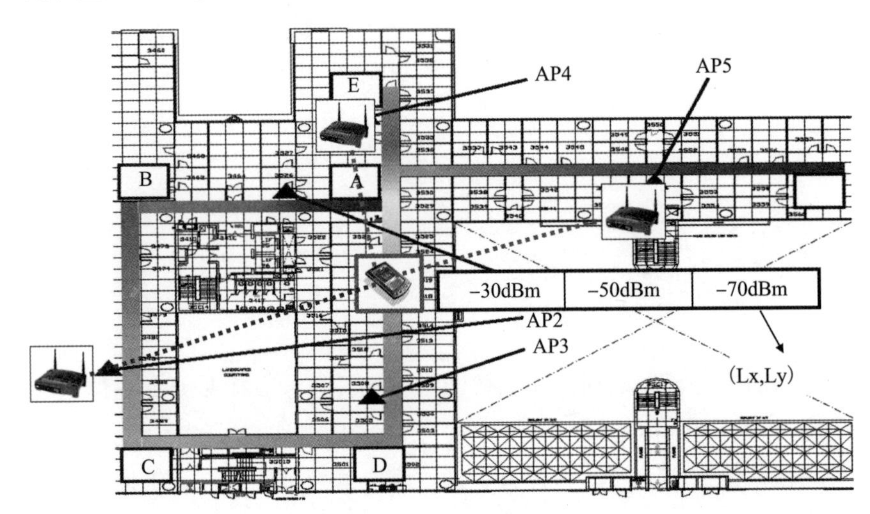

图 21.1 Wi-Fi 室内定位

21.2.1 依赖于环境的数据稀疏性挑战

传统定位方法的一个主要缺点是假设采集的信号数据与环境无关。换句话说，即使环境改变，信号数据分布也保持不变。但是，这种假设通常不适用于真实场景，例如：由于不同设备有不同的信号感测能力，不同设备接收到的传感器信号可能有所不同；由于具有信号折射或衍射的多径衰落效应，不同时间接收到的信号不同；由于接入点不同，在不同空间接收到的信号不同。图 21.2给出了相关的证据。接收信号强度可以在不同设备或时间段上显著变化，即使它们是从相同位置的相同接入点检测到的。通过一些实际研究，我们发现如果在新的环境中收集足够的有标签数据，包括时间、设备和空间，我们就可以提供具有 1.5 米左右的误差的定位结果。但是，如果我们不在新环境中收集有标签数据而仅使用旧环境中的数据，则对于时间变化的情况，定位误差增加到 6 米，而对于设备变化的情况，定位误差增加到 18 米。这些观察结果促使我们必须充分地考虑这样的信号变化问题，其中在新环境中可用数据很少或很稀疏。

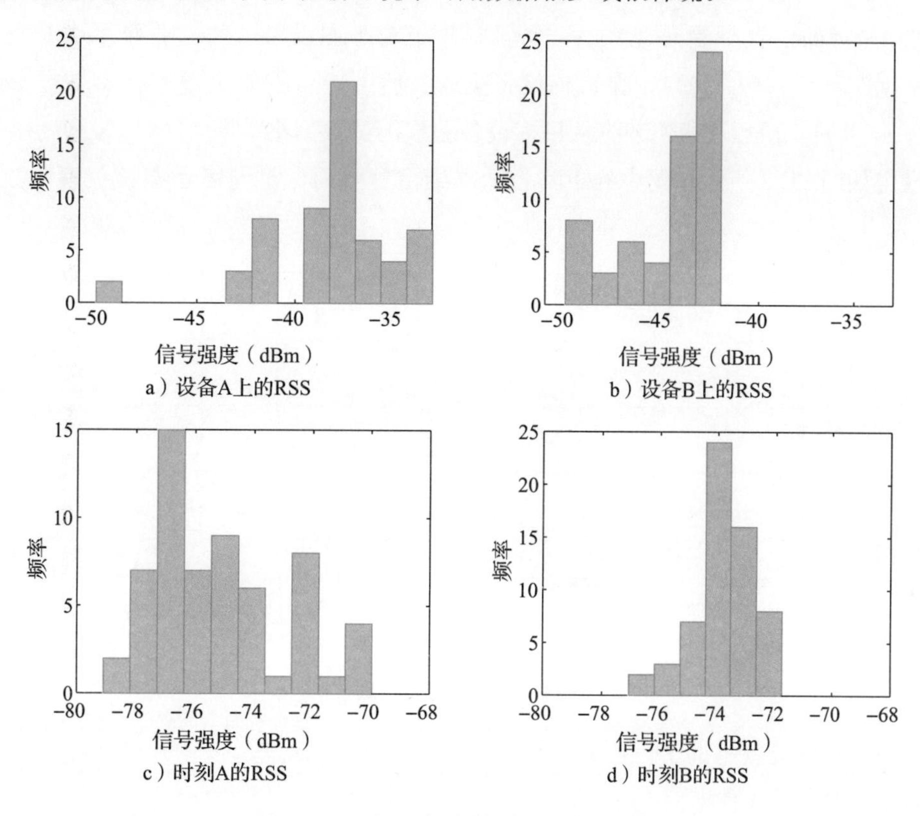

图 21.2　不同设备或时间段上的信号变化

因为我们无法在环境发生变化时不断收集大量有标签数据，所以当面对新移动设备、新时段或新空间时，我们在学习一些定位模型时将面临数据稀疏性的挑战。传统的学习算法忽略了不同环境之间的信号数据差异，并使用另一个环境中的现有数据来训练模型。通常，忽略这些差异的简单策略会极大地降低定位性能。

这促使我们将这些数据的差异考虑在内，并仔细设计迁移学习算法。在下一节中，我们将根据不同的迁移策略（包括基于特征的、基于样本的和基于模型的迁移学习）来讨论无线定位应用中的迁移学习算法。

21.2.2 基于特征的迁移学习用于定位

接下来我们以跨设备无线定位为例介绍基于特征的迁移学习。考虑二维室内定位问题，在该环境中有 m 个接入点，我们从中接收信号强度数据。每个 RSS 数据点用 $\boldsymbol{x}=(x_1, \cdots, x_d)^{\mathrm{T}} \in \mathbb{R}^d$ 表示，其表示坐标的位置标签是 $\boldsymbol{y}=(y_1, y_2) \in \mathbb{R}^2$。对于源设备，我们收集了大量有标签数据 $D_s=\{(\boldsymbol{x}_s^{(i)}, \boldsymbol{y}_s^{(i)} \mid i=1, \cdots, n_s)\}$。在目标设备上，我们可能会收集少量有标签数据 $D_t=\{(\boldsymbol{x}_t^{(i)}, \boldsymbol{y}_t^{(i)} \mid i=1, \cdots, n_t)\}$。最后，我们还将从目标设备获取测试数据集 $D_t^{\mathrm{tst}}=\{(\boldsymbol{x}_t^{\mathrm{tst}(i)}, \boldsymbol{y}_t^{\mathrm{tst}(i)} \mid i=1, \cdots, n_t^{\mathrm{tst}})\}$。此设定如图 21.3 所示，图中的矩阵表示二维位置空间，对勾表示在该位置收集的有标签数据。

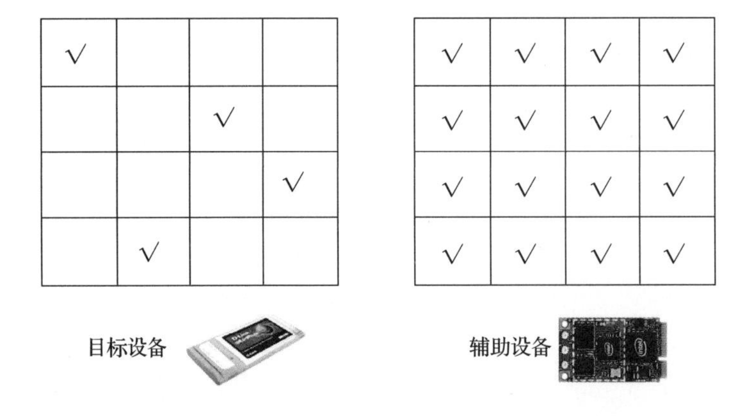

图 21.3 跨设备无线定位

具有数据的目标设备（即 $D_s \neq \varnothing$）：MeanShift（Haeberlen 等人，2004）将信号变化视为高斯平均值偏移，并使用线性模型

$$x_{t,j} = c_1 \cdot x_{s,j} + c_2 \tag{21.1}$$

基于源设备上的 RSS 值 $x_{s,j}$ 去拟合目标设备上第 j 个接入点的 RSS 值 $x_{t,j}$。这里，c_1 和 c_2 是通过最小二乘拟合估计的模型参数。一旦学习了 c_1 和 c_2，我们就可以将来自源设备的所有数据 $\{\boldsymbol{x}_s^{(i)} \mid i=1, \cdots, n_s\}$ 转换至目标设备。最后，我们可以为目标设备提供更多数据，从而能够训练出准确的定位分类器。

与 MeanShift 类似，ModelTree（Yin 等人，2005）也运用回归分析来学习由稀疏定位的参考点接收的 RSS 值与移动设备接收的 RSS 值之间的时间预测关系。然后，它使用一些决策树算法利用设备上新观察到的 RSS 值和参考点进行定位。

没有数据的目标设备（即 $D_{\text{aux}}=\varnothing$）：Kjaergaard 和 Munk（2008）提出了一种双曲线位置指纹（Hyperbolic Location Fingerprint，HLF）方法来解决器件信号变化的问题。该方法背后的直觉是，来自某个接入点的每个单独的 RSS 容易受到设备异构性的影响，但来自两个特定接入点的两个 RSS 之间的相对值可能更稳定。因此，HLF 方法试图将绝对 RSS 值转换为不同接入点之间的比率，并将它们用作训练定位模型的新特征表示。

Zheng 等人（2016）提出的高阶成对（Higher Order Pairwise，HOP）特征模型受 HLF 模型的启发，学习设备鲁棒性高的特征表示 g：$\mathbb{R}^{d_1}\to\mathbb{R}^{d_2}$，比如在同一个位置 $\widetilde{y}\in\mathcal{Y}$ 分别由源设备 S 和目标设备 T 收集的两个 RSS 向量 $\boldsymbol{x}_s$ 和 $\boldsymbol{x}_t$，我们假设

$$g(\mathbb{E}[\boldsymbol{x}^s]\mid y^s=\widetilde{y})=g(\mathbb{E}[\boldsymbol{x}^t]\mid y^t=\widetilde{y}) \tag{21.2}$$

其中期望是相对于 $\boldsymbol{x}$ 的每一个维度求出的，以考虑来自每个接入点的接收信号强度的随机性。最后，给定 $g(\cdot)$，我们可以构建函数 f：$\mathbb{R}^{d_2}\to\mathcal{Y}$ 以定位异构设备。因为研究证实只依靠成对的 RSS 值不足以区分不同的位置，所以 HOP 模型设计了如下的一些高阶特征。

定义 21.1（HOP 特征） HOP 特征 h 定义为

$$h=\delta\Big(\sum_{(k_1,k_2)}c_{k_1,k_2}(x_{k_1}-x_{k_2})+b>0\Big) \tag{21.3}$$

然后我们通过解决以下问题来学习一组 h，使它们对于数据具有代表性。

$$\max_{\boldsymbol{h}\in\{0,1\}^{d_2}}\sum_{k=1}^{n_L}\log P(\boldsymbol{x}^{(k)};\boldsymbol{h}) \tag{21.4}$$

其中 $\boldsymbol{h}=[h_1,\cdots,h_{d_2}]$ 是维度为 d_2 的 HOP 特征向量。$P(\boldsymbol{x};\boldsymbol{h})$ 是数据似然，稍后根据 $\boldsymbol{h}$ 来定义。直接学习 $\boldsymbol{h}$ 将导致过多的参数需要优化，我们可以通过重写式（21.3）来减少参数的数量：

$$\sum_{(k_1,k_2)}c_{k_1,k_2}(x_{k_1}-x_{k_2})+b=\sum_{i=1}^{d_1}\alpha_i x_i+b \tag{21.5}$$

其中 $\alpha_i=\sum_{(k_1,k_2)}[c_{k_1,k_2}\delta(k_1=i)-c_{k_1,k_2}\delta(k_2=i)]$。Zheng 等人（2016）证明

$$\sum_{i=1}^{d_1}\alpha_i=0 \tag{21.6}$$

这意味着在式（21.3）中定义的 HOP 特征对应于具有约束的特殊特征变换函数

$$h=\delta\Big(\sum_{i=1}^{d_1}\alpha_i x_i+b>0\Big)\quad \text{s.t.}\quad \sum_{i=1}^{d_1}\alpha_i=0 \tag{21.7}$$

因此，为了学习 HOP 特征，我们只需要学习受零和约束的每个 RSS 值 x_i 的线性权重。详细的推导表明式（21.4）可以通过约束的受限玻尔兹曼机来学习：

$$P(\boldsymbol{x};\boldsymbol{h})=\frac{1}{Z}\sum_{\boldsymbol{h}}\mathrm{e}^{-E(\boldsymbol{x},\boldsymbol{h})} \tag{21.8}$$

其中 $E(\boldsymbol{x},\boldsymbol{h})=\sum_{i=1}^{d_1}\frac{(x_i-a_i)^2}{2\pi_i^2}-\sum_{j=1}^{d_2}b_jh_j-\sum_{i,j}\frac{x_i}{\pi_i}h_jw_{ij}$ 是能量函数，$Z=\sum_{\boldsymbol{x},\boldsymbol{h}}\mathrm{e}^{-E(\boldsymbol{x},\boldsymbol{h})}$ 是分区函数。$E(\boldsymbol{x},\boldsymbol{h})$的第一项将每个 x_i 建模为高斯分布，其中 a_i 和 π_i 分别是平均值和标准差；第二项为每个 h_j 建模偏差 b_j；第三项建模 $\boldsymbol{x}$ 和 h_j 之间的线性映射。在 RBM 中，每个 h_j 都可以被视为 $h_j=\delta\left(\sum_{i=1}^{d_1}\frac{x_i}{\pi_i}w_{i,j}+b_j>0\right)$，我们通过条件概率（Krizhevsky 和 Hinton，2009）对其进行采样：

$$P(h_j=1\,|\,\boldsymbol{x})=\sigma\left(\sum_{i=1}^{d_1}\frac{x_i}{\pi_i}w_{i,j}+b_j\right) \tag{21.9}$$

其中 $\sigma(r)=\frac{1}{1+e^{-r}}$是 sigmoid 函数。为了考虑零和约束，我们比较了式（21.9）与式（21.7），并设定 $\alpha_i=\frac{1}{\pi_i}w_{ij}$。目标函数表示为

$$\min-\frac{1}{n_L}\sum_{k=1}^{n_L}\log P(\boldsymbol{x}^{(k)})\quad \text{s. t.}\quad \sum_{i=1}^{d_1}\frac{1}{\pi_i}w_{ij}=0,\forall j \tag{21.10}$$

这些 HOP 特征可以与定位分类器一起学习。

除了上述基于特征的迁移学习方法之外，还有一些基于特征的跨空间定位迁移学习方法（Wang 等人，2010）和跨设备跨时间定位方法（Zhang 等人，2013）。

21.2.3　基于样本的迁移学习用于定位

接下来以跨时间无线定位为例介绍基于样本的定位迁移学习。给定包含 m 个接入点的二维室内定位问题，我们假设在不同位置都有 l 个参考点以获得不同时间段的实时 RSS 值。在源时间段，我们收集了一些有标签数据 $D_s=\{(\boldsymbol{x}_s^{(i)},\ \boldsymbol{y}_s^{(i)}\,|\,i=1,\ \cdots,\ n_s)\}$，而在目标时间段，我们可以收集少量有标签数据 $D_t=\{(\boldsymbol{x}_t^{(i)},\ \boldsymbol{y}_t^{(i)}\,|\,i=1,\ \cdots,\ n_t)\}$。最后，我们还有一个来自目标设备的测试数据集 $D_t^{\mathrm{tst}}=\{(\boldsymbol{x}_t^{\mathrm{tst}(i)},\ \boldsymbol{y}_t^{\mathrm{tst}(i)}\,|\,i=1,\ \cdots,\ n_t^{\mathrm{tst}})\}$。该设定如图 21.4 所示，其中矩阵表示二维位置空间，对勾表示在该位置收集的有标签数据。带箭头的线代表任意选择轨迹，这些轨迹同时在源时段和目标时段中收集。

LANDMARC 模型（Ni 等人，2003）和 LEASE 模型（Krishnan 等人，2004）都利用了一些额外的硬件设备，包括固定发射器和嗅探器，以获得最新的 RSS 值，并进一步应用了一些 KNN

类的算法来估计位置。然而，这些方法的性能可能受限于嗅探器的有限数量和 KNN 的有限建模能力。

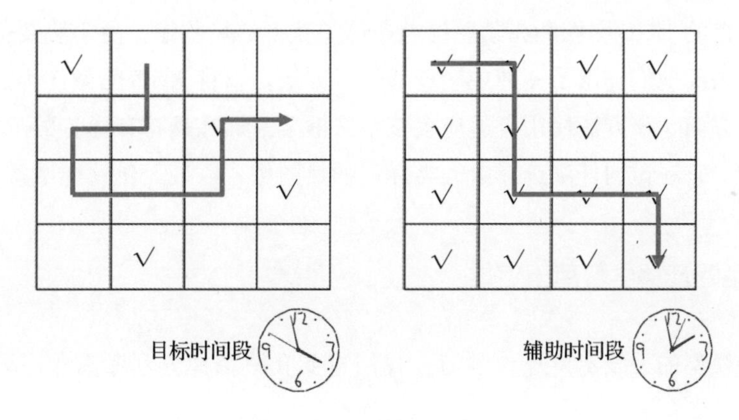

图 21.4　跨时间无线定位

Pan 等人（2007b）提出了一种 LeManCoR 模型，它是一种半监督流形方法。LeManCoR 模型将不同的时间段视为多个视图，并使用多视图学习框架来约束对参考点上的预测以保持一致。具体而言，LeManCoR 模型的目标函数表示为

$$
\begin{aligned}
(f^{(s)*}, f^{(t)*}) = \arg\min_{f^{(s)}, f^{(t)}} & \frac{\mu}{n_s}\sum_{i=1}^{n_s} V(\boldsymbol{x}_s^{(i)}, y_s^{(i)}, f^{(s)}) + \gamma_A \| f^{(s)} \|_{H_{K_1}}^2 + \gamma_I^{(1)} \| f^{(s)} \|_I^2 \\
& + \frac{1}{n_s}\sum_{i=1}^{n_s} V(\boldsymbol{x}_t^{(i)}, y_t^{(i)}, f^{(t)}) + \gamma_A \| f^{(t)} \|_{H_{K_2}}^2 + \gamma_I^{(2)} \| f^{(t)} \|_I^2 \\
& + \frac{\gamma_I}{\ell}\sum_{i=1}^{\ell} [f^{(s)}(\boldsymbol{x}_s^{(i)}) - f^{(t)}(\boldsymbol{x}_t^{(i)})]^2
\end{aligned}
\tag{21.11}
$$

问题（21.11）中的第一项的作用是最小化源时间段的局部损失，第二项和第三项用于流形正则化。与前三项相似，接下来的三项是针对目标时间段定义的。问题（21.11）中的最后一项的作用是强制两个定位分类器 $f^{(s)}$ 和 $f^{(t)}$ 在参考点上的位置预测保持一致，这些参考点可以接收实时 RSS 值。通过这种方式，不同时间段的训练样本可以一起使用。

Xu 等人（2017）提出了度量迁移学习框架（MTLF）。大量前人的研究使用欧式距离来衡量两个不同领域的样本之间的差异。然而，欧式距离在某些实际应用中可能不是最理想的。MTLF 学习样本权重并将其用于桥接不同领域的分布，同时学习马氏距离（Mahalanobis distance）以最大化类间距离并最小化目标域的类内距离。除了用于跨时间定位的上述基于样本的迁移学习方法之外，还存在用于跨空间定位的基于样本的迁移学习方法（Pan 等人，2008c）。

上述基于样本的迁移学习的工作重点是根据无线数据进行定位。已有一些使用基于实例的迁移学习的工作使用图像数据进行定位。例如，Lu 等人（2016）的定位系统考虑两种输入，包括在正常光照条件下获得的 RGB 图像和在紧急停电条件下获得的热图像。由于热图像不能像彩色图像那样容易地获得，因此他们提出了一种主动迁移学习方法，以将 RGB 图像作为源域，将热图像作为目标域处理。一方面，该方法使用自适应多核学习框架来训练具有有标签的 RGB 图像和热图像的模型。另一方面，它还试图仔细选择由人类标记的热图像，以最大化性能增益。

21.2.4 基于模型的迁移学习用于定位

本节介绍基于模型的无线定位迁移学习。我们主要介绍两种分别考虑非序列和序列的基于模型的迁移学习工作。

非序列模型

我们以跨设备无线定位为例介绍基于模型的迁移学习。LatentMTL 方法（Zheng 等人，2008b）将不同的设备建模为不同的任务，并通过跨任务参数共享来利用任务相关性以提高定位性能。我们使用回归函数 $f(\boldsymbol{z})=\boldsymbol{w}^{\mathrm{T}}\boldsymbol{z}+b$ 对定位进行建模，以估计来自某些变换信号向量 $\boldsymbol{z}=\varphi(\boldsymbol{x})\in\mathbb{R}^k$ 的位置，其中 $\boldsymbol{w}$ 是权重向量，b 是偏差项，φ 是特征映射函数。在这个多设备问题中，我们将 T 个设备视为 T 个任务，其中 T 设置为 2，因为我们考虑了一个目标设备和一个源设备，并且每个任务 $t\in\{1,\cdots,T\}$ 具有以 $\boldsymbol{w}_t$ 为参数的回归函数，为了计算简单，参数 b 是共享的。根据 Evgeniou 和 Pontil（2004）的论文，$\boldsymbol{w}_t$ 定义为

$$\boldsymbol{w}_t=\boldsymbol{w}_0+\boldsymbol{v}_t,\quad \forall t=1,\cdots,T$$

其中 $\boldsymbol{w}_0$ 由所有任务共享，$\boldsymbol{v}_t$ 是任务 t 特定的。我们感兴趣的是找到适当的特征映射 φ_t，它可以将原始信号数据映射到 k 维潜在特征空间，在这个特征空间中不同任务的假设函数是相似的，也就是 $\boldsymbol{v}_t$ 比较“小”。

LatentMTL 模型的目标函数为

$$\begin{aligned}
\min_{\boldsymbol{w}_0,\boldsymbol{v}_t,\xi_{it},\xi_{it}^*,b,\varphi_t} & \underbrace{\sum_{t=1}^{T}\pi_t\sum_{i=1}^{n_t}(\xi_{it}+\xi_{it}^*)}_{\text{损失}}+\underbrace{\frac{\lambda_1}{T}\sum_{t=1}^{T}\|\boldsymbol{v}_t\|^2}_{\text{知识共享}}+\underbrace{\lambda_2\|\boldsymbol{w}_0\|^2+\frac{\lambda_3}{T}\sum_{t=1}^{T}\Omega(\varphi_t)}_{\text{正则化}} \\
\text{s.t.}\quad & y_{it}-(\boldsymbol{w}_0+\boldsymbol{v}_t)\cdot\varphi_t(\boldsymbol{x}_{it})-b\leqslant\varepsilon+\xi_{it} \\
& (\boldsymbol{w}_0+\boldsymbol{v}_t)\cdot\varphi_t(\boldsymbol{x}_{it})+b-y_{it}\leqslant\varepsilon+\xi_{it}^* \\
& \xi_{it},\xi_{it}^*\geqslant 0
\end{aligned}\tag{21.12}$$

问题（21.12）中的每一项具体解释如下：

- 在损失项中，ξ_{it} 和 ξ_{it}^* 是测量误差的松弛变量，π_t 是每个任务 t 的权重参数。
- 在知识共享项中，最小化 $\|\boldsymbol{v}_0\|^2$ 的过程正则化了潜在特征空间 $\varphi_t(\boldsymbol{x})$ 中任务假设之间的差异。
- 在正则化项中，最小化 $\|\boldsymbol{w}_0\|^2$ 对应于最大化学习模型的间隔以提供泛化能力。通常，正则化参数 λ_1 大于 λ_2，以使任务假设相似。$\Omega(\varphi_t)$ 惩罚映射函数 φ_t 的复杂度。为了使问题易于处理，我们通过使 $\varphi_t(\boldsymbol{x})=\varphi_t\boldsymbol{x}$ 将 $\varphi_t\in\mathbb{R}^{k\times d}$ 视为线性变换。我们对 $\Omega(\varphi_t)$ 使用二次 Frobenius 范数，即 $\Omega(\varphi_t)=\|\varphi_t\|_F^2$。
- 这些约束遵循标准 ε-SVR（Scholkopf 和 Smola，2001）中的惯例，其中 b 为偏差项，ε 为松弛参数。

序列模型

TrHMM 模型（Zheng 等人，2008a）通过使用隐马尔可夫模型（Hidden Markov Model，HMM）来利用轨迹（即图 21.4 中的带箭头的线），对于迁移学习而言，它允许 HMM 参数在不同时间段内被共享和更新。

对于 HMM $\theta=(\lambda, \boldsymbol{A}, \pi)$，无线电图 $\lambda=\{P(\boldsymbol{x}_i|y_i)\}$ 建模信号分布，例如，每个位置的高斯分布 $P(\boldsymbol{x}|y)=\frac{1}{(2\pi)^{k/2}|\boldsymbol{\Sigma}|^{1/2}}\mathrm{e}^{-\frac{1}{2}(\boldsymbol{x}-\boldsymbol{\mu})^{\mathrm{T}}\boldsymbol{\Sigma}(\boldsymbol{x}-\boldsymbol{\mu})}$，其中 $\boldsymbol{\mu}$ 是均值，$\boldsymbol{\Sigma}$ 是协方差矩阵。根据 Ladd 等人（2002）的论文，假设接入点之间是独立的，我们可以将 $\boldsymbol{\Sigma}$ 简化为对角矩阵。转移矩阵 $\boldsymbol{A}=\{P(y_{i+1}|y_i)\}$ 编码了用户从一个位置移动到另一个位置的概率。由于用户可以从任何位置开始，因此位置先验分布 π 设置为在所有位置上的均匀分布。

TrHMM 包含三个阶段（如图 21.5），定义如下：

- 从源时间段 0 学习信号相关模型 α。具体地说，在所有位置网格上，TrHMM 在时间 0 时使用多元线性回归模型建模数据，并导出回归系数 $\boldsymbol{\alpha}^k=\{\alpha_{ij}^k\}$，用于编码参考位置 $\{l_c\}$ 与非参考位置 k 之间的信号相关性，即

$$s_j^k=\alpha_{0j}^k+\alpha_{1j}^k r_{1j}+\cdots+\alpha_{nj}^k r_{nj}+\varepsilon_j \tag{21.13}$$

  其中 s_j^k 是第 j 个接入点的位置 k 处的 RSS，$\alpha_{ij}^k(1\leqslant i\leqslant n)$ 是位置 k 处的第 j 个接入点信号的回归权重，$r_{ij}(1\leqslant i\leqslant n)$ 是来自第 j 个接入点的第 i 个参考点处的 RSS。
- 将信号相关模型 α 应用于目标时间段 t，并使用最新信号数据重新估计无线电图。具体地说，它利用 α 来用参考点位置 $\{l_c\}$ 上新收集的信号强度更新非参考点位置的信号强度。由

于回归参数可能随时间存在偏移，因此添加了用于权衡新的 λ_t 的约束条件，即

$$\boldsymbol{\mu}_t = \beta\boldsymbol{\mu}_0 + (1-\beta)\boldsymbol{\mu}_t^{\text{reg}}$$

$$\boldsymbol{\Sigma}_t = \beta(\boldsymbol{\Sigma}_0 + (\boldsymbol{\mu}_t - \boldsymbol{\mu}_0)(\boldsymbol{\mu}_t - \boldsymbol{\mu}_0)^{\text{T}}) + (1-\beta)(\boldsymbol{\Sigma}_t^{\text{reg}} + (\boldsymbol{\mu}_t - \boldsymbol{\mu}_t^{\text{reg}})(\boldsymbol{\mu}_t - \boldsymbol{\mu}_t^{\text{reg}})^{\text{T}})$$

其中我们通过引入参数 $\beta\in[0，1]$ 来平衡回归的无线电图 $\lambda_t^{\text{reg}}=(\boldsymbol{\mu}_t^{\text{reg}}，\boldsymbol{\Sigma}_t^{\text{reg}})$ 和基础无线电图 $\lambda_0=(\boldsymbol{\mu}_0，\boldsymbol{\Sigma}_0)$。

- 通过使用跟踪数据 T_t 来更新模型，该模型的位置先验 π 和转移矩阵 $\mathbf{A}$ 从源时间 0 开始一直是共享的。具体地，我们首先在时间 0 训练 HMM $\theta_0=(\lambda_0，\mathbf{A}_0，\pi_0)$ 作为基础模型。然后，在另一个时间段 t，我们通过运用回归分析来改善 λ_0 并获得新的 HMM $\theta_t=(\lambda_t，\mathbf{A}_0，\pi_0)$。

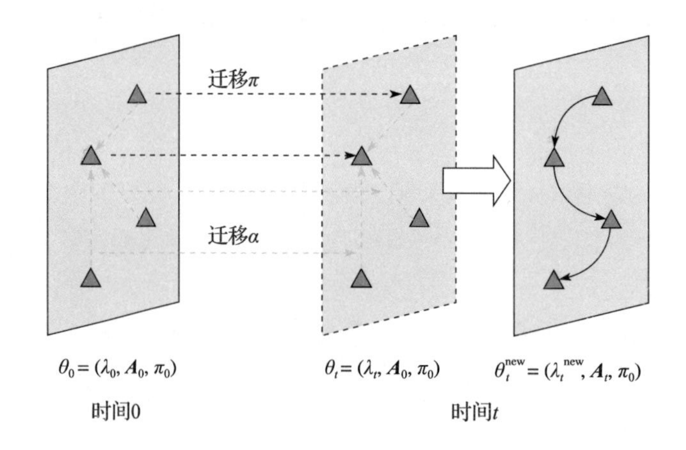

图 21.5 将定位模型从时间 0 适配到时间 t 的 TrHMM 模型

21.3 针对行为识别的迁移学习

21.3.1 背景

行为识别的目标是利用可穿戴传感器（如加速度计）、GPS 定位、基于物体的传感器（如射频识别标签）等，来识别人类日常生活行为，如步行、跑步或骑自行车等。

传统方法：对于行为识别，最常见的一种方法是简单地将其视为监督学习问题。该方法通常从几种类型的传感器收集数据集，并且基于领域和专家知识提取不同类型的特征。一些提取特征的方法（Bulling 等人，2014）包括统计特征（如原始传感器读数的均值、方差或峰度），或者一些频域特征（梅尔频率倒谱系数、傅里叶变换，小波变换等）。在特征提取阶段之后，不同的机器

学习方法，包括决策树（Bao 和 Intille，2004）、SVM（Bulling 和 Roggen，2011）、隐马尔可夫模型（Bulling 等人，2008）以及条件随机场（van Kasteren 等人，2008），已成功应用于各种行为识别数据集。

深度学习方法：尽管许多传统的机器学习方法已成功应用于行为识别问题，但近年来越来越多的研究人员开始研究基于深度学习的方法。Wang 等人（2017a）提到了传统机器学习方法的两个主要缺点。首先，在一般环境中通过人工提取特征来构建良好的行为识别系统需要很长时间。其次，人工提取的特征只能用于识别简单和低级别的行为，如跑步和步行，但很难推断出高级的或环境感知的行为。Hammerla 等人（2016）在 3 个不同的行为识别数据集上探索深度前馈神经网络、卷积神经网络和循环神经网络。他们发现循环神经网络在持续时间短但具有自然排序的行为中显著优于卷积神经网络。对于长期和重复的行为，他们建议使用卷积神经网络。

数据稀疏性挑战：将行为识别归为监督学习问题的一个缺点是难以收集足够的有标签数据。标注者必须通过原始传感器读数并手动切分这些行为。在输入包含运动传感器（如加速度计或陀螺仪）读数时的某些情况下，准确解释数据非常困难（Bulling 等人，2014）。因此，几乎所有公开可用的行为识别数据集在类别数量、收集的数据集的持续时间和监测的行为数量方面的规模都很小。

例如，对于 Hammerla 等人（2016）评估的 3 个数据集，机会数据集（Chavarriaga 等人，2013）仅包括来自 4 个受试者和 18 个常见的厨房行为的传感器读数，如打开和关闭洗碗机以及打开和关闭冰箱，PAMAP2 数据集（Reiss 和 Stricker，2012）由 9 个受试者和 12 个生活方式行为的读数组成，Daphnet 步态数据集（Bächlin 等人，2009）由 10 个受试者和 2 个行为类别的读数组成。这些数据集都缺乏可以在“真实世界”的日常生活行为（Activities of Daily Living，ADL）中观察到的丰富的行为层次结构。

在行为识别的背景下，监督学习的经典要求表现为：特征空间相同要求，即训练和测试数据应使用同一组传感器；基础分布相同要求，即受试者的偏好或习惯在训练和测试数据中应相似；标签空间相同要求，即在训练数据和测试数据中识别的行为集是相同的。

在严重的有标签数据的稀疏性问题下，自然可以考虑在现实世界的行为场景中进行迁移学习。在迁移学习背景下，我们希望：源域和目标域可以具有不同的特征空间，例如，使用从智能手机（源域）收集的传感器读数来帮助通过来自智能手表（目标域）传感器的读数识别行为；源域和目标域可以具有不同的概率分布，例如，使用从一个人身上收集的传感器读数来帮助识别另一个人的行为；源域和目标域可以具有不同的标签空间，例如，使用为步行和跑步而收集的传感器读数来帮助识别游泳行为。

近年来，研究人员已经提出了不同的迁移学习方法以解决上述迁移学习设定的不同方面。为了在不同的特征空间之间进行迁移，Khan 等人（2018）提出了一种基于卷积神经网络的转换迁移学习模型。所提出的 CNN 模型最小化了源域和目标域之间的分层 KL 散度。对于在不同的人之间的迁移，Deng 等人（2014）提出了一种跨人的行为识别方法，该方法使用简化的核极限学习机来初始化行为识别模型。Deng 等人（2014）还提出了一种在线学习算法，以使用高置信度的识别结果来适应在线模型。对于在不同标签空间之间的迁移，Wang 等人（2018b）提出了分层迁移学习框架，首先在目标域上获得伪标签，然后将来自源域和目标域的标签转换到一个子空间。

接下来我们将详细讨论一些迁移学习方法。特别地，我们将讨论如何放宽特征空间相同要求和标签空间相同要求，即来自不同传感器组的行为识别和不同行为组之间的行为识别。

21.3.2 问题设置

我们首先根据迁移学习定义行为识别的问题设置。我们研究了两个领域，分别具有不同传感器组和不同行为标签。具体来说，我们有源域 S，其中有标签的传感器读数是 $\{(\boldsymbol{x}_s, \boldsymbol{y}_s)\}$，以及目标域 T，假设它只有无标签的传感器读数 $\{\boldsymbol{x}_t\}$。

我们假设源域和目标域中的标签空间通过概率函数 $p(y_s, y_t)$ 来关联，其中 y_s 和 y_t 分别是源域和目标域的行为标签。标签空间之间的这种概率函数可以通过标记一些目标域样本来学习，或通过网络信息近似一些距离/相似度函数来学习。

我们的目标是估计 $p(\boldsymbol{y}_t|\boldsymbol{x}_t)$。为实现这一目标，有

$$p(\boldsymbol{y}_t|\boldsymbol{x}_t) = \sum_c p(\boldsymbol{c}|\boldsymbol{x}_t)p(\boldsymbol{y}_t|\boldsymbol{c})$$

其中 $\boldsymbol{c}$ 是行为标签。由于行为标签空间可能很大，简单起见，我们通过众数近似 $p(\boldsymbol{y}_t|\boldsymbol{x}_t)$ 的值，众数用$\hat{\boldsymbol{c}}$表示，是 $p(\boldsymbol{c}|\boldsymbol{x}_t)$ 中最频繁的标签。换句话说

$$p(\boldsymbol{y}_t|\boldsymbol{x}_t) \approx p(\hat{\boldsymbol{c}}|\boldsymbol{x}_t)p(\boldsymbol{y}_t|\hat{\boldsymbol{c}}), \quad \hat{\boldsymbol{c}} = \arg\max_{\boldsymbol{c}} p(\boldsymbol{c}|\boldsymbol{x}_t)$$

我们假设两个标签空间不同但相关。因此，联合分布 $p(\boldsymbol{y}_s, \boldsymbol{y}_t)$ 通常应该具有较高的互信息，并且 $p(\boldsymbol{y}_t|\hat{\boldsymbol{c}})$ 也应该较高。

从上面的公式可以看出，引入的迁移学习框架需要两个步骤。在第一步中，我们将估计 $p(\hat{\boldsymbol{c}}|\boldsymbol{x}_t)$，其中$\hat{\boldsymbol{c}}$根据源域标签空间进行标记。简而言之，我们的目标是首先使用源域标签空间来解释目标域序列 $\boldsymbol{x}_t$。由于这两个域具有不同的特征空间，因此在第一步中我们需要跨不同的特征空间进行迁移。接下来，我们将估计 $p(\boldsymbol{y}_t|\hat{\boldsymbol{c}})$，其中 $\boldsymbol{y}_t$ 定义在目标域标签空间上，$\hat{\boldsymbol{c}}$定义在源域标签空间上，因此在第二步中，我们需要跨不同的标签空间进行迁移。

21.3.3　跨特征空间的迁移

基于以上讨论，在本节中我们首先需要在不同特征空间之间迁移知识并估计 $p(\hat{\boldsymbol{c}}|\boldsymbol{x}_t)$。

源域 S 中每个传感器的读数 $\boldsymbol{x}_s$ 由特征 f_s 表示。类似地，目标域 T 中的每个传感器读数 $\boldsymbol{x}_t$ 由特征 f_t 表示。例如，f_s 可以是戴在手腕上的人体三维加速计，而 f_t 可以是来自移动电话的 Wi-Fi 信号。在这里，我们需要在 f_s 和 f_t 之间建立联系。

受翻译学习（Dai 等人，2008）的启发，当跨越不同的特征空间进行迁移时，重要的一步是在源域和目标域之间找到转换器 $\phi(f_t，f_s)\propto p(f_t，f_s)$。由于 f_t 和 f_s 在给定 $\boldsymbol{x}_s$ 的条件下是独立的，我们有

$$p(f_t,f_s)=\int_{\mathscr{X}_s}p(f_t|\boldsymbol{x}_s)p(f_s|\boldsymbol{x}_s)p(\boldsymbol{x}_s)\mathrm{d}\boldsymbol{x}_s=\int_{\mathscr{X}_s}p(f_t,\boldsymbol{x}_s)p(f_s|\boldsymbol{x}_s)\mathrm{d}\boldsymbol{x}_s$$

为了测量联合分布 $p(f_t，f_s)$，我们需要测量 $p(f_t，x_s)$，或者更确切地说，测量 T 中每个特征与源域传感器读数 $\boldsymbol{x}_s$ 之间的联合分布。根据基于分布差异或信号数据差异的计算方式，我们可以使用两个基本工具来近似 $p(f_t，x_s)$，包括 Jeffrey 的 J 散度（Jeffreys，1946）（它是 KL 散度的对称版本），以及动态时间规整（Dynamic Time Warping，DTW）（Keogh 和 Pazzani，2000）。

我们可以从传感器读数中提取两种信息。首先，给定传感器读数序列，可以估计产生这种传感器读数的生成分布。由于只关心两个传感器读数的分布之间的相对距离而不是准确地描述这些分布，我们只是简单地绘制每个传感器值的频率，如果它是连续的，就将其离散化，然后平滑化这个离散概率分布。由于我们有完全不同的特征空间，所以首先将所有传感器读数归一化到[0，1]的范围内。

特别地，假设我们在源域中有一个训练集 $\{x_i，y_i\}$，其中 x_i 是传感器读数，y_i 是相应的标签。对于每个行为 y_i，我们可以选出具有 y_i 作为其标签的所有传感器读数序列 x。接下来，我们可以计算传感器值 x_{ij} 的出现次数，然后估计传感器读取序列 x_i 中每个传感器的概率分布。对上述方法的直观解释是我们尝试将不同传感器的每个生成分布连接到一个目标行为。

按照类似的方法，我们也可以估计目标域中的每个传感器读取序列的概率分布。现在，对于每个传感器读取序列，我们已经估计了分布 Q，并且希望在源域中找到相近的分布 P。由于 KL 散度是不对称的，即 $D_{\mathrm{KL}}(P\|Q)\neq D_{\mathrm{KL}}(Q\|P)$。因此，我们使用 $D_{\mathrm{KL}}(P\|Q)+D_{\mathrm{KL}}(Q\|P)$ 代替 $D_{\mathrm{KL}}(P\|Q)$，这是一种对称测量，用于测量产生传感器读数的两个分布之间的距离。

基于相对熵测量选择候选标签时需要解决两个问题。第一个问题是尽管两个分布 P 和 Q 相同

时 $D_{KL}(P\|Q)+D_{KL}(Q\|P)$ 才等于零，传感器间具有非常大的 KL 值时也并不一定意味着两个分布是高度不相关的。考虑两个加速度计，其中加速度方向不同。在这种情况下，每当第一加速度计感测到高值时，第二加速度计将感测到低值。因此，我们需要同时考虑高发散度值和低发散度值的分布对。第二个问题是在绘制信号值与时间的关系时不同传感器的采样率不同。不同类型的传感器具有不同的采样率，并且分布的估计准确度浮动范围较大。在计算不同传感器之间的相关性时，另一个重要步骤是使用可以考虑到不同采样率的距离度量方式。现在给出两个系列的传感器读数，这些读数均只有一个维度，即长度分别为 n 和 m 的 Q 和 C，我们希望基于 DTW（Keogh 和 Pazzani，2000）对齐两个序列。

DTW 的思想很简单，我们可以构造一个 $n\times m$ 的矩阵，第（i，j）个元素包含两个点 q_i 和 c_j 之间的距离 $d(q_i, c_j)$，该距离是 q_i 和 c_j 的差的绝对值，即 $d(q_i, c_j)=|q_i-c_j|$。由于第（i，j）个元素对应于 q_i 和 c_j 之间的对齐，因此目标是找到一个变形路径（warping path）W，即一组连续的元素，用于定义 Q 和 C 之间的映射。因此，变形路径 W 的位置 K 处的元素定义为 $w_k=(i, j)_k$，可以通过具有二次时间复杂度的动态规划算法找到该变形路径。

算法 21.1 给出了将源域中的标签投影到目标域中的无标签传感器读数的步骤。请注意，在算法 21.1 中，我们引入了一个参数 K，用于控制源域中候选标签序列的数量。

算法 21.1 将源域中的标签投射到目标域中的无标签传感器读数

输入： 源域活动 $\mathcal{S}_s$，源域数据 $\mathcal{D}_s=\{(\boldsymbol{x}_s, \boldsymbol{y}_s)\}=\{(x_i, y_i)|y_i\in L_s\}$，目标域数据 $\mathcal{D}_t=\{\boldsymbol{x}_t\}$

输出： 具有伪标签的目标域数据 $\mathcal{D}_t'=\{(\boldsymbol{x}_s, \boldsymbol{y}_s')\}$

begin

1）归一化 S 和 T 中每一个传感器读数序列。

2）对于 $(\boldsymbol{x}_s, \boldsymbol{y}_s)\in S$ 中每一个传感器读数和行为对，估计它的概率分布 $p(f_s|y_s)$。

3）对于目标域中的每个无标签序列 $\boldsymbol{x}_t$，估计它的特征值的分布 $P(f_t)$。

4）计算 T 中的分布与 S 中的所有分布之间的相对熵，然后取相似度最大的 K 个和最小的 K 个分布，记录它们的标签作为候选。

5）计算该传感读数序列 $\boldsymbol{x}_t$ 与源域中所有有标签传感器读数序列（$\boldsymbol{x}_s$，$\boldsymbol{y}_s$）之间的 DTW 分数，然后取相似度最大的 K 个和最小的 K 个分布，记录它们的标签作为候选。

6）使用在候选标签集中出现最多次数的标签为无标签序列 $\boldsymbol{x}_t$ 打标签。

end

21.3.4 跨标签空间的迁移

在上一节中，我们已经估算了 $\arg\max_c p(\hat{\boldsymbol{c}}|\boldsymbol{x}_t)$ 的值。在本节中，我们的目标是估计$p(\boldsymbol{y}_t|\hat{\boldsymbol{c}})$。由于 $p(\boldsymbol{y}_t|\boldsymbol{c})=p(\boldsymbol{y}_t, \boldsymbol{c})/p(\boldsymbol{c})$，如果假设先验分布 $p(\boldsymbol{c})$ 之间没有区别，那么我们可以得到 $p(\boldsymbol{y}_t|\boldsymbol{c})\propto p(\boldsymbol{y}_t, \boldsymbol{c})$。

基于马尔可夫假设，我们有

$$p(\boldsymbol{y}_t,\boldsymbol{c}) = p(y_t^0)\prod_i p(y_t^i|y_t^{i-1})\prod_i p(c^i|y_t^i) \propto \prod_i p(y_t^i|y_t^{i-1})\prod_i p(c^i|y_t^i)$$

$$\log p(\boldsymbol{y}_t,\boldsymbol{c}) \propto \sum_i \log p(\boldsymbol{y}_t^i|y_t^{i-1}) + \sum_i \log p(c^i|y_t^i)$$

从上面的表述中，我们可以看出该问题可以简化为估计 $p(l_s|l_t)$，其中 $l_s\in L_s$，$l_t\in L_t$，以及估计 $p(l_t^1|l_t^2)$，其中l_t^1，$l_t^2\in L_t$。目标域中有标签数据的数量是不够的，我们需要额外的知识源来帮助估计这些概率。例如，Shen 等人（2006a）使用来自开放目录项目（Open Directory Project，ODP）的网页作为估计这些概率的桥梁。Zheng 等人（2009）计算两个词向量的余弦相似度，当两个行为名称用作查询条件时，这两个词向量由 Web 搜索结果中的词组成。实际上，基于 Web 页面的这种算法可能非常慢。我们选择优化类似于 $p(\boldsymbol{y}_t, \boldsymbol{c})$ 的类似度量，而不是直接测量条件概率，如下所述。

我们将 $R(i, j)$ 定义为将 $j\in L_t$ 分配给 y_t^i 和$Q(l_1, l_2)$ 的期望损失，作为 l_1 和 l_2 之间的“信息距离”，其中 l_1 和 l_2 分别是源域和目标域的行为标签。$R(i, j)$ 被递归地定义为

$$R(i,j) = \min_{k\in L_t}\{R(i-1,k) + Q(\hat{\boldsymbol{c}}^i,j) + Q(k,j)\}$$

下面我们简要地解释这种递归关系的本质。为了最小化直到时间片 i 的损失，我们需要考虑直到时间片 $i-1$ 的最小损失。为此，我们需要枚举所有可能的 $R(i-1, k)$，其中 $k\in L_t$ 是我们分配给时间片 $i-1$ 的标签。接下来，我们需要最小化原始“伪标签” $\hat{\boldsymbol{c}}^i$ 和这个新标签 $j\in L_t$ 之间的距离。此外，$Q(k, j)$ 也被考虑在递归函数中以最小化连续切片 $\boldsymbol{y}_t^i$ 和 $\boldsymbol{y}_t^{i-1}$ 之间的距离。可以看出，上述递归关系可以通过动态规划来解决。在这里，我们使用 Google 相似距离（Cilibrasi 和 Vitányi，2007）作为 Q 来近似两个实体之间的信息距离。

Google 相似距离定义为

$$\mathrm{NGD}(x,y) = \frac{\max\{\log f(x),\log f(y)\} - \log f(x,y)}{\log N - \min\{\log f(x),\log f(y)\}}$$

根据 Google 的解释，其中 $f(x)$ 表示包含 $\boldsymbol{x}$ 的页数，$f(x, y)$ 表示包含 $\boldsymbol{x}$ 和 $\boldsymbol{y}$ 的页数，N 是标准

化因子。因此，我们需要知道的只是搜索结果的计数。通过使用 Google 相似距离，我们有

$$R(i,j)=\min_{k\in L_t}\{R(i-1,k)+\mathrm{NGD}(\hat{c}^i,j)+\mathrm{NGD}(k,j)\}$$

算法 21.2 进一步解释了我们弥合不同标签之间差距的过程。

算法 21.2 将带有源域标签的目标域序列投影到带有目标域标签的目标域序列

输入： 有伪标签的目标域数据 $\mathscr{D}_t'=\{(\boldsymbol{x}_t, \hat{\boldsymbol{c}})\}$

输出： 有标签的目标域数据 $\mathscr{D}_t^*=\{(\boldsymbol{x}_t, \boldsymbol{y}_t)\}$

begin

1) 对于每一个具有伪标签的目标域样本 d_t'，基于重现关系 $R(i, j)=\min_{k\in L_t}\{R(i-1, k)+\mathrm{NGD}(\hat{c}^i, j)+\mathrm{NGD}(k, j)\}$ 来计算它的最小损失值 $R(i, j)$，其中 NGD 表示 Google 相似度距离度量。

2) 使用目标域标签空间中的标签对 d_t' 重新打标签，从而创造一个新序列 d_t^*。

end

完成这两个步骤后，我们就有了每个无标签的传感器读数在目标域中的标签 $y_t^i\in L_t$，然后可以运用任何用于行为识别的机器学习算法，例如隐马尔可夫模型（Patterson 等人，2005）或条件随机场（Vail 等人，2007），来训练目标域中的行为识别分类器。

人工智能技术丛书

第22章

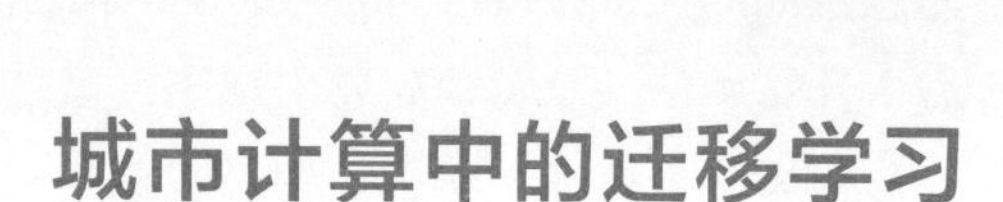

城市计算中的迁移学习

22.1 引言

如今，移动电话、公共交通和基础设施（如交通摄像头和空气质量监测站）不断地产生与城市相关的大量异构数据（例如GPS点、线上发帖、道路状况和天气状况）。这为我们从不同角度了解城市的动态打开了一扇新的大门，并促进了各种城市计算的发展，这种计算可以应用于交通监控、社会安全、城市规划、医疗保健等。目前的解决方案可以采用如下方式帮助简化城市规划和决策：

细粒度数据推理：在许多城市监测任务中，所获得的数据无法覆盖整个城市区域。一个典型的例子是空气质量监测，其中空气质量传感站仅在城市中稀疏分布。因此，如何基于收集的稀疏数据推断出更细粒度的数据分布将成为一个重要的研究课题。

未来现象预测：另一个重要且热门的研究领域是城市事件预测问题，例如空气质量和交通预测。在传统的统计学中，这种问题通常可以建模为时间序列预测问题，并通过统计模型（如整合移动平均自回归（Auto Regressive Integrated Moving Average，ARIMA））来解决。然而，在复杂的城市计算应用中，为了获得更准确的预测，通常需要构建更复杂的机器学习模型以考虑异构数据源。例如，在空气质量预测中，诸如道路地图、天气条件和交通状况等许多数据都可以帮助预测。

事件检测：检测异常事件在城市计算应用中非常重要。例如，在诸如台风和飓风等破坏性天气条件下，以实时方式检测道路障碍物（例如倒下的树木和积水）是一个关键问题。城市管理部分可以及时恢复道路运输以减少损失。

设施部署：寻找适当的位置来部署新设施（例如购物中心、电动车充电站或环境监测站）是另一个主要的研究课题。值得注意的是，大多数设施一旦建成，将难以被移至其他地点。因此，设施部署的相关方案和机制通常不能采用试错法，这使得这项任务更具挑战性。

尽管在城市计算方面已经有了广泛的研究，但大多数现有研究都是在假设与服务相关的数据量足够且容易获得的情况下构建其应用，例如交通预测应用的交通流量记录。然而，实际情况并非总是如此。许多城市可能刚刚启动城市数字化进程，并没有太多的历史服务相关数据。因此，城市计算中的一个关键问题出现了（虽然目前很少有人研究），即如何在数据稀缺的问题下冷启动新的城市计算服务。例如，假设我们想要建立设施部署辅助系统来推荐各种设施的选址，如大型购物中心或五星级酒店，但是城市中还没有这样的设施。在这种情况下，我们怎样才能以这个城市的少量数据为基础完成推荐？

在本章的其余部分，我们将研究在存在数据稀缺问题时，迁移学习如何帮助构建城市计算应用。首先，我们将介绍在城市计算应用中“迁移什么”。通常，这个问题取决于具体的应用，但考虑到城市计算应用的共同特征，我们可以将此问题分为三类，即跨模态迁移、跨区域或跨城市迁移以及跨应用迁移。然后，我们将介绍城市计算迁移学习中的关键问题，包括确定适当的源域、连接源域和目标域以及评估知识的可迁移性。最后，我们将阐述两个实际应用，以说明经典的迁移学习技术在城市计算中的应用。

22.2 城市计算中的“迁移什么”

想要利用迁移学习来构建具有数据稀缺性问题的城市计算应用，需解决的第一个关键问题是找到适当的源域知识进行迁移，即“迁移什么”。在城市计算应用中，这些知识主要有以下来源：

跨模态迁移。城市计算应用的一个关键特征是它通常依赖于异构数据模态。例如在空气质量预测任务中，诸如城市道路地图、车辆 GPS 轨迹、兴趣点分布、天气信息等各种数据模态可以帮助提高预测准确度。然而，一些城市或地区可能缺失一些数据模态，因此预测准确度不太令人满意。在这种情况下，如果可以通过从其他模态迁移知识来首先推断缺失模态的信息，我们就有机会提高目标应用的性能。

跨区域或跨城市迁移。在区域或城市构建新应用的辅助知识源是来自其他已经建立了相同

（或类似）应用的区域或城市的经验。在这种情况下，我们还可以将源区域或城市称为数据丰富的区域或城市，将目标区域或城市称为数据稀缺的区域或城市。虽然跨区域或跨城市迁移的基本概念是直观的，但它实际上面临着许多困难。例如，不同的城市具有不同的发展水平，这使得直接迁移通常无效，并可能导致“负迁移”。

跨应用迁移。对于将要开发的新城市计算应用，迁移学习的另一个重要知识来源是已经收集了大量数据的相关应用。例如，假设我们想在一个城市开设一个新的共享汽车业务，但我们没有关于共享汽车行为的任何数据。那么为了实现与共享汽车相关的城市计算应用（如供需预测），我们可以利用来自出租车相关应用的现有数据。

值得注意的是，上述知识源可以在城市计算中的迁移学习应用中被组合在一起。例如，我们希望为目标应用在城市的不同数据模态之间建立可靠且有用的关联，那么可以首先在所有数据模态足够的源城市中学习这些关联，然后将其迁移到缺少某些数据模态和目标应用数据的目标城市。

22.3　城市计算中迁移学习的关键问题

在本节中，我们将总结将迁移学习应用于城市计算时应考虑的几个关键问题。

（1）*识别适当的源域*。虽然 22.2 节详细阐述了获取城市计算应用的源域知识的一些方法，但找到合适的源域仍然是实践中最困难的部分。首先，对于许多应用，可能很难找到包含构建目标应用所需的所有信息的完美源域。更糟糕的是，我们可能无法找到任何能用于迁移的数据模态、区域或城市，或者应用。在这种情况下，我们可能需要依靠仿真软件来生成数据以作为源域，或尝试从网站和应用程序中爬取数据。在许多情况下，Facebook 和 Twitter 之类的社交媒体平台是潜在的数据源，因为用户在这些平台上的活动（例如，签到）通常可以映射到现实生活中的物理空间并反映城市动态。

（2）*连接源域和目标域*。在确定源域后，第二步是学习可以从源域迁移到目标域的知识。换句话说，需要在两个域之间提取知识的“不变”部分。虽然这部分通常是应用特定的，因而没有一种始终有效的方法，但我们在此将提供一些指导和建议。

- *以系统的方式构建隐私保护的解决方案*。在城市计算应用中，许多数据只能以隐私保护的方式被收集和共享。这可能导致源域数据和目标域数据之间的不一致。例如，许多城市公布的出租车轨迹记录仅包括粗略的乘客上车和下车的区域，而不是详细的 GPS 坐标。那么，当我们想通过跨城市迁移学习建立与出租车相关的城市计算应用时，可能只能从源城市获取隐私保护的出租车数据，而可以从目标城市检索更细粒度的数据。因此，可能需要一些处理这种隐私保护数据的系统方法来促进迁移学习。

- 通过神经网络学习共同表示以实现可迁移性。随着深度神经网络的发展，神经网络已成为一种可以自动学习大范围任务的特征表示的强大工具。类似地，在城市计算中的迁移学习应用中，它也成了一种流行的方法。例如，我们可以使用神经网络来学习城市区域的新特征表示，而其原始特征可以包括兴趣点分布、温度、交通状况等。然后，可以将其他有用的先验知识（例如两个城市中的两个区域是彼此相似的，如 CBD）添加到神经网络中，以帮助其学习具有更好的可迁移性的新特征表示。

（3）评估可迁移性。另一个基本问题是定量衡量源域和目标域之间的可迁移性。例如，已知几个候选源城市，评估可迁移性将有助于选择适当的城市作为源城市。我们可能会考虑规模、人口、文化、经济等因素，来量化城市间的相似性以及城市间的可迁移性。然而，到目前为止，仍然很少有工作侧重于从数学角度量化这种城市间的可迁移性。因为这将极大地推动城市计算中迁移学习的应用，所以我们相信这将是未来重要的研究方向。在接下来的两节中，我们将介绍城市计算中的两个实际问题，即连锁店推荐问题和空气质量预测问题，以阐述迁移学习如何有效地解决城市计算中的数据稀缺问题。

22.4 连锁店推荐

连锁业务占据了全球市场的主导地位。在连锁业务中需要解决的一个关键问题是当企业想在新的城市开展业务时如何为其连锁店选择最佳位置。传统上，运营商根据新商店的位置，通过问卷调查了解市民的需求，并且通过详细调查了解候选地点的特征。显然，这些传统方法太耗费时间，特别是在如今城市迅速发展的状况下。另一方面，传统的机器学习技术在解决这个问题时面临冷启动，即目标城市的连锁店数据不足的问题。

在这种情况下，我们转而使用迁移学习来解决。例如，Guo 等人（2018a）提出了 CityTransfer 模型，以进行城市间的知识迁移和城市内企业间的知识迁移。下面我们将详细介绍其问题设置和 CityTransfer 模型。

22.4.1 问题设置

考虑中国的两个大城市，即北京和上海。将每个城市划分为统一大小的网格 $G=\{g_1, \cdots,$

$g_m\}$，并为每个网格提取特征向量 f_i。考虑三家中国的快捷酒店，即 7 天连锁酒店、如家快捷酒店和汉庭酒店，由 $H=\{h_1, h_2, h_3\}$ 表示。

假设北京有这三家酒店的连锁店，而上海只有“7 天连锁酒店”和“如家快捷酒店”的连锁店。如果“汉庭酒店”想在上海开展业务，那么它将面临冷启动问题，可以通过迁移学习方法解决这个问题。CityTransfer 方法进行城市间的知识迁移，以适配不同城市和企业之间的知识。在这里，北京被视为源城市 s，并划分为网格 $G^s=\{g_1^s, \cdots, g_{m_1}^s\}$，而上海被视为目标城市 t，并划分为网格 $G^t=\{g_1^t, \cdots, g_{m_2}^t\}$。此外，$h_1$ 和 h_2 是源企业，而 h_3 是目标企业。

CityTransfer 模型利用多个异构数据源来进行连锁店位置推荐。其采用的数据来源分为两类，即城市特征数据和连锁酒店企业数据。前者包括从中国的数字地图服务提供商之一高德地图中爬取的每个网格中的兴趣点（Point Of Interest，POI），网格中的房价从中国房地产的网站之一搜房网爬取。后者包括从中国的旅游预订网站之一携程网（www. ctrip. com）爬取的企业资料信息，以及从中国的微博之一新浪微博（www. sina. com）爬取的消费者评论。我们在表 22.1 中展示了数据的详细信息。由于网格中企业的相关评论数量反映了它的商业绩效，因此 CityTransfer 模型用网格 g_i 中与 h_i 相关的评论数来近似表示企业 h_i 的连锁店在网格 g_j 中的评分 r_{ij}。

表 22.1　城市特征数据和连锁酒店企业数据（Guo 等人，2018a）

源	北京	上海
7 天连锁酒店数量	160	46
如家快捷酒店数量	179	156
汉庭酒店数量	123	147
7 天连锁酒店评论数量	31 215	8 610
如家快捷酒店评论数量	35 310	45 146
汉庭酒店评论数量	18 195	22 875
POI 数量	348 863	444 703
入住人次	21 222 070	16 928 489
房价（元/平方米）	55 030	50 224

22.4.2　CityTransfer 模型

CityTransfer 模型（Guo 等人，2018a）扩展了传统的基于 SVD 的协同过滤模型，以进行城市间和城市内的知识迁移。第一，由于从每个网格的多模态数据中提取的原始特征表示是冗余和有噪声的，因此城市内语义提取组件被设计为从每个网格的原始特征表示构建更健壮且信息更丰富的特征表示，即 $\boldsymbol{f}_i \rightarrow \boldsymbol{v}_i$。第二，由于不同城市的特征和评级分布可能不同，城市间知识关联组件被设计为可以保证新的特征表示分布在共享的语义空间中。第三，以基于 SVD 的协同过滤模型为基础，可以通过迁移评级预测模型来预测每个企业在每个网格中的评分。

城市内语义抽取。采用自动编码器从原始特征 $\boldsymbol{f}_i$ 中构造新的特征向量 $\boldsymbol{v}_i$。构建过程定义为

$$\boldsymbol{v}_i^s = \sigma(\boldsymbol{W}_s \boldsymbol{f}_i^s + \boldsymbol{y}_1^s) \tag{22.1}$$

$$\boldsymbol{v}_i^t = \sigma(\boldsymbol{W}_t \boldsymbol{f}_i^t + \boldsymbol{y}_1^t) \tag{22.2}$$

其中 $\boldsymbol{W}_s$、$\boldsymbol{W}_t$、$\boldsymbol{y}_1^s$、$\boldsymbol{y}_1^t$ 是参数，σ 表示激活函数。同时，网格的重构特征向量为

$$\hat{\boldsymbol{f}}_i^s = \sigma(\boldsymbol{W}_s^{\mathrm{T}} \boldsymbol{v}_i^s + \boldsymbol{y}_2^s) \tag{22.3}$$

$$\hat{\boldsymbol{f}}_i^t = \sigma(\boldsymbol{W}_t^{\mathrm{T}} \boldsymbol{v}_i^t + \boldsymbol{y}_2^t) \tag{22.4}$$

其中 $\boldsymbol{y}_2^s$、$\boldsymbol{y}_2^t$ 是参数，自动编码器中的参数用最小化重构误差来估计，重构误差可表示为

$$O_1 = \sum_{i=1}^{m_1} \| \hat{\boldsymbol{f}}_i^s - \boldsymbol{f}_i^s \|_2^2 + \sum_{i=1}^{m_2} \| \hat{\boldsymbol{f}}_i^t - \boldsymbol{f}_i^t \|_2^2 \tag{22.5}$$

城市间知识关联。为了保证来自不同城市的新特征表示具有可比性，应将它们投射到共享的语义空间。以下方法可以实现这一目标。我们首先根据原始特征表示来计算任意两个城市之间的 Pearson 相关系数，即 $\rho_{ij}=\rho(\boldsymbol{f}_i^s, \boldsymbol{f}_j^t)$。根据这些系数，对于源城市中的每个网格，我们在目标城市中选择与它最相似的 k 个网格；对于目标城市中的每个网格，我们在源城市中选择与它最相似的 k 个网格。这样我们生成了两个城市之间相似网格对的集合 $\Delta=\{(g_i^s, g_j^t)\}$。为了使这些网格对在共享语义空间中相似，我们可以使用以下函数作为正则化项来获得新的表示：

$$O_2 = \sum_{(g_i^s, g_j^t)\in\Delta} \rho(\boldsymbol{f}_i^s, \boldsymbol{f}_j^t)(\boldsymbol{v}_i^s - \boldsymbol{v}_j^t)^2 \tag{22.6}$$

迁移评分预测模型。我们扩展了一种基于 SVD 的协同过滤模型以预测网格中每个企业的评分。我们使用 $\boldsymbol{u}_i$ 来表示企业 h_i 的特征表示，源城市的网格 j 中的企业 $h_i\in H$ 的评分估计值为

$$\hat{r}_{ij}^s = b_i + e_j^s + \boldsymbol{u}_i^{\mathrm{T}} \boldsymbol{v}_j^s \tag{22.7}$$

类似地，目标城市的网格 j 中企业 h_i 的评分估计值为

$$\hat{r}_{ij}^t = b_i + e_j^t + \boldsymbol{u}_i^{\mathrm{T}} \boldsymbol{v}_j^t \tag{22.8}$$

为了最小化预测误差，优化目标设置为

$$O_3 = \sum_{r_{ij}^t\in R^t} (\hat{r}_{ij}^t - r_{ij}^t)^2 + \lambda_1 \sum_{r_{ij}^s\in R^s} (\hat{r}_{ij}^s - r_{ij}^s)^2 \tag{22.9}$$

通过组合上述三个部分以及正则化项 R，最终目标函数为

$$O = \frac{\lambda_1}{2}O_1 + \frac{\lambda_2}{2}O_2 + \frac{\lambda_3}{2}O_3 + \frac{\lambda_4}{2}R \tag{22.10}$$

我们可以看到，CityTransfer 模型是一种基于特征的迁移学习方法，其中源城市的网格和企

业的特征表示被迁移到了目标城市。

22.5 空气质量预测

由于越来越多的工厂、车辆、人类活动等，空气污染成为世界上许多地方的城市生活中的一个严重问题。准确预测城市每个地区的空气质量对市民来说非常重要，这可以帮助他们提前计划其户外活动。显然，一个地区的空气质量受到许多因素的影响，例如：兴趣点、交通、生产工厂等。因此，污染程度很大程度上随位置而变化。在污染预测系统中，我们希望利用这些多模态数据提前估算一个城市的细粒度空气质量。

更具体地说，我们的任务是将空气质量分为较好、中等、不健康等类别，所以可以将空气质量预测看作分类问题。给定某时间内每个地区的多模态数据，我们希望将相应的空气质量划分为某个类别。我们注意到传统的分类模型无法很好地解决这个问题，其原因有两个。首先，空气质量数据非常稀缺，因为许多城市只有少数空气质量监测站，这导致了标签的稀缺问题。其次，存在数据不足的问题，因为某些地区或某些时期可能缺少甚至完全缺失一些关于重要影响因素的多模态数据，例如，可能会缺少几个小时的上海气象数据。同样，上海某些地区以及特定地区的某些时段的出租车轨迹数据可能无法获得。

因此，我们考虑是否可以将知识从一个城市迁移到另一个城市以帮助预测空气质量。接下来我们将阐述一种称为 FLORAL 模型（Wei 等人，2016b）的解决方案，以便在城市之间迁移多模态数据。

22.5.1 问题设置

假设在源域北京已经收集了足够的有标签和无标签数据来构建交通预测模型，而目标域上海只有少量有标签和一些无标签数据。每个数据实例代表一段时间内的一个区域，表示为多模态元组，包括有关空气质量的各种影响因素的数据。我们假设存在 M 个模态，并将目标域中有标签和无标签实例分别表示为 $T_l=\{t_{li}^1, t_{li}^2, \cdots, t_{li}^M\}$ 和 $T_u=\{t_{ui}^1, t_{ui}^2, \cdots, t_{ui}^M\}$。类似地，源域中有标签和无标签的实例用 $S_l=\{s_{li}^1, s_{li}^2, \cdots, s_{li}^M\}$ 和 $S_u=\{s_{ui}^1, s_{ui}^2, \cdots, s_{ui}^M\}$ 表示。由于 $|S_l| \gg |T_l|$ 且 T_l 中的某些实例缺少一些模态，我们希望利用 S_u 和 S_l 来帮助更有效且高效地学习目标域的分类器。

在我们的问题中存在四种数据模态，即来自 Bing 地图的路网和 POI 数据、从公共网站爬取的气象数据，以及出租车轨迹数据。请注意，仅可获得北京的出租车轨迹数据，并且一些用例的某些模态在上海是缺失的。表 22.2 总结了其他三种模态的数据详情。

表 22.2　模态统计（Wei 等人，2016b）

模态	北京	上海
#公路段	249 080	313 736
高速公路	994km	2016km
公路	24 643km	40 944km
#POI	379 022	433 016
时间跨度（2014 年）	2 月 1 日～5 月 31 日	8 月 1 日～9 月 10 日

22.5.2　FLORAL 模型

在本小节中，我们将介绍用于城市计算的 FLORAL 模型（Wei 等人，2016b）。FLORAL 模型包括两个主要组件，一个组件用于学习源域中多个模态的语义相关字典，另一个组件用于将字典和实例从源域迁移到目标域。FLORAL 模型基于来自源域和目标域的每个实例的稀疏编码，学习分类模型以预测目标城市的空气质量。下面我们依次介绍每个组件。

学习语义相关字典。FLORAL 模型中的字典是通过聚类获得的，共有三个步骤，即图构造、图聚类和字典推断。第一步，构造相似性图 $G=(V, E)$，其中顶点集包括源域中每个实例的所有模态，边描述顶点之间的成对关系，即每个模态内的内部边（intra-edge）和不同模态间的外部边（inter-edge）。对于第 m 个模态中的每对顶点 s_i^m 和 s_j^m，我们用欧式距离衡量其在特征表示上的相似性。如果它们都属于与彼此最相似的 k 个顶点，则用内部边连接它们。每个内部边的权重用它们之间的高斯核计算。对于不同模态的一对顶点 s_i^m 和 s_j^m，如果已知两个实例 s_i 和 s_j 是相关的，例如它们是两个相邻区域，那么我们用权重为 1 的外部边连接它们。第二步，设计一个子模块图聚类算法来将获得的相似度图聚为 K 个类，我们通过保证一些特性来实现聚类：有标签实例的数量在不同类上的分布是均匀的以及每个类中的模态足够分散。第三步，基于所获得的簇来推断每种模态的字典。也就是说，对于每个簇 k，字典中的元素 d_k^m 是模态 m 中顶点的中心，因此，最终模态 m 的字典结合了从 K 个簇中推断的 K 个字典元素，即 $D^m=[d_1^m, d_2^m, \cdots, d_K^m]$，$m=1, 2, \cdots, M$。这 M 个字典具有相同的大小并且在语义上相关。

将字典和实例迁移到目标域。可以将从源域获得的字典在目标域中重用，然后计算源实例和目标实例的稀疏编码。通过利用来自源域和目标域的有标签实例的稀疏编码，设计使用基于 TrAdaBoost 的多模态迁移 AdaBoost 算法（Dai 等人，2007b）作为目标域的分类器。作为 TrAdaBoost 的扩展，该系统还可以学习不同模态的权重。

第23章

结束语

在本书中，我们解释了迁移学习的数学原理和算法基础。我们介绍了迁移学习的基本概念，并探索了各种类型的知识迁移和模型适应算法。根据领域的不同，我们介绍了同构和异构迁移学习的设置，并讨论了三个研究问题：何时迁移、迁移什么，以及如何迁移。

对于“迁移什么”问题，我们考虑了四种基本形式，包括样本、特征、模型以及关系，这些都可以是知识迁移的目标。根据“如何迁移”，我们考虑了四种类型的算法，包括基于样本、基于特征、基于模型和基于关系的迁移学习算法。在迁移学习的数学基础方面，我们介绍了分布散度和领域距离度量。我们还探讨了迁移学习和其他类型的机器学习范式的强关联关系，这些机器学习范式包括监督学习、半监督学习、主动学习以及多任务学习。

我们还详细介绍了一些先进的迁移学习算法，包括对抗迁移学习、传导式迁移学习、终身机器学习、强化学习中的迁移学习，以及用于学习如何执行迁移学习的 AutoTL 算法。

我们还考虑了迁移学习的重要应用领域，如计算机视觉、自然语言处理、对话系统、推荐系统、生物信息学、行为识别、城市计算等。当然，本书还有很多没有覆盖到的领域，迁移学习在这些领域同样起到了主要作用，我们相信迁移学习会在越来越多的应用领域中出现。

迁移学习解决了 AI 领域面临的一个主要问题，即数据通常非常短缺。有时这种数据短缺是由于在该领域中收集数据很困难，比如在医疗领域中，为了确认一个完整的案例需要多年的治疗和手术。有时因为社会需要对数据的所有权进行更多的管理和控制，所以更多的法律法规实施在与第三方数据的共享上。因此，在很多领域中的数据获取将更加困难。此外，随着社会越来越多的领域转向数字化和数据化，对预测模型的需求也越来越大。在应用领域的“长尾”中，可用数据过少，只有头部受益于机器学习和人工智能。如果我们不能让“穷人”享受到“富人”的福利，那么社会将变得更加两极分化。

迁移学习可以成为这种“小数据挑战”的技术解决方案。如果我们能够将这些模型从数据丰富的领域迁移到数据匮乏的领域，那么就有可能使这些数据匮乏的领域更快地迈向一个以信息和知识为基础的社会。事实上，通过本书给出的许多应用实例，我们已经看到迁移学习可以有效地缓解小数据问题。

未来需要探索的领域之一是继续探索终身机器学习和自动迁移学习。人类的智力来源之一在于其能够迅速而毫不费力地适应新任务和新环境的能力。事实上，人类不仅可以将知识迁移到一个新的领域，还可以在给定的新任务和新环境下学习如何自动迁移。这实际上是自然界中的一个奇妙的谜题，仅靠计算手段是无法解决的。神经科学和实验神经学有可能揭示这种能力的本质，我们希望人工智能特别是迁移学习在总体上能从这些洞察中受益。

当我们正在见证人类历史上最基本的人工智能革命之一时，迁移学习作为一个深入的研究领域脱颖而出，它激发了新的想法和思想，使之深入到智能的本质。在回答图灵的问题“机器会思考吗”时，我们希望通过回答“机器在新环境中和新任务下如何思考”来开始揭示该问题的答案。

参考文献

1000 Genomes Project Consortium. 2015. A global reference for human genetic variation. *Nature*, **526**(7571), 68–74.

Aas, Kjersti. 2001. *Microarray Data Mining: A Survey*. Tech. report Norwegian Computing Center.

Abadi, Martín, Barham, Paul, Chen, Jianmin, et al. 2016a. TensorFlow: A system for large-scale machine learning. Pages 265–283 of: Keeton, Kimberly, and Roscoe, Timothy (eds.), *Proceedings of the 12th USENIX Symposium on Operating Systems Design and Implementation*.

Abadi, Martín, Chu, Andy, Goodfellow, Ian J., et al. 2016b. Deep learning with differential privacy. Pages 308–318 of: *Proceedings of ACM Conference on Computer and Communications Security*.

Abu-El-Haija, Sami, Kothari, Nisarg, Lee, et al. 2016. Youtube-8M: A large-scale video classification benchmark. *arXiv preprint*, arXiv:1609.08675.

Acharya, Ayan, Mooney, Raymond J., and Ghosh, Joydeep. 2014. Active multitask learning using both latent and supervised shared topics. Pages 190–198 of: *Proceedings of the 2014 SIAM International Conference on Data Mining*.

Amaldi, Edoardo, and Kann, Viggo. 1998. On the approximability of minimizing nonzero variables or unsatisfied relations in linear systems. *Theoretical Computer Science*, **209**(1), 237–260.

Ando, Rie Kubota, and Zhang, Tong. 2005. A framework for learning predictive structures from multiple tasks and unlabeled data. *Journal of Machine Learning Research*, **6**, 1817–1853.

Antony, Joseph, McGuinness, Kevin, O'Connor, Noel E., and Moran, Kieran. 2016. Quantifying radiographic knee osteoarthritis severity using deep convolutional neural networks. Pages 1195–1200 of: *23rd International Conference on Pattern Recognition*.

Argyriou, Andreas, Evgeniou, Theodoros, and Pontil, Massimiliano. 2006. Multi-task feature learning. Pages 41–48 of: *Advances in Neural Information Processing Systems*.

Argyriou, Andreas, Evgeniou, Theodoros, and Pontil, Massimiliano. 2008. Convex multi-task feature learning. *Machine Learning*, **73**(3), 243–272.

Argyriou, Andreas, Micchelli, Charles A., and Pontil, Massimiliano. 2009. When is there a representer theorem? Vector versus matrix regularizers. *Journal of Machine Learning Research*, **10**, 2507–2529.

Argyriou, Andreas, Micchelli, Charles A., and Pontil, Massimiliano. 2010. On spectral learning. *Journal of Machine Learning Research*, **11**, 935–953.

Arık, Sercan Ö., Chrzanowski, Mike, Coates, Adam, et al. 2017. Deep voice: Real-time neural text-to-speech. Pages 195–204 of: *Proceedings of International Conference on Machine Learning*.

Arjovsky, Martín, and Bottou, Léon. 2017. Towards principled methods for training generative adversarial networks. *CoRR*, abs/1701.04862.

Arjovsky, Martín, Chintala, Soumith, and Bottou, Léon. 2017. Wasserstein generative adversarial networks. Pages 214–223 of: *Proceedings of the 34th International Conference on Machine Learning*.

Ashley, Kevin D. 1991. Reasoning with cases and hypotheticals in HYPO. *International Journal of Man-Machine Studies*, **34**(6), 753–796.

Augenstein, Isabelle, and Søgaard, Anders. 2017. Multi-task learning of keyphrase boundary classification. Pages 341–346 of: *Proceedings of the 55th Annual Meeting of the Association for Computational Linguistics*.

Aytar, Yusuf, and Zisserman, Andrew. 2011. Tabula rasa: Model transfer for object category detection. Pages 2252–2259 of: *Proceedings of IEEE International Conference on Computer Vision*.

Azar, Mohammad Gheshlaghi, Lazaric, Alessandro, and Brunskill, Emma. 2013. Sequential transfer in multi-armed bandit with finite set of models. Pages 2220–2228 of: *Advances in Neural Information Processing Systems*.

Bächlin, Marc, Roggen, Daniel, Tröster, Gerhard, et al. 2009. Potentials of enhanced context awareness in wearable assistants for Parkinson's disease patients with the freezing of gait syndrome. Pages 123–130 of: *Proceedings of the 13th IEEE International Symposium on Wearable Computers*.

Bahdanau, Dzmitry, Cho, Kyunghyun, and Bengio, Yoshua. 2014. Neural machine translation by jointly learning to align and translate. *CoRR*, abs/1409.0473.

Bakas, Spyridon, Akbari, Hamed, Sotiras, Aristeidis, et al. 2017. Advancing the cancer genome atlas glioma MRI collections with expert segmentation labels and radiomic features. *Scientific Data*, **4**, 170117.

Bakker, Bart, and Heskes, Tom. 2003. Task clustering and gating for Bayesian multitask learning. *Journal of Machine Learning Research*, **4**, 83–99.

Baktashmotlagh, Mahsa, Harandi, Mehrtash T., Lovell, Brian C., and Salzmann, Mathieu. 2013. Unsupervised domain adaptation by domain invariant projection. Pages 769–776 of: *Proceedings of IEEE International Conference on Computer Vision*.

Baktashmotlagh, Mahsa, Harandi, Mehrtash T., Lovell, Brian C., and Salzmann, Mathieu. 2014. Domain adaptation on the statistical manifold. Pages 2481–2488 of: *Proceedings of IEEE Conference on Computer Vision and Pattern Recognition*.

Balcan, Maria-Florina, Blum, Avrim, and Vempala, Santosh. 2015. Efficient representations for lifelong learning and autoencoding. Pages 191–210 of: *Proceedings of the 28th Conference on Learning Theory*.

Balikas, Georgios, Moura, Simon, and Amini, Massih-Reza. 2017. Multitask learning for fine-grained Twitter sentiment analysis. Pages 1005–1008 of: *Proceedings of the 40th International ACM SIGIR Conference on Research and Development in Information Retrieval*.

Bao, Ling, and Intille, Stephen S. 2004. Activity recognition from user-annotated acceleration data. Pages 1–17 of: *Proceedings of the Second International Conference on Pervasive Computing*.

Barreto, André, Dabney, Will, Munos, Rémi, et al. 2017. Successor features for transfer in reinforcement learning. Pages 4058–4068 of: *Advances in Neural Information Processing Systems.*

Bartlett, Peter L., and Mendelson, Shahar. 2002. Rademacher and Gaussian complexities: Risk bounds and structural results. *Journal of Machine Learning Research*, **3**, 463–482.

Barzilai, Aviad, and Crammer, Koby. 2015. Convex multi-task learning by clustering. Pages 65–73 of: *Proceedings of the 18th International Conference on Artificial Intelligence and Statistics.*

Bassily, Raef, Smith, Adam D., and Thakurta, Abhradeep. 2014. Private empirical risk minimization: Efficient algorithms and tight error bounds. Pages 464–473 of: *Proceedings of IEEE Annual Symposium on Foundations of Computer Science.*

Baxter, Jonathan. 2000. A model of inductive bias learning. *Journal of Artifical Intelligence Research*, **12**, 149–198.

Bay, Herbert, Ess, Andreas, Tuytelaars, Tinne, and Van Gool, Luc. 2008. Speeded-up robust features (SURF). *Computer Vision and Image Understanding*, **110**(3), 346–359.

Bello, Irwan, Zoph, Barret, Vasudevan, Vijay, and Le, Quoc V. 2017. Neural optimizer search with reinforcement learning. Pages 459–468 of: *Proceedings of the 34th International Conference on Machine Learning.*

Belmont, John M., Butterfield, Earl C., and Ferretti, Ralph P. 1982. To secure transfer of training instruct self-management skills. Pages 147–154 of: Detterman, Douglas K., and Sternberg, Robert J. (eds.), *How and How Much Can Intelligence Be Increased.* Ablex Publishing Corporation.

Ben-David, Shai, and Borbely, Reba Schuller. 2008. A notion of task relatedness yielding provable multiple-task learning guarantees. *Machine Learning*, **73**(3), 273–287.

Ben-David, Shai, and Schuller, Reba. 2003. Exploiting task relatedness for multiple task learning. Pages 567–580 of: *Proceedings of the 16th Annual Conference on Computational Learning Theory.*

Ben-David, Shai, Gehrke, Johannes, and Schuller, Reba. 2002. A theoretical framework for learning from a pool of disparate data sources. Pages 443–449 of: *Proceedings of the 8th ACM SIGKDD International Conference on Knowledge Discovery and Data Mining.*

Ben-David, Shai, Blitzer, John, Crammer, Koby, and Pereira, Fernando. 2006. Analysis of representations for domain adaptation. Pages 137–144 of: *Advances in Neural Information Processing Systems.*

Ben-David, Shai, Blitzer, John, Crammer, et al. 2010. A theory of learning from different domains. *Machine Learning*, **79**(1–2), 151–175.

Bengio, Yoshua. 2009. Learning deep architectures for AI. *Foundations and Trends in Machine Learning*, **2**(1), 1–127.

Bengio, Yoshua. 2012. Deep learning of representations for unsupervised and transfer learning. Pages 17–36 of: *Proceedings of ICML Workshop on Unsupervised and Transfer Learning.*

Bengio, Yoshua, Lamblin, Pascal, Popovici, Dan, and Larochelle, Hugo. 2007. Greedy layer-wise training of deep networks. Pages 153–160 of: *Advances in Neural Information Processing Systems.*

Bengio, Yoshua, Courville, Aaron, and Vincent, Pascal. 2013. Representation learning: A review and new perspectives. *IEEE Transactions on Pattern Analysis and Machine Intelligence*, **35**(8), 1798–1828.

Bi, Jinbo, Xiong, Tao, Yu, Shipeng, Dundar, Murat, and Rao, R. Bharat. 2008. An Improved multi-task learning approach with applications in medical diagnosis. Pages 117–132 of: *Proceedings of European Conference on Machine Learning and Practice of Knowl-*

edge Discovery in Databases.

Bickel, Steffen, Brückner, Michael, and Scheffer, Tobias. 2007. Discriminative learning for differing training and test distributions. Pages 81–88 of: *Proceedings of the 24th International Conference on Machine Learning.*

Bickel, Steffen, Bogojeska, Jasmina, Lengauer, Thomas, and Scheffer, Tobias. 2008. Multi-task learning for HIV therapy screening. Pages 56–63 of: *Proceedings of the Twenty-Fifth International Conference on Machine Learning.*

Biermann, Alan W., and Long, Philip M. 1996. The composition of messages in speech-graphics interactive systems. Pages 97–100 of: *Proceedings of the 1996 International Symposium on Spoken Dialogue.*

Blitzer, John, McDonald, Ryan, and Pereira, Fernando. 2006. Domain adaptation with structural correspondence learning. Pages 120–128 of: *Proceedings of the 2006 Conference on Empirical Methods in Natural Language Processing.*

Blitzer, John, Crammer, Koby, Kulesza, Alex, Pereira, Fernando, and Wortman, Jennifer. 2007a. Learning bounds for domain adaptation. Pages 129–136 of: *Advances in Neural Information Processing Systems.*

Blitzer, John, Dredze, Mark, and Pereira, Fernando. 2007b. Biographies, bollywood, boom-boxes and blenders: Domain adaptation for sentiment classification. Pages 440–447 of: *Proceedings of the 45th Annual Meeting of the Association for Computational Linguistics.*

Blum, Avrim, and Mitchell, Tom M. 1998. Combining labeled and unlabeled data with co-training. Pages 92–100 of: Bartlett, Peter L., and Mansour, Yishay (eds.), *Proceedings of the Eleventh Annual Conference on Computational Learning Theory.*

Bollegala, Danushka, Maehara, Takanori, and Kawarabayashi, Ken-ichi. 2015. Unsupervised cross-domain word representation learning. Pages 730–740 of: *Proceedings of the 53rd Annual Meeting of the Association for Computational Linguistics.*

Bonilla, Edwin V., Chai, Kian Ming Adam, and Williams, Christopher K. I. 2007. Multi-task Gaussian process prediction. Pages 153–160 of: *Advances in Neural Information Processing Systems 20.*

Bou-Ammar, Haitham, Tuyls, Karl, Taylor, Matthew E., Driessens, Kurt, and Weiss, Gerhard. 2012. Reinforcement learning transfer via sparse coding. Pages 383–390 of: *Proceedings of International Conference on Autonomous Agents and Multiagent Systems.*

Bou-Ammar, Haitham, Eaton, Eric, Ruvolo, Paul, and Taylor, Matthew E. 2014. Online multi-task learning for policy gradient methods. Pages 1206–1214 of: *Proceedings of the 31th International Conference on Machine Learning.*

Bou-Ammar, Haitham, Eaton, Eric, Ruvolo, Paul, and Taylor, Matthew E. 2015. Unsupervised cross-domain transfer in policy gradient reinforcement learning via manifold alignment. Pages 2504–2510 of: *Proceedings of the Twenty-Ninth AAAI Conference on Artificial Intelligence.*

Bousmalis, Konstantinos, Trigeorgis, George, Silberman, Nathan, Krishnan, Dilip, and Erhan, Dumitru. 2016. Domain separation networks. Pages 343–351 of: *Advances in Neural Information Processing Systems.*

Bousquet, Olivier, and Elisseeff, André. 2002. Stability and generalization. *Journal of Machine Learning Research*, **2**, 499–526.

Braud, Chloé, Lacroix, Ophélie, and Søgaard, Anders. 2017. Cross-lingual and cross-domain discourse segmentation of entire documents. Pages 237–243 of: *Proceedings of the 55th Annual Meeting of the Association for Computational Linguistics.*

Bromley, Jane, Guyon, Isabelle, LeCun, Yann, Säckinger, Eduard, and Shah, Roopak. 1993. Signature verification using a Siamese time delay neural network. Pages 737–744 of: *Advances in Neural Information Processing Systems.*

Brosch, Tom, and Tam, Roger C. 2013. Manifold learning of brain MRIs by deep learning. Pages 633–640 of: *Proceedings of the 16th International Conference on Medical Image Computing and Computer-Assisted Intervention.*

Brunskill, Emma, and Li, Lihong. 2013. Sample complexity of multi-task reinforcement learning. In: *Proceedings of the Twenty-Ninth Conference on Uncertainty in Artificial Intelligence.*

Bruzzone, Lorenzo, and Marconcini, Mattia. 2010. Domain adaptation problems: A DASVM classification technique and a circular validation strategy. *IEEE Transactions on Pattern Analysis and Machine Intelligence*, **32**(5), 770–787.

Bryant, Peter E., and Trabasso, Thomas. 1971. Transitive inferences and memory in young children. *Nature*, **232**, 456–458.

Bulling, Andreas, and Roggen, Daniel. 2011. Recognition of visual memory recall processes using eye movement analysis. Pages 455–464 of: *Proceedings of the 13th International Conference on Ubiquitous Computing.*

Bulling, Andreas, Ward, Jamie A., Gellersen, Hans, and Tröster, Gerhard. 2008. Robust recognition of reading activity in transit using wearable electrooculography. Pages 19–37 of: *Proceedings of the 6th International Conference on Pervasive Computing.*

Bulling, Andreas, Blanke, Ulf, and Schiele, Bernt. 2014. A tutorial on human activity recognition using body-worn inertial sensors. *ACM Computing Surveys*, **46**(3), 33:1–33:33.

Calandriello, Daniele, Lazaric, Alessandro, and Restelli, Marcello. 2014. Sparse multi-task reinforcement learning. Pages 819–827 of: *Advances in Neural Information Processing Systems.*

Cao, Qiong, Ying, Yiming, and Li, Peng. 2013. Similarity metric learning for face recognition. Pages 2408–2415 of: *Proceedings of IEEE International Conference on Computer Vision.*

Cao, Zhangjie, Long, Mingsheng, Wang, Jianmin, and Jordan, Michael I. 2017. Partial transfer learning with selective adversarial networks. *CoRR*, abs/1707.07901.

Carbonell, Jaime G. 1981. A computational model of analogical problem solving. Pages 147–152 of: *Proceedings of the 7th International Joint Conference on Artificial Intelligence.*

Carbonell, Jaime G., Etzioni, Oren, Gil, Yolanda, et al. 1991. PRODIGY: An integrated architecture for planning and learning. *SIGART Bulletin*, **2**(4), 51–55.

Carlson, Andrew, Betteridge, Justin, Kisiel, Bryan, et al. 2010. Toward an architecture for never-ending language learning. In: *Proceedings of the 24th AAAI Conference on Artificial Intelligence.*

Caruana, Rich. 1997. Multitask learning. *Machine Learning*, **28**(1), 41–75.

Casanueva, Inigo, Hain, Thomas, Christensen, Heidi, Marxer, Ricard, and Green, Phil. 2015. Knowledge transfer between speakers for personalised dialogue management. Pages 12–21 of: *Proceedings of the 16th Annual Meeting of the Special Interest Group on Discourse and Dialogue.*

Castrejon, Lluis, Aytar, Yusuf, Vondrick, Carl, Pirsiavash, Hamed, and Torralba, Antonio. 2016. Learning aligned cross-modal representations from weakly aligned data. Pages 2940–2949 of: *Proceedings of IEEE Conference on Computer Vision and Pattern Recognition.*

Cavallanti, Giovanni, Cesa-Bianchi, Nicolò, and Gentile, Claudio. 2010. Linear algorithms for online multitask classification. *Journal of Machine Learning Research*, **11**, 2901–2934.

Chaudhuri, Kamalika, Monteleoni, Claire, and Sarwate, Anand D. 2011. Differentially private empirical risk minimization. *Journal of Machine Learning Research*, **12**, 1069–1109.

Chavarriaga, Ricardo, Sagha, Hesam, Calatroni, Alberto, et al. 2013. The opportunity challenge: A benchmark database for on-body sensor-based activity recognition. *Pattern Recognition Letters*, **34**(15), 2033–2042.

Chen, Austin H., and Huang, Zone-Wei. 2010. A new multi-task learning technique to predict classification of leukemia and prostate cancer. Pages 11–20 of: *Proceedings of the Second International Conference on Medical Biometrics.*

Chen, Jianhui, Tang, Lei, Liu, Jun, and Ye, Jieping. 2009. A convex formulation for learning shared structures from multiple tasks. Pages 137–144 of: *Proceedings of the 26th International Conference on Machine Learning.*

Chen, Jianhui, Liu, Ji, and Ye, Jieping. 2010a. Learning incoherent sparse and low-rank patterns from multiple tasks. Pages 1179–1188 of: *Proceedings of the 16th ACM SIGKDD International Conference on Knowledge Discovery and Data Mining.*

Chen, Jianhui, Zhou, Jiayu, and Ye, Jieping. 2011. Integrating low-rank and group-sparse structures for robust multi-task learning. Pages 42–50 of: *Proceedings of the 17th ACM SIGKDD International Conference on Knowledge Discovery and Data Mining.*

Chen, Minmin, Xu, Zhixiang, Sha, Fei, and Weinberger, Kilian Q. 2012a. Marginalized denoising autoencoders for domain adaptation. Pages 767–774 of: *Proceedings of the 29th International Conference on Machine Learning.*

Chen, Minmin, Xu, Z., Weinberger, Kilian Q., and Sha, Fei. 2012b. Marginalized stacked denoising autoencoders. In: *Proceedings of the Learning Workshop.*

Chen, Wei-Yu, Hsu, Tzu-Ming Harry, Tsai, Yao-Hung Hubert, Wang, Yu-Chiang Frank, and Chen, Ming-Syan. 2016a. Transfer neural trees for heterogeneous domain adaptation. Pages 399–414 of: *Proceedings of European Conference on Computer Vision.*

Chen, Xi, Duan, Yan, Houthooft, Rein, Schulman, John, Sutskever, Ilya, and Abbeel, Pieter. 2016b. InfoGAN: Interpretable representation learning by information maximizing generative adversarial nets. Pages 2172–2180 of: *Advances in Neural Information Processing Systems.*

Chen, Yuqiang, Jin, Ou, Xue, Gui-Rong, Chen, Jia, and Yang, Qiang. 2010b. Visual contextual advertising: Bringing textual advertisements to images. In: *Proceedings of 24th AAAI Conference on Artificial Intelligence.*

Chen, Zhiyuan, and Liu, Bing. 2016. *Lifelong Machine Learning.* Morgan & Claypool.

Chen, Zhiyuan, Ma, Nianzu, and Liu, Bing. 2015. Lifelong learning for sentiment classification. Pages 750–756 of: *Proceedings of the 53rd Annual Meeting of the Association for Computational Linguistics.*

Cheng, Heng-Tze, Koc, Levent, Harmsen, Jeremiah, et al. 2016. Wide & deep learning for recommender systems. Pages 7–10 of: *Proceedings of the 1st Workshop on Deep Learning for Recommender Systems.*

Choi, Eunsol, Hewlett, Daniel, Uszkoreit, Jakob, et al. 2017. Coarse-to-fine question answering for long documents. Pages 209–220 of: *Proceedings of the 55th Annual Meeting of the Association for Computational Linguistics.*

Chomsky, Noam. 1956. Three models for the description of language. *IRE Transactions on Information Theory*, **2**(3), 113–124.

Cilibrasi, Rudi, and Vitányi, Paul M. B. 2007. The Google similarity distance. *IEEE Transac-*

tions on Knowledge and Data Engineering, **19**(3), 370–383.

Collobert, Ronan, and Weston, Jason. 2008. A unified architecture for natural language processing: Deep neural networks with multitask learning. Pages 160–167 of: *Proceedings of the 25th International Conference on Machine Learning*.

Conneau, Alexis, Kiela, Douwe, Schwenk, Holger, Barrault, Loïc, and Bordes, Antoine. 2017. Supervised learning of universal sentence representations from natural language inference data. Pages 670–680 of: *Proceedings of the 2017 Conference on Empirical Methods in Natural Language Processing*.

Cortes, Corinna, Mansour, Yishay, and Mohri, Mehryar. 2010. Learning bounds for importance weighting. Pages 442–450 of: *Advances in Neural Information Processing Systems*.

Cortes, Corinna, Mohri, Mehryar, and Medina, Andres Muñoz. 2015. Adaptation algorithm and theory based on generalized discrepancy. Pages 169–178 of: *Proceedings of the 21th ACM SIGKDD International Conference on Knowledge Discovery and Data Mining*.

Covington, Paul, Adams, Jay, and Sargin, Emre. 2016. Deep neural networks for YouTube recommendations. Pages 191–198 of: *Proceedings of the 10th ACM Conference on Recommender Systems*.

Crammer, Koby, and Mansour, Yishay. 2012. Learning multiple tasks using shared hypotheses. Pages 1484–1492 of: *Advances in Neural Information Processing Systems*.

Cree, V., and Macaulay. 2000. *Transfer of Learning in Professional and Vocational Education*. Routledge.

Csurka, Gabriela. 2017. Domain adaptation for visual applications: A comprehensive survey. *CoRR*, **abs/1702.05374**.

da Silva, Bruno Castro, Konidaris, George, and Barto, Andrew G. 2012. Learning parameterized skills. *Proceedings of the 29th International Conference on Machine Learning*.

Dahlmeier, Daniel, and Ng, Hwee Tou. 2010. Domain adaptation for semantic role labeling in the biomedical domain. *Bioinformatics*, **26**(8), 1098–1104.

Dai, Wenyuan, Xue, Gui-Rong, Yang, Qiang, and Yu, Yong. 2007a. Transferring naive Bayes classifiers for text classification. Pages 540–545 of: *Proceedings of the Twenty-Second AAAI Conference on Artificial Intelligence*.

Dai, Wenyuan, Yang, Qiang, Xue, Gui-Rong, and Yu, Yong. 2007b. Boosting for transfer learning. Pages 193–200 of: *Proceedings of the 24th International Conference on Machine Learning*.

Dai, Wenyuan, Chen, Yuqiang, Xue, Gui-Rong, Yang, Qiang, and Yu, Yong. 2008. Translated learning: Transfer learning across different feature spaces. Pages 353–360 of: *Advances in Neural Information Processing Systems*.

Das, Abhinandan S., Datar, Mayur, Garg, Ashutosh, and Rajaram, Shyam. 2007. Google news personalization: Scalable online collaborative filtering. Pages 271–280 of: *Proceedings of the 16th International Conference on World Wide Web*.

Daumé III, Hal. 2007. Frustratingly easy domain adaptation. Pages 256–263 of: *Proceedings of the 45th Annual Meeting of the Association for Computational Linguistics*.

Davis, Jesse, and Domingos, Pedro. 2009. Deep transfer via second-order Markov logic. Pages 217–224 of: *Proceedings of the 26th International Conference on Machine Learning*.

Dekel, Ofer, Long, Philip M., and Singer, Yoram. 2006. Online multitask learning. Pages 453–467 of: *Proceedings of the 19th Annual Conference on Learning Theory*.

Dekel, Ofer, Long, Philip M., and Singer, Yoram. 2007. Online learning of multiple tasks with a shared loss. *Journal of Machine Learning Research*, **8**, 2233–2264.

Dempster, A. P., Laird, N. M., and Rubin, D. B. 1977. Maximum likelihood from incomplete data via the EM algorithm. *Journal of the Royal Statistical Society*, **39**(1), 1–38.

Deng, Wan-Yu, Zheng, Qing-Hua, and Wang, Zhong-Min. 2014. Cross-person activity recognition using reduced kernel extreme learning machine. *Neural Networks*, **53**, 1–7.

Denton, Emily L., Chintala, Soumith, Fergus, Rob, et al. 2015. Deep generative image models using a Laplacian pyramid of adversarial networks. Pages 1486–1494 of: *Advances in Neural Information Processing Systems*.

Devin, Coline, Gupta, Abhishek, Darrell, Trevor, Abbeel, Pieter, and Levine, Sergey. 2017. Learning modular neural network policies for multi-task and multi-robot transfer. Pages 2169–2176 of: *Proceedings of IEEE International Conference on Robotics and Automation*.

Devlin, Jacob, Chang, Ming-Wei, Lee, Kenton, and Toutanova, Kristina. 2018. BERT: Pre-training of deep bidirectional transformers for language understanding. *CoRR*, **abs/1810.04805**.

Dietterich, Thomas G., Lathrop, Richard H., and Lozano-Pérez, Tomás. 1997. Solving the multiple instance problem with axis-parallel rectangles. *Artificial Intelligence*, **89**(1–2), 31–71.

Donahue, Jeff, Hoffman, Judy, Rodner, Erik, Saenko, Kate, and Darrell, Trevor. 2013. Semi-supervised domain adaptation with instance constraints. Pages 668–675 of: *Proceedings of IEEE Conference on Computer Vision and Pattern Recognition*.

Donahue, Jeff, Jia, Yangqing, Vinyals, Oriol, et al. 2014. DeCAF: A deep convolutional activation feature for generic visual recognition. Pages 647–655 of: *Proceedings of the 31th International Conference on Machine Learning*.

Donahue, Jeff, Krähenbühl, Philipp, and Darrell, Trevor. 2016. Adversarial feature learning. *CoRR*, **abs/1605.09782**.

Dong, Daxiang, Wu, Hua, He, Wei, Yu, Dianhai, and Wang, Haifeng. 2015. Multi-task learning for multiple language translation. Pages 1723–1732 of: *Proceedings of the 53rd Annual Meeting of the Association for Computational Linguistics and the 7th International Joint Conference on Natural Language Processing*.

Dönnes, Pierre, and Elofsson, Arne. 2002. Prediction of MHC Class I binding peptides, using SVMHC. *BMC Bioinformatics*, **3**, 25.

Dou, Qi, Ouyang, Cheng, Chen, Cheng, Chen, Hao, and Heng, Pheng-Ann. 2018. Unsupervised cross-modality domain adaptation of ConvNets for biomedical image segmentations with adversarial loss. Pages 691–697 of: *Proceedings of the Twenty-Seventh International Joint Conference on Artificial Intelligence*.

Drummond, Chris. 2002. Accelerating reinforcement learning by composing solutions of automatically identified subtasks. *Journal of Artificial Intelligence Research*, **16**, 59–104.

Duan, Lixin, Tsang, Ivor W., Xu, Dong, and Maybank, Stephen J. 2009. Domain transfer SVM for video concept detection. Pages 1375–1381 of: *Proceedings of IEEE Conference on Computer Vision and Pattern Recognition*.

Duan, Lixin, Tsang, Ivor W., and Xu, Dong. 2012a. Domain transfer multiple kernel learning. *IEEE Transactions on Pattern Analysis and Machine Intelligence*, **34**(3), 465–479.

Duan, Lixin, Xu, Dong, and Tsang, Ivor W. 2012b. Learning with augmented features for heterogeneous domain adaptation. Pages 711–718 of: *Proceedings of International Conference on Machine Learning*.

Duan, Lixin, Xu, Dong, Tsang, Ivor Wai-Hung, and Luo, Jiebo. 2012c. Visual event recognition in videos by learning from web data. *IEEE Transactions on Pattern Analysis and Machine Intelligence*, **34**(9), 1667–1680.

Dumoulin, Vincent, Belghazi, Ishmael, Poole, Ben, et al. 2016. Adversarially learned inference. *CoRR*, **abs/1606.00704**.

Duong, Long, Cohn, Trevor, Bird, Steven, and Cook, Paul. 2015. Low resource dependency parsing: Cross-lingual parameter sharing in a neural network parser. Pages 845–850 of: *Proceedings of the 53rd Annual Meeting of the Association for Computational Linguistics and the 7th International Joint Conference on Natural Language Processing.*

Dwork, Cynthia. 2008. Differential privacy: A survey of results. Pages 1–19 of: *Proceedings of the 5th Annual Conference on Theory and Applications of Models of Computation.*

Dwork, Cynthia, and Roth, Aaron. 2014. The algorithmic foundations of differential privacy. *Foundations and Trends in Theoretical Computer Science*, **9**(3–4), 211–407.

Dwork, Cynthia, Kenthapadi, Krishnaram, McSherry, Frank, Mironov, Ilya, and Naor, Moni. 2006a. Our data, ourselves: Privacy via distributed noise generation. Pages 486–503 of: *Proceedings of the 25th Annual International Conference on the Theory and Applications of Cryptographic Techniques.*

Dwork, Cynthia, McSherry, Frank, Nissim, Kobbi, and Smith, Adam D. 2006b. Calibrating noise to sensitivity in private data analysis. Pages 265–284 of: *Proceedings of the 3rd Theory of Cryptography Conference.*

Ellis, Henry Carlton. 1965. *The Transfer of Learning.* MacMillan.

Elman, Jeffrey L. 1993. Learning and development in neural networks: The importance of starting small. *Cognition*, **48**(1), 71–99.

Emekçi, Fatih, Sahin, Ozgur D., Agrawal, Divyakant, and El Abbadi, Amr. 2007. Privacy preserving decision tree learning over multiple parties. *Data and Knowledge Engineering*, **63**(2), 348–361.

Esteva, Andre, Kuprel, Brett, Novoa, Roberto A., et al. 2017. Dermatologist-level classification of skin cancer with deep neural networks. *Nature*, **542**(7639), 115–118.

Evgeniou, A., and Pontil, Massimiliano. 2007. Multi-task feature learning. *Advances in Neural Information Processing Systems*, **19**, 41.

Evgeniou, Theodoros, and Pontil, Massimiliano. 2004. Regularized multi-task learning. Pages 109–117 of: *Proceedings of the 10th ACM SIGKDD International Conference on Knowledge Discovery and Data Mining.*

Evgeniou, Theodoros, Micchelli, Charles A., and Pontil, Massimiliano. 2005. Learning multiple tasks with Kernel methods. *Journal of Machine Learning Research*, **6**, 615–637.

Fan, Jianqing, and Li, Runze. 2006. Statistical challenges with high dimensionality: Feature selection in knowledge discovery. *arXiv*, arXiv:math/0602133.

Fan, Xing, Monti, Emilio, Mathias, Lambert, and Dreyer, Markus. 2017. Transfer learning for neural semantic parsing. Pages 48–56 of: *Proceedings of the 2nd Workshop on Representation Learning for NLP.*

Fang, Meng, and Cohn, Trevor. 2017. Model transfer for tagging low-resource languages using a bilingual dictionary. Pages 587–593 of: *Proceedings of the 55th Annual Meeting of the Association for Computational Linguistics.*

Fang, Meng, and Tao, Dacheng. 2015. Active multi-task learning via bandits. Pages 505–513 of: *Proceedings of the 2015 SIAM International Conference on Data Mining.*

Fang, Meng, Yin, Jie, and Zhu, Xingquan. 2013. Transfer learning across networks for collective classification. Pages 161–170 of: *Proceedings of IEEE International Conference on Data Mining.*

Fang, Meng, Yin, Jie, Zhu, Xingquan, and Zhang, Chengqi. 2015. TrGraph: Cross-network transfer learning via common signature subgraphs. *IEEE Transactions on Knowledge and Data Engineering*, **27**(9), 2536–2549.

Ferguson, Kimberly, and Mahadevan, Sridhar. 2006. Proto-transfer learning in Markov decision processes using spectral methods. *Proceedings of ICML Workshop on Transfer Learning*.

Ferns, Norm, Panangaden, Prakash, and Precup, Doina. 2004. Metrics for finite Markov decision processes. Pages 162–169 of: *Proceedings of the 20th Conference in Uncertainty in Artificial Intelligence*.

Feurer, Matthias, Klein, Aaron, Eggensperger, Katharina, et al. 2015. Efficient and robust automated machine learning. Pages 2962–2970 of: *Advances in Neural Information Processing Systems 28*.

Firat, Orhan, Sankaran, Baskaran, Al-Onaizan, Yaser, et al. 2016. Zero-resource translation with multi-lingual neural machine translation. Pages 268–277 of: *Proceedings of the 2016 Conference on Empirical Methods in Natural Language Processing*.

Fong, Pui Kuen, and Weber-Jahnke, Jens H. 2012. Privacy preserving decision tree learning using unrealized data sets. *IEEE Transactions on Knowledge and Data Engineering*, **24**(2), 353–364.

Forbus, Kenneth D., Gentner, Dedre, Markman, Arthur B., and Ferguson, Ronald W. 1998. Analogy just looks like high level perception: Why a domain-general approach to analogical mapping is right. *Journal of Experimental and Theoretical Artificial Intelligence*, **10**(2), 231–257.

Friedman, Jerome, Hastie, Trevor, and Tibshirani, Robert. 2001. *The Elements of Statistical Learning*. Springer.

Frome, Andrea, Corrado, Gregory S., Shlens, Jonathon, et al. 2013. DeViSE: A deep visual-semantic embedding model. Pages 2121–2129 of: *Advances in Neural Information Processing Systems*.

Ganguly, Soumyajit, and Pudi, Vikram. 2017. Paper2vec: Combining graph and text information for scientific paper representation. Pages 383–395 of: *Proceedings of European Conference on Information Retrieval*.

Ganin, Yaroslav, and Lempitsky, Victor. 2015. Unsupervised domain adaptation by backpropagation. Pages 1180–1189 of: *Proceedings of the 32nd International Conference on Machine Learning*.

Ganin, Yaroslav, Ustinova, Evgeniya, Ajakan, Hana, et al. 2016. Domain-adversarial training of neural networks. *Journal of Machine Learning Research*, **17**, 2096–2030.

Gao, Chen, Chen, Xiangning, Feng, Fuli, et al. 2019. Cross-domain recommendation without sharing user-relevant data. Pages 491–502 of: *Proceedings of the 2019 World Wide Web Conference on World Wide Web*.

Gao, Sheng, Luo, Hao, Chen, Da, et al. 2013. Cross-domain recommendation via cluster-level latent factor model. Pages 161–176 of: *Proceedings of the European Conference on Machine Learning and Practice of Knowledge Discovery in Databases*.

Gašić, M., Kim, Dongho, Tsiakoulis, Pirros, and Young, Steve. 2015a. Distributed dialogue policies for multi-domain statistical dialogue management. Pages 5371–5375 of: *Proceedings of IEEE International Conference on Acoustics, Speech and Signal Processing*.

Gašić, M., Mrkšic, N., Barahona, L. Rojas, et al. 2015b. Multi-agent learning in multi-domain spoken dialogue systems. In: *Proceedings of NIPS workshop on Spoken Language Understanding and Interaction*.

Gašić, Milica, Breslin, Catherine, Henderson, Matthew, et al. 2013. POMDP-based dialogue manager adaptation to extended domains. In: *Proceedings of the 14th Annual Meeting of the Special Interest Group on Discourse and Dialogue.*

Gašić, Milica, Kim, Dongho, Tsiakoulis, Pirros, et al. 2014. Incremental on-line adaptation of POMDP-based dialogue managers to extended domains. Pages 140–144 of: *Proceedings of the 15th Annual Conference of the International Speech Communication Association.*

Gašić, Milica, Mrkšic, Nikola, Su, Pei-hao, et al. 2015c. Policy committee for adaptation in multi-domain spoken dialogue systems. Pages 806–812 of: *Proceedings of 2015 IEEE Workshop on Automatic Speech Recognition and Understanding.*

Gatys, Leon A., Ecker, Alexander S., and Bethge, Matthias. 2016. Image style transfer using convolutional neural networks. Pages 2414–2423 of: *Proceedings of IEEE Conference on Computer Vision and Pattern Recognition.*

Genevay, Aude, and Laroche, Romain. 2016. Transfer learning for user adaptation in spoken dialogue systems. Pages 975–983 of: *Proceedings of the 2016 International Conference on Autonomous Agents and Multiagent Systems.*

Germain, Pascal, Habrard, Amaury, Laviolette, François, and Morvant, Emilie. 2013. A PAC-Bayesian approach for domain adaptation with specialization to linear classifiers. Pages 738–746 of: *Proceedings of the 30th International Conference on Machine Learning.*

Getoor, Lise, and Taskar, Ben. 2007. *Introduction to Statistical Relational Learning.* MIT Press.

Ghifary, Muhammad, Bastiaan Kleijn, W., Zhang, Mengjie, and Balduzzi, David. 2015. Domain generalization for object recognition with multi-task autoencoders. Pages 2551–2559 of: *Proceedings of the IEEE International Conference on Computer Vision.*

Ghifary, Muhammad, Kleijn, W. Bastiaan, Zhang, Mengjie, Balduzzi, David, and Li, Wen. 2016. Deep reconstruction-classification networks for unsupervised domain adaptation. Pages 597–613 of: *Proceedings of European Conference on Computer Vision.*

Gillick, Dan, Brunk, Cliff, Vinyals, Oriol, and Subramanya, Amarnag. 2016. Multilingual language processing from bytes. Pages 1296–1306 of: *Proceedings of the 2016 Conference of the North American Chapter of the Association for Computational Linguistics: Human Language Technologies.*

Giorgi, John M., and Bader, Gary. 2018. Transfer learning for biomedical named entity recognition with neural networks. *Bioinformatics*, **34**(23), 4087–4094.

Girshick, Ross, Donahue, Jeff, Darrell, Trevor, and Malik, Jitendra. 2014. Rich feature hierarchies for accurate object detection and semantic segmentation. Pages 580–587 of: *Proceedings of the IEEE Conference on Computer Vision and Pattern Recognition.*

Glorot, Xavier, and Bengio, Yoshua. 2010. Understanding the difficulty of training deep feedforward neural networks. Pages 249–256 of: *Proceedings of International Conference on Artificial Intelligence and Statistics.*

Glorot, Xavier, Bordes, Antoine, and Bengio, Yoshua. 2011. Domain adaptation for large-scale sentiment classification: A deep learning approach. Pages 513–520 of: *Proceedings of the 28th International Conference on Machine Learning.*

Gong, Boqing, Shi, Yuan, Sha, Fei, and Grauman, Kristen. 2012a. Geodesic flow kernel for unsupervised domain adaptation. Pages 2066–2073 of: *Proceedings of IEEE Conference on Computer Vision and Pattern Recognition.*

Gong, Pinghua, Ye, Jieping, and Zhang, Changshui. 2012b. Robust multi-task feature learning. Pages 895–903 of: *Proceedings of the 18th ACM SIGKDD International Conference on Knowledge Discovery and Data Mining.*

Gong, Pinghua, Ye, Jieping, and Zhang, Changshui. 2013. Multi-stage multi-task feature learning. *Journal of Machine Learning Research*, **14**, 2979–3010.

Goodfellow, Ian, Pouget-Abadie, Jean, Mirza, Mehdi, et al. 2014. Generative adversarial nets. Pages 2672–2680 of: *Advances in Neural Information Processing Systems.*

Gopalan, Raghuraman, Li, Ruonan, and Chellappa, Rama. 2011. Domain adaptation for object recognition: An unsupervised approach. Pages 999–1006 of: *Proceedings of IEEE International Conference on Computer Vision.*

Gopalan, Raghuraman, Li, Ruonan, and Chellappa, Rama. 2014. Unsupervised adaptation across domain shifts by generating intermediate data representations. *IEEE Transactions on Pattern Analysis and Machine Intelligence*, **36**(11), 2288–2302.

Görnitz, Nico, Widmer, Christian, Zeller, Georg, et al. 2011. Hierarchical multitask structured output learning for large-scale sequence segmentation. Pages 2690–2698 of: *Advances in Neural Information Processing Systems.*

Gouws, Stephan, Bengio, Yoshua, and Corrado, Greg. 2015. BilBOWA: Fast bilingual distributed representations without word alignments. Pages 748–756 of: *Proceedings of the 32nd International Conference on Machine Learning.*

Gretton, Arthur, Bousquet, Olivier, Smola, Alex, and Schölkopf, Bernhard. 2005. Measuring statistical dependence with Hilbert-Schmidt norms. Pages 63–77 of: *Proceedings of International Conference on Algorithmic Learning Theory.*

Gretton, Arthur, Borgwardt, Karsten M., Rasch, Malte, Schölkopf, Bernhard, and Smola, Alex J. 2007. A kernel method for the two-sample-problem. Pages 513–520 of: *Advances in Neural Information Processing Systems.*

Gretton, Arthur, Sejdinovic, Dino, Strathmann, Heiko, et al. 2012. Optimal kernel choice for large-scale two-sample tests. Pages 1214–1222 of: *Advances in Neural Information Processing Systems.*

Guo, Bin, Li, Jing, Zheng, Vincent W., Wang, Zhu, and Yu, Zhiwen. 2018a. CityTransfer: Transferring inter- and intra-city knowledge for chain store site recommendation based on multi-source urban data. Pages 135:1–135:23 of: *Proceeding of the 2018 ACM International Joint Conference on Pervasive and Ubiquitous Computing.*

Guo, Jiang, Che, Wanxiang, Wang, Haifeng, and Liu, Ting. 2016a. Exploiting multi-typed treebanks for parsing with deep multi-task learning. *CoRR*, **abs/1606.01161**.

Guo, Jiang, Che, Wanxiang, Wang, Haifeng, and Liu, Ting. 2016b. A universal framework for inductive transfer parsing across multi-typed treebanks. Pages 12–22 of: *Proceedings of the 26th International Conference on Computational Linguistics.*

Guo, Xiawei, Yao, Quanming, Tu, Wei-Wei, et al. 2018b. Privacy-preserving transfer learning for knowledge sharing. *CoRR*, **abs/1811.09491**.

Guo, Zhenyu, and Wang, Z. Jane. 2013. Cross-domain object recognition via input-output Kernel analysis. *IEEE Transactions on Image Processing*, **22**(8), 3108–3119.

Gupta, Sunil Kumar, Phung, Dinh, Adams, Brett, Tran, Truyen, and Venkatesh, Svetha. 2010. Nonnegative shared subspace learning and its application to social media retrieval. Pages 1169–1178 of: *Proceedings of the 16th ACM SIGKDD International Conference on Knowledge Discovery and Data Mining.*

Haeberlen, Andreas, Flannery, Eliot, Ladd, Andrew M., et al. 2004. Practical robust localization over large-scale 802.11 wireless networks. Pages 70–84 of: *Proceedings of the 10th Annual International Conference on Mobile Computing and Networking.*

Ham, Ji Hun, Lee, Daniel D., and Saul, Lawrence K. 2003. Learning high dimensional correspondences from low dimensional manifolds. *Proceedings of ICML Workshop on the*

Continuum from Labeled to Unlabeled Data in Machine Learning and Data Mining.

Hamm, Jihun, Cao, Yingjun, and Belkin, Mikhail. 2016. Learning privately from multiparty data. Pages 555–563 of: *Proceedings of the 33rd International Conference on Machine Learning.*

Hammerla, Nils Y., Halloran, Shane, and Plötz, Thomas. 2016. Deep, convolutional, and recurrent models for human activity recognition using wearables. Pages 1533–1540 of: *Proceedings of the Twenty-Fifth International Joint Conference on Artificial Intelligence.*

Han, Jiawei, and Kamber, Micheline. 2000. *Data Mining: Concepts and Techniques.* Morgan Kaufmann.

Han, Lei, and Zhang, Yu. 2015a. Learning multi-level task groups in multi-task learning. Pages 2638–2644 of: *Proceedings of the 29th AAAI Conference on Artificial Intelligence.*

Han, Lei, and Zhang, Yu. 2015b. Learning tree structure in multi-task learning. *Proceedings of the 21st ACM SIGKDD Conference on Knowledge Discovery and Data Mining.*

Han, Lei, and Zhang, Yu. 2016. Multi-stage multi-task learning with reduced rank. Pages 1638–1644 of: *Proceedings of the 30th AAAI Conference on Artificial Intelligence.*

Han, Lei, Zhang, Yu, Song, Guojie, and Xie, Kunqing. 2014. Encoding tree sparsity in multi-task learning: A probabilistic framework. Pages 1854–1860 of: *Proceedings of the 28th AAAI Conference on Artificial Intelligence.*

Harris, Zellig S. 1954. Distributional structure. *Word*, **10**(2–3), 146–162.

Hashimoto, Kazuma, Tsuruoka, Yoshimasa, Socher, Richard, et al. 2017. A joint many-task model: Growing a neural network for multiple NLP tasks. Pages 1923–1933 of: *Proceedings of the 2017 Conference on Empirical Methods in Natural Language Processing.*

Hausknecht, Matthew J., and Stone, Peter. 2015. Deep recurrent Q-learning for partially observable MDPs. *CoRR*, **abs/1507.06527**.

He, Jia, Liu, Rui, Zhuang, Fuzhen, et al. 2018a. A general cross-domain recommendation framework via Bayesian neural network. Pages 1001–1006 of: *Proceedings of the 2018 IEEE International Conference on Data Mining.*

He, Jingrui, and Lawrence, Rick. 2011. A graph-based framework for multi-task multi-view learning. Pages 25–32 of: *Proceedings of the 28th International Conference on Machine Learning.*

He, Kaiming, Zhang, Xiangyu, Ren, Shaoqing, and Jian, Sun. 2016. Identity mappings in deep residual networks. Pages 630–645 of: *European Conference on Computer Vision.*

He, Kaiming, Girshick, Ross B., and Dollár, Piotr. 2018b. Rethinking ImageNet pre-training. *CoRR*, **abs/1811.08883**.

He, Yulan, and Young, Steve. 2006. Spoken language understanding using the hidden vector state model. *Speech Communication*, **48**(3), 262–275.

Henderson, Matthew, Gašić, Milica, Thomson, Blaise, et al. 2012. Discriminative spoken language understanding using word confusion networks. Pages 176–181 of: *Proceedings of IEEE Spoken Language Technology Workshop.*

Henderson, Matthew, Thomson, Blaise, and Young, Steve. 2014. Word-based dialog state tracking with recurrent neural networks. Pages 292–299 of: *Proceedings of the 15th Annual Meeting of the Special Interest Group on Discourse and Dialogue.*

Hengst, Bernhard. 2002. Discovering hierarchy in reinforcement learning with HEXQ. Pages 243–250 of: *Proceedings of the Nineteenth International Conference on Machine Learning.*

Hernández-Lobato, Daniel, and Hernández-Lobato, José Miguel. 2013. Learning feature selection dependencies in multi-task learning. Pages 746–754 of: *Advances in Neural Information Processing Systems.*

Hernández-Lobato, Daniel, Hernández-Lobato, José Miguel, and Ghahramani, Zoubin. 2015. A probabilistic model for dirty multi-task feature selection. Pages 1073–1082 of: *Proceedings of the 32nd International Conference on Machine Learning*.

Hinrichs, Thomas R., and Forbus, Kenneth D. 2011. Transfer learning through analogy in games. *AI Magazine*, **32**(1), 70–83.

Hoffman, Judy, Rodner, Erik, Donahue, Jeff, Saenko, Kate, and Darrell, Trevor. 2013. Efficient learning of domain-invariant image representations. *CoRR*, **abs/1301.3224**.

Hoffman, Judy, Guadarrama, Sergio, Tzeng, Eric S., et al. 2014. LSDA: Large scale detection through adaptation. Pages 3536–3544 of: *Advances in Neural Information Processing Systems*.

Hofmann, Thomas. 1999. Probabilistic latent semantic analysis. Pages 289–296 of: *Proceedings of the Fifteenth Conference on Uncertainty in Artificial Intelligence*.

Holyoak, Keith J., and Thagard, Paul. 1989. Analogical mapping by constraint satisfaction. *Cognitive Science*, **13**(3), 295–355.

Hu, Guangneng, Zhang, Yu, and Yang, Qiang. 2018. CoNet: Collaborative cross networks for cross-domain recommendation. Pages 667–676 of: *Proceedings of the 27th ACM International Conference on Information and Knowledge Management*.

Hu, Guangneng, Zhang, Yu, and Yang, Qiang. 2019. Transfer meets hybrid: A synthetic approach for cross-domain collaborative filtering with text. Pages 2822–2829 of: *Proceedings of the Web Conference*.

Hu, Minqing, and Liu, Bing. 2004. Mining and summarizing customer reviews. Pages 168–177 of: *Proceedings of the tenth ACM SIGKDD International Conference on Knowledge Discovery and Data Mining*.

Huang, Jiayuan, Smola, Alexander J., Gretton, Arthur, Borgwardt, Karsten M., and Schölkopf, Bernhard. 2006. Correcting sample selection bias by unlabeled data. Pages 601–608 of: *Advances in Neural Information Processing Systems*.

Huang, Jui-Ting, Li, Jinyu, Yu, Dong, Deng, Li, and Gong, Yifan. 2013. Cross-language knowledge transfer using multilingual deep neural network with shared hidden layers. Pages 7304–7308 of: *Proceedings of the IEEE International Conference on Acoustics, Speech and Signal Processing*.

Huber, Peter J. 1964. Robust estimation of a location parameter. *The Annals of Mathematical Statistics*, **35**(1), 73–101.

Isola, Phillip, Zhu, Jun-Yan, Zhou, Tinghui, and Efros, Alexei A. 2017. Image-to-image translation with conditional adversarial networks. Pages 1125–1134 of: *Proceedings of the IEEE Conference on Computer Vision and Pattern Recognition*.

Jacob, Laurent, and Vert, Jean-Philippe. 2007. Efficient peptide-MHC-I binding prediction for alleles with few known binders. *Bioinformatics*, **24**(3), 358–366.

Jacob, Laurent, Bach, Francis R., and Vert, Jean-Philippe. 2008. Clustered multi-task learning: A convex formulation. Pages 745–752 of: *Advances in Neural Information Processing Systems*.

Jagannathan, Geetha, Pillaipakkamnatt, Krishnan, and Wright, Rebecca N. 2012. A practical differentially private random decision tree classifier. *Transactions on Data Privacy*, **5**(1), 273–295.

Jalali, Ali, Ravikumar, Pradeep, Sanghavi, Sujay, and Ruan, Chao. 2010. A dirty model for multi-task learning. Pages 964–972 of: *Advances in Neural Information Processing Systems 23*.

Jean, Neal, Burke, Marshall, Xie, Michael, et al. 2016. Combining satellite imagery and machine learning to predict poverty. *Science*, **353**(6301), 790–794.

Jeffreys, Harold. 1946. An invariant form for the prior probability in estimation problems. *Proceedings of the Royal Society of London. Series A, Mathematical and Physical Sciences*, **86**(1007).

Jeong, Minwoo, and Lee, Gary Geunbae. 2009. Multi-domain spoken language understanding with transfer learning. *Speech Communication*, **51**(5), 412–424.

Jernite, Yacine, Bowman, Samuel R., and Sontag, David. 2017. Discourse-based objectives for fast unsupervised sentence representation learning. *CoRR*, **abs/1705.00557**.

Ji, Zhanglong, Jiang, Xiaoqian, Wang, Shuang, Xiong, Li, and Ohno-Machado, Lucila. 2014. Differentially private distributed logistic regression using private and public data. *BMC Medical Genomics*, **7**(1), S14.

Jia, Yangqing, Salzmann, Mathieu, and Darrell, Trevor. 2010. Factorized latent spaces with structured sparsity. Pages 982–990 of: *Advances in Neural Information Processing Systems.*

Jiang, Jing. 2009. Multi-task transfer learning for weakly-supervised relation extraction. Pages 1012–1020 of: *Proceedings of the 47th Annual Meeting of the Association for Computational Linguistics and the 4th International Joint Conference on Natural Language Processing of the AFNLP.*

Jiang, Jing, and Zhai, Chengxiang. 2007. Instance weighting for domain adaptation in NLP. Pages 264–271 for: *Proceedings of the 45th Annual Meeting of the Association of Computational Linguistics.*

Jiang, Wei, Zavesky, Eric, Chang, Shih-Fu, and Loui, Alex. 2008. Cross-domain learning methods for high-level visual concept classification. Pages 161–164 of: *Proceedings of the 15th IEEE International Conference on Image Processing.*

Luo, Jie, Tommasi, Tatiana, and Caputo, Barbara. 2011. Multiclass transfer learning from unconstrained priors. Pages 1863–1870 of: *Proceedings of IEEE International Conference on Computer Vision.*

Joachims, Thorsten. 1999. Transductive inference for text classification using support vector machines. Pages 200–209 of: *Proceedings of the Sixteenth International Conference on Machine Learning.*

Johnson, Justin, Alahi, Alexandre, and Fei-Fei, Li. 2016a. Perceptual losses for real-time style transfer and super-resolution. Pages 694–711 of: *Proceedings of European Conference on Computer Vision.*

Johnson, Melvin, Schuster, Mike, Le, Quoc V., et al. 2016b. Google's multilingual neural machine translation system: Enabling zero-shot translation. *CoRR*, **abs/1611.04558**.

Joshi, Chaitanya K., Mi, Fei, and Faltings, Boi. 2017. Personalization in goal-oriented dialog. *CoRR*, **abs/1706.07503**.

Juba, Brendan. 2006. Estimating relatedness via data compression. Pages 441–448 of: *Proceedings of the 23rd International Conference on Machine Learning.*

Kakade, Sham M., Shalev-Shwartz, Shai, and Tewari, Ambuj. 2012. Regularization techniques for learning with matrices. *Journal of Machine Learning Research*, **13**, 1865–1890.

Kalousis, Alexandros, Prados, Julien, and Hilario, Melanie. 2007. Stability of feature selection algorithms: A study on high-dimensional spaces. *Knowledge and Information Systems*, **12**(1), 95–116.

Kanagawa, Heishiro, Kobayashi, Hayato, Shimizu, Nobuyuki, Tagami, Yukihiro, and Suzuki, Taiji. 2019. Cross-domain recommendation via deep domain adaptation. Pages 20–29 of: *Proceedings of the 41st European Conference on Information Retrieval.*

Kanamori, Takafumi, Hido, Shohei, and Sugiyama, Masashi. 2009. A least-squares approach to direct importance estimation. *Journal of Machine Learning Research,* **10**, 1391–1445.

Kang, Zhuoliang, Grauman, Kristen, and Sha, Fei. 2011. Learning with whom to share in multi-task feature learning. Pages 521–528 of: *Proceedings of the 28th International Conference on Machine Learning.*

Karpathy, Andrej, Toderici, George, Shetty, Sanketh, et al. 2014. Large-scale video classification with convolutional neural networks. Pages 1725–1732 of: *Proceedings of the IEEE Conference on Computer Vision and Pattern Recognition.*

Kashima, Hisashi, Yamanishi, Yoshihiro, Kato, Tsuyoshi, Sugiyama, Masashi, and Tsuda, Koji. 2009. Simultaneous inference of biological networks of multiple species from genome-wide data and evolutionary information: A semi-supervised approach. *Bioinformatics,* **25**(22), 2962–2968.

Katiyar, Arzoo, and Cardie, Claire. 2017. Going out on a limb: Joint extraction of entity mentions and relations without dependency trees. Pages 917–928 of: *Proceedings of the 55th Annual Meeting of the Association for Computational Linguistics.*

Kato, Tsuyoshi, Kashima, Hisashi, Sugiyama, Masashi, and Asai, Kiyoshi. 2007. Multi-task learning via conic programming. Pages 737–744 of: *Advances in Neural Information Processing Systems.*

Kato, Tsuyoshi, Kashima, Hisashi, Sugiyama, Masashi, and Asai, Kiyoshi. 2010a. Conic Programming for multitask learning. *IEEE Transactions on Knowledge and Data Engineering,* **22**(7), 957–968.

Kato, Tsuyoshi, Okada, Kinya, Kashima, Hisashi, and Sugiyama, Masashi. 2010b. A transfer learning approach and selective integration of multiple types of assays for biological network inference. *International Journal of Knowledge Discovery in Bioinformatics,* **1**(1), 66–80.

Keogh, Eamonn J., and Pazzani, Michael J. 2000. Scaling up dynamic time warping for datamining applications. Pages 285–289 of: *Proceedings of the Sixth ACM SIGKDD International Conference on Knowledge Discovery and Data Mining.*

Kermany, Daniel S., Goldbaum, Michael, Cai, Wenjia, et al. 2018. Identifying medical diagnoses and treatable diseases by image-based deep learning. *Cell,* **172**(5), 1122–1131.

Khan, Md Abdullah Al Hafiz, Roy, Nirmalya, and Misra, Archan. 2018. Scaling human activity recognition via deep learning-based domain adaptation. Pages 1–9 for: *Proceedings of IEEE International Conference on Pervasive Computing and Communications.*

Khosla, Aditya, Zhou, Tinghui, Malisiewicz, Tomasz, Efros, Alexei A., and Torralba, Antonio. 2012. Undoing the damage of dataset bias. Pages 158–171 of: *Proceedings of European Conference on Computer Vision.*

Kim, Edward, Corte-Real, Miguel, and Baloch, Zubair. 2016. A deep semantic mobile application for thyroid cytopathology. *Proceedings of Medical Imaging 2016: PACS and Imaging Informatics: Next Generation and Innovations.*

Kim, Taeksoo, Cha, Moonsu, Kim, Hyunsoo, Lee, Jung Kwon, and Kim, Jiwon. 2017. Learning to discover cross-domain relations with generative adversarial networks. Pages 1857–1865 of: *Proceedings of International Conference on Machine Learning.*

Kim, Yoon. 2014. Convolutional neural networks for sentence classification. Pages 1746–1751 of: *Proceedings of the 2014 Conference on Empirical Methods in Natural*

Language Processing.

Kiros, Ryan, Zhu, Yukun, Salakhutdinov, Ruslan R., et al. 2015. Skip-thought vectors. Pages 3294–3302 of: *Advances in Neural Information Processing Systems.*

Kjaergaard, Mikkel Baun, and Munk, Carsten Valdemar. 2008. Hyperbolic location fingerprinting: A calibration-free solution for handling differences in signal strength. Pages 110–116 of: *Proceedings of the Sixth IEEE International Conference on Pervasive Computing and Communications.*

Kober, Jens, Öztop, Erhan, and Peters, Jan. 2011. Reinforcement learning to adjust robot movements to new situations. Pages 2650–2655 of: *Proceedings of the 22nd International Joint Conference on Artificial Intelligence.*

Koch, Gregory. 2015. *Siamese Neural Networks for One-Shot Image Recognition.* M.Phil. thesis, University of Toronto.

Kolar, Mladen, Lafferty, John D., and Wasserman, Larry A. 2011. Union support recovery in multi-task learning. *Journal of Machine Learning Research,* **12**, 2415–2435.

Koller, Daphne, and Friedman, Nir. 2009. *Probabilistic Graphical Models: Principles and Techniques.* MIT Press.

Kolodner, Janet. 1993. *Case-Based Reasoning.* Morgan Kaufmann.

Konidaris, George, and Barto, Andrew G. 2007. Building portable options: skill transfer in reinforcement learning. Pages 895–900 of: *Proceedings of the 20th International Joint Conference on Artificial Intelligence.*

Kotthoff, Lars, Thornton, Chris, Hoos, Holger H., Hutter, Frank, and Leyton-Brown, Kevin. 2017. Auto-WEKA 2.0: Automatic model selection and hyperparameter optimization in WEKA. *Journal of Machine Learning Research,* **18**, 25:1–25:5.

Krallinger, Martin, and Valencia, Alfonso. 2005. Text-mining and information-retrieval services for molecular biology. *Genome Biology,* **6**, 224.

Krishnan, P., Krishnakumar, A. S., Ju, Wen-Hua, Mallows, Colin, and Ganu, Sachin. 2004. A system for LEASE: Location estimation assisted by stationery emitters for indoor RF wireless networks. In: *Proceedings of IEEE International Conference on Computer Communications.*

Krizhevsky, Alex, and Hinton, Geoffrey. 2009. *Learning Multiple Layers of Features from Tiny Images.* Computer Science Department, University of Toronto, Technical Report.

Kulis, Brian, Saenko, Kate, and Darrell, Trevor. 2011. What you saw is not what you get: Domain adaptation using asymmetric kernel transforms. Pages 1785–1792 of: *Proceedings of the IEEE Conference on Computer Vision and Pattern Recognition.*

Kullback, S., and Leibler, R. A. 1951. On information and sufficiency. *Annals of Mathematical Statistics,* **22**(1), 79–86.

Kumar, Abhishek, and Daumé III, Hal. 2012. Learning task grouping and overlap in multitask learning. *Proceedings of the 29th International Conference on Machine Learning.*

Kumaraswamy, Raksha, Odom, Phillip, Kersting, Kristian, Leake, David, and Natarajan, Sriraam. 2015. Transfer learning via relational type matching. Pages 811–816 of: *Proceedings of IEEE International Conference on Data Mining.*

Kuzborskij, Ilja, and Orabona, Francesco. 2013. Stability and hypothesis transfer learning. Pages 942–950 of: *Proceedings of the 30th International Conference on Machine Learning.*

Ladd, Andrew M., Bekris, Kostas E., Rudys, Algis, et al. 2002. Robotics-based location sensing using wireless Ethernet. Pages 227–238 of: *Proceedings of the 8th Annual International Conference on Mobile Computing and Networking.*

Lafferty, John D., and Zhai, ChengXiang. 2001. Document language models, query models, and risk minimization for information retrieval. Pages 111–119 of: Croft, W. Bruce, Harper, David J., Kraft, Donald H., and Zobel, Justin (eds.), *SIGIR 2001: Proceedings of the 24th Annual International ACM SIGIR Conference on Research and Development in Information Retrieval.*

Lai, Tze Leung, and Robbins, Herbert. 1985. Asymptotically efficient adaptive allocation rules. *Advances in Applied Mathematics*, **6**(1), 4–22.

Lake, B. M., Salakhutdinov, R., and Tenenbaum, J. B. 2015. Human-level concept learning through probabilistic program induction. *Science*, **350**(6266), 1332–1338.

Lake, Brenden, Salakhutdinov, Ruslan, Gross, Jason, and Tenenbaum, Joshua. 2011. One shot learning of simple visual concepts. Pages 2568–2573 for: *Proceedings of the Annual Meeting of the Cognitive Science Society.*

Lake, Brenden M., Salakhutdinov, Ruslan, and Tenenbaum, Joshua B. 2013. One-shot learning by inverting a compositional causal process. Pages 2526–2534 of: *Advances in Neural Information Processing Systems.*

Laroche, Romain, and Barlier, Merwan. 2017. Transfer reinforcement learning with shared dynamics. Pages 2147–2153 of: *Proceedings of the Thirty-First AAAI Conference on Artificial Intelligence.*

Larrañaga, Pedro, Calvo, Borja, Santana, Roberto, et al. 2006. Machine learning in bioinformatics. *Briefings in Bioinformatics*, **7**(1), 86–112.

Lawrence, Neil D., and Platt, John C. 2004. Learning to learn with the informative vector machine. *Proceedings of the Twenty-First International Conference on Machine Learning.*

Lazaric, Alessandro. 2008. *Knowledge Transfer in Reinforcement Learning.* Ph.D. thesis, Politecnico di Milano.

Lazaric, Alessandro. 2012. Transfer in reinforcement learning: A framework and a survey. Pages 143–173 of: Wiering, Marco, and van Otterlo, Martijn (eds), *Reinforcement Learning: State-of-the-Art.*

Lazaric, Alessandro, and Ghavamzadeh, Mohammad. 2010. Bayesian multi-task reinforcement learning. Pages 599–606 of: *Proceedings of the 27th International Conference on Machine Learning.*

Lazaric, Alessandro, Restelli, Marcello, and Bonarini, Andrea. 2008. Transfer of samples in batch reinforcement learning. Pages 544–551 of: *Proceedings of the Twenty-Fifth International Conference on Machine Learning.*

Ledig, Christian, Theis, Lucas, Huszar, Ferenc, et al. 2017. Photo-realistic single image super-resolution using a generative adversarial network. Pages 4681–4690 of: *Proceedings of the IEEE Conference on Computer Vision and Pattern Recognition.*

Lee, Byung-Jun, and Kim, Kee-Eung. 2016. Dialog history construction with long-short term memory for robust generative dialog state tracking. *Dialogue & Discourse*, **7**(3), 47–64.

Lee, Giwoong, Yang, Eunho, and Hwang, Sung Ju. 2016. Asymmetric multi-task learning based on task relatedness and loss. Pages 230–238 of: *Proceedings of the 33rd International Conference on Machine Learning.*

Lee, Honglak, Battle, Alexis, Raina, Rajat, and Ng, Andrew Y. 2007. Efficient sparse coding algorithms. Pages 801–808 of: *Advances in Neural Information Processing Systems.*

Lee, Jaewoo, and Kifer, Daniel. 2018. Concentrated differentially private gradient descent with adaptive per-iteration privacy budget. Pages 1656–1665 of: *Proceedings of the 24th ACM SIGKDD International Conference on Knowledge Discovery and Data Mining.*

Lefèvre, Fabrice, Gašić, Milica, Jurčíček, F., et al. 2009. k-Nearest neighbor Monte-Carlo control algorithm for POMDP-based dialogue systems. Pages 272–275 of: *Proceedings of the 10th Annual Meeting of the Special Interest Group on Discourse and Dialogue.*

Levin, Esther, Pieraccini, Roberto, and Eckert, Wieland. 1997. Learning dialogue strategies within the Markov decision process framework. Pages 72–79 of: *Proceedings of IEEE Workshop on Automatic Speech Recognition and Understanding.*

Li, Bin, Yang, Qiang, and Xue, Xiangyang. 2009a. Can movies and books collaborate? Cross-domain collaborative filtering for sparsity reduction. Pages 2052–2057 of: *Proceedings of the 21st International Joint Conference on Artificial Intelligence.*

Li, Bin, Yang, Qiang, and Xue, Xiangyang. 2009b. Transfer learning for collaborative filtering via a rating-matrix generative model. Pages 617–624 of: *Proceedings of the 26th Annual International Conference on Machine Learning.*

Li, Da, Yang, Yongxin, Song, Yi-Zhe, and Hospedales, Timothy M. 2017a. Deeper, broader and artier domain generalization. Pages 5543–5551 of: *Proceedings of IEEE International Conference on Computer Vision.*

Li, Fan, Yang, Yiming, and Xing, Eric P. 2005. From lasso regression to feature vector machine. Pages 779–786 of: *Advances in Neural Information Processing Systems.*

Li, Fangtao, Pan, Sinno Jialin, Jin, Ou, Yang, Qiang, and Zhu, Xiaoyan. 2012. Cross-domain co-extraction of sentiment and topic lexicons. Pages 410–419 for: *Proceedings of the 50th Annual Meeting of the Association for Computational Linguistics.*

Li, Fei-Fei, Fergus, Robert, and Perona, Pietro. 2006. One-shot learning of object categories. *IEEE Transactions on Pattern Analysis and Machine Intelligence*, **28**(4), 594–611.

Li, Hui, Liao, Xuejun, and Carin, Lawrence. 2009c. Multi-task reinforcement learning in partially observable stochastic environments. *Journal of Machine Learning Research*, **10**, 1131–1186.

Li, Jiwei, Galley, Michel, Brockett, Chris, Spithourakis, et al. 2016. A persona-based neural conversation model. Pages 994–1003 for :*Proceedings of the 54th Annual Meeting of the Association for Computational Linguistics.*

Li, Lihong, Chu, Wei, Langford, John, and Schapire, Robert E. 2010. A contextual-bandit approach to personalized news article recommendation. Pages 661–670 of: *Proceedings of the 19th International Conference on World Wide Web.*

Li, Qi, and Ji, Heng. 2014. Incremental joint extraction of entity mentions and relations. Pages 402–412 of: *Proceedings of the 52nd Annual Meeting of the Association for Computational Linguistics.*

Li, Sijin, Liu, Zhi-Qiang, and Chan, Antoni B. 2015. Heterogeneous multi-task learning for human pose estimation with deep convolutional neural network. *International Journal of Computer Vision*, **113**(1), 19–36.

Li, Wen, Duan, Lixin, Xu, Dong, and Tsang, Ivor W. 2014. Learning with augmented features for supervised and semi-supervised heterogeneous domain adaptation. *IEEE Transactions on Pattern Analysis and Machine Intelligence*, **36**(6), 1134–1148.

Li, Zheng, Zhang, Yu, Wei, Ying, Wu, Yuxiang, and Yang, Qiang. 2017b. End-to-end adversarial memory network for cross-domain sentiment classification. Pages 2237–2243 of: *Proceedings of the International Joint Conference on Artificial Intelligence.*

Liao, Renjie, Schwing, Alexander G., Zemel, Richard S., and Urtasun, Raquel. 2016. Learning deep parsimonious representations. Pages 5076–5084 of: *Advances in Neural Information Processing Systems.*

Liao, Xuejun, Xue, Ya, and Carin, Lawrence. 2005. Logistic regression with an auxiliary data source. Pages 505–512 of: *Proceedings of the 22nd International Conference on Machine Learning.*

Ling, Xiao, Xue, Gui-Rong, Dai, Wenyuan, et al. 2008. Can Chinese web pages be classified with English data source? Pages 969–978 of: *Proceedings of the 17th International Conference on World Wide Web.*

Liu, Bing. 2012. Sentiment analysis and opinion mining. *Synthesis Lectures on Human Language Technologies,* **5**(1), 1–167.

Liu, Bing, Hsu, Wynne, and Ma, Yiming. 1999. Mining association rules with multiple minimum supports. Pages 337–341 of: *Proceedings of the Fifth ACM SIGKDD International Conference on Knowledge Discovery and Data Mining.*

Liu, Bo, Wei, Ying, Zhang, Yu, and Yang, Qiang. 2017. Deep neural networks for high dimension, low sample size data. Pages 2287–2293 of: Sierra, Carles (ed.), *Proceedings of the Twenty-Sixth International Joint Conference on Artificial Intelligence.*

Liu, Bo, Wei, Ying, Zhang, Yu, Yan, Zhixian, and Yang, Qiang. 2018. Transferable contextual bandit for cross-domain recommendation. Pages 3619–3626 of: *Proceedings of the Thirty-Second AAAI Conference on Artificial Intelligence.*

Liu, Chenxi, Zoph, Barret, Neumann, Maxim, et al. 2018c. Progressive neural architecture search. Pages 19–35 of: *Proceedings of 15th European Conference on Computer Vision.*

Liu, Dong, Hua, Xian-Sheng, Yang, Linjun, Wang, Meng, and Zhang, Hong-Jiang. 2009a. Tag ranking. Pages 351–360 of: *Proceedings of the 18th International Conference on World Wide Web.*

Liu, Han, Palatucci, Mark, and Zhang, Jian. 2009b. Blockwise coordinate descent procedures for the multi-task lasso, with applications to neural semantic basis discovery. Pages 649–656 of: *Proceedings of the 26th International Conference on Machine Learning.*

Liu, Jiahui, Dolan, Peter, and Pedersen, Elin Rønby. 2010a. Personalized news recommendation based on click behavior. Pages 31–40 of: *Proceedings of the 15th International Conference on Intelligent User Interfaces.*

Liu, Qi, Xu, Qian, Zheng, Vincent W., et al. 2010b. Multi-task learning for cross-platform siRNA efficacy prediction: an in-silico study. *BMC Bioinformatics,* **11**, 181.

Liu, Qiuhua, Liao, Xuejun, and Carin, Lawrence. 2007. Semi-supervised multitask learning. Pages 937–944 of: *Advances in Neural Information Processing Systems.*

Liu, Qiuhua, Liao, Xuejun, Li, Hui, Stack, Jason R., and Carin, Lawrence. 2009c. Semisupervised multitask learning. *IEEE Transactions on Pattern Analysis and Machine Intelligence,* **31**(6), 1074–1086.

Liu, Wu, Mei, Tao, Zhang, Yongdong, Che, Cherry, and Luo, Jiebo. 2015a. Multi-task deep visual-semantic embedding for video thumbnail selection. Pages 3707–3715 of: *Proceedings of IEEE Conference on Computer Vision and Pattern Recognition.*

Liu, Xiaodong, Gao, Jianfeng, et al. 2015b. Representation learning using multi-task deep neural networks for semantic classification and information retrieval. Pages 912–921 of: *Proceedings of the 2015 Conference of the North American Chapter of the Association for Computational Linguistics: Human Language Technologies.*

Long, Mingsheng, Wang, Jianmin, Ding, Guiguang, Shen, Dou, and Yang, Qiang. 2014. Transfer learning with graph co-regularization. *IEEE Transactions on Knowledge and Data Engineering,* **26**(7), 1805–1818.

Long, Mingsheng, Cao, Yue, Wang, Jianmin, and Jordan, Michael I. 2015. Learning transferable features with deep adaptation networks. Pages 97–105 of: *Proceedings of the 32nd International Conference on Machine Learning.*

Long, Mingsheng, Zhu, Han, Wang, Jianmin, and Jordan, Michael I. 2017. Deep transfer learning with joint adaptation networks. Pages 2208–2217 of: *Proceedings of International Conference on Machine Learning.*

Lounici, Karim, Pontil, Massimiliano, Tsybakov, Alexandre B., and van de Geer, Sara A. 2009. Taking advantage of sparsity in multi-task learning. *Proceedings of the 22nd Conference on Learning Theory.*

Lozano, Aurelie C., and Swirszcz, Grzegorz. 2012. Multi-level lasso for sparse multi-task regression. *Proceedings of the 29th International Conference on Machine Learning.*

Lu, Guoyu, Yan, Yan, Ren, Li, et al. 2016. Where am I in the dark: Exploring active transfer learning on the use of indoor localization based on thermal imaging. *Neurocomputing,* **173**, 83–92.

Lugosi, Gábor, Papaspiliopoulos, Omiros, and Stoltz, Gilles. 2009. Online multi-task learning with hard constraints. *Proceedings of the 22nd Conference on Learning Theory.*

Luo, Bingfeng, Feng, Yansong, Xu, Jianbo, Zhang, Xiang, and Zhao, Dongyan. 2017. Learning to predict charges for criminal cases with legal basis. Pages 2727–2736 of: *Proceedings of the 2017 Conference on Empirical Methods in Natural Language Processing.*

Luong, Minh-Thang, Le, Quoc V., Sutskever, Ilya, Vinyals, Oriol, and Kaiser, Lukasz. 2016. Multi-task sequence to sequence learning. *Proceedings of the 4th International Conference on Learning Representations.*

Luria, Aleksandr R. 1976. *Cognitive Development: Its Cultural and Social Foundations.* Harvard University Press.

Ma, Zhigang, Yang, Yi, Nie, Feiping, et al. 2014. Harnessing lab knowledge for real-world action recognition. *International Journal of Computer Vision,* **109**(1–2), 60–73.

Mahadevan, Sridhar, and Maggioni, Mauro. 2007. Proto-value functions: A Laplacian framework for learning representation and control in Markov decision processes. *Journal of Machine Learning Research,* **8**, 2169–2231.

Mahajan, Dhruv, Girshick, Ross B., Ramanathan, Vignesh, et al. 2018. Exploring the limits of weakly supervised pretraining. *CoRR,* abs/1805.00932.

Mahmud, M. M., and Ray, Sylvian R. 2007. Transfer learning using Kolmogorov complexity: Basic theory and empirical evaluations. Pages 985–992 of: *Advances in Neural Information Processing Systems.*

Mairesse, François, and Walker, Marilyn A. 2008. Trainable generation of big-five personality styles through data-driven parameter estimation. Pages 165–173 of: *Proceedings of the 46th Annual Meeting of the Association for Computational Linguistics.*

Mairesse, François, and Walker, Marilyn A. 2011. Controlling user perceptions of linguistic style: Trainable generation of personality traits. *Computational Linguistics,* **37**(3), 455–488.

Mairesse, François, Gašić, Milica, Jurcícek, Filip, et al. 2009. Spoken language understanding from unaligned data using discriminative classification models. Pages 4749–4752 of: *Proceedings of IEEE International Conference on Acoustics, Speech and Signal Processing.*

Malaviya, Chaitanya, Neubig, Graham, and Littell, Patrick. 2017. Learning language representations for typology prediction. Pages 2529–2535 of: *Proceedings of the 2017 Conference on Empirical Methods in Natural Language Processing.*

Man, Tong, Shen, Huawei, Jin, Xiaolong, and Cheng, Xueqi. 2017. Cross-domain recommendation: An embedding and mapping approach. Pages 2464–2470 of: *Proceedings of the 26th International Joint Conference on Artificial Intelligence.*

Mansour, Yishay, Mohri, Mehryar, and Rostamizadeh, Afshin. 2008. Domain adaptation with multiple sources. Pages 1041–1048 of: *Advances in Neural Information Processing Systems*.

Mansour, Yishay, Mohri, Mehryar, and Rostamizadeh, Afshin. 2009. Domain adaptation: Learning bounds and algorithms. *Proceedings of the 22nd Conference on Learning Theory*.

Mao, Xiangbo, Lin, Binbin, Cai, Deng, He, Xiaofei, and Pei, Jian. 2013. Parallel field alignment for cross media retrieval. Pages 897–906 of: *Proceedings of the 21st ACM International Conference on Multimedia*.

Marx, Zvika, Rosenstein, Michael T., Dietterich, Thomas G., and Kaelbling, Leslie Pack. 2008. Two algorithms for transfer learning. *Inductive Transfer: 10 Years Later*.

Maurer, Andreas. 2005. Algorithmic stability and meta-learning. *Journal of Machine Learning Research*, **6**, 967–994.

Maurer, Andreas. 2006a. Bounds for linear multi-task learning. *Journal of Machine Learning Research*, **7**, 117–139.

Maurer, Andreas. 2006b. The Rademacher complexity of linear transformation classes. Pages 65–78 of: *Proceedings of the 19th Annual Conference on Learning Theory*.

Maurer, Andreas. 2009. Transfer bounds for linear feature learning. *Machine Learning*, **75**(3), 327–350.

Maurer, Andreas, Pontil, Massimiliano, and Romera-Paredes, Bernardino. 2013. Sparse coding for multitask and transfer learning. Pages 343–351 of: *Proceedings of the 30th International Conference on Machine Learning*.

Maurer, Andreas, Pontil, Massimiliano, and Romera-Paredes, Bernardino. 2016. The benefit of multitask representation learning. *Journal of Machine Learning Research*, **17**, 1–32.

McAllester, David A. 1999. Some PAC-Bayesian theorems. *Machine Learning*, **37**(3), 355–363.

McCann, Bryan, Bradbury, James, Xiong, Caiming, and Socher, Richard. 2017. Learned in translation: Contextualized word vectors. Pages 6297–6308 of: *Advances in Neural Information Processing Systems*.

McGovern, Amy, and Barto, Andrew G. 2001. Automatic discovery of subgoals in reinforcement learning using diverse density. Pages 361–368 of: *Proceedings of the Eighteenth International Conference on Machine Learning*.

McNamara, Daniel, and Balcan, Maria-Florina. 2017. Risk bounds for transferring representations with and without fine-tuning. Pages 2373–2381 of: *Proceedings of the 34th International Conference on Machine Learning*.

Menze, Bjoern H., Jakab, András, Bauer, Stefan, et al. 2015. The multimodal brain tumor image segmentation benchmark (BRATS). *IEEE Transactions on Medical Imaging*, **34**(10), 1993–2024.

Mihalkova, Lilyana, and Mooney, Raymond J. 2008. Transfer learning by mapping with minimal target data. In: *Proceedings of the AAAI-08 Workshop on Transfer Learning for Complex Tasks*.

Mihalkova, Lilyana, Huynh, Tuyen N., and Mooney, Raymond J. 2007. Mapping and revising Markov logic networks for transfer learning. Pages 608–614 of: *Proceedings of the Twenty-Second AAAI Conference on Artificial Intelligence*.

Mikolov, Tomas, Chen, Kai, Corrado, Greg, and Dean, Jeffrey. 2013a. Efficient estimation of word representations in vector space. *CoRR*, abs/1301.3781.

Mikolov, Tomas, Sutskever, Ilya, Chen, Kai, Corrado, Greg S., and Dean, Jeff. 2013b.

Distributed representations of words and phrases and their compositionality. Pages 3111–3119 of: *Advances in Neural Information Processing Systems.*

Min, Sewon, Seo, Minjoon, and Hajishirzi, Hannaneh. 2017. Question answering through transfer learning from large fine-grained supervision data. Pages 510–517 of: *Proceedings of the 55th Annual Meeting of the Association for Computational Linguistics.*

Misra, Ishan, Shrivastava, Abhinav, Gupta, Abhinav, and Hebert, Martial. 2016. Cross-stitch networks for multi-task learning. Pages 3994–4003 of: *Proceedings of IEEE Conference on Computer Vision and Pattern Recognition.*

Mitchell, T., Cohen, W., Hruschka, E., et al. 2015. Never-ending learning. Pages 2302–2310 of: *Proceedings of the Twenty-Ninth AAAI Conference on Artificial Intelligence.*

Mitra, Pabitra, Murthy, C. A., and Pal, Sankar K. 2002. Unsupervised feature selection using feature similarity. *IEEE Transactions on Pattern Analysis and Machine Intelligence,* **24**(3), 301–312.

Mitzlaff, Folke, Atzmüller, Martin, Hotho, Andreas, and Stumme, Gerd. 2014. The social distributional hypothesis: A pragmatic proxy for homophily in online social networks. *Social Network Analysis and Mining,* **4**(1), 216.

Mnih, Volodymyr, Kavukcuoglu, Koray, Silver, David, et al. 2013. Playing Atari with deep reinforcement learning. *CoRR,* abs/1312.5602.

Mnih, Volodymyr, Kavukcuoglu, Koray, Silver, David, et al. 2015. Human-level control through deep reinforcement learning. *Nature,* **518**(7540), 529–533.

Mo, Kaixiang, Zhang, Yu, Yang, Qiang, and Fung, Pascale. 2017. Fine grained knowledge transfer for personalized task-oriented dialogue systems. *CoRR,* abs/1711.04079.

Mo, Kaixiang, Zhang, Yu, Li, Shuangyin, Li, Jiajun, and Yang, Qiang. 2018. Personalizing a dialogue system with transfer reinforcement learning. Pages 5317–5324 of: *Proceedings of the Thirty-Second AAAI Conference on Artificial Intelligence.*

Moore, Andrew W. 1991. Variable resolution dynamic programming: Efficiently learning action maps in multivariate real-valued state-spaces. Pages 333–337 of: *Proceedings of the Eighth International Conference on Machine Learning.*

Mou, Lili, Meng, Zhao, Yan, Rui, et al. 2016. How transferable are neural networks in NLP applications? Pages 479–489 of: *Proceedings of the 2016 Conference on Empirical Methods in Natural Language Processing.*

Mrkšic, Nikola, Séaghdha, Diarmuid Ó., Thomson, Blaise, et al. 2015. Multi-domain dialog state tracking using recurrent neural networks. Pages 794–799 of: *Proceedings of the 53rd Annual Meeting of the Association for Computational Linguistics.*

Nassar, Marcel, Abdallah, Rami, Zeineddine, Hady Ali, Yaacoub, Elias, and Dawy, Zaher. 2008. A new multitask learning method for multiorganism gene network estimation. Pages 2287–2291 of: *Proceedings of IEEE International Symposium on Information Theory.*

Ng, Andrew Y., Jordan, Michael I., and Weiss, Yair. 2002. On spectral clustering: Analysis and an algorithm. Pages 849–856 of: *Advances in Neural Information Processing Systems.*

Nguyen, Hien Van, Ho, Huy Tho, Patel, Vishal M., and Chellappa, Rama. 2015. DASH-N: Joint hierarchical domain adaptation and feature learning. *IEEE Transactions on Image Processing,* **24**(12), 5479–5491.

Nguyen, Khanh, III, Hal Daumé, and Boyd-Graber, Jordan L. 2017. Reinforcement learning for bandit neural machine translation with simulated human feedback. Pages 1464–1474 of: *Proceedings of the 2017 Conference on Empirical Methods in Natural Language Processing.*

Ni, Jie, Qiu, Qiang, and Chellappa, Rama. 2013. Subspace interpolation via dictionary learning for unsupervised domain adaptation. Pages 692–699 of: *Proceedings of IEEE Conference on Computer Vision and Pattern Recognition.*

Ni, Lionel M., Liu, Yunhao, Lau, Yiu Cho, and Patil, Abhishek P. 2003. LANDMARC: Indoor location sensing using active RFID. Pages 407–415 of: *Proceedings of IEEE International Conference on Pervasive Computing and Communications.*

Nickel, Maximilian, Murphy, Kevin, Tresp, Volker, and Gabrilovich, Evgeniy. 2016. A review of relational machine learning for knowledge graphs. *Proceedings of the IEEE*, **104**(1), 11–33.

Niehues, Jan, and Cho, Eunah. 2017. Exploiting linguistic resources for neural machine translation using multi-task learning. Pages 80–89 of: *Proceedings of the Second Conference on Machine Translation.*

Norouzi, Mohammad, Mikolov, Tomas, Bengio, Samy, et al. 2013. Zero-shot learning by convex combination of semantic embeddings. *CoRR*, abs/1312.5650.

Nowozin, Sebastian, Cseke, Botond, and Tomioka, Ryota. 2016. f-GAN: Training generative neural samplers using variational divergence minimization. Pages 271–279 of: *Advances in Neural Information Processing Systems.*

Obozinski, Guillaume, Taskar, Ben, and Jordan, Michael. 2006. *Multi-task Feature Selection.* Tech. Report, Department of Statistics, University of California, Berkeley.

Obozinski, Guillaume, Taskar, Ben, and Jordan, Michael. 2010. Joint covariate selection and joint subspace selection for multiple classification problems. *Statistics and Computing*, **20**(2), 231–252.

Obozinski, Guillaume, Wainwright, Martin J., and Jordan, Michael I. 2011. Support union recovery in high-dimensional multivariate regression. *The Annals of Statistics*, **39**(1), 1–47.

Olshausen, Bruno A., and Field, David J. 1997. Sparse coding with an overcomplete basis set: A strategy employed by V1? *Vision Research*, **37**(23), 3311–3325.

Oquab, Maxime, Bottou, Leon, Laptev, Ivan, and Sivic, Josef. 2014. Learning and transferring mid-level image representations using convolutional neural networks. Pages 1717–1724 of: *Proceedings of IEEE Conference on Computer Vision and Pattern Recognition.*

Palatucci, Mark, Pomerleau, Dean, Hinton, Geoffrey E., and Mitchell, Tom M. 2009. Zero-shot learning with semantic output codes. Pages 1410–1418 of: *Advances in Neural Information Processing Systems.*

Pan, Jialin. 2010. *Feature-based Transfer Learning with Real-world Applications.* Ph.D. thesis, Hong Kong University of Science and Technology.

Pan, Rong, Zhao, Junhui, Zheng, Vincent Wenchen, et al. 2007a. Domain-constrained semi-supervised mining of tracking models in sensor networks. Pages 1023–1027 of: *Proceedings of the 13th ACM SIGKDD International Conference on Knowledge Discovery and Data Mining.*

Pan, Rong, Zhou, Yunhong, Cao, Bin, et al. 2008a. One-class collaborative filtering. Pages 502–511 of: *Proceedings of the Eighth IEEE International Conference on Data Mining.*

Pan, Sinno J., Kwok, James T., Yang, Qiang, and Pan, Jeffrey J. 2007b. Adaptive localization in a dynamic WiFi environment through multi-view learning. Pages 1108–1113 of: *Proceedings of the 22nd National Conference on Artificial Intelligence.*

Pan, Sinno Jialin. 2014. Transfer Learning. Pages 537–570 of: *Data Classification: Algorithms and Applications.* Chapman & Hall/CRC.

Pan, Sinno Jialin, and Yang, Qiang. 2010. A survey on transfer learning. *IEEE Transactions on Knowledge and Data Engineering*, **22**(10), 1345–1359.

Pan, Sinno Jialin, Kwok, James T., and Yang, Qiang. 2008b. Transfer learning via dimensionality reduction. Pages 677–682 of: *Proceedings of the 23rd AAAI Conference on Artificial Intelligence*.

Pan, Sinno Jialin, Shen, Dou, Yang, Qiang, and Kwok, James T. 2008c. Transferring localization models across space. Pages 1383–1388 of: *Proceedings of the 23rd AAAI Conference on Artificial Intelligence*.

Pan, Sinno Jialin, Ni, Xiaochuan, Sun, Jian-Tao, Yang, Qiang, and Chen, Zheng. 2010a. Cross-domain sentiment classification via spectral feature alignment. Pages 751–760 of: *Proceedings of the 19th International Conference on World Wide Web*.

Pan, Sinno Jialin, Tsang, Ivor W., Kwok, James T., and Yang, Qiang. 2011. Domain adaptation via transfer component analysis. *IEEE Transactions on Neural Networks*, **22**(2), 199–210.

Pan, Weike, and Yang, Qiang. 2013. Transfer learning in heterogeneous collaborative filtering domains. *Artificial Intelligence*, **197**, 39–55.

Pan, Weike, Xiang, Evan W., Liu, Nathan N., and Yang, Qiang. 2010b. Transfer learning in collaborative filtering for sparsity reduction. Pages 230–235 of: *Proceedings of the Twenty-Fourth AAAI Conference on Artificial Intelligence*.

Pan, Weike, Xiang, Evan Wei, and Yang, Qiang. 2012. Transfer learning in collaborative filtering with uncertain ratings. Pages 662–668 of: *Proceedings of the Twenty-Sixth AAAI Conference on Artificial Intelligence*.

Pan, Weike, Liu, Zhuode, Ming, et al. 2015a. Compressed knowledge transfer via factorization machine for heterogeneous collaborative recommendation. *Knowledge-Based Systems*, **85**, 234–244.

Pan, Weike, Zhong, Hao, Xu, Congfu, and Ming, Zhong. 2015b. Adaptive Bayesian personalized ranking for heterogeneous implicit feedbacks. *Knowledge-Based Systems*, **73**, 173–180.

Pan, Weike, Liu, Mengsi, and Ming, Zhong. 2016a. Transfer learning for heterogeneous one-class collaborative filtering. *IEEE Intelligent Systems*, **31**(4), 43–49.

Pan, Weike, Yang, Qiang, Duan, Yuchao, and Ming, Zhong. 2016b. Transfer learning for semisupervised collaborative recommendation. *ACM Transactions on Interactive Intelligent Systems*, **6**(2), 10:1–10:21.

Pan, Weike, Yang, Qiang, Duan, Yuchao, Tan, Ben, and Ming, Zhong. 2017. Transfer learning for behavior ranking. *ACM Transactions on Intelligent Systems and Technology*, **8**(5), 65:1–65:23.

Pang, Bo, and Lee, Lillian. 2008. Opinion mining and sentiment analysis. *Foundations and Trends in Information Retrieval*, **2**(1–2), 1–135.

Pang, Bo, Lee, Lillian, and Vaithyanathan, Shivakumar. 2002. Thumbs up? Sentiment classification using machine learning Techniques. Pages 79–86 of: *Proceedings of the 2002 Conference on Empirical Methods in Natural Language Processing*.

Pappas, Nikolaos, and Popescu-Belis, Andrei. 2017. Multilingual Hierarchical attention networks for document classification. Pages 1015–1025 of: *Proceedings of the 8th International Joint Conference on Natural Language Processing*.

Parameswaran, Shibin, and Weinberger, Kilian Q. 2010. Large margin multi-task metric learning. Pages 1867–1875 of: *Advances in Neural Information Processing Systems*.

Parisotto, Emilio, Ba, Jimmy, and Salakhutdinov, Ruslan. 2016. Actor-mimic: Deep multi-task and transfer reinforcement learning. *Proceedings of the 4th International Confer-*

ence on Learning Representations.

Patel, Vishal M., Gopalan, Raghuraman, Li, Ruonan, and Chellappa, Rama. 2015. Visual domain adaptation: A survey of recent advances. *IEEE Signal Processing Magazine*, **32**(3), 53–69.

Patterson, Donald J., Fox, Dieter, Kautz, Henry A., and Philipose, Matthai. 2005. Fine-grained activity recognition by aggregating abstract object usage. Pages 44–51 of: *Proceedings of the Ninth IEEE International Symposium on Wearable Computers.*

Pei, Zhongyi, Cao, Zhangjie, Long, Mingsheng, and Wang, Jianmin. 2018. Multi-adversarial domain adaptation. Pages 3934–3941 of: *Proceedings of the Thirty-Second AAAI Conference on Artificial Intelligence.*

Peng, Hao, Thomson, Sam, and Smith, Noah A. 2017. Deep multitask learning for semantic dependency parsing. Pages 2037–2048 of: *Proceedings of the 55th Annual Meeting of the Association for Computational Linguistics.*

Pennington, Jeffrey, Socher, Richard, and Manning, Christopher. 2014. Glove: Global vectors for word representation. Pages 1532–1543 of: *Proceedings of the 2014 Conference on Empirical Methods in Natural Language Processing.*

Pentina, Anastasia, and Ben-David, Shai. 2015. multi-task and lifelong learning of kernels. Pages 194–208 of: *Proceedings of the 26th International Conference on Algorithmic Learning Theory.*

Pentina, Anastasia, and Lampert, Christoph H. 2014. A PAC-Bayesian bound for lifelong learning. Pages 991–999 of: *Proceedings of the 31th International Conference on Machine Learning.*

Pentina, Anastasia, and Lampert, Christoph H. 2015. Lifelong learning with non-i.i.d. tasks. Pages 1540–1548 of: *Advances in Neural Information Processing Systems.*

Perkins, Simon, Lacker, Kevin, and Theiler, James. 2003. Grafting: Fast, incremental feature selection by gradient descent in function space. *Journal of Machine Learning Research*, **3**, 1333–1356.

Perrot, Michaël, and Habrard, Amaury. 2015. A theoretical analysis of metric hypothesis transfer learning. Pages 1708–1717 of: *Proceedings of the 32nd International Conference on Machine Learning.*

Phillips, Caitlin. 2006. *Knowledge Transfer in Markov Decision Processes.* Tech. reptort, McGill University.

Pillonetto, Gianluigi, Dinuzzo, Francesco, and Nicolao, Giuseppe De. 2010. Bayesian online multitask learning of Gaussian processes. *IEEE Transactions on Pattern Analysis and Machine Intelligence*, **32**(2), 193–205.

Plis, Sergey M., Hjelm, Devon R., Salakhutdinov, Ruslan, and Calhoun, Vince D. 2013. Deep learning for neuroimaging: A validation study. *CoRR*, abs/1312.5847.

Pong, Ting Kei, Tseng, Paul, Ji, Shuiwang, and Ye, Jieping. 2010. Trace norm regularization: Reformulations, algorithms, and multi-task learning. *SIAM Journal on Optimization*, **20**(6), 3465–3489.

Ponomareva, Natalia, and Thelwall, Mike. 2012. Biographies or blenders: Which resource is best for cross-domain sentiment analysis? Pages 488–499 of: *Proceedings of International Conference on Intelligent Text Processing and Computational Linguistics.*

Pontil, Massimiliano, and Maurer, Andreas. 2013. Excess risk bounds for multitask learning with trace norm regularization. Pages 55–76 of: *Proceedings of the 26th Annual Conference on Learning Theory.*

Pugh, K. J., and Bergin, D. A. 2006. Motivational influences on transfer. *Educational Psychologist*, **41**, 147–160.

Puniyani, Kriti, Kim, Seyoung, and Xing, Eric P. 2010. Multi-population GWA mapping via multi-task regularized regression. *Bioinformatics*, **26**, i208–i216.

Qi, Guo-Jun, Aggarwal, Charu, and Huang, Thomas. 2011a. Towards semantic knowledge propagation from text corpus to web images. Pages 297–306 of: *Proceedings of the 20th International Conference on World Wide Web*.

Qi, Guo-Jun, Aggarwal, Charu, Rui, Yong, et al. 2011b. Towards cross-category knowledge propagation for learning visual concepts. Pages 897–904 of: *Proceedings of the IEEE Conference on Computer Vision and Pattern Recognition*.

Qi, Yanjun, Tastan, Oznur, Carbonell, Jaime G., and Klein-Seetharaman, Judith. 2010. Semi-supervised multi-task learning for predicting interactions between HIV-1 and human proteins. *Bioinformatics*, **26**, i645–i652.

Qiu, Qiang, Patel, Vishal M., Turaga, Pavan, and Chellappa, Rama. 2012. Domain adaptive dictionary learning. Pages 631–645 of: *Proceedings of European Conference on Computer Vision*.

Quionero-Candela, Joaquin, Sugiyama, Masashi, Schwaighofer, Anton, and Lawrence, Neil D. 2009. *Dataset Shift in Machine Learning*. MIT Press.

Radford, Alec, Metz, Luke, and Chintala, Soumith. 2015. Unsupervised representation learning with deep convolutional generative adversarial networks. *CoRR*, abs/1511.06434.

Raina, Rajat, Battle, Alexis, Lee, Honglak, Packer, Benjamin, and Ng, Andrew Y. 2007. Self-taught learning: Transfer learning from unlabeled data. Pages 759–766 of: *Proceedings of the 24th International Conference on Machine Learning*.

Raj, Anant, Namboodiri, Vinay P., and Tuytelaars, Tinne. 2015. Subspace alignment based domain adaptation for RCNN detector. Pages 166.1–166.11 of: *Proceedings of the British Machine Vision Conference*.

Rajpurkar, Pranav, Zhang, Jian, Lopyrev, Konstantin, and Liang, Percy. 2016. SQuAD: 100,000+ questions for machine comprehension of text. Pages 2383–2392 of: *Proceedings of the 2016 Conference on Empirical Methods in Natural Language Processing*.

Rajpurkar, Pranav, Irvin, Jeremy, Zhu, Kaylie, et al. 2017. CheXNet: Radiologist-level pneumonia detection on chest X-rays with deep learning. *CoRR*, abs/1711.05225.

Ranzato, Marc'Aurelio, Chopra, Sumit, Auli, Michael, and Zaremba, Wojciech. 2015. Sequence level training with recurrent neural networks. *CoRR*, abs/1511.06732.

Recanzone, Gregg H. 2009. Interactions of auditory and visual stimuli in space and time. *Hearing Research*, **258**(1), 89–99.

Reichart, Roi, Tomanek, Katrin, Hahn, Udo, and Rappoport, Ari. 2008. Multi-task active learning for linguistic annotations. Pages 861–869 of: *Proceedings of the 46th Annual Meeting of the Association for Computational Linguistics*.

Reiss, Attila, and Stricker, Didier. 2012. Introducing a new benchmarked dataset for activity monitoring. Pages 108–109 of: *Proceedings of the 16th International Symposium on Wearable Computers*.

Ren, Hang, Xu, Weiqun, and Yan, Yonghong. 2014. Markovian discriminative modeling for cross-domain dialog state tracking. Pages 342–347 of: *Proceedings of IEEE Spoken Language Technology Workshop*.

Resnick, Paul, and Varian, Hal R. 1997. Recommender systems. *Communications of the ACM*, **40**(3), 56–58.

Resnick, Paul, Iacovou, Neophytos, Suchak, Mitesh, Bergstrom, Peter, and Riedl, John. 1994. GroupLens: An open architecture for collaborative filtering of netnews. Pages 175–186 of: *Proceedings of the 1994 ACM Conference on Computer Supported Cooperative Work.*

Revow, Michael, Williams, Christopher K. I., and Hinton, Geoffrey E. 1996. Using generative models for handwritten digit recognition. *IEEE Transactions on Pattern Analysis and Machine Intelligence*, **18**(6), 592–606.

Richards, Bradley L., and Mooney, Raymond J. 1992. Learning relations by pathfinding. Pages 50–55 of: *Proceedings of the 10th National Conference on Artificial Intelligence.*

Richardson, Matthew, and Domingos, Pedro. 2006. Markov logic networks. *Machine Learning*, **62**(1–2), 107–136.

Rohrbach, Marcus, Stark, Michael, Szarvas, György, Gurevych, Iryna, and Schiele, Bernt. 2010. What helps where – and why? Semantic relatedness for knowledge transfer. Pages 910–917 of: *Proceedings of the IEEE Conference on Computer Vision and Pattern Recognition.*

Ruder, Sebastian, Bingel, Joachim, Augenstein, Isabelle, and Søgaard, Anders. 2017. Sluice networks: Learning what to share between loosely related tasks. *CoRR*, abs/1705.08142.

Rusu, Andrei A., Colmenarejo, Sergio Gomez, Gülçehre, Çaglar, et al. 2015. Policy distillation. *CoRR*, abs/1511.06295.

Ruvolo, Paul, and Eaton, Eric. 2013. ELLA: An efficient lifelong learning algorithm. Pages 507–515 of: *Proceedings of the 30th International Conference on Machine Learning.*

Saenko, Kate, Kulis, Brian, Fritz, Mario, and Darrell, Trevor. 2010. Adapting visual category models to new domains. Pages 213–226 of: *Proceedings of European Conference on Computer Vision.*

Saha, Avishek, Rai, Piyush, III, Hal Daumé, and Venkatasubramanian, Suresh. 2011. Online learning of multiple tasks and their relationships. Pages 643–651 of: *Proceedings of the Fourteenth International Conference on Artificial Intelligence and Statistics.*

Salimans, Tim, Goodfellow, Ian, Zaremba, Wojciech, et al. 2016. Improved techniques for training GANs. Pages 2234–2242 of: *Advances in Neural Information Processing Systems.*

Samala, Ravi K., Chan, Heang-Ping, Hadjiiski, Lubomir, et al. 2016. Mass detection in digital breast tomosynthesis: Deep convolutional neural network with transfer learning from mammography. *Medical physics*, **43**(12), 6654–6666.

Schank, Roger C. 1983. *Dynamic Memory – A Theory of Reminding and Learning in Computers and People.* Cambridge University Press.

Scholkopf, Bernhard, and Smola, Alexander J. 2001. *Learning with Kernels: Support Vector Machines, Regularization, Optimization, and Beyond.* MIT Press.

Schunk, D. 1965. *Learning Theories: An Educational Perspective.* Pearson.

Schwaighofer, Anton, Tresp, Volker, and Yu, Kai. 2005. Learning Gaussian process kernels via hierarchical Bayes. Pages 1209–1216 of: *Advances in Neural Information Processing Systems.*

Schweikert, Gabriele Beate, Widmer, Christian, Schölkopf, Bernhard, and Rätsch, Gunnar. 2008. An empirical analysis of domain adaptation algorithms for genomic sequence analysis. Pages 1433–1440 of: *Advances in Neural Information Processing Systems.*

Seo, Minjoon, Kembhavi, Aniruddha, Farhadi, Ali, and Hajishirzi, Hannaneh. 2016. Bidirectional attention flow for machine comprehension. *CoRR*, abs/1611.01603.

Serban, Iulian V., Sordoni, Alessandro, Bengio, Yoshua, Courville, Aaron, and Pineau, Joelle. 2015. Building end-to-end dialogue systems using generative hierarchical neural network models. *arXiv preprint*, arXiv:1507.04808.

Serban, Iulian V., Sordoni, Alessandro, Bengio, Yoshua, Courville, Aaron, and Pineau, Joelle. 2016. Building end-to-end dialogue systems using generative hierarchical neural network models. Pages 3776–3784 of: *Proceedings of the 30th AAAI Conference on Artificial Intelligence.*

Serban, Iulian Vlad, Sordoni, Alessandro, Lowe, Ryan, et al. 2017. A hierarchical latent variable encoder-decoder model for generating dialogues. Pages 3295–3301 of: *Proceedings of the Thirty-First AAAI Conference on Artificial Intelligence.*

Sermanet, Pierre, Eigen, David, Zhang, Xiang, et al. 2013. Overfeat: Integrated recognition, localization and detection using convolutional networks. *CoRR*, abs/1312.6229.

Sevakula, R. K., Singh, V., Verma, N. K., Kumar, C., and Cui, Y. 2018. Transfer learning for molecular cancer classification using deep neural networks. *IEEE/ACM Transactions on Computational Biology and Bioinformatics.*

Shang, Lifeng, Lu, Zhengdong, and Li, Hang. 2015. Neural responding machine for short-text conversation. Pages 1577–1586 of: *Proceedings of the 53rd Annual Meeting of the Association for Computational Linguistics.*

Shekhar, Shashi, Patel, Vishal M., Nguyen, Hien, and Chellappa, Rama. 2013. Generalized domain-adaptive dictionaries. Pages 361–368 of: *Proceedings of the IEEE Conference on Computer Vision and Pattern Recognition.*

Shen, Dou, Pan, Rong, Sun, Jian-Tao, et al. 2005. Q^2C@UST: Our winning solution to query classification in KDDCUP 2005. *SIGKDD Explorations*, **7**(2), 100–110.

Shen, Dou, Pan, Rong, Sun, Jian-Tao, et al. 2006a. Query enrichment for web-query classification. *ACM Transactions on Information Systems*, **24**(3), 320–352.

Shen, Dou, Sun, Jian-Tao, Yang, Qiang, and Chen, Zheng. 2006b. Building bridges for web query classification. Pages 131–138 of: *Proceedings of the 29th Annual International ACM SIGIR Conference on Research and Development in Information Retrieval.*

Sherstov, Alexander A., and Stone, Peter. 2005. Improving action selection in MDP's via knowledge transfer. Pages 1024–1029 of: *Proceedings of the Twentieth National Conference on Artificial Intelligence.*

Shi, Xiaoxiao, Liu, Qi, Fan, Wei, Yang, Qiang, and Yu, Philip S. 2010a. Predictive modeling with heterogeneous sources. Pages 814–825 of: *Proceedings of the SIAM International Conference on Data Mining.*

Shi, Xiaoxiao, Liu, Qi, Fan, Wei, Yu, Philip S., and Zhu, Ruixin. 2010b. Transfer learning on heterogenous feature spaces via spectral transformation. Pages 1049–1054 of: *Proceedings of the IEEE International Conference on Data Mining.*

Shi, Xiaoxiao, Paiement, Jean-François, Grangier, David, and Yu, Philip S. 2012. Learning from heterogeneous sources via gradient boosting consensus. Pages 224–235 of: *Proceedings of the SIAM International Conference on Data Mining.*

Shi, Xiaoxiao, Liu, Qi, Fan, Wei, and Philip, S. Yu. 2013a. Transfer across completely different feature spaces via spectral embedding. *IEEE Transactions on Knowledge and Data Engineering*, **25**(4), 906–918.

Shi, Yangyang, Larson, Martha, and Jonker, Catholijn M. 2015. Recurrent neural network language model adaptation with curriculum learning. *Computer Speech and Language*, **33**(1), 136–154.

Shi, Yuan, and Sha, Fei. 2012. Information-theoretical learning of discriminative clusters for unsupervised domain adaptation. Pages 1275–1282 of: *Proceedings of the 29th International Conference on Machine Learning.*

Shi, Yue, Larson, Martha, and Hanjalic, Alan. 2013b. Mining contextual movie similarity with matrix factorization for context-aware recommendation. *ACM Transactions on Intelligent Systems and Technology*, **4**(1), 16:1–16:19.

Shin, Hoo-Chang, Roth, Holger R., Gao, Mingchen, et al. 2016. Deep convolutional neural networks for computer-aided detection: CNN architectures, dataset characteristics and transfer learning. *IEEE Transactions on Medical Imaging*, **35**(5), 1285–1298.

Shokri, Reza, and Shmatikov, Vitaly. 2015. Privacy-preserving deep learning. Pages 1310–1321 of: *Proceedings of ACM Conference on Computer and Communications Security*.

Shrivastava, Ashish, Pfister, Tomas, Tuzel, Oncel, et al. 2017. Learning from simulated and unsupervised images through adversarial training. Pages 2242–2251 of: *Proceedings of the IEEE Conference on Computer Vision and Pattern Recognition*.

Shu, Xiangbo, Qi, Guo-Jun, Tang, Jinhui, and Wang, Jingdong. 2015. Weakly-shared deep transfer networks for heterogeneous-domain knowledge propagation. Pages 35–44 of: *Proceedings of the 23rd ACM International Conference on Multimedia*.

Si, Si, Tao, Dacheng, and Geng, Bo. 2010. Bregman divergence-based regularization for transfer subspace learning. *IEEE Transactions on Knowledge and Data Engineering*, **22**(7), 929–942.

Silver, Daniel L., and Mercer, Robert E. 1996. The parallel transfer of task knowledge using dynamic learning rates based on a measure of relatedness. *Connection Science Special Issue: Transfer in Inductive Systems*, **8**(2), 277–294.

Silver, Daniel L., Yang, Qiang, and Li, Lianghao. 2013. Lifelong machine learning systems: Beyond learning algorithms. *Proceedings of the 2013 AAAI Spring Symposium on Lifelong Machine Learning*, AAAI Technical Report, vol. SS-13-05.

Silver, David, Huang, Aja, Maddison, Chris J., et al. 2016. Mastering the game of Go with deep neural networks and tree search. *Nature*, **529**(7587), 484–489.

Singh, Ajit P., and Gordon, Geoffrey J. 2008. Relational learning via collective matrix factorization. Pages 650–658 of: *Proceeding of the 14th ACM SIGKDD International Conference on Knowledge Discovery and Data Mining*.

Singh, Satinder P., Kearns, Michael J., Litman, Diane J., and Walker, Marilyn A. 1999. Reinforcement learning for spoken dialogue systems. Pages 956–962 of: *Advances in Neural Information Processing Systems*.

Smola, Alexander J., and Schölkopf, Bernhard. 2004. A tutorial on support vector regression. *Statistics and Computing*, **14**(3), 199–222.

Smola, Alex, Gretton, Arthur, Song, Le, and Schölkopf, Bernhard. 2007a. A Hilbert space embedding for distributions. Pages 13–31 of: *Proceedings of International Conference on Algorithmic Learning Theory*.

Smola, Alexander J., Gretton, Arthur, Song, Le, and Schölkopf, Bernhard. 2007b. A Hilbert space embedding for distributions. Pages 40–41 of: *Proceedings of the 10th International Conference on Discovery Science*.

Snel, Matthijs, and Whiteson, Shimon. 2014. Learning potential functions and their representations for multi-task reinforcement learning. *Autonomous Agents and Multi-Agent Systems*, **28**(4), 637–681.

Socher, Richard, Ganjoo, Milind, Manning, Christopher D., and Ng, Andrew Y. 2013a. Zero-shot learning through cross-modal transfer. Pages 935–943 of: *Advances in Neural Information Processing Systems*.

Socher, Richard, Perelygin, Alex, Wu, Jean Y., et al. 2013b. Recursive deep models for semantic compositionality over a sentiment treebank. Pages 1631–1642 of: *Proceedings of the 2013 Conference on Empirical Methods in Natural Language Processing.*

Søgaard, Anders, and Goldberg, Yoav. 2016. Deep multi-task learning with low level tasks supervised at lower layers. Pages 231–235 of: *Proceedings of the 54th Annual Meeting of the Association for Computational Linguistics.*

Solnon, Matthieu, Arlot, Sylvain, and Bach, Francis R. 2012. Multi-task regression using minimal penalties. *Journal of Machine Learning Research*, **13**, 2773–2812.

Song, Jinhua, Gao, Yang, Wang, Hao, and An, Bo. 2016. Measuring the distance between finite markov decision processes. Pages 468–476 of: *Proceedings of the 2016 International Conference on Autonomous Agents & Multiagent Systems.*

Sordoni, Alessandro, Bengio, Yoshua, Vahabi, Hossein, et al. 2015. A hierarchical recurrent encoder-decoder for generative context-aware query suggestion. Pages 553–562 of: *Proceedings of the 24th ACM International on Conference on Information and Knowledge Management.*

Srivastava, Nitish, Hinton, Geoffrey E., Krizhevsky, Alex, Sutskever, Ilya, and Salakhutdinov, Ruslan. 2014. Dropout: A simple way to prevent neural networks from overfitting. *Journal of Machine Learning Research*, **15**(1), 1929–1958.

Sugiyama, Masashi, Nakajima, Shinichi, Kashima, Hisashi, von Bünau, Paul, and Kawanabe, Motoaki. 2008. Direct importance estimation with model selection and its application to covariate shift adaptation. Pages 1433–1440 of: *Advances in Neural Information Processing Systems.*

Suk, Heung-Il, and Shen, Dinggang. 2013. Deep learning-based feature representation for AD/MCI classification. Pages 583–590 of: *Proceedings of the 16th International Conference on Medical Image Computing and Computer-Assisted Intervention.*

Suk, Heung-Il, Lee, Seong-Whan, and Shen, Dinggang. 2014. Hierarchical feature representation and multimodal fusion with deep learning for AD/MCI diagnosis. *NeuroImage*, **101**, 569–582.

Sun, Kai, Xie, Qizhe, and Yu, Kai. 2016. Recurrent polynomial network for dialogue state tracking. *Dialogue and Discourse*, **7**(3), 65–88.

Sutskever, Ilya, Vinyals, Oriol, and Le, Quoc V. 2014. Sequence to sequence learning with neural networks. Pages 3104–3112 of: *Advances in Neural Information Processing Systems.*

Sutton, Richard S., and Barto, Andrew G. 1998. *Reinforcement Learning – An Introduction.* MIT Press.

Sutton, Richard S., Precup, Doina, and Singh, Satinder. 1999. Between MDPs and semi-MDPs: A framework for temporal abstraction in reinforcement learning. *Artificial Intelligence*, **112**(1–2), 181–211.

Sweeney, Latanya. 2002. k-Anonymity: A model for protecting privacy. *International Journal of Uncertainty, Fuzziness and Knowledge-Based Systems*, **10**(5), 557–570.

Tai, Lei, Paolo, Giuseppe, and Liu, Ming. 2017. Virtual-to-real deep reinforcement learning: Continuous control of mobile robots for mapless navigation. Pages 31–36 of: *Proceedings of 2017 IEEE/RSJ International Conference on Intelligent Robots and Systems.*

Tamada, Yoshinori, Bannai, Hideo, Kanehisa, Minoru, and Miyano, Satoru. 2005. Utilizing evolutionary information and gene expression data for estimating gene networks with Bayesian network models. *Journal of Bioinformatics and Computational Biology*, **3**(6), 1295–1313.

Tan, Ben, Zhong, Erheng, Ng, Michael K., and Yang, Qiang. 2014. Mixed-transfer: Transfer learning over mixed graphs. Pages 208–216 of: *Proceedings of the SIAM International*

Conference on Data Mining.

Tan, Ben, Song, Yangqiu, Zhong, Erheng, and Yang, Qiang. 2015. Transitive transfer learning. Pages 1155–1164 of: *Proceedings of the 21th ACM SIGKDD International Conference on Knowledge Discovery and Data Mining.*

Tan, Ben, Zhang, Yu, Pan, Sinno Jialin, and Yang, Qiang. 2017. Distant domain transfer learning. Pages 2604–2610 of: *Proceedings of the Thirty-First AAAI Conference on Artificial Intelligence.*

Tang, Duyu, Qin, Bing, Feng, Xiaocheng, and Liu, Ting. 2015. Target-dependent sentiment classification with long short term memory. *CoRR*, abs/1512.01100.

Taylor, Matthew E., and Stone, Peter. 2005. Behavior transfer for value-function-based reinforcement learning. Pages 53–59 of: *Proceedings of the 4th International Joint Conference on Autonomous Agents and Multiagent Systems.*

Taylor, Matthew E., and Stone, Peter. 2007. Cross-domain transfer for reinforcement learning. Pages 879–886 of: *Proceedings of the Twenty-Fourth International Conference on Machine Learning.*

Taylor, Matthew E., and Stone, Peter. 2009. Transfer learning for reinforcement learning domains: A survey. *Journal of Machine Learning Research*, **10**, 1633–1685.

Taylor, Matthew E., Stone, Peter, and Liu, Yaxin. 2005. Value functions for RL-based behavior transfer: A comparative study. Pages 880–885 of: *Proceedings of the Twentieth National Conference on Artificial Intelligence and the Seventeenth Innovative Applications of Artificial Intelligence Conference.*

Taylor, Matthew E., Whiteson, Shimon, and Stone, Peter. 2007. Transfer via inter-task mappings in policy search reinforcement learning. *Proceedings of the 6th International Joint Conference on Autonomous Agents and Multiagent Systems.*

Taylor, Matthew E., Jong, Nicholas K., and Stone, Peter. 2008a. Transferring instances for model-based reinforcement learning. Pages 488–505 of: *Proceedings of European Conference on Machine Learning and Practice of Knowledge Discovery in Databases.*

Taylor, Matthew E., Kuhlmann, Gregory, and Stone, Peter. 2008b. Autonomous transfer for reinforcement learning. Pages 283–290 of: *Proceedings of the 7th International Joint Conference on Autonomous Agents and Multiagent Systems.*

Tewari, Ambuj, Ravikumar, Pradeep K., and Dhillon, Inderjit S. 2011. Greedy algorithms for structurally constrained high dimensional problems. Pages 882–890 of: *Advances in Neural Information Processing Systems.*

Thomson, Blaise, and Young, Steve. 2010. Bayesian update of dialogue state: A POMDP framework for spoken dialogue systems. *Computer Speech and Language*, **24**(4), 562–588.

Thorndike, Edward. L., and S. Woodworth, R. 1901. The influence of improvement in one mental function upon the efficiency of other functions. II. The estimation of magnitudes. *Psychological Review*, **8**(01), 384–395.

Thrun, Sebastian. 1995. *Explanation-Based Neural Network Learning a Lifelong Learning Approach.* Ph.D. thesis, University of Bonn.

Thrun, Sebastian, and O'Sullivan, Joseph. 1996. Discovering structure in multiple learning tasks: The TC algorithm. Pages 489–497 of: *Proceedings of the 13th International Conference on Machine Learning.*

Tibshirani, Robert. 1996. Regression shrinkage and selection via the lasso. *Journal of the Royal Statistical Society. Series B (Methodological)*, **58**(1), 267–288.

Toffler, Alvin. 1970. *Future Shock.* Random House.

Tommasi, Tatiana, Orabona, Francesco, and Caputo, Barbara. 2010. Safety in numbers: Learning categories from few examples with multi model knowledge transfer. Pages 3081–3088 of: *Proceedings of IEEE Conference on Computer Vision and Pattern Recognition*.

Tommasi, Tatiana, Orabona, Francesco, and Caputo, Barbara. 2014. Learning categories from few examples with multi model knowledge transfer. *IEEE Transactions on Pattern Analysis and Machine Intelligence*, **36**(5), 928–941.

Tompson, Jonathan, Stein, Murphy, Lecun, Yann, and Perlin, Ken. 2014. Real-time continuous pose recovery of human hands using convolutional networks. *ACM Transactions on Graphics*, **33**(5), 169:1–169:10.

Topin, Nicholay, Haltmeyer, Nicholas, Squire, Shawn, et al. 2015. Portable option discovery for automated learning transfer in object-oriented Markov decision processes. Pages 3532–3536 of: Pages 3856–3864 of: *Proceedings of the Twenty-Fourth International Joint Conference on Artificial Intelligence*.

Toshniwal, Shubham, Tang, Hao, Lu, Liang, and Livescu, Karen. 2017. Multitask learning with low-level auxiliary tasks for encoder-decoded based speech recognition. *Proceedings of the 18th Annual Conference of the International Speech Communication Association*.

Tsuboi, Yuta, Kashima, Hisashi, Hido, Shohei, Bickel, Steffen, and Sugiyama, Masashi. 2009. Direct density ratio estimation for large-scale covariate shift adaptation. *Journal of Information Processing*, **17**, 138–155.

Tür, Gökhan. 2005. Model adaptation for spoken language understanding. Pages 41–44 of: *Proceedings of IEEE International Conference on Acoustics, Speech, and Signal Processing*.

Tür, Gökhan. 2006. Multitask learning for spoken language understanding. Pages 585–588 of: *Proceedings of IEEE International Conference on Acoustics Speech and Signal Processing*.

Tzeng, Eric, Hoffman, Judy, Zhang, Ning, Saenko, Kate, and Darrell, Trevor. 2014. Deep domain confusion: Maximizing for domain invariance. *CoRR*, abs/1412.3474.

Tzeng, Eric, Hoffman, Judy, Darrell, Trevor, and Saenko, Kate. 2015. Simultaneous deep transfer across domains and tasks. Pages 4068–4076 of: *Proceedings of IEEE International Conference on Computer Vision*.

Tzeng, Eric, Hoffman, Judy, Saenko, Kate, and Darrell, Trevor. 2017. Adversarial discriminative domain adaptation. Pages 2962–2971 of: *Proceedings of IEEE Conference on Computer Vision and Pattern Recognition*.

Vail, Douglas L., Veloso, Manuela M., and Lafferty, John D. 2007. Conditional random fields for activity recognition. In: *Proceedings of the Sixth International Joint Conference on Autonomous Agents and Multiagent Systems*.

van Haaren, Jan, Kolobov, Andrey, and Davis, Jesse. 2015. TODTLER: Two-order-deep transfer learning. Pages 3007–3015 of: *Proceedings of the Twenty-Ninth AAAI Conference on Artificial Intelligence*.

van Kasteren, Tim, Noulas, Athanasios K., Englebienne, Gwenn, and Kröse, Ben J. A. 2008. Accurate activity recognition in a home setting. Pages 1–9 of: *Proceedings of the 10th International Conference on Ubiquitous Computing*.

Vapnik, Vladimir. 1995. *The Nature of Statistical Learning Theory*. Springer.

Vapnik, Vladimir N. 1998. *Statistical Learning Theory*. Wiley-Interscience.

Venugopalan, Subhashini, Rohrbach, Marcus, Donahue, Jeffrey, et al. 2015a. Sequence to sequence – Video to text. Pages 4534–4542 of: *Proceedings of the IEEE International*

Conference on Computer Vision.

Venugopalan, Subhashini, Xu, Huijuan, Donahue, Jeff, et al. 2015b. Translating videos to natural language using deep recurrent neural networks. Pages 1494–1504 of: *Proceedings of the 2015 Conference of the North American Chapter of the Association for Computational Linguistics: Human Language Technologies.*

Vincent, Pascal, Larochelle, Hugo, Bengio, Yoshua, and Manzagol, Pierre-Antoine. 2008. Extracting and composing robust features with denoising autoencoders. Pages 1096–1103 of: *Proceedings of the 25th International Conference on Machine Learning.*

Vinyals, Oriol, Toshev, Alexander, Bengio, Samy, and Erhan, Dumitru. 2015. Show and tell: A neural image caption generator. Pages 3156–3164 of: *Proceedings of IEEE Conference on Computer Vision and Pattern Recognition.*

Vinyals, Oriol, Blundell, Charles, Lillicrap, Tim, Kavukcuoglu, Koray, and Wierstra, Daan. 2016. Matching networks for one shot learning. Pages 3630–3638 of: *Advances in Neural Information Processing Systems.*

Vondrick, Carl, Pirsiavash, Hamed, and Torralba, Antonio. 2016. Generating videos with scene dynamics. Pages 613–621 of: *Advances In Neural Information Processing Systems.*

Walker, Marilyn A., Fromer, Jeanne C., and Narayanan, Shrikanth. 1998. Learning optimal dialogue strategies: A case study of a spoken dialogue agent for email. Pages 1345–1351 of: *Proceedings of the 36th Annual Meeting of the Association for Computational Linguistics and 17th International Conference on Computational Linguistics.*

Walker, Marilyn A., Stent, Amanda, Mairesse, François, and Prasad, Rashmi. 2007. Individual and domain adaptation in sentence planning for dialogue. *Journal of Artificial Intelligence Research*, **30**, 413–456.

Walsh, Thomas J., Li, Lihong, and Littman, Michael L. 2006. Transferring state abstractions between MDPS. *Proceedings of ICML Workshop on Structural Knowledge Transfer for Machine Learning.*

Wan, Xiang, Yang, Can, Yang, Qiang, et al. 2009. MegaSNPHunter: A learning approach to detect disease predisposition SNPs and high level interactions in genome wide association study. *BMC Bioinformatics*, **10**, 13.

Wang, Boyu, and Pineau, Joelle. 2016. Generalized dictionary for multitask learning with boosting. Pages 2097–2103 of: *Proceedings of the Twenty-Fifth International Joint Conference on Artificial Intelligence.*

Wang, Chang, and Mahadevan, Sridhar. 2009. Manifold alignment without correspondence. Pages 1273–1278 of: *Proceedings of the 21st International Joint Conference on Artificial Intelligence.*

Wang, Chang, and Mahadevan, Sridhar. 2011. Heterogeneous domain adaptation using manifold alignment. Pages 1541–1546 of: *Proceedings of the 22nd International Joint Conference on Artificial Intelligence.*

Wang, Daixin, Cui, Peng, and Zhu, Wenwu. 2018a. Deep asymmetric transfer network for unbalanced domain adaptation. Pages 443–450 of: *Proceedings of the 32th AAAI Conference on Artificial Intelligence.*

Wang, Hua, Huang, Heng, Nie, Feiping, and Ding, Chris. 2011. Cross-language web page classification via dual knowledge transfer using nonnegative matrix tri-factorization. Pages 933–942 of: *Proceedings of the 34th International ACM SIGIR Conference on Re-*

search and Development in Information Retrieval.

Wang, Hua-Yan, and Yang, Qiang. 2011. Transfer learning by structural analogy. Pages 513–518 of: *Proceedings of the Twenty-Fifth AAAI Conference on Artificial Intelligence.*

Wang, Hua-Yan, Zheng, Vincent Wenchen, Zhao, Junhui, and Yang, Qiang. 2010. Indoor localization in multi-floor environments with reduced effort. Pages 244–252 of: *Proceedings of the 8th Annual IEEE International Conference on Pervasive Computing and Communications.*

Wang, Jialei, Kolar, Mladen, and Srebro, Nathan. 2016a. Distributed multi-task learning. Pages 751–760 of: *Proceedings of the 19th International Conference on Artificial Intelligence and Statistics.*

Wang, Jindong, Chen, Yiqiang, Hao, Shuji, Peng, Xiaohui, and Hu, Lisha. 2017a. Deep learning for sensor-based activity recognition: A survey. *CoRR*, abs/1707.03502.

Wang, Jindong, Chen, Yiqiang, Hu, Lisha, Peng, Xiaohui, and Yu, Philip S. 2018b. Stratified transfer learning for cross-domain activity recognition. *CoRR*, abs/1801.00820.

Wang, Sheng, Li, Zhen, Yu, Yizhou, and Xu, Jinbo. 2017b. Folding membrane proteins by deep transfer learning. *CoRR*, abs/1708.08407.

Wang, Shenlong, Zhang, Lei, Liang, Yan, and Pan, Quan. 2012. Semi-coupled dictionary learning with applications to image super-resolution and photo-sketch synthesis. Pages 2216–2223 of: *Proceedings of the IEEE Conference on Computer Vision and Pattern Recognition.*

Wang, Shuai, Chen, Zhiyuan, and Liu, Bing. 2016b. Mining aspect-specific opinion using a holistic lifelong topic model. Pages 167–176 of: *Proceedings of the 25th International Conference on World Wide Web.*

Wang, Shuohang, Yu, Mo, Guo, Xiaoxiao, et al. 2018c. R^3: Reinforced ranker-reader for open-domain question answering. Pages 5981–5988 of: *Proceedings of the Thirty-Second AAAI Conference on Artificial Intelligence.*

Wang, Sida, and Manning, Christopher D. 2012. Baselines and bigrams: Simple, good sentiment and topic classification. Pages 90–94 of: *Proceedings of the 50th Annual Meeting of the Association for Computational Linguistics.*

Wang, Wenhui, Yang, Nan, Wei, Furu, Chang, Baobao, and Zhou, Ming. 2017c. Gated self-matching networks for reading comprehension and question answering. Pages 189–198 of: *Proceedings of the 55th Annual Meeting of the Association for Computational Linguistics.*

Wang, Xin, Bi, Jinbo, Yu, Shipeng, and Sun, Jiangwen. 2014. On multiplicative multitask feature learning. Pages 2411–2419 of: *Advances in Neural Information Processing Systems.*

Wang, Xuezhi, and Schneider, Jeff G. 2015. Generalization bounds for transfer learning under model shift. Pages 922–931 of: *Proceedings of the Thirty-First Conference on Uncertainty in Artificial Intelligence.*

Wang, Yang, Gu, Quanquan, and Brown, Donald E. 2018d. Differentially private hypothesis transfer learning. Pages 811–826 of: *Proceedings of European Conference on Machine Learning and Knowledge Discovery in Databases.*

Wang, Zhuoran, and Lemon, Oliver. 2013. A simple and generic belief tracking mechanism for the dialog state tracking challenge: On the believability of observed information. Pages 423–432 of: *Proceedings of the 14th Annual Meeting of the Special Interest Group on Discourse and Dialogue.*

Wei, Ying, Zhu, Yin, Leung, Cane Wing-ki, Song, Yangqiu, and Yang, Qiang. 2016a. Instilling social to physical: Co-regularized heterogeneous transfer learning. Pages 1338–1344 of: *Proceedings of the 30th AAAI Conference on Artificial Intelligence.*

Wei, Ying, Zheng, Yu, and Yang, Qiang. 2016b. Transfer knowledge between cities. Pages 1905–1914 of: *Proceedings of the 22nd ACM SIGKDD International Conference on Knowledge Discovery and Data Mining.*

Wei, Ying, Zhang, Yu, Huang, Junzhou, and Yang, Qiạng. 2018. Transfer learning via learning to transfer. Pages 5072–5081 of: *Proceedings of the 35th International Conference on Machine Learning.*

Weinberger, Kilian Q., Sha, Fei, and Saul, Lawrence K. 2004. Learning a kernel matrix for nonlinear dimensionality reduction. *Proceedings of the Twenty-First International Conference on Machine Learning.*

Wen, Tsung-Hsien, Heidel, Aaron, Lee, Hung-yi, Tsao, Yu, and Lee, Lin-Shan. 2013. Recurrent neural network based language model personalization by social network crowdsourcing. Pages 2703–2707 of: *Proceedings of the 14th Annual Conference of the International Speech Communication Association.*

Wen, Tsung-Hsien, Gašić, Milica, Mrkšic, Nikola, et al. 2015a. Semantically conditioned LSTM-based natural language generation for spoken dialogue systems. Pages 1711–1721 of: *Proceedings of the 2015 Conference on Empirical Methods in Natural Language Processing.*

Wen, Tsung-Hsien, Gašić, Milica, Mrkšic, Nikola, et al. 2015b. Toward multi-domain language generation using recurrent neural networks. *NIPS Workshop on ML for SLU and Interaction.*

Wen, Tsung-Hsien, Gašić, Milica, Mrkšic, Nikola, et al. 2016. Multi-domain neural network language generation for spoken dialogue systems. Pages 120–129 of: *Proceedings of the 2016 Conference of the North American Chapter of the Association for Computational Linguistics: Human Language Technologies.*

Widmer, Christian, Leiva, Jose, Altun, Yasemin, and Rätsch, Gunnar. 2010a. Leveraging sequence classification by taxonomy-based multitask learning. Pages 522–534 of: *Proceedings of 14th the Annual International Conference on Research in Computational Molecular Biology.*

Widmer, Christian, Toussaint, Nora C., Altun, Yasemin, Kohlbacher, Oliver, and Rätsch, Gunnar. 2010b. Novel machine learning methods for MHC Class I binding prediction. Pages 98–109 of: *Proceedings of the 5th IAPR International Conference on Pattern Recognition in Bioinformatics.*

Widmer, Christian, Toussaint, Nora C., Altun, Yasemin, and Rätsch, Gunnar. 2010c. Inferring latent task structure for multitask learning by multiple kernel learning. *BMC Bioinformatics,* **1**(Suppl. 8), 55.

Williams, Jason. 2013. Multi-domain learning and generalization in dialog state tracking. Pages 433–441 of: *Proceedings of the 14th Annual Meeting of the Special Interest Group on Discourse and Dialogue.*

Williams, Jason D. 2008a. The best of both worlds: Unifying conventional dialog systems and POMDPs. Pages 1173–1176 of: *Proceedings of the 9th Annual Conference of the International Speech Communication Association.*

Williams, Jason D. 2008b. Integrating expert knowledge into POMDP optimization for spoken dialog systems. *Proceedings of the AAAI Workshop on Advancements in POMDP Solvers.*

Wilson, Aaron, Fern, Alan, Ray, Soumya, and Tadepalli, Prasad. 2007. Multi-task reinforcement learning: A hierarchical Bayesian approach. Pages 1015–1022 of: *Proceedings of the Twenty-Fourth International Conference on Machine Learning.*

Winston, Patrick H. 1980. Learning and reasoning by analogy. *Communications of the ACM,*

23(12), 689–703.

Wong, Catherine, Houlsby, Neil, Lu, Yifeng, and Gesmundo, Andrea. 2018. Transfer learning with neural AutoML. Pages 8366–8375 of: *Advances in Neural Information Processing Systems 31*.

Wood, Erroll, Baltrušaitis, Tadas, Morency, Louis-Philippe, Robinson, Peter, and Bulling, Andreas. 2016. Learning an appearance-based gaze estimator from one million synthesised images. Pages 131–138 of: *Proceedings of the Ninth Biennial ACM Symposium on Eye Tracking Research and Applications*.

Wu, Pengcheng, and Dietterich, Thomas G. 2004. Improving SVM accuracy by training on auxiliary data sources. Pages 111–117 of: *Proceedings of the 21st International Conference on Machine Learning*.

Wu, Shuangzhi, Zhang, Dongdong, Yang, Nan, Li, Mu, and Zhou, Ming. 2017. Sequence-to-dependency neural machine translation. Pages 698–707 of: *Proceedings of the 55th Annual Meeting of the Association for Computational Linguistics*.

Wu, Xinxiao, Wang, Han, Liu, Cuiwei, and Jia, Yunde. 2013. Cross-view action recognition over heterogeneous feature spaces. Pages 609–616 of: *Proceedings of the IEEE International Conference on Computer Vision*.

Xie, Liyang, Baytas, Inci M., Lin, Kaixiang, and Zhou, Jiayu. 2017. Privacy-preserving distributed multi-task learning with asynchronous updates. Pages 1195–1204 of: *Proceedings of the 23rd ACM SIGKDD International Conference on Knowledge Discovery and Data Mining*.

Xie, Michael, Jean, Neal, Burke, Marshall, Lobell, David, and Ermon, Stefano. 2016. Transfer learning from deep features for remote sensing and poverty mapping. Pages 3929–3935 of: *Proceedings of the Thirtieth AAAI Conference on Artificial Intelligence*.

Xing, Eric P., Jordan, Michael I., and Karp, Richard M. 2001. Feature selection for high-dimensional genomic microarray data. Pages 601–608 of: *Proceedings of the 8th International Conference on Machine Learning*.

Xu, Jiaolong, Ramos, Sebastian, Vázquez, David, and López, Antonio M. 2014a. Domain adaptation of deformable part-based models. *IEEE Transactions on Pattern Analysis and Machine Intelligence*, **36**(12), 2367–2380.

Xu, Kelvin, Ba, Jimmy, Kiros, Ryan, et al. 2015. Show, attend and tell: Neural image caption generation with visual attention. Pages 2048–2057 of: *Proceedings of the 32nd International Conference on Machine Learning*.

Xu, Qian, and Yang, Qiang. 2011. A survey of transfer and multitask learning in bioinformatics. *Journal of Computing Science and Engineering*, **5**(3), 257–268.

Xu, Qian, Xiang, Evan Wei, and Yang, Qiang. 2010. Protein–protein interaction prediction via collective matrix factorization. Pages 62–67 of: *Proceedings of IEEE International Conference on Bioinformatics and Biomedicine*.

Xu, Qian, Pan, Sinno Jialin, Xue, Hannah Hong, and Yang, Qiang. 2011. Multitask learning for protein subcellular location prediction. *IEEE/ACM Transactions on Computational Biology and Bioinformatics*, **8**(3), 748–759.

Xu, Yonghui, Pan, Sinno Jialin, Xiong, Hui, Wu, et al. 2017. A unified framework for metric transfer learning. *IEEE Transactions on Knowledge and Data Engineering*, **29**(6), 1158–1171.

Xu, Zheng, Li, Wen, Niu, Li, and Xu, Dong. 2014b. Exploiting low-rank structure from latent domains for domain generalization. Pages 628–643 of: *Proceedings of the 13th Euro-*

pean Conference on Computer Vision.

Xu, Zhixiang, Huang, Gao, Weinberger, Kilian Q., and Zheng, Alice X. 2014c. Gradient boosted feature selection. Pages 522–531 of: *Proceedings of the 20th ACM SIGKDD International Conference on Knowledge Discovery and Data Mining.* ACM.

Xue, Ya, Liao, Xuejun, Carin, Lawrence, and Krishnapuram, Balaji. 2007. Multi-task learning for classification with Dirichlet process priors. *Journal of Machine Learning Research,* **8**, 35–63.

Yamada, Makoto, Jitkrittum, Wittawat, Sigal, Leonid, Xing, Eric P., and Sugiyama, Masashi. 2014. High-dimensional feature selection by feature-wise kernelized lasso. *Neural Computation,* **26**(1), 185–207.

Yang, Bishan, and Mitchell, Tom. 2017. A joint sequential and relational model for frame-semantic parsing. Pages 1247–1256 of: *Proceedings of the 2017 Conference on Empirical Methods in Natural Language Processing.*

Yang, Can, He, Zengyou, Wan, Xiang, et al. 2008. SNPHarvester: A filtering-based approach for detecting epistatic interactions in genome-wide association studies. *Bioinformatics,* **25**(4), 504–511.

Yang, Jian, Zhang, David, Yang, Jing-Yu, and Niu, Ben. 2007a. Globally maximizing, locally minimizing: Unsupervised discriminant projection with applications to face and palm biometrics. *IEEE Transactions on Pattern Analysis and Machine Intelligence,* **29**(4), 650–664.

Yang, Jianchao, Wright, John, Huang, Thomas S., and Ma, Yi. 2010. Image super-resolution via sparse representation. *IEEE Transactions on Image Processing,* **19**(11), 2861–2873.

Yang, Jun, Yan, Rong, and Hauptmann, Alexander G. 2007b. Adapting SVM classifiers to data with shifted distributions. Pages 69–76 of: *Workshops Proceedings of the 7th IEEE International Conference on Data Mining.*

Yang, Jun, Yan, Rong, and Hauptmann, Alexander G. 2007c. Cross-domain video concept detection using adaptive SVMs. Pages 188–197 of: *Proceedings of the 15th ACM International Conference on Multimedia.*

Yang, Liu, Hanneke, Steve, and Carbonell, Jaime G. 2013. A theory of transfer learning with applications to active learning. *Machine Learning,* **90**(2), 161–189.

Yang, Min, Zhao, Zhou, Zhao, Wei, et al. 2017. Personalized response generation via domain adaptation. Pages 1021–1024 of: *Proceedings of the 40th International ACM SIGIR Conference on Research and Development in Information Retrieval.*

Yang, Qiang, Chen, Yuqiang, Xue, Gui-Rong, Dai, Wenyuan, and Yu, Yong. 2009. Heterogeneous transfer learning for image clustering via the social web. Pages 1–9 of: *Proceedings of the Joint Conference of the 47th Annual Meeting of the ACL and the 4th International Joint Conference on Natural Language Processing of the AFNLP.*

Yang, Wen Hui, Dai, Dao Qing, and Yan, Hong. 2011. Finding correlated biclusters from gene expression data. *IEEE Transaction on Knowledge and Data Engineering,* **23**(4), 568–584.

Yang, Zhilin, Salakhutdinov, Ruslan, and Cohen, William. 2016. Multi-task cross-lingual sequence tagging from scratch. *CoRR,* abs/1603.06270.

Yao, Kaisheng, Zweig, Geoffrey, Hwang, Mei-Yuh, Shi, Yangyang, and Yu, Dong. 2013. Recurrent neural networks for language understanding. Pages 2524–2528 of: *Proceedings of the 14th Annual Conference of the International Speech Communication Association.*

Yao, Kaisheng, Peng, Baolin, Zhang, Yu, et al. 2014. Spoken language understanding using long short-term memory neural networks. Pages 189–194 of: *Proceedings of IEEE Spoken Language Technology Workshop.*

Yao, Quanming, Wang, Mengshuo, Escalante, Hugo Jair, et al. 2018. Taking human out of learning applications: A survey on automated machine learning. *CoRR*, abs/1810.13306.

Yazdani, Majid, and Henderson, James. 2015. A model of zero-shot learning of spoken language understanding. Pages 244–249 of: *Proceedings of the 2015 Conference on Empirical Methods in Natural Language Processing.*

Ye, Jihang, Cheng, Hong, Zhu, Zhe, and Chen, Minghua. 2013. Predicting positive and negative links in signed social networks by transfer learning. Pages 1477–1488 of: *Proceedings of the 22nd International Conference on World Wide Web.*

Yi, Zili, Zhang, Hao, Tan, Ping, and Gong, Minglun. 2017. DualGAN: Unsupervised dual learning for image-to-image translation. Pages 2849–2857 of: *Proceedings of the IEEE Conference on Computer Vision and Pattern Recognition.*

Yin, Haiyan, and Pan, Sinno Jialin. 2017. Knowledge transfer for deep reinforcement learning with hierarchical experience replay. Pages 1640–1646 of: *Proceedings of the Thirty-First AAAI Conference on Artificial Intelligence.*

Yin, Jie, Yang, Qiang, and Ni, Lionel M. 2005. Adaptive temporal radio maps for indoor location estimation. Pages 85–94 of: *Proceedings of the 3rd IEEE International Conference on Pervasive Computing and Communications.*

Yosinski, Jason, Clune, Jeff, Bengio, Yoshua, and Lipson, Hod. 2014. How transferable are features in deep neural networks? Pages 3320–3328 of: *Advances in Neural Information Processing Systems.*

Young, Steve, Gašić, Milica, Keizer, Simon, Mairesse, et al. 2010. The hidden information state model: A practical framework for POMDP-based spoken dialogue management. *Computer Speech and Language*, **24**(2), 150–174.

Young, Steve, Gašić, Milica, Thomson, Blaise, and Williams, Jason D. 2013. POMDP-based statistical spoken dialog systems: A review. *Proceedings of the IEEE*, **101**(5), 1160–1179.

Yu, Lantao, Zhang, Weinan, Wang, Jun, and Yu, Yong. 2017. SeqGAN: Sequence generative adversarial nets with policy gradient. Pages 2852–2858 of: *Proceedings of the Thirty-First AAAI Conference on Artificial Intelligence.*

Yu, Zhou, Wu, Fei, Yang, Yi, et al. 2014. Discriminative coupled dictionary hashing for fast cross-media retrieval. Pages 395–404 of: *Proceedings of the 37th International ACM SIGIR Conference on Research and Development in Information Retrieval.*

Zadrozny, Bianca. 2004. Learning and evaluating classifiers under sample selection bias. *Proceedings of the Twenty-First International Conference on Machine Learning.*

Zhang, Chao, Zhang, Lei, and Ye, Jieping. 2012. Generalization bounds for domain adaptation. *Advances in Neural Information Processing Systems.*

Zhang, Duo, Mei, Qiaozhu, and Zhai, Chengxiang. 2010a. Cross-lingual latent topic extraction. Pages 1128–1137 of: *Proceedings of the 48th Annual Meeting of the Association for Computational Linguistics.*

Zhang, Jing, Ding, Zewei, Li, Wanqing, and Ogunbona, Philip. 2018. Importance weighted adversarial nets for partial domain adaptation. Pages 8156–8164 of: *Proceedings of the IEEE Conference on Computer Vision and Pattern Recognition.*

Zhang, Jingwei, Springenberg, Jost Tobias, Boedecker, Joschka, and Burgard, Wolfram. 2017a. Deep reinforcement learning with successor features for navigation across similar environments. Pages 2371–2378 of: *Proceedings of 2017 IEEE/RSJ International Conference on Intelligent Robots and Systems.*

Zhang, Jintao, and Huan, Jun. 2012. Inductive multi-task learning with multiple view data.

Pages 543–551 of: *Proceedings of the 18th ACM SIGKDD International Conference on Knowledge Discovery and Data Mining.*

Zhang, Kai, Gray, Joe W., and Parvin, Bahram. 2010b. Sparse multitask regression for identifying common mechanism of response to therapeutic targets. *Bioinformatics*, **26**, i97–i105.

Zhang, Kai, Zheng, Vincent W., Wang, Qiaojun, et al. 2013. Covariate shift in Hilbert space: A solution via sorrogate kernels. Pages 388–395 of: *Proceedings of the 30th International Conference on Machine Learning.*

Zhang, Lei, Zuo, Wangmeng, and Zhang, David. 2016. LSDT: Latent sparse domain transfer learning for visual adaptation. *IEEE Transactions on Image Processing*, **25**(3), 1177–1191.

Zhang, Tong. 2002. Covering number bounds for certain regularized linear function classes. *Journal of Machine Learning Research*, **2**, 527–550.

Zhang, Weinan, Liu, Ting, Wang, Yifa, and Zhu, Qingfu. 2017b. Neural personalized response generation as domain adaptation. *CoRR*, abs/1701.02073.

Zhang, Wenlu, Li, Rongjian, Zeng, Tao, Sun, et al. 2015a. Deep model based transfer and multi-task learning for biological image analysis. Pages 1475–1484 of: *Proceedings of the 21th ACM SIGKDD International Conference on Knowledge Discovery and Data Mining.*

Zhang, Wenlu, Li, Rongjian, Zeng, Tao, et al. 2017c. Deep model based transfer and multitask learning for biological image analysis. *IEEE Transactions on Big Data.*

Zhang, Xiao-Lei. 2015a. Convex discriminative multitask clustering. *IEEE Transactions on Pattern Analysis and Machine Intelligence*, **37**(1), 28–40.

Zhang, Xucong, Sugano, Yusuke, Fritz, Mario, and Bulling, Andreas. 2015b. Appearance-based gaze estimation in the wild. Pages 4511–4520 of: *Proceedings of the IEEE Conference on Computer Vision and Pattern Recognition.*

Zhang, Yi, and Schneider, Jeff G. 2010. Learning multiple tasks with a sparse matrix-normal penalty. Pages 2550–2558 of: *Advances in Neural Information Processing Systems.*

Zhang, Yongfeng, Ai, Qingyao, Chen, Xu, and Croft, W. Bruce. 2017d. Joint representation learning for top-N recommendation with heterogenous information sources. Pages 1449–1458 of: *Proceedings of the 2017 ACM on Conference on Information and Knowledge Management.*

Zhang, Yu. 2013. Heterogeneous-neighborhood-based multi-task local learning algorithms. Pages 1896–1904 of: *Advances in Neural Information Processing Systems.*

Zhang, Yu. 2015b. Multi-task learning and algorithmic stability. Pages 3181–3187 of: *Proceedings of the 29th AAAI Conference on Artificial Intelligence.*

Zhang, Yu. 2015c. Parallel multi-task learning. Pages 629–638 of: *Proceedings of the IEEE International Conference on Data Mining.*

Zhang, Yu, and Yang, Qiang. 2017a. Learning sparse task relations in multi-task learning. Pages 2914–2920 of: *Proceedings of the 31st AAAI Conference on Artificial Intelligence.*

Zhang, Yu, and Yang, Qiang. 2017b. A survey on multi-task learning. *CoRR*, abs/1707.08114v2.

Zhang, Yu, and Yeung, Dit-Yan. 2009. Semi-supervised multi-task regression. Pages 617–631 of: *Proceedings of European Conference on Machine Learning and Knowledge Discovery in Databases.*

Zhang, Yu, and Yeung, Dit-Yan. 2010a. A convex formulation for learning task relationships in multi-task learning. Pages 733–742 of: *Proceedings of the 26th Conference on Uncertainty in Artificial Intelligence.*

Zhang, Yu, and Yeung, Dit-Yan. 2010b. Multi-task learning using generalized t process. Pages 964–971 of: *Proceedings of the 13th International Conference on Artificial Intelligence and Statistics.*

Zhang, Yu, and Yeung, Dit-Yan. 2012. Multi-task boosting by exploiting task relationships. Pages 697–710 of: *Proceedings of European Conference on Machine Learning and Principles and Practice of Knowledge Discovery in Dtabases.*

Zhang, Yu, and Yeung, Dit-Yan. 2013a. Learning high-order task relationships in multi-task learning. Pages 1917–1923 of: *Proceedings of the 23rd International Joint Conference on Artificial Intelligence.*

Zhang, Yu, and Yeung, Dit-Yan. 2013b. Multilabel relationship learning. *ACM Transactions on Knowledge Discovery from Data,* **7**(2), article 7.

Zhang, Yu, and Yeung, Dit-Yan. 2014. A regularization approach to learning task relationships in multitask learning. *ACM Transactions on Knowledge Discovery from Data,* **8**(3), article 12.

Zhang, Yu, Yeung, Dit-Yan, and Xu, Qian. 2010c. Probabilistic multi-task feature selection. Pages 2559–2567 of: *Advances in Neural Information Processing Systems.*

Zhang, Zhanpeng, Luo, Ping, Loy, Chen Change, and Tang, Xiaoou. 2014. Facial landmark detection by deep multi-task learning. Pages 94–108 of: *Proceedings of the 13th European Conference on Computer Vision.*

Zhao, Junbo Jake, Mathieu, Michaël, and LeCun, Yann. 2016. Energy-based generative adversarial network. *CoRR,* abs/1609.03126.

Zhao, Kai, and Huang, Liang. 2017. Joint syntacto-discourse parsing and syntacto-discourse treebank. Pages 2117–2123 of: *Proceedings of the 2017 Conference on Empirical Methods in Natural Language Processing.*

Zhao, Xiangyu, Zhang, Liang, Ding, Zhuoye, et al. 2018. Deep reinforcement learning for list-wise recommendations. *CoRR,* abs/1801.00209.

Zheng, Vincent W., Pan, Sinno J., Yang, Qiang, and Pan, Jeffrey J. 2008a. Transferring multi-device localization models using latent multi-task learning. Pages 1427–1432 of: *Proceedings of the 23rd AAAI Conference on Artificial Intelligence.*

Zheng, Vincent W., Xiang, Evan Wei, Yang, Qiang, and Shen, Dou. 2008b. Transferring localization models over time. Pages 1421–1426 of: *Proceedings of the Twenty-Third AAAI Conference on Artificial Intelligence.*

Zheng, Vincent W., Cao, Hong, Gao, Shenghua, et al. 2016. Cold-start heterogenous-device wireless localization. Pages 1429–1435 of: *Proceedings of the 30th AAAI Conference on Artificial Intelligence.*

Zheng, Vincent Wenchen, Hu, Derek Hao, and Yang, Qiang. 2009. Cross-domain activity recognition. Pages 61–70 of: *Proceedings of the 11th International Conference on Ubiquitous Computing.*

Zhou, Guangyou, Xie, Zhiwen, Huang, Jimmy Xiangji, and He, Tingting. 2016. Bi-transferring deep neural networks for domain adaptation. Pages 322–332 of: *Proceedings of the 54th Annual Meeting of the Association for Computational Linguistics.*

Zhou, Joey Tianyi, Pan, Sinno Jialin, Tsang, Ivor W., and Yan, Yan. 2014a. Hybrid heterogeneous transfer learning through deep learning. Pages 2213–2219 of: *Proceedings of the 28th AAAI Conference on Artificial Intelligence.*

Zhou, Joey Tianyi, Tsang, Ivor W., Pan, Sinno Jialin, and Tan, Mingkui. 2014b. Heterogeneous domain adaptation for multiple classes. Pages 1095–1103 of: *Proceedings of the Seventeenth International Conference on Artificial Intelligence and Statistics.*

Zhu, Fan, Shao, Ling, and Yu, Mengyang. 2014. Cross-modality submodular dictionary learning for information retrieval. Pages 1479–1488 of: *Proceedings of the 23rd ACM International Conference on Information and Knowledge Management.*

Zhu, Feng, Wang, Yan, Chen, Chaochao, et al. 2018. A deep framework for cross-domain and cross-system recommendations. Pages 3711–3717 of: *Proceedings of the 27th International Joint Conference on Artificial Intelligence.*

Zhu, Jun-Yan, Park, Taesung, Isola, Phillip, and Efros, Alexei A. 2017. Unpaired image-to-image translation using cycle-consistent adversarial networks. Pages 2223–2232 of: *Proceedings of the IEEE Conference on Computer Vision and Pattern Recognition.*

Zhu, Xiaojin. 2005. *Semi-supervised Learning Literature Survey,* Tech. Report, Computer Sciences TR 1530, University of Wisconsin-Madison.

Zhu, Yin, Chen, Yuqiang, Lu, Zhongqi, et al. 2011. Heterogeneous transfer learning for image classification. *Proceedings of the 25th AAAI Conference on Artificial Intelligence.*

Zhuang, Yue Ting, Wang, Yan Fei, Wu, Fei, Zhang, Yin, and Lu, Weiming. 2013. Supervised coupled dictionary learning with group structures for multi-modal retrieval. *Proceedings of the 27th AAAI Conference on Artificial Intelligence.*

Zhuo, Hankz Hankui, and Yang, Qiang. 2014. Action-model acquisition for planning via transfer learning. *Artificial Intelligence,* **212**, 80–103.

Zilka, Lukas, and Jurcicek, Filip. 2015. Incremental LSTM-based dialog state tracker. Pages 757–762 of: *Proceedings of IEEE Workshop on Automatic Speech Recognition and Understanding.*

Ziser, Yftah, and Reichart, Roi. 2017. Neural structural correspondence learning for domain adaptation. Pages 400–410 of: *Proceedings of the 21st Conference on Computational Natural Language Learning.*

Ziser, Yftah, and Reichart, Roi. 2018. Pivot based language modeling for improved neural domain adapation. Pages 1241–1251 of: *Proceedings of the 2018 Conference of the North American Chapter of the Association for Computational Linguistics: Human Language Technologies.*

Zoph, Barret, and Knight, Kevin. 2016. Multi-source neural translation. Pages 30–34 of: *Proceedings of The 2016 Conference of the North American Chapter of the Association for Computational Linguistics: Human Language Technologies.*

Zoph, Barret, Yuret, Deniz, May, Jonathan, and Knight, Kevin. 2016. Transfer learning for low-resource neural machine translation. *CoRR,* abs/1604.02201.

Zweig, Alon, and Weinshall, Daphna. 2013. Hierarchical regularization cascade for joint learning. Pages 37–45 of: *Proceedings of the 30th International Conference on Machine Learning.*

名词中英文对照

B

C

D

E

F

G

H

J

K

L

M

N

O

P

Q

R

S

T

V

W

X